高等学校“十二五”规划教材
机械设计制造及其自动化系列

U0957497

机械制造工程学

MANUFACTURING ENGINEERING OF MACHINERY

主　编　于信伟
副主编　芦玉梅　王冠中
主　审　雷　宏

哈爾濱工業大學出版社

内 容 简 介

全书共8章,主要内容包括:绪论、金属切削原理、机械制造装备及其加工表面、机械加工工艺规程设计、机床夹具设计原理、机械加工质量分析、典型零件加工工艺和机械制造装配技术基础。

本书既可作为高等工科院校机械类专业的教材,又可作为职业教育学院、成人教育学院相关专业的教材,也可供企事业单位相关专业工程技术人员参考。

图书在版编目(CIP)数据

机械制造工程学/于信伟主编.—哈尔滨:哈尔滨工业大学出版社,2011.8

ISBN 978-7-5603-3381-6

Ⅰ.①机… Ⅱ.①于… Ⅲ.①机械制造工艺 Ⅳ.①TH16

中国版本图书馆 CIP 数据核字(2011)第 172644 号

策划编辑 杨 桦
责任编辑 范业婷 费佳明
出版发行 哈尔滨工业大学出版社
社 址 哈尔滨市南岗区复华四道街10号 邮编150006
传 真 0451-86414749
网 址 http://hitpress.hit.edu.cn
印 刷 哈尔滨市石桥印务有限公司
开 本 787mm×1092mm 1/16 印张21 字数480千字
版 次 2011年8月第1版 2011年8月第1次印刷
书 号 ISBN 978-7-5603-3381-6
定 价 39.80元

前　言

《机械制造工程学》是机械类专业的主干专业课教材，适用于高等工科院校的机械设计、机械制造、模具设计、机械电子、工业工程及工业设计等相关专业的教学，也可用于职业教育学院、成人教育学院相关专业作为教材及从事机械行业的工程技术人员参考。

本书根据机械类专业教学指导委员会推荐的指导性教学计划，按照专业教学的基本要求和人才培养目标，结合社会主义市场经济对高等工科院校机械类专业人才要求，在总结多年的教学经验基础上编写而成。

本书以典型机械产品制造为主线，以质量为中心，以效益为出发点研究机械制造（冷加工部分）过程中的基本原理、基本知识和基本方法。在编写过程中坚持加强基础、拓宽知识、突出重点、注重先进性和实用性的原则。力争使学生了解机械制造领域的最新成就和发展趋势，掌握机械制造技术的有关基本理论知识，培养获取和运用机械制造技术的基本技能，为独立分析和解决机械工程实际问题、开展新工艺、新技术研究奠定基础。

全书主要内容包括金属切削的基本原理，机械制造装备及其加工表面，机械加工工艺规程设计，机床夹具设计原理，机械加工质量分析，典型零件加工工艺以及机械制造装配技术基础等。

本书由黑龙江科技学院于信伟主编，芦玉梅、王冠中为副主编。全书编写分工为：第1章和第4章由王冠中编写，第2章和第5章由于信伟编写，第3章和第6章由芦玉梅编写，第0章和第7章由东北林业大学宋百玲和辽宁工程技术大学王晶编写。全书由于信伟统稿，雷宏教授主审。

本书力求做到内容丰富而精练，实例翔实而有代表性，文字浅显易懂，但由于编者水平所限，不足之处在所难免，肯请读者批评指正。

本书提供教学课件，如需要请联系出版社或作者。

出版社网址：http://hitpress.hit.edu.cn

作者邮箱：xinwei-166@163.com

编　者

2011年5月

目　　录

第0章 绪　　论

0.1 制造的含义

任何一种机械都由许许多多零部件组成,从而完成预定的设计功能。这许许多多的零部件不是任意的,而必须满足预定的性能、形状、尺寸和精度等要求。因此,从生产一个合格的零部件到装配成机器必须经过一系列的制造过程,这种从原材料到成品的一系列的制造过程称为机械制造。机械制造业是为各产业提供装备的行业,也是我们国家的支柱产业,它是一个国家制造技术和制造水平的重要标志。

人们一般将“制造”传统地理解为产品的机械工艺过程或机械加工过程。随着人类生产力的发展,“制造”的概念和内涵在“范围”和“过程”两方面大大拓展。

范围方面,制造涉及的工业领域远非局限于机械制造,包括了机械、电子、化工、轻工、食品和军工等行业。制造业已被定义为将可用资源(包括物料、能源等)通过相应过程转化为可供人们使用和利用的工业品或生活消费品的产业。

过程方面,制造不是仅指具体的工艺过程,而是包括市场分析、产品设计、生产工艺过程、装配检验和销售服务等产品整个生命周期过程。

综上所述,目前对制造有两种理解,一种是通常的制造概念,指产品的“制作过程”或称为“小制造概念”,如机械加工过程;另一种是广义制造概念,包括产品整个生命周期过程,又称为“大制造概念”。实际应用中,两者皆在使用,其概念范围视具体情况而定。

0.2 机械制造系统的概念

0.2.1 生产系统

生产系统是以工厂作为一个总体,主要根据市场调查和生产条件,决定产品和产量,制订生产计划,进行产品的设计、制造、装配、油漆、包装等整个生产过程的有机整体。整个系统分为决策、经营管理和制造三级。

0.2.2 机械制造系统

机械制造系统是生产系统的一部分,是指实现零件的机械加工,直接改变材料或毛坯的形状、尺寸和性能,成为零件、部件或产品。

从系统角度看,机械制造系统包含信息系统、物质系统和能量系统,其相互之间由信息流、物质流和能量流联系起来,如图 0.1 所示。

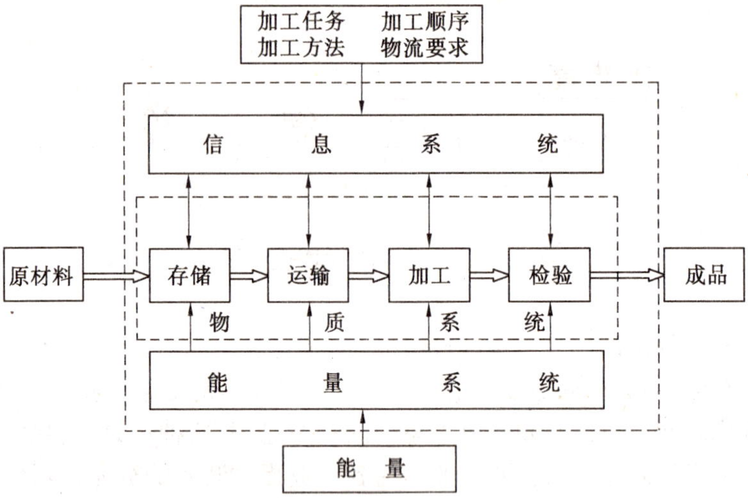

图 0.1 典型的机械制造系统框图

0.3 机械制造业在国民经济中的地位与任务

机械制造的主要任务就是机械产品的决策、设计、加工、装配、销售、售后服务及后续处理等,其中包括对半成品零件的加工技术、加工工艺的研究及其工艺装备的设计制造。

机械制造业担负着为国民经济建设提供生产装备的重任,为国民经济各行业提供各种生产手段,其带动性强,涉及面广,产业技术水平的高低直接决定着国民经济其他产业竞争力的强弱,以及今后运行的质量和效益;机械制造业也是国防安全的重要基础,为国防提供所需武器装备,世界军事强国,无一不是装备制造业的强国;机械制造业还是高科技产业的重要基础,机械制造业为高科技的发展提供各种研究和生产设备,世界高科技强国,无一不是装备制造业的强国。

全球机械制造业占工业的比重,自 1980 年以来,已上升超过 1/3。机械制造业的发展不仅影响和制约着国民经济与各行业的发展,而且还直接影响和制约着国防工业和高科技的发展,进而影响到国家的安全和综合国力。美国在第二次世界大战后,曾一度提出"制造业是夕阳产业"的观点,忽视了对制造业的重视和投入,以至工业生产下滑,出口锐减,工业品进口陡增,第二、第三产业的比例严重失调,经济空前滑坡,物质生产基础遭到严重削弱。严重的后果在各方面都有体现,例如:汽车生产从过去的大量出口转变为大量进口;微电子工业是美国首创的,但到 1987 年,美国的半导体生产只占世界总量的 40%;家用电器也是美国首先发展起来的,但美国的家电市场已经被日本等国外产品所占有;美国过去曾经是一个机床出口大国,但到 1986 年,美国有 50% 的机床依靠进口,机床产量仅为高峰期的一半;1987 年美国贸易赤字高达 1 610 亿美元,主要赤字来自于工业。美国麻省理工学院(MIT)组织多位专家对美国工业的衰退问题进行了系统调查研究,调查了汽车、民用飞机、半导体和计算机、家用电器、机床等 8 个工业部门,经多年研究写成了

《美国制造业的衰退及对策——夺回生产优势》一书，指出“振兴美国经济的出路在于振兴美国的制造业”，认为“经济的竞争归根到底仍然是制造技术和制造能力的竞争”，主张必须重视和发展机械制造业。美国在中东战争后提出的应当给予扶持的“对于国家繁荣与国家安全至关重要”的22项关键技术中，就有材料加工、计算机一体化制造技术、智能加工设备和纳米制造技术等4项直接与机械制造业有关。

0.4 机械制造业的发展及特点

0.4.1 机械制造业的发展

人类文明的发展与制造业的进步密切相关。早在石器时代，人类就开始利用天然石料制作工具，用其猎取自然资源为生。到了青铜器和铁器时代，人们开始采矿、冶金、铸锻工具，并开始制作纺织机械、水利机械、运输车辆等，以满足以农业为主的自然经济的需要。那时，采用的是作坊式的以手工劳动为主的生产方式。

直至18世纪70年代，以瓦特改进蒸汽机为代表引发了第一次工业革命，产生了近代工业化的生产方式，机器生产方式逐步取代手工劳动方式，机械制造业逐渐形成规模。19世纪中叶，电磁场理论的建立为发电机和电动机的产生奠定了基础，从而迎来了电气化时代。以电力作为动力源，使机械结构发生了重大变化。与此同时，互换性原理和公差制度应运而生。所有这些使机械制造业发生了重大变革，机械制造业进入快速发展时期。

20世纪初，内燃机的发明，使汽车开始进入欧美家庭，引发了机械制造业的又一次革命。流水生产线的出现和泰勒科学管理理论的产生，标志机械制造业进入“大批量生产”(Mass Production)的时代。以汽车工业为代表的大批量自动化生产方式使得生产率获得极大提高，机械制造业有了更迅速的发展，并开始成为国民经济的支柱产业。

第二次世界大战后，电子计算机和集成电路的出现，以及运筹学、现代控制论、系统工程等软科学的产生和发展，使机械制造业产生了一次新飞跃。传统的大批量生产方式难以满足市场多变的需要，多品种、中小批量生产日渐成为制造业的主流生产方式。传统的自动化生产方式只有在大批量生产的条件下才能实现，而数控机床的出现使中、小批量生产自动化成为可能。科学技术的高速发展，促进了生产力的进一步提高。

伴随着计算机的出现，机械制造自动化从刚性自动化向柔性自动化方向发展，即自动化专机→自动化生产线(Production Line)→数控机床(CNC)→加工中心(MC)→柔性加工单元(FMC)→柔性制造系统(FMS)。同时，机械设计、工艺规程编制、计算机辅助数控加工编程、车间调度、车间和工厂管理、成本核算等都用计算机管理，这样出现了CAD/CAM一体化。

20世纪80年代以来，信息产业的崛起和通信技术的发展加速了市场的全球化进程，市场竞争呈现新的方式，更加激烈。为了适应新的形势，在机械制造领域提出了许多新的制造理念和生产模式，如计算机集成制造(CIM)、精益生产(LP)、快速原型制造(RPM)、并行工程(CE)、敏捷制造(AM)等。

20世纪90年代，随着因特网的出现及应用，提出了敏捷制造(或网络制造)的新制造模式。应用因特网,可使不同地区的单位间实现快速大信息量的传输交流,使机械制造业可以将不同地区的工厂、设计单位和研究所组合在一起,分工协作,发挥各单位特长,共同开发、研制并生产大型新产品。因是多单位协作,并行作业,故可快速、优质、低成本地进行大型新产品研制与生产,这就是敏捷制造(或网络制造)的概念。敏捷制造是多企业的协作生产(有一企业是起主持作用的主导企业),可以包含基层企业中的局部的计算机控制管理自动化(CIMS、FMS、CAD/CAM),可以灵活机动地采用虚拟制造、虚拟装配、并行工程等各种先进工艺和管理方法,最终达到优质、高效、低成本地进行生产或研制新产品。

进入21世纪,机械制造业正向自动化、柔性化、集成化、智能化和清洁化的方向发展。现代机械制造技术发展的总趋势是机械制造技术与材料科学、电子科学、信息科学、生命科学、环保科学、管理科学等交叉、融合。在机械制造业,综合考虑社会、环境、资源等可持续发展因素的绿色制造技术将朝着能源与原材料消耗最小、所产生的废弃物最少并尽可能回收利用、在产品的整个生命周期中对环境无害等方面发展。

0.4.2 机械制造业发展的特点

现代科技的发展,特别是微电子技术、计算机技术和信息技术的发展,大大促进了机械制造技术的发展,形成了现代先进制造技术,最显著的特点是:传统机械制造业以机器为特征,而现代制造业则以信息为特征。

0.5 本课程的性质和主要内容

本课程是机械专业的一门主要专业课程,以典型机械产品制造为主线,以质量为中心,以效益为出发点介绍零件制造的基本原理和方法,坚持加强基础、拓宽知识、重点突出和具有先进性的原则。通过学习,使学生了解机械制造领域的最新成就和发展趋势,掌握机械制造技术的有关基本理论、基本知识和基本方法,培养获取和运用机械制造技术的基本能力,为独立分析和解决机械工程实际问题、开展新工艺新技术研究奠定基础。

本课程研究机械制造(冷加工部分)过程中的基本原理、基本知识和基本方法,主要内容包括金属切削的基本规律、常用的制造装备及刀具、制造过程的工艺原理及方法、机械加工质量分析、典型零件加工以及机械制造装配基础等部分。

0.6 本课程的目的要求和学习方法

0.6.1 目的要求

(1)使学生掌握工艺的基本理论,掌握机械加工和装配工艺规程制定的原则、步骤和方法,并能结合具体条件制定出工艺上可行、经济上合理的工艺规程。

(2)了解影响加工质量的各项因素,学会分析研究加工质量的方法。

(3)掌握机床夹具设计的原理和方法。

(4)了解当前制造技术的发展,培养学生具有善于选择性地总结实际生产中的先进经验,善于选择性地吸收国内外新技术、新工艺和新方法,并应用于解决实际问题的能力。

(5)培养学生对具体工艺问题进行综合分析和试验的科学方法,并能对具体问题提出保证或改善产品质量、提高生产效率和降低产品成本的工艺路线。

0.6.2 学习方法

本课程是一门综合性的应用科学,从实践中来到实践中去。学习本课程必须理论联系实际,坚持到实验室、工厂企业里面学习与应用。从理论到实践,再从实践回到理论,循序渐进,不断深入。本课程所涉及的问题往往是复杂的,这是由于生产过程中多种因素的影响造成的。因此,在分析问题和解决问题时,不能片面地、孤立地去分析某个问题或追求某个指标,要全面地进行分析,综合地评价,抓住问题的主要矛盾,兼顾其他,才能够采取最有力的措施,达到解决工程实际问题的目的。

第1章

金属切削原理

金属切削原理是研究金属切削加工的一门技术科学。通过对切削过程中弹性变形、塑性变形、切削力、切削温度和刀具使用寿命等内容的分析，研究刀具的材料和几何参数的合理选择、切削用量的正确制订，保证提高加工质量、生产效率与降低生产成本。

1.1 基本定义

金属切削过程就是工件和刀具相互作用的过程。刀具要从工件上切除一部分金属，并在保证提高加工质量、提高生产效率和降低生产成本的前提下，使工件得到符合技术要求的尺寸精度、形状精度和表面质量。为了实现这一切削过程，必须具备以下三个条件：①工件与刀具之间要有相对运动，即切削运动。②刀具材料必须具有一定的切削性能。③刀具必须具有适当的几何参数，即切削角度等。本节内容主要介绍与切削运动及刀具切削角度有关的基本概念和定义，为后续学习做准备。

1.1.1 切削运动与切削用量

1. 工件上的加工表面

外圆车削和平面刨削是金属切削加工中常见的加工方法。图1.1表示外圆车削时的情况，工件做旋转运动，车刀做连续纵向的直线进给运动，于是形成工件的外圆柱表面。图1.2表示的是在牛头刨床上刨削平面时的情况，刀具做直线往复运动，工件做间歇的直线进给运动。在这些切削过程中，工件上通常存在三个不断变化的表面：待加工表面、已加工表面和过渡表面。

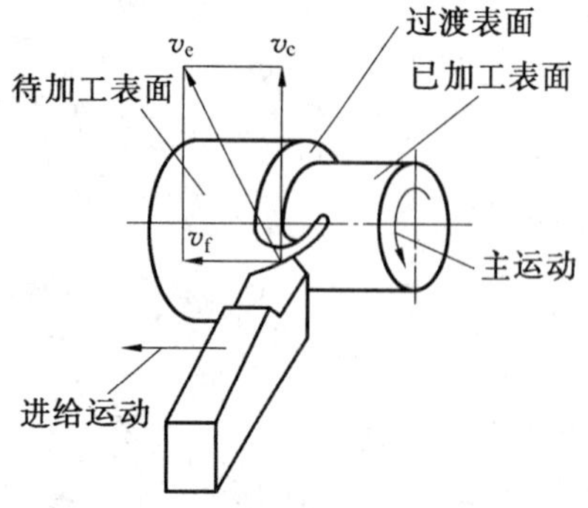

图1.1　外圆车削的切削运动与加工表面

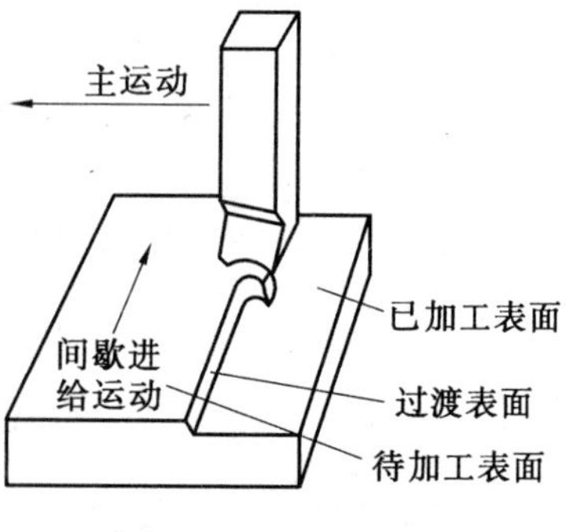

图1.2　平面刨削的切削运动与加工表面

待加工表面就是工件上即将被切除的表面，它随着切削过程的进行而逐渐减小，直到全部被切去。已加工表面是工件上经过刀具切削后形成的新表面，它随着切削过程的继续进行而逐渐扩大。过渡表面也称切削表面，它是切削刃正切削着的工件表面，处于待加工表面与已加工表面之间，它是随着切削过程的进行而不断改变着的表面。

2. 切削运动

从车削外圆和刨削平面的例子可以看出，刀具或工件都必须完成一定的切削运动，才能得到我们所需的加工表面。实际上，在其他切削加工方法中，刀具或工件同样必须完成一定的切削运动。通常切削运动按其所起的作用可分为以下两种：

(1) 主运动

主运动是由机床自动或手动提供的刀具与工件之间主要的相对运动，它使刀具切削刃及其毗邻的刀具表面切入工件材料，使工件被切削的部位转变为切屑，从而形成工件的新表面。这个运动的主要特点是：速度最高，消耗功率最大。例如，外圆车削时的主运动是工件旋转运动，而刨削平面时的主运动是刀具的直线往复运动(见图 1.1 和图 1.2)。且每种切削加工方法的主运动通常只有一个。主运动的形式可以是旋转运动，也可以是直线运动。

(2) 进给运动

进给运动是由机床自动或手动提供的刀具与工件的运动，它配合主运动依次或连续不断地切除工件上多余的材料，同时形成满足一定要求的已加工表面。通常，它的速度与消耗的功率比主运动小。进给运动至少为一个，它可以是间歇的，也可以是连续的；既可以由工件完成，也可以由刀具完成。例如，车削外圆时车刀纵向连续直线运动为进给运动(见图 1.1)。刨削平面时工件的间歇直线运动为进给运动(见图 1.2)。

应该说明：合成切削运动是由同时进行的主运动和进给运动合成的运动。合成切削运动的方向和速度符合矢量的合成规律，如图 1.3 和图 1.4 所示。

3. 切削用量

切削用量是切削速度、进给量和背吃刀量三者的总称。分别定义如下：

(1) 切削速度 v

它是切削加工时，刀刃上选定点相对于工件的主运动的速度。刀刃上各点的切削速度可能是不同的。

当主运动为旋转运动时，刀具或工件最大直径处的切削速度值为

$$v=\frac{\pi dn}{1\ 000} \tag{1.1}$$

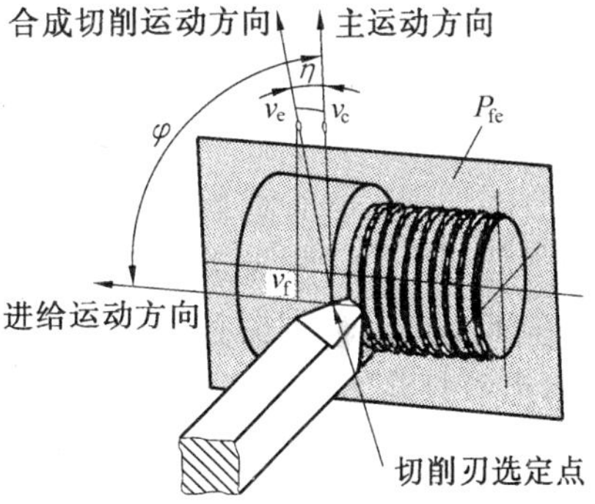

图 1.3　车刀相对工件的运动

式中　d—— 完成主运动的刀具或工件的最大直径，mm；

n—— 主运动的转速，r/s 或 r/min。

(2) 进给量 f

它是工件或刀具的主运动每转或每一行程时，工件和刀具两者在进给运动方向上的相对位移量。例如外圆车削的进给量 f 是工件每转一转时车刀相对于工件在进给运动方向上的位移量，其单位为 mm/r；又如在牛头刨床上刨削平面时，则进给量 f 是刨刀每往复

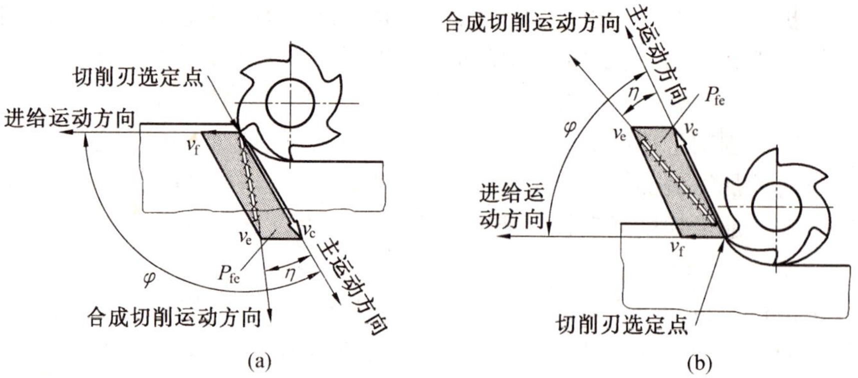

图 1.4 平面铣刀相对工件的运动

一次,工件在进给运动方向上相对于刨刀的位移量,其单位为 mm/ 双行程。

在切削加工中,也有用进给速度 v_f 来表示进给运动的。进给速度 v_f 是刀刃上选定点相对于工件的进给运动的速度,其单位为 mm/s(或 mm/min)。若进给运动为直线运动,则进给速度在刀刃上各点是相同的。

(3) 背吃刀量 a_p

对外圆车削(见图 1.1) 和平面刨削(见图 1.2) 而言,背吃刀量 a_p 等于工件已加工表面与待加工表面间的垂直距离,其中外圆车削的背吃刀量为

$$a_p = \frac{d_w - d_m}{2} \tag{1.2}$$

式中 d_w—— 工件待加工表面的直径,mm;

d_m—— 工件已加工表面的直径,mm。

1.1.2 刀具的几何参数

金属切削刀具种类繁多,形状各异,但切削部分在几何特征上却具有共性。外圆车刀的切削部分可以看做各类刀具切削部分的基本形态;其他各类刀具,包括复杂刀具,都是在这个基本形态上根据各自的工作要求演变而来的。所以本节将以外圆车刀切削部分为例,给出刀具几何参数方面的有关定义。

1. 刀具切削部分的表面与刀刃

图 1.5 为外圆车刀,它由刀杆和刀头(切削部分) 组成。刀杆用于装夹,刀头直接担负切削工作,其组成要素如下:

① 前刀面(A_γ)。直接作用于被切削的金属层,是控制切屑沿其流出的表面。

② 主后刀面(A_α)。与工件上过渡表面相对的表面。

③ 副后刀面(A'_α)。与工件上已加工表面相对的表面。

④ 主切削刃(S)。前刀面与主后刀面相交而得到的边锋,用以形成工件的过渡表面,它完成主要的金属切除工作。

⑤ 副切削刃(S')。前刀面与副后刀面相交而得到的边锋,它协同主切削刃完成金属切除工作,以最终形成工件的已加工表面。

⑥ 过渡刃。主切削刃和副切削刃连接处的一段刀刃，它可以是小的直线段或圆弧，通常还把主切削刃与副切削刃连接处称为“刀尖”。

2. 确定刀具切削角度的参考平面

刀具要从工件上切下金属，就必须使它具备一定的切削角度，也正是由于这些角度才决定了刀具切削部分各表面的空间位置。如图1.6中标出的宽刃刨刀的γ_o与α_o角，就确定了刨刀前刀面A_r和主后刀面A_α的位置。但是刨刀的γ_o与α_o角则需在选定适当的参考平面作为坐标的基础上才能表明其大小。图1.6中所示的基面P_r和切削平面P_s就是选做坐标的平面。切削平面P_s是刨刀直线刀刃在切削过程中沿切削速度v方向切出的平面，它在这里与工件过渡表面相重合。基面P_r是通过直线刀刃并与切削速度v方向相垂直的平面。显然，切削平面P_s和基面P_r是互相垂直的，而刨刀的γ_o与α_o角正是这两个参考平面与对应前刀面、后刀面的夹角来表示的。

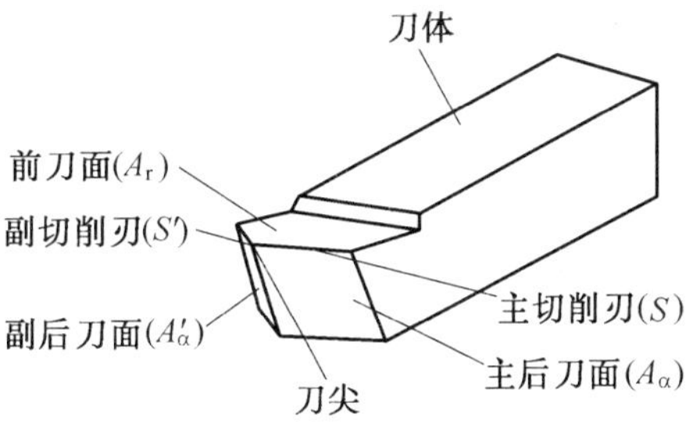

图1.5　外圆车刀切削部分的组成要素

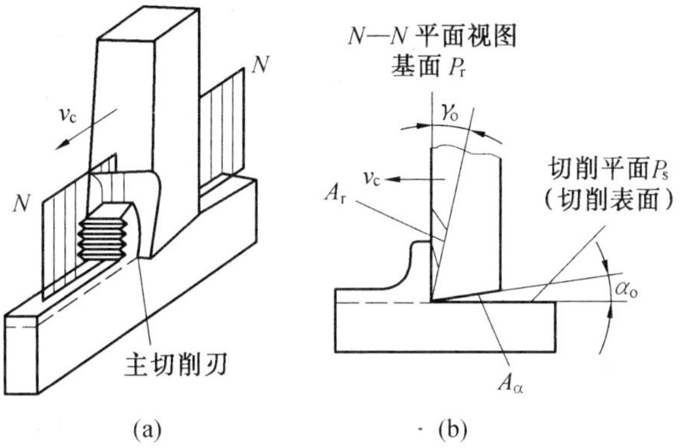

图1.6　宽刃刨刀的参考平面

图1.6所示的刨刀是几何参数较为简单的刀具，它的刀刃是直线，前刀面与后刀面均为平面，切削时只有主运动而没有进给运动的影响，并且过渡表面也是平面。对于较为复杂的刀具，其刀刃可能是曲线，前刀面与后刀面可能是曲面，切削时除主运动外还有进给运动的影响，过渡表面大多数不是平面，而是曲面。因此，将构造刀具切削角度坐标系的参考平面定义如下：

① 切削平面P_s。它是通过刀刃上选定点，切于工件过渡表面的平面。也就是刀刃在该定点的切线与合成切削运动向量构成的平面。

② 基面P_r。它是通过刀刃上选定点，垂直于该点合成切削运动向量的平面。显然，刀刃上同一点的基面与切削平面是相互垂直的。

应该指出，上述切削平面和基面的定义是在刀具与工件的相对运动状态下给出的。根据上述定义分析刀具角度时，对于同一刀刃上不同点，可能有不同的切削平面和基面，因而同一刀刃上各点切削角度的数值也就不一定相等。

3. 刀具标注角度的参考系

刀具的标注角度是制造和刃磨刀具所需要的，并在刀具设计图上予以标注的角度。标注角度也应该有参考平面作为基准面，但与刀具工作时的切削角度不同，标注角度的切削平面与基面可以不考虑进给运动的影响，只考虑主运动即切削速度的方向，因而这时切削平面内只包含刀刃在其选定点的切线与切削速度向量，基面则是通过该点而垂直于切削速度向量的平面。除此之外，为了便于刃磨和检验刀具的标注角度，还应尽可能使标注角度的参考平面和刀具的刃磨检验基准面一致。所以要根据不同刀具的情况，对刃磨检验时刀具的安装定位面作出某些规定。例如图1.6的刨刀，可以规定其刀杆底面垂直于切削平面（或平行于基面）。

实际上，除了由上述切削平面和基面组成的参考平面系以外，还应该有一个平面作为标注和测量刀具前、后刀面角度用的测量平面。图1.6中标注刨刀角度 γ_o 与 α_o 的 $N-N$ 平面就是测量平面，它就是垂直于刨刀直线刀刃的法平面。通常根据刃磨和测量的需要与方便，可以选用不同的平面作为测量平面。在刀刃上同一选定点测量其角度时，如果测量平面选的不同，刀具角度的大小也就不同。

测量平面和参考平面系就组成了刀具标注角度参考系。目前各个国家由于选用的测量平面不同，所以采用的刀具标注角度参考系也不完全统一。现在以常用的外圆车刀为例，说明几种不同的刀具标注角度参考系。

先按照刀具标注角度的参考平面系的定义，分析一下外圆车刀的切削平面和基面。在不考虑进给运动影响的情况下，并假定主切削刃选定点 A 安装于工件中心高度上，刀杆中心线垂直于进给方向（图1.7），这时过主切削刃上点 A 的切削平面 P_s 与工件的过渡表面相切，并包含主切削刃（它是直线）和切削速度向量 $\boldsymbol{v}$，点 A 的基面 P_r 垂直于切削速度向量 $\boldsymbol{v}$ 或切削平面，它与车刀底面平行。

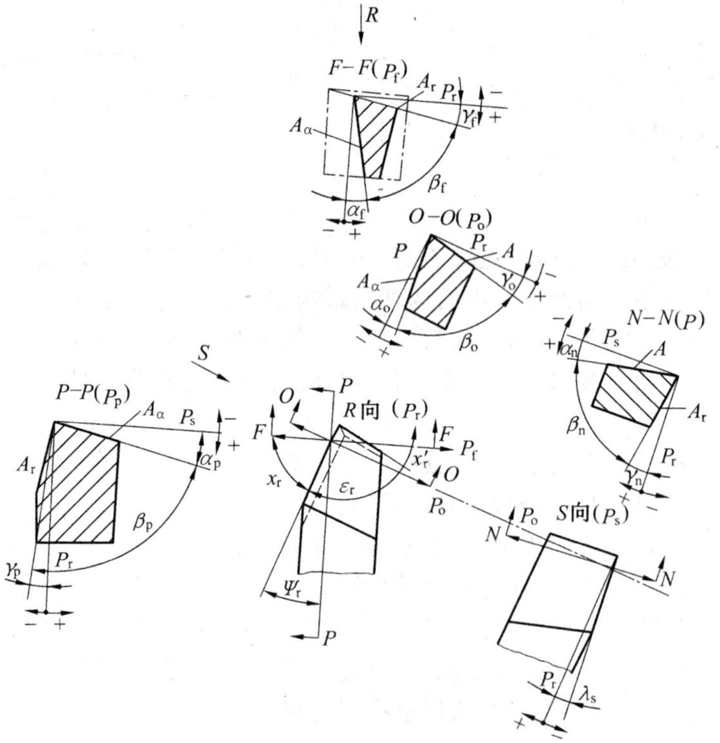

图1.7 车刀标注角度的参考系

车刀标注角度参考系可以随着所选测量平面而不同，然而无论选用哪个平面作为测量平面，各个标注角度参考系的切削平面 P_s 和基面 P_r 都是共同的。一般用做标注前、后刀面角度的测量平面有三种。

(1) 正交平面 P_o

P_o 是过主切削刃上选定点，并垂直于切削平面 P_s 与基面 P_r 的平面，图1.7中的 $O-O$ 剖面，因此正交平面 P_o 垂直于主切削刃在基面的投影。P_o、P_s 与 P_r 三个平面构成一个空间直角坐标系（见图1.8）。

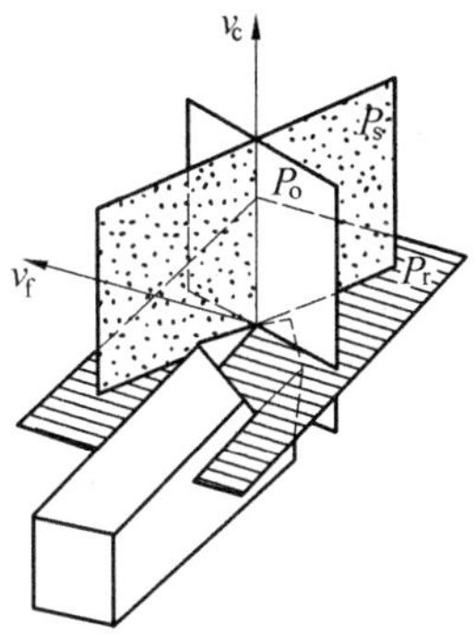

图1.8　正交平面参考系

(2) 法平面 P_n

P_n 是过主切削刃上选定点并垂直于主切削刃或其切线的平面，见图1.7中 $N-N$ 剖面。

P_n 垂直于 P_s，但不垂直于 P_r（图1.9）。

(3) 背平面 P_p 和假定工作平面 P_f

由图1.8可知，背平面 P_p 是通过主切削刃上选定点，平行于刀杆轴线并垂直于基面 P_r 的平面，它与进给方向 v_f 是垂直的；假定工作平面 P_f 是通过主切削刃上选定点，同时垂直于刀杆轴线及基面 P_r 的平面，它与进给方向 v_f 平行。P_f、P_p 与 P_r 也构成空间直角坐标系（见图1.10）。

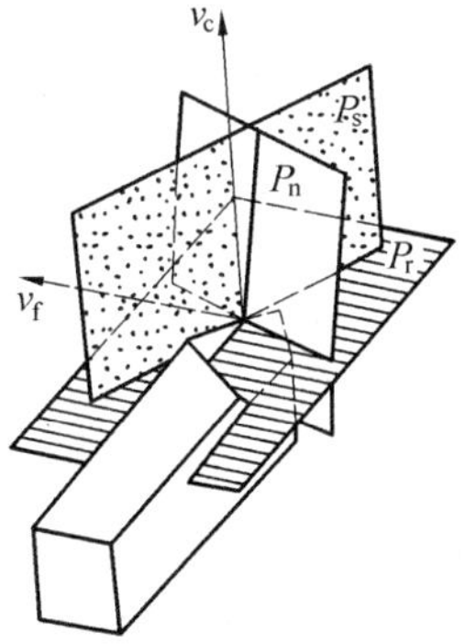

图1.9　法平面参考系

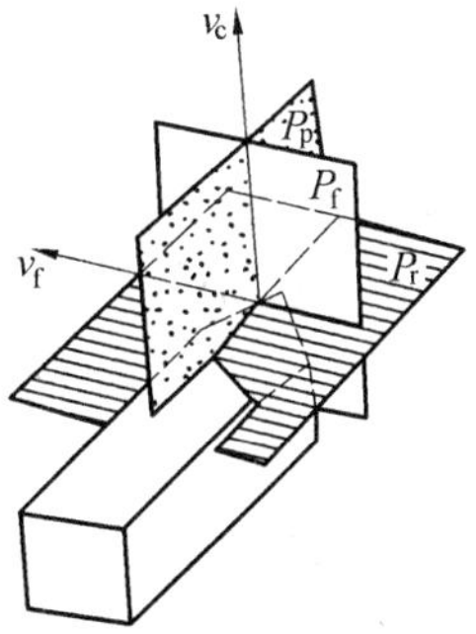

图1.10　假定工作平面、背平面参考系

综上所述，刀具标注角度的参考系对刀刃上同一选定点来说可以有三种，见表1.1和图1.8～图1.10。

表1.1　车刀标注角度的参考系

参考系	参考平面	符　号
正交平面参考系	基面	P_r
	切削平面	P_s
	正交平面	P_o
法平面参考系	基面	P_r
	切削平面	P_s
	法平面	P_n
假定工作平面、背平面参考系	基面	P_r
	背平面	P_p
	假定工作平面	P_f

4. 刀具的标注角度

刀具的标注角度是指刀具工作图上需要标出的角度。它用于刀具的制造、刃磨和测量。这些角度将保证刀具在使用时得到必需的切削角度。刀具标注角度的参考系有上述三种,它们的选用与生产中实际采用的刀具角度刃磨方式和检测夹具的构造及调整方式有关。我国过去多采用正交平面参考系,近年来参照国际标准ISO的规定,逐渐兼用正交平面参考系和法平面参考系。背平面、假定工作平面参考系则常见于美、日文献中。

(1) 刀具在正交平面参考系中的标注角度

刀具标注角度的内容包括两个方面:一是确定刀具上刀刃位置的角度;二是确定前刀面与后刀面位置的角度。以外圆车刀为例(见图1.11),确定车刀主切削刃位置的角度有以下几种:

① 主偏角 κ_r,它是在基面 P_r 上,主切削刃的投影与进给方向的夹角。

② 刃倾角 λ_s,它是在切削平面 P_s 内,主切削刃与基面 P_r 的夹角。当刀尖在主切削刃上为最低的点时,λ_s 为负值;反之,当刀尖在主切削刃上为最高的点时,λ_s 为正值。必须指出,λ_s 正负号的这个规定,是根据ISO标准,同过去某些书上关于正负号的规定恰好相反。

车刀前刀面 A_r 与主后刀面 A_α 在正交平面参考系中的位置由以下两个角度确定:

① 前角 γ_o,在主切削刃上选定点的正交平面 P_o 内,前刀面与基面之间的夹角。

② 后角 α_o,在同一正交平面 P_o 内,后刀面与切削平面之间的夹角。

除上述与主切削刃有关的角度外,对于副切削刃也可以用同样的分析方法,得到相应的四个角度,但是由于在刃磨时车刀主、副切削刃常常磨出在同一个平面型前刀面上,当主切削刃及其前刀面已由上述四个基本角度 $\kappa_r,\lambda_s,\gamma_o,\alpha_o$ 确定之后,副切削刃倾角 λ'_s 和副前角 γ'_o 即随之确定,故在刀具工作图上只需标注副切削刃上的下列角度:

① 副偏角 κ'_r,它是在基面上,副切削刃的投影与进给方向的夹角。

② 副后角 α_o,它是在副切削刃上选定点的副正交平面 P'_o 内,副后刀面与副切削平面之间的夹角。副切削平面是过该选定点并包含切削速度向量的平面。

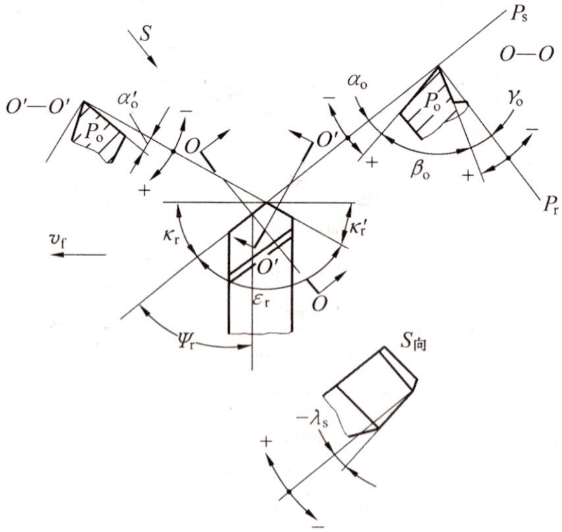

图1.11 外圆车刀正交平面参考系的标注角度

以上是外圆车刀主、副切削刃上所必须标注的 6 个基本角度。有时根据实际需要，还要再标出以下角度：

① 楔角β_o，是通过在主切削刃上选定点的正交平面P_o内，前刀面与后刀面的夹角，即

$$\beta_o = 90° - (\alpha_o + \gamma_o) \tag{1.3}$$

② 刀尖角 ε_r，在基面 P_r 上，主切削刃和副切削刃的投影之间的夹角，即

$$\varepsilon_r = 180° - (\kappa_r + \kappa_r') \tag{1.4}$$

③ 余偏角 ψ_r，在基面 P_r 上，主切削刃的投影与进给方向垂线之间的夹角，即

$$\psi_r = 90° - \kappa_r \tag{1.5}$$

(2) 刀具在法平面参考系中的标注角度

刀具在法平面参考系中要标注的角度，基本上是和上面相类似的。在基面 P_r 和切削平面 P_s 内表示的角度 κ_r,κ_r',ε_r,λ_s 和 ψ_r 相同，只需将正交平面内 P_o 的 γ_o,α_o 与 β_o 改为在法平面内的法前角 γ_n、法后角 α_n 与法楔角 β_n(见图 1.7)。

(3) 刀具在背平面和假定工作平面参考系中的标注角度

除基面上表示的角度与上面相同外，前角、后角和楔角都分别在背平面 P_p 和假定工作平面P_f内标出，故有背前角γ_p、背后角α_p、背楔角β_p和侧前角γ_f、侧后角α_f和侧楔角β_f等角度(见图 1.7)。

以上是以外圆车刀为例来说明其标注角度的，对于其他多刃刀具或非直线刃刀具，也可在各个刀刃的选定点上，参照前述有关定义的内容和分析方法，确定它们在不同参考系中的标注角度。

5. 刀具的工作角度

前面的刀具标注角度，是在忽略进给运动的影响，而且刀具又按特定条件安装的情况下给出的。刀具在工作状态下的切削角度，即刀具的工作角度，应该考虑包括进给运动在内的合成切削运动和刀具的实际安装情况，因而刀具工作角度的参考系也就不同于标注角度参考系，各参考平面的空间位置也相应地有了改变。

1.1.3 切削层参数与切削方式

1. 切削层参数

在切削过程中，刀具的刀刃在一次走刀中从工件待加工表面切除的金属层，称为切削层。切削层参数就是指的这个切削层的截面尺寸，它决定了刀具切削部分所承受的负荷和切削的尺寸大小。现以外圆车削为例说明切削层参数的定义。如图 1.12 所示，车外圆时，车刀主切削刃上任意一点相对于工件的运动轨迹是一条螺旋线，整个主切削刃切出一个螺旋面。工件每转一周，车刀沿工件轴线移动一个进给量f的距离，主切削刃及其对应的工件过渡表面也在连续移动中由位置 Ⅰ 移至相邻的位置 Ⅱ，因而 Ⅰ、Ⅱ 间的一层金属被切除。这一切削层的参数，通常都在过切削刃上选定点并与该点主运动方向垂直的平面内，即在不考虑进给运动影响的基面内观察和度量。

(1) 切削厚度 h_D

在主切削刃选定点的基面内，垂直于过渡表面度量的切削层尺寸称为切削厚度 h_D。车外圆时，若车刀主切削刃为直线(见图 1.12)，切削层截面的切削厚度为

$$h_D = f\sin\kappa_r \tag{1.6}$$

由此可见,f 或 κ_r 增大,则 h_D 变厚。

若车刀主切削刃为圆弧或任意曲线,则对应于主切削刃上各点的切削厚度是不相等的。

(2) 切削宽度 b_D

在主切削刃选定点的基面内,沿过渡表面度量的切削层尺寸称为切削宽度 b_D。当车刀主切削刃为直线时,外圆车削的切削宽度(见图 1.12) 为

$$b_D = a_p/\sin\kappa_r \tag{1.7}$$

由上式可知,当 a_p 减小或 κ_r 增大时,b_D 变小。

(3) 切削面积 A_D

在主切削刃选定点的基面内的切削层截面面积称为切削面积 A_D,车削时的切削面积为

$$A_D = h_D b_D = f a_p \tag{1.8}$$

2. 切削方式

(1) 自由切削与非自由切削

刀具在切削过程中,如果只有一条直线刀刃参加切削工作,这种情况称为自由切削。其主要特征是刀刃上各点切屑流出方向大致相同,被切金属的变形基本上发生在二维平面内。图 1.6 所示的宽刃刨刀,由于主切削刃长度大于工件宽度,没有其他刀刃参加切削,且主切削刃上各点切屑流出方向基本上都是沿着刀刃的法向,所以它属于自由切削。

反之,若刀具上的刀刃为曲线,或有几条刀刃(包括主切削刃和副切削刃) 都参加了切削,并且同时完成整个切削过程,则称为非自由切削。其主要特征是各刀刃交接处切下的金属互相影响和干扰,金属变形更为复杂,且发生在三维空间内。例如外圆车削时除主切削刃外,还有副切削刃同时参加切削,所以它属于非自由切削方式。一般情况下,多刃刀具切削时大都是这种非自由切削。

(2) 直角切削与斜角切削

直角切削指刀具主切削刃的刃倾角 $\lambda_s = 0$ 时的切削,此时主切削刃与切削速度方向成直角,故又称为正交切削。图 1.13(a) 为直角切削简图,它属于自由切削状态下的直角切削,其切削流出方向是沿刀刃的法向。非自由切削的直角切削是同时有几条刀刃参加切削,但主切削刃的刃倾角 $\lambda_s = 0$。例如图 1.2 所示的平面刨削,若其主切削刃的 $\lambda_s = 0$,就属于这种情况。这时主切削刃上切屑流出方向受邻近刀刃的影响,将偏离主切削刃的法向。

斜角切削是指刀具主切削刃的刃倾角 $\lambda_s \neq 0$ 时的切削,此时主切削刃与切削速度方向不成直角。图 1.13(b) 为斜角切削,它也属于自由切削状态。一般斜角切削方式,无论它是在自由切削或非自由切削状态下,主切削刃上的切屑流出方向都将偏离其法向。

实际切削加工中的大多数情况属于斜角切削方式,而在以前的理论和实验研究工作中,则比较常用直角切削方式。

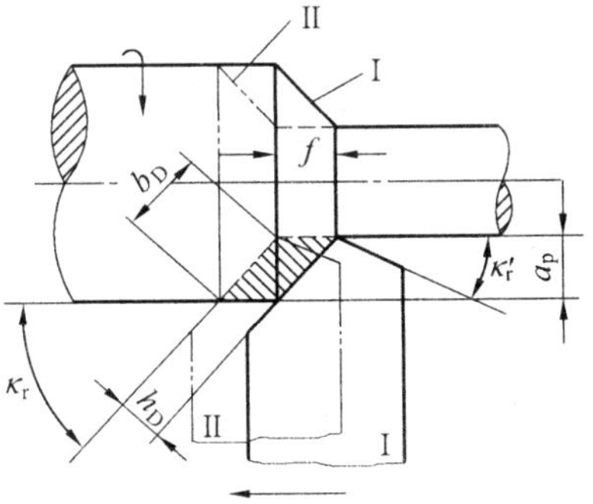

图1.12 切削层参数

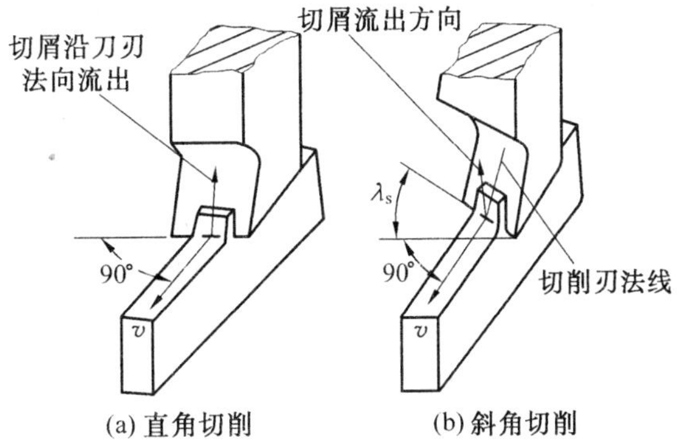

图1.13 直角切削与斜角切削

1.2 常用的刀具材料

用刀具切削金属时，直接负担切削工作的是刀具的切削部分，刀具材料通常指刀具切削部分的材料。刀具切削性能的好坏，取决于构成刀具切削部分的材料、切削部分的几何参数及刀具结构的选择和设计是否合理。切削加工生产率和刀具耐用度的高低，刀具消耗和加工成本的多少，加工精度和表面质量的优劣等，在很大程度上都取决于刀具材料的选择和合理运用。

刀具材料的发展随着工程材料的发展步伐前进，要关注工程材料动向，重视新型刀具材料的开发。

1.2.1 刀具材料应具备的性能

刀具在工作时，要承受很大的压力。同时，由于切削时产生的金属塑性变形以及在刀具、切屑和工件相互接触表面间产生的强烈摩擦，使刀具切削区温度急剧升高，产生很大的应力。而在加工余量不均匀或断续切削时，刀具还受到强烈的冲击和振动。因此刀具材料应能满足下面一些要求。

(1)高的硬度和耐磨性

硬度是刀具材料应具备的基本特性。刀具要从工件上切下切屑，其硬度必须比工件材料的硬度大。切削金属所用刀具的切削刃的硬度，一般都在HRC60以上。

耐磨性是材料抵抗磨损的能力。一般来说，刀具材料的硬度越高，耐磨性就越好。组织中硬质点(碳化物、氮化物等)的硬度越高，数量越多，颗粒越小，分布越均匀，则耐磨性越高。但刀具材料的耐磨性实际上不仅取决于它的硬度，而且也和它的化学成分、强度、显微组织及摩擦区的温度有关。

(2)足够的强度和韧性

要使刀具在承受很大压力，以及在切削过程中通常要出现的冲击和振动的条件下工作，而不产生崩刃和折断，刀具材料就必须具有足够的强度和韧性。

(3)高的耐热性(热稳定性)

耐热性是衡量刀具材料切削性能的主要标志。它是指刀具材料在高温下保持硬度、耐磨性、强度和韧性的性能。刀具材料的高温硬度越高,则刀具的切削性能越好,允许的切削速度也越高。

除高温硬度外,刀具材料还应具有在高温下抗氧化的能力以及良好的抗黏结和抗扩散能力,即刀具材料应具有良好的化学稳定性。

(4)良好的热物理性能和耐热冲击性能

刀具材料的导热性越好,切削热越容易从切削区散走,有利于降低切削温度。

刀具在断续切削(如铣削)或使用切削液切削时,常常受到很大的热冲击(温度变化剧烈),因而刀具内部会产生裂纹而导致断裂。

耐热冲击性能好的刀具材料,在切削加工时可使用切削液。

(5)良好的工艺性能

为便于刀具制造,要求刀具材料具有良好的工艺性能,如锻造性能、热处理性能、高温塑性变形性能和磨削加工性能等。

(6)经济性

经济性是刀具材料的重要指标之一,刀具材料的发展应结合本国资源。有的刀具(如超硬材料刀具)虽然单件成本很贵,但因其使用寿命很长,分摊到每个零件的成本不一定很高。因此在选用时要考虑经济效益。此外,在切削加工自动化和柔性制造系统中,也要求刀具的切削性能比较稳定和可靠,有一定的可预测性和高度的可靠性。

常用的刀具材料有碳素工具钢、合金工具钢、高速钢、硬质合金、陶瓷、金刚石、立方氮化硼等。碳素工具钢(如T10A、T12A)、合金工具钢(如9SiCr、CrWMn),因耐热性较差,仅用于一些手工工具及切削速度较低的刀具;陶瓷、金刚石和立方氮化硼仅用于有限的场合;目前刀具材料中用得最多的仍是高速钢和硬质合金。

1.2.2 高速钢

高速钢是在碳素工具钢中加入了较多的钨、钼、铬、钒等合金元素的高合金工具钢。

①高速钢具有较高的热稳定性,在切削温度高达500~650℃时,尚能进行切削。与碳素工具钢和合金工具钢相比,高速钢能提高切削速度1~3倍,提高刀具耐用度10~40倍,甚至更多。它可以加工从有色金属到高温合金的范围广泛的材料。

②高速钢具有高的强度(抗弯强度为一般硬质合金的2~3倍,为陶瓷的5~6倍)和韧性,具有一定的硬度(HRC63~70)和耐磨性,适合于各类切削刀具的要求,也可用于在刚性较差的机床上加工。

③高速钢刀具制造工艺简单,容易磨成锋利切削刃,能锻造,这一点对形状复杂及大型成形刀具非常重要,故在复杂刀具(钻头、丝锥、成形刀具、拉刀、齿轮刀具等)制造中,高速钢仍占主要地位。

高速钢材料性能较硬质合金和陶瓷稳定,在自动机床上使用较可靠。

因此,尽管各种新型刀具材料不断出现,高速钢仍占现有刀具材料的一半以上。

按用途不同,高速钢可分为通用型高速钢和高性能高速钢。

常用的几种高速钢的力学性能见表1.2。

表1.2 高速钢的力学性能

钢号	常温硬度	抗弯强度	冲击韧度	高温硬度 HRC	
	HRC	GPa	MJ/m^2	500℃	600℃
W18Cr4V	63～66	3～3.4	0.18～0.32	56	48.5
W6Mo5Cr4V2	63～66	3.5～4	0.3～0.4	55～56	47～48
9W18Cr4V	66～68	3～3.4	0.17～0.22	57	51
W6Mo5Cr4V3	65～67	3.2	0.25	—	51.7
W6Mo5Cr4V2Co8	66～68	3	0.3	—	54
W2Mo9Cr4VCo8	67～69	2.7～3.8	0.23～0.3	-60	-55
W6Mo5Cr4V2Al	67～69	3.5	0.23～0.3	60	55
W10Mo4Cr4V3Al	67～69	3.1	0.2～0.28	59.5	54

1.通用型高速钢

通用型高速钢含碳量为0.7%～0.9%。按钢中含W量的不同,可分为含W12%或18%的钨钢,含W6%或8%的钨钼系钢,含W2%或不含W的钼钢。

这类钢按其耐热性可称为中等热稳定性高速钢。它经4 h加热到615～620℃后,仍可保持硬度为HRC60。由于这类钢具有一定的硬度(HRC63～66)和耐磨性,高的强度和韧性,良好的塑性和磨削加工性,因此广泛用以制造各种复杂刀具,成为切削硬度在HBS250～280以下的大部分结构钢和铸铁的基本品种,应用最为广泛,占高速钢总产量的75%～80%。

通用型高速钢刀具的切削速度一般不太高,切削普通钢料时通常不高于40～60 m/min。

通用型高速钢一般可分钨钢、钨钼钢两类:

(1)钨钢

钨钢的典型牌号是W18Cr4V(简称W18),它含W18%,Cr4%,V1%,具有较好的综合性能(表1.2),在600℃时的高温硬度为HRC48.5,可用以制造各种复杂刀具。

W18钢的优点是:淬火时过热倾向小;由于含钒量较少,故磨削加工性好;由于碳化物含量较高,因而塑性变形抗力较大。

W18钢的缺点是:碳化物分布较不均匀;强度和韧性显得不够,不宜做大截面的刀具;热塑性较差。

(2)钨钼钢

钨钼钢是将钨钢中的一部分钨用钼代替所获得的一种高速钢。如果钨钼钢中的钼不多于5%,钨不少于6%,而且满足W+(1.4～1.5)Mo=12%～13%时,则可保证钼对钢的强度和韧性具有有利的影响,而又不损害钢的热稳定性。钨钼钢的典型牌号是W6Mo5Cr4V2(简称M2),它含W6%,Mo5%,Cr4%,V2%。这种钢的碳化物的分布细小均匀,具有良好的力学性能(表1.2),它的抗弯强度比W18钢高10%～15%,韧性高50%～60%,而且大截面的工具也具有这种优点,因而可做尺寸较大、承受冲击力较大的刀具。

M2 钢的热塑性特别好,故特别适合在轧制或扭制钻头等热成形工艺中使用。M2 钢的磨削加工性也很好,目前是各国使用较多的一种通用型高速钢。M2 钢的热稳定性稍低于 W18 钢,在较高速度(v>40 m/min)切削时切削性能稍逊于 W18 钢,在较低速度切削时,则二者完全一样。

M2 钢的主要缺点是热处理时脱碳倾向较大,较易氧化,淬火温度范围较窄。

我国生产的另一种钨钼钢为 W9Mo3Cr4V(简称 W9),它具有良好的力学性能,其热稳定性略高于 M2 钢。这种钢的碳化物均匀性优于 W18 而接近于 M2 钢,具有良好的热塑性,易锻、易轧,热处理温度范围宽,脱碳倾向比 M2 小得多(略高于 W18),磨削加工性也很好,刀具耐用度也有一定程度的提高。

2. 高性能高速钢

高性能高速钢是指在通用型高速钢成分中提高含碳量、含钒量及添加钴、铝等合金元素的新钢种。如高碳高速钢 9W18Cr4V,高钒高速钢 W6Mo5Cr4V3,高钴高速钢 W6Mo5Cr4V2Co8 及超硬高速钢 W2Mo9Cr4V2Co8、W6Mo5Cr4V2Al 等,它们的力学性能见表 1.2。

这类钢按其耐热性可称为高热稳定性高速钢。加热到 630 ~ 650℃ 时仍可以保持 60HRC 的硬度,因此具有更好的切削性能,这类高速钢刀具的耐用度约为通用型高速钢刀具的 1.5 ~3 倍。它们适合于加工奥氏体不锈钢、高温合金、钛合金、超高强度钢等难加工材料。在用中等速度加工软材料时,优越性就不很显著。

这类钢的不同牌号只有在各自的规定切削条件下使用才可达到良好的切削性能。例如高碳高速钢的强度和韧性较通用高速钢低,高钒高速钢的磨削加工性差,含钴高速钢的成本较高等,都限制了它们只适于在一定范围内使用。

超硬高速钢是指硬度能达到 67 ~70HRC 的高速钢,其含碳量比相似的通用高速钢高 0.2% ~0.25%。就其成分而言,可分为含钴的超硬高速钢和不含钴的超硬高速钢。

①W2Mo9Cr4V2Co8(M42)。这是一种应用最广泛的含钴超硬高速钢,具有良好的综合性能。硬度可达 67 ~70HRC,600℃时的高温硬度为 55HRC,比 W18 钢高 6.5HRC,因而能允许较高的切削速度。这种钢有一定的韧性,由于含钒量不高,故磨削加工性很好。用这种钢做的刀具在加工耐热合金、不锈钢时,耐用度较 W18 和 M2 钢有明显提高。加工材料的硬度越高,效果也越显著。这种钢由于含钴量较多,所以成本较贵。

②W6Mo5Cr4V2Al(501)。这是一种含铝的超硬高速钢,在 600℃ 时的高温硬度也达到 54HRC,但由于不含钴,因而仍保留有较高的强度和韧性。501 钢的抗弯强度为 2.9 ~ 3.9 GPa,冲击韧性为0.23 ~0.3 MJ/m^2,具有优良的切削性能。在多数场合,其切削性能与 M42 钢相同。这种钢立足于我国资源,与钴钢比较,成本较低,故已逐渐推广使用。但与 W18 钢比较,这种钢的磨削加工性较差,热处理温度也较难控制。

1.2.3 硬质合金

硬质合金是用高硬度、高熔点的金属碳化物(如 WC、TiG、Tac、NbC 等)微米数量级的粉末和金属黏合剂(如 Co、Ni 等)在高压下成形后,经高温烧结而成的粉末冶金材料。硬质合金成分中含有大量的金属碳化物,这些碳化物的熔点高、硬度高、化学稳定性与热稳定性好，因此，硬质合金的硬度、耐磨性、耐热性都很高，切削速度远远超过高速钢，加工效率高且能切削诸如淬火钢等硬材料。硬质合金的最大不足是抗弯强度低，脆性大，抗振动和抗冲击性能差。

硬质合金因其切削性能优良而被广泛用做刀具材料。绝大多数车刀和端铣刀都采用硬质合金制造，深孔钻、铰刀等刀具也广泛采用了硬质合金，就连一些复杂刀具如拉刀、齿轮滚刀等也都采用了硬质合金。

ISO标准将切削用硬质合金分为P、K、M三类。P类主要用于加工长切屑的黑色金属，相当于我国的YT类；K类主要用于加工短切屑的黑色金属、有色金属和非金属材料，相当于我国的YG类；M类可用于加工长或短切屑的黑色金属和有色金属，相当于我国的YW类。

现代被加工材料中，90%～95%可用P和K类硬质合金加工，其余5%～10%可用M类硬质合金加工。

各类硬质合金的化学成分及物理力学性能见表1.3。

1. WC-Co(YG)类硬质合金

这类合金由WC和Co组成。我国生产的常用牌号有YG3X、YG6X、YG8等，其中Y代表硬质合金，G代表钴，数字表示含钴量的百分数，X代表细晶粒，C代表粗晶粒。这类合金的硬度为HRA89～91.5，耐热度为800～900℃，抗弯强度为1.1～1.5 MPa。钨合金抗弯强度、冲击韧性和热导率都比较高，只是硬度稍低些。因此，它主要用来加工脆性金属和有色金属，如铸铁、青铜等。硬质合金因粒度粗细不同，又有细晶合金(如YG8X)和粗晶合金(如YG8C)之分。前者适用于加工一些特硬铸铁、奥氏体不锈钢、耐热合金、硬青铜和耐磨的绝缘材料；后者因强度高，硬度和耐磨性稍有降低，能耐较大的冲击力，可做刨刀、插刀等刀具。

2. WC-TiC-Co(YT)类硬质合金

合金中除了含碳化钨和钴外，还加入5%～30%的碳化钛。这种合金的耐热度可达900～1 000℃。硬度和耐磨性都高，但强度和冲击韧度较差。常用牌号有YT5、YT14、YT15、YT30(数字代表TiC含量)。YT5强度高于YT30，适用于粗加工，YT30则适用于精加工。钨钛钴合金适合于加工塑性大的材料，如钢材等，不适合加工含钛金属材料，因为钛元素之间亲和力强，会产生严重的黏结现象，使刀具磨损加剧。加工淬火钢、高强度钢时，容易造成崩刃现象。

3. WC-TiC-TaC(NbC)-Co(YW)类硬质合金

WC-TiC-TaC(NbC)-Co(YW)类硬质合金是由钨钛钴硬质合金中添加适当的TaC(NbC)而派生出来的，使抗弯强度、疲劳强度和冲击韧性得到提高，而且耐热性、高温硬度及抗氧化能力亦有很大改善。它是一种既可以加工铸铁、有色金属，又可以加工钢的通用型硬质合金。这种合金如适当增加含钴量，强度可很高，承受机械振动和热冲击能力较强，可用于断续切削。

以上三种硬质合金的主要成分都有WC，故统称为WC硬质合金。

4. TiC基硬质合金

TiC基硬质合金是以TiC为主要成分的TiC-Ni-Mo合金。由于TiC在所有碳化物中硬度最高，故 TiC 基硬质合金的硬度也很高，达到了陶瓷水平。这种合金有很高的耐磨性，较高的耐热性和抗氧化能力，摩擦系数较小，抗黏结能力较强，因此刀具耐用度可比 WC 基硬质合金提高几倍。但目前这类合金的抗弯强度和冲击韧度比 WC 基硬质合金低，因此不适于强力切削和断续切削，而主要用于精加工和半精加工，尤其是加工那些较大零件，要求表面粗糙度值小和尺寸精度较高的零件。

近年来，硬质合金领域中一项重大发展是涂层硬质合金。它是在硬质合金表面涂覆一层（5 ~ 12 μm）硬度和耐磨性很高的物质，使得刀具既有高硬度和耐磨性的表面，又有强韧的基体。涂层减小了工具和刀具表面之间的摩擦系数，减小了切削力和切削温度，从而能提高切削速度而不降低刀具耐用度。

一般涂层都以硬质合金刀片作为基体，如切削钢时用的刀片基体为 YT5，切削铸铁时 YG8。涂层刀片按涂覆材料的不同可分成：TiC 涂层刀片，Al_2O_3涂层刀片，陶瓷涂层和双涂层刀片等。这些刀片的发展为机夹可转位刀具的应用提供了良好的条件。

1.2.4 其他刀具材料

1. 陶瓷

常用的刀具陶瓷有：Al_2O_3基陶瓷和 Si_2N_4基陶瓷两种。Al_2O_3基陶瓷刀具具有下列特点：

①很高的硬度和耐磨性。陶瓷的硬度达到 91 ~ 95HRA，高于硬质合金。在使用条件良好时，有很高的刀具耐用度。

②很高的耐热性。该刀具材料在 1 200℃ 以上还能进行切削。在 760℃ 时的硬度为 87HRA，在 1 200℃ 时还能维持在 80HRA，其切削速度可比硬质合金提高 2 ~ 5 倍。

③很高的化学稳定性。陶瓷与金属的亲和力小，抗黏结和抗扩散的能力较好。

④较低的摩擦系数，切屑与刀具不易产生黏结，加工表面粗糙度较小。

陶瓷刀具可用于加工钢，也可用于加工铸铁。对于高硬度材料（硬铸铁和淬硬钢）、大件及高精度零件加工特别有效。不仅可用于车削加工，还可用于铣削加工。

Al_2O_3基陶瓷的最大缺点是抗弯强度很低，冲击韧度很差。主要用于高速精车和半精车铸件及调质结构钢工件，而 Al_2O_3–TiC 混合陶瓷由于强度硬度较高，耐磨性好，则可用于粗、精加工冷硬铸铁轧辊、淬硬合金钢轧辊以及精铣大平面。

20 世纪 80 年代进入刀具市场的 Si_3N_4基陶瓷具有高的强度和韧性，其抗弯强度可达 1 GPa，有的牌号达 1.5 GPa，因而使这种刀具能承受较大的冲击负荷。Si_3N_4基陶瓷有较高的热稳定性，在 1 300 ~ 1 400℃ 的温度下能进行切削。由于 Si_3N_4基陶瓷具有较高的导热系数、较低的热膨胀系数及小的弹性模量，其耐热冲击性能也大大优于 Al_2O_3基陶瓷，故切削时可使用切削液。这种陶瓷刀具在加工铸铁及镍基合金时均取得良好效果，其代表牌号是赛隆（Sialon，成分为 Si_3N_4–Al_2O_3–Y_2O_3）。

表 1.3　硬质合金的化学成分及物理性能

类别		牌号	化学成分/%				物理性能			力学性能					相近的ISO 牌号
			WC	TiC	TaC(NbC)	Co	密度 /(g·cm^{-3})	热导率 /[W·(m^{-1}·K^{-1})]	线膨胀系数 /(×10^{-6}℃$^{-1}$)	硬度 HRA	抗弯强度 /GPa	抗压强度 /GPa	弹性模量 /GPa	冲击韧度 /(kJ·m^{-2})	
WC 基	WC+Co	YG3X	96.5			3	15.0~15.3		4.1	91.5	1.1	5.4~5.63			K01
		YG6X	93.5		<0.5	6	14.6~15.0	79.6	4.4	91	1.4	4.7~5.1		-20	K05
		YG6X	94		<0.5	6	14.6~15.0	79.6	4.5	89.5	1.45	4.6	630~640	-30	K10
		YG8	92			8	14.5~14.6	75.4	4.5	89	1.5	4.47	600~610	-40	K20
		YG10H	90			10	14.3~14.6			91.5	2.2				K30
	WC+TiC+Co	YT30	66	30		4	9.3~9.7	20.9	7	92.5	0.9		400~410	8	P01.2
		YT15	79	15		6	11.0~11.7	33.5	6.51	91	1.15	3.9	520~530		P10
		YT14	78	14		8	11.2~12	33.5	6.21	90.5	1.2	4.2		7	P20
		YT5	85	5		10	12.5~13.2	62.8	6.06	89.5	1.4	4.6	590~600		P30
	WC+TaC(Nb)+Co	YG6A	91		3	6	14.6~15			91.5	1.4				K05
		YG8A	91		<1	8	14.5~14.9			89.5	1.5				K25
	WC+TiC+TaC(NbC)+Co	YW1	84	6	4	6	12.8~13.3			91.5	1.2				M10
		YW2	82	6	4	8	12.6~13			90.5	1.35				M20
TiC 基		YN05	8	71		Ni-7Mo-14	5.9			93.3	0.95				P01.1
		YN10	15	62	1	Ni-2Mo-10	6.3			92	1.1				P01.4

2. 金刚石

金刚石刀具有三种:天然单晶金刚石刀具,整体人造聚晶金刚石刀具及金刚石复合刀片。天然金刚石由于价格昂贵等原因,用得较少。人造金刚石通过合金触媒的作用,在高温高压下由石墨转化而成。金刚石复合刀片是在硬质合金基体上烧结一层0.5 mm厚的金刚石。

金刚石具有极高的硬度和耐磨性,其显微硬度达到10 000HV,是目前已知的最硬物质。因此它可以用于加工硬质合金、陶瓷、高硅铝合金及耐磨塑料等高硬度、高耐磨的材料,刀具耐用度比硬质合金可提高几倍到几百倍。

金刚石的切削刃非常锋利(这对切下极小断面的切屑是很重要的),刃部粗糙度很小,摩擦系数又低,切削时不易产生积屑瘤,因此加工表面质量很高。加工有色金属时,表面粗糙度可达0.012 μm,加工精度可达IT5(孔为IT6)以上。

金刚石目前主要用于磨具及磨料,用做刀具时多用于在高速下对有色金属及非金属材料进行精细车削及镗孔。

金刚石的热稳定性较低,切削温度超过700~800℃时,就会完全失去其硬度。

金刚石刀具不适于加工钢铁材料,因为金刚石(C)和铁有很强的化学亲和力,在高温下铁原子容易与碳原子作用而使其转化为石墨结构,刀具极易破坏。

3. 立方氮化硼

立方氮化硼是由软的立方氮化硼在高温高压下加入催化剂转变而成的。它是20世纪70年代才发展起来的一种新型刀具材料。立方氮化硼刀具有两种:整体聚晶立方氮化硼刀具及立方氮化硼复合刀片。后者是在硬质合金基体上烧结一层厚度约0.5 mm的立方氮化硼而成的。立方氮化硼有很高的硬度及耐磨性,其显微硬度为8 000~9 000HV,已接近金刚石的硬度。立方氮化硼有比金刚石高得多的热稳定性(达1 400℃),因此可用来加工高温合金。立方氮化硼的化学惰性很大,它和金刚石不一样,与铁族金属直至1 200~1 300℃时也不易起化学作用,因此立方氮化硼刀具可用于加工淬硬钢和冷硬铸铁。

立方氮化硼刀具可以用硬质合金刀具加工普通的钢及铸铁的切削速度对淬硬钢、冷硬铸铁、高温合金等进行半精加工和精加工,加工精度可达IT5(孔为IT6),表面粗糙度可小至*Ra*0.8~0.2 μm,可代替磨削加工。在精加工有色金属时,表面粗糙度可接近*Ra*0.05 μm。立方氮化硼刀具还可用于加工某些热喷涂(焊)件及其他特殊材料。

1.3 金属切削过程

金属切削过程是刀具从工件表面切除多余的金属,从切削层变形到已加工表面形成为止的完整过程。要提高切削加工生产率,保证零件加工质量,降低生产成本,必须研究金属切削过程的物理本质及其变形规律。

下面以塑性材料的切削变形为例,说明金属切削层的变形。

1.3.1 切削层的变形

根据金属切削试验，可绘制如图1.14所示的金属切削过程中的滑移线和流线示意图。流线表示被切削金属的某一点在切削过程中流动的轨迹。由图中可见，可大致划分为三个变形区。

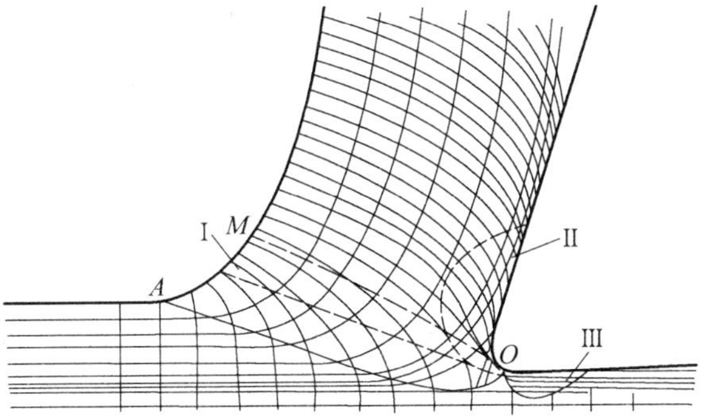

图1.14 金属切削过程中的滑移线和流线示意图

(1)第一变形区

从 OA 线开始发生塑性变形，到 OM 线，晶粒的剪切滑移基本完成。这一区域(Ⅰ)称为第一变形区。如图1.15所示，当被切削层中金属某点 P 向切削刃逼近，到达点1的位置时，此时其切应力达到材料的屈服强度 τ_s，点1在向前移动的同时，也沿 OA 滑移，其合成运动将使点1流动到点2。2－2′是它的滑移量。随着滑移的产生，切应力将逐渐增加，也就是当点 P 向1,2,3,… 各点流动时，它的切应力不断增加，直到点4位置，此时其流动方向与前刀面平行，不再沿 OM 线滑移。所以 OM 称为终滑移线，OA 称为始滑移线。在 OA 到 OM 之间整个第一变形区内，其变形的主要特征就是沿滑移线的剪切变形，以及随之产生的加工硬化。在切削速度较高时，这一变形区较窄。

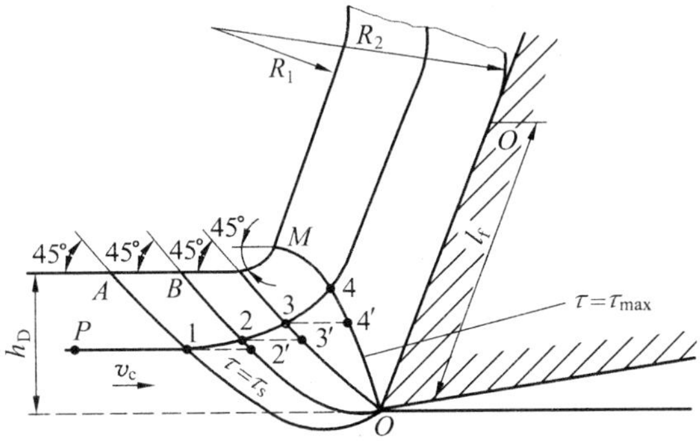

图1.15 第一变形区金属的滑移

在一般切削速度范围内，第一变形区的宽度仅为0.02～0.2 mm，所以可用一剪切面来表示。剪切面和切削速度方向的夹角叫做剪切角，以 φ 来表示(见图1.16)。

(2)第二变形区

切屑沿前刀面排出时进一步受到前刀面的挤压和摩擦，使靠近前刀面处金属纤维化，

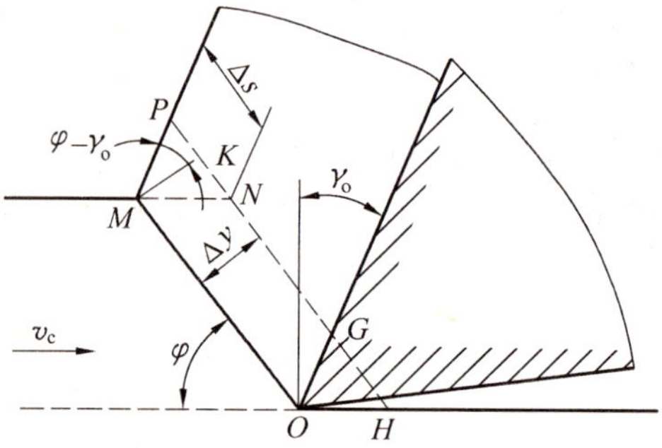

图 1.16 剪切变形示意图

基本上和前刀面相平行。这部分叫做第二变形区(Ⅱ)。

(3)第三变形区

已加工表面受到切削刃钝圆部分与后刀面的挤压和摩擦,产生变形与回弹,造成纤维化与加工硬化。这一部分的格子变形也是比较密集的,称为第三变形区(Ⅲ)。

这三个变形区都在切削刃附近,此处的应力比较集中和复杂,金属的被切削层就在此处与工件本体材料分离,大部分变成切屑,很小一部分留在已加工表面上。

1.3.2 变形程度的表示方法

1. 剪应变

切削过程中金属变形的主要形式既然是剪切滑移,那么就可采用剪应变 ε 这一指标来衡量变形程度。现在让我们找出剪切角 φ 和剪应变即相对滑移 ε 的关系。如图1.16所示,当平行四边形 $OHNM$ 发生剪切变形后,变为 $OGPM$,剪应变用滑移距离 Δs 与滑移层厚度 Δy 之比表示变形程度,即

$$\varepsilon = \frac{\Delta s}{\Delta y}$$

由图可见,剪切面 NH 被推到 PG 的位置

$$\Delta s = NP, \quad \Delta y = MK$$

$$\varepsilon = \frac{\Delta s}{\Delta y} = \frac{NP}{MK} = \frac{NK + KP}{MK}$$

$$\varepsilon = \cot \varphi + \tan(\varphi - \gamma_o) \tag{1.9}$$

$$\varepsilon = \frac{\cos \gamma_o}{\sin \varphi \cos (\varphi - \gamma_o)} \tag{1.10}$$

2. 变形系数

用剪切角 φ 衡量变形大小,必须用快速落刀装置获得切屑根部图片,才能量出,比较麻烦,一般可用变形系数 ξ 来度量。一般情况下,在切削过程中,刀具切下的切屑厚度 a_{ch} 都要大于工件上切削层的厚度 a_c,而切削长度 L_{ch} 却小于切削层长度 L_c,见图1.17所示。切屑厚度与切削层厚度之比称为厚度变形系数 ξ_a;而切削层长度与切屑长度之比称为长度变形系数 ξ_l,即

$$\xi_a = \frac{a_{ch}}{a_c} \tag{1.11}$$

$$\xi_1 = \frac{L_c}{L_{ch}} \tag{1.12}$$

由于工件上切削层的宽度与切屑宽度的差异很小,切削前和切削后的体积可以看做不变,故

$$\xi_a = \xi_1 = \xi \tag{1.13}$$

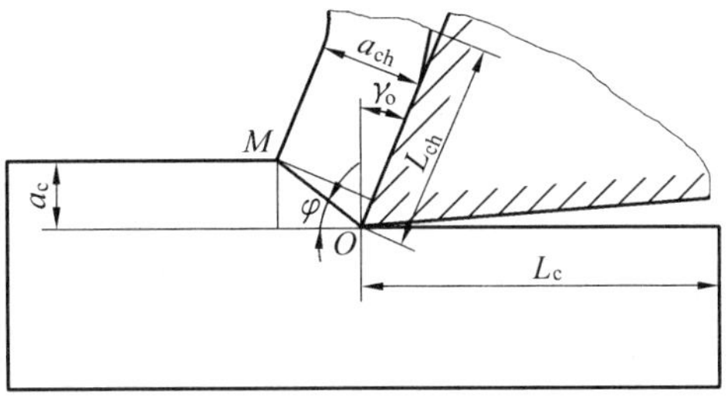

图1.17　变形系数求法

变形系数ξ是大于1的数,在前苏联称为收缩系数,在英美则以其倒数用r_c表示,r_c称为“切削比”。

变形系数直观地反映了切削的变形程度,并且容易测量。L_c是试件长度,为已知,L_{ch}可用细铜丝量出。ξ值越大,表示切出的切屑越厚越短,变形越大。

由图1.17可推导出ξ与φ的关系如下

$$\xi = \frac{OM\sin(90-\varphi+\gamma_o)}{OM\sin\varphi} = \frac{\cos(\varphi-\gamma_o)}{\sin\varphi} \tag{1.14}$$

上式经变换后也可写成

$$\tan\varphi = \frac{\cos\gamma_o}{\xi - \sin\gamma_o} \tag{1.15}$$

将式(1.15)代入式(1.14),可得ξ和ε的关系

$$\varepsilon = \frac{\xi^2 - 2\xi\sin\gamma_o + 1}{\xi\cos\gamma_o} \tag{1.16}$$

剪切角φ,相对滑移ε和变形系数ξ通常用以表示切削变形程度的三种方法。它们是根据纯剪切的观点提出的,但切削过程是复杂的,既有剪切,又有前刀面对切屑的挤压和摩擦作用(第二变形区),用这些简单的方式虽不能反映全部的实质,但有利于对切削过程的理解和分析。

3.剪切角

从式(1.15)得知,剪切角φ和切削变形有十分密切的关系。为了研究剪切角,先分析作用在切屑上的力。

在直角自由切削下,作用在切屑上的力有:前刀面上的法向力F_n和摩擦力F_f,在剪切面上也有一个正压力F_{ns}和剪切力F_s,如图1.18所示,这两对力的合力应该互相平衡,如果把所有的力都画在切削刃的前方,可得图1.19中各力的关系,图中F_r是F_n和F_f的合力,又称切削形成力;φ是剪切角;β是F_n和F_f的夹角,又称摩擦角;γ_o是刀具前角;F_z是切削运动方向的切削分力;F_y是和切削运动方向垂直的切削分力;h_D是切削厚度。

令b_D表示切削宽度,A_D表示切削层的剖面积($A_D = h_D b_D$),A_s表示剪切面的剖面积($A_s = \dfrac{A_D}{\sin\varphi}$),$\tau$表示剪切面上的切应力,则

$$F_s = \tau A_s = \frac{\tau A_D}{\sin\varphi},\quad F_s = F_r\cos(\varphi+\beta-\gamma_o)$$

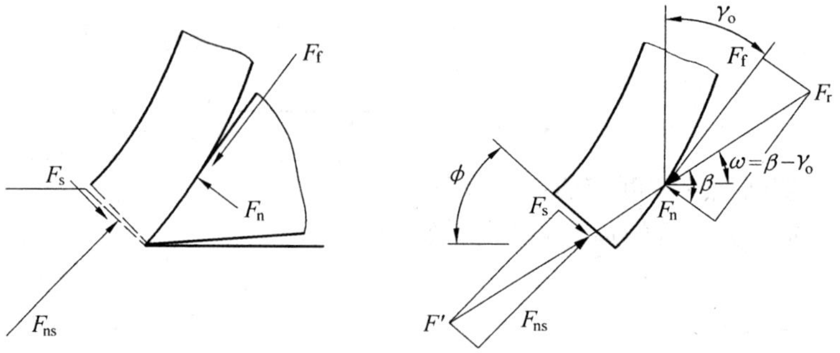

(a) (b)

图 1.18 作用在切屑上的力

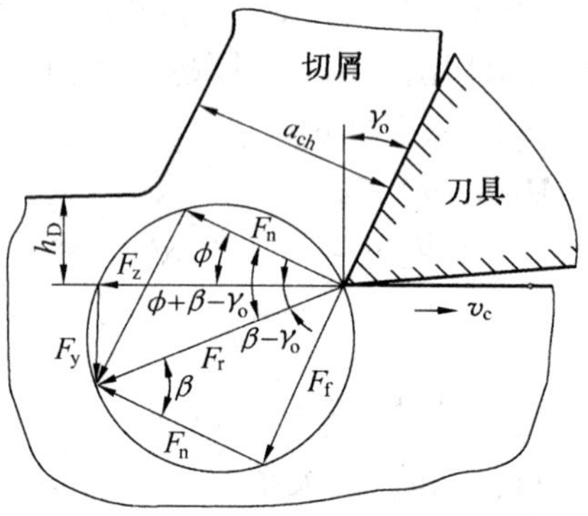

图 1.19 直角自由切削时力与角度的关系

$$F_r = \frac{F_s}{\cos(\varphi + \beta - \gamma_o)} = \frac{\tau A_D}{\sin\varphi\cos(\varphi + \beta - \gamma_o)} \tag{1.17}$$

$$F_z = F_r\cos(\beta - \gamma_o) = \frac{\tau A_D\cos(\beta - \gamma_o)}{\sin\varphi\cos(\varphi + \beta - \gamma_o)} \tag{1.18}$$

$$F_y = F_r\sin(\beta - \gamma_0) = \frac{\tau A_D\sin(\beta - \gamma_o)}{\sin\varphi\cos(\varphi + \beta - \gamma_o)} \tag{1.19}$$

式(1.18)和式(1.19)说明了摩擦角对切削分力 F_z 和 F_y 的影响,反过来,如果用测力仪测得 F_z 和 F_y 的值,而忽略后刀面上的作用力,就可以从下式求得摩擦角 β

$$\frac{F_y}{F_z} = \tan(\beta + \gamma_o)$$

$\tan\beta$ 等于前刀面的平均摩擦系数 μ,这就是通常测定前刀面摩擦系数 μ 的方法。

剪切角的计算有如下两种方法:

① 根据合力最小原则确定剪切角。从图 1.19 看出,剪切角 φ 的大小不同,则切削合力 F_r 的值随之而异。剪切角 φ 应取使切削合力 F_r 为最小值。

对式(1.17)求 $\frac{dF_r}{d\varphi}$ 并令其为 0,得 F_r 最小时 φ 的值

$$\varphi = \frac{\pi}{4} - \frac{\beta}{2} + \frac{\gamma_o}{2} \tag{1.20}$$

上式即所谓麦钱特(M · E · Merchant) 公式。

② 根据主应力方向与最大剪应力方向之间的夹角为45°的原理确定剪切角。图1.19中 F_r 的方向便是主应力的方向,而 F_s 的方向就是最大剪应力方向,两者之间的夹角为($\varphi+\beta-\gamma_o$)。根据主应力方向与最大剪应力方向之间的夹角为45°的原理,于是得

$$\varphi+\beta-\gamma_o=\frac{\pi}{4}$$

即

$$\varphi=\frac{\pi}{4}-\beta+\gamma_o \tag{1.21}$$

上式即所谓李和谢弗(Lee an shafer) 公式。

从式(1.20) 和式(1.21) 中能看出:① 当前角 γ_o 增大时,剪切角 φ 随之增大,变形减小。可见在保证切削刃强度的前提下,增大前角对改善切削过程是有利的。② 当摩擦角增大时,φ 随之减小,变形增大。因此在低速切削时,采用切削液以减小前刀面上的摩擦系数是很重要的。

上述两个公式的计算结果和实验结果在定性上是一致的,但在定量有出入。公式(1.20) 偏大,式(1.21) 偏小。其原因大致如下。

前刀面的摩擦情况很复杂,用一个简单的平均摩擦系数来说明,不尽符合实际。在以上分析中把第一变形区作为一个假想平面;把刀具的切削刃看成是绝对锋利的;把加工材料看成是各向同性;未考虑加工硬化及切屑底面和刀具的黏结等,许多假设都和实际情况有出入。

1.3.3 切屑的种类与变形规律

由于工件的材料、刀具角度和切削用量的不同,切削过程的变形情况也就不同,因而产生的切屑种类也就多种多样。从变形的观点出发,可将切屑归纳为四种形态,如图1.20所示,其中,图(a)、图(b) 和图(c) 为切削塑性材料的切屑,图(d) 为切削脆性材料的切屑。

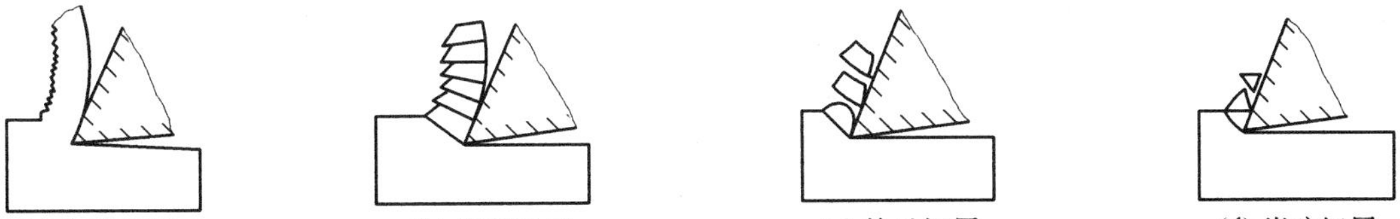

(a)带状切屑　(b)挤裂切屑　(c)单元切屑　(d)崩碎切屑

图1.20　切屑类型

1. 带状切屑

带状切屑最常见的一种切屑。它的内表面光滑,外表面毛绒(见图1.20(a))。如果用显微镜观察,在外面上也可看到剪切面的条纹,但每个单元很薄,肉眼看来大体上是平整的。这种切屑是由于被切金属沿剪切面滑移而形成的。加工塑性金属材料,当切削厚度较小、切削速度较高、刀具前角较大时,一般常常得到这类切屑。它的切削过程较平稳,切削力波动较小,已加工表面粗糙度较小。由于这类切屑较长,一般需采用断屑措施。

2. 挤裂切屑

挤裂切屑的外形与带状切屑的不同之处在于外表面呈锯齿形，内表面有时有裂纹（见图1.20(b)）。这类切屑之所以呈锯齿形，是由于它的第一变形区较宽，在剪切滑移过程中滑移量较大。由滑移变形所产生的加工硬化使剪切力增加，在局部区域达到材料的抗拉强度。这种切屑大都在切削速度较低、切削厚度大、刀具前角较小时产生。

3. 单元切屑

如果在挤裂切屑的剪切面上，裂纹扩展到整个面上，则整个单元被切离，于是形成了大致为梯形的单元切屑（见图1.20(c)）。

以上三种切屑中，带状切屑的切削过程最平稳，单元切屑的切削力波动最大。在生产中最常见的是带状切屑，有时得到挤裂切屑，单元切屑则少见。改变切削条件，比如加大前角，降低切削速度，或减小切削厚度等，就可以由产生单元切屑变为产生带状切屑。这说明切屑的形态是可以随切削条件而转化的。掌握了它的变化规律，便可以控制切屑的变形、形态和尺寸，以达到断屑和卷屑的目的。

4. 崩碎切屑

这是属于加工脆性材料时形成的切屑（见图1.20(d)），它的形态与前三者不同。这种切屑的形态不规则，加工表面凹凸不平。从切削过程来看，切屑在破裂前变形很小。它的脆断主要是由于材料所受的应力超过了它的抗拉强度。由于崩碎切屑的切削过程很不平稳，既容易损坏刀具，又不利于机床的运行，而且已加工表面粗糙，因此在生产中应该避免。其办法是减小切削厚度，适当增大刀具的前角，使切屑成针状和片状，同时适当提高切削速度。

1.3.4 前刀面上的摩擦

现在介绍前刀面上的实际摩擦情况。

在塑性金属切削过程中，由于切屑与前刀面之间的压力很大，可达2 ~ 3 GPa，再加上几百度的高温，可以使切屑底部与前刀面发生黏结现象，这种黏结现象即一般生产中所遇见的“冷焊”，如轴颈与轴瓦间润滑失效时的胶着。在黏结情况下，切屑与前刀面之间就不是一般的外摩擦，而是切屑和刀具黏结层与其上层金属之间的内摩擦。内摩擦实际就是金属内部的滑移剪切，它与材料流动应力特性以及黏结面积大小有关，所以它的规律与外摩擦不同，外摩擦力的大小与摩擦系数以及压力有关，而与接触面积无关，如果我们沿用外摩擦的概念去套用在切削技术方面，问题就说不清楚，图1.21表示刀屑接触面有黏结现象时的摩擦情况，刀屑接触面分为两个区域：在黏结部分为内摩擦，这部分的单位切向力等于材料的剪切屈服强度 τ_s，黏结部分之外为外摩擦，即滑动摩擦，该处的单位切向力 τ_r 由 τ_s 逐渐减小到零。图中也表示出在整个接触区域上的正应力 σ_r 分布情况，在刀尖处最大（假定刀具绝对锋利，切屑厚度较小）逐渐减小到零。由此可见，如果以 τ_r/σ_r 表示摩擦系数，则前刀面上各点的摩擦系数是变化的，而且内摩擦的概念与外摩擦也有所不同。我们沿用 $\mu = \tan\beta$ 这一方法来描述前刀面的摩擦面过于简单化了，金属的内摩擦力显然要比外摩擦大得多。这里在分析问题时，要考虑内摩擦。

令 μ 代表前刀面上的平均摩擦系数，按内摩擦的规律，则 μ 为

$$\mu = \frac{F_f}{F_n} = \frac{\tau_s A_{f1}}{\sigma_{av} A_{f1}} = \frac{\tau_s}{\sigma_{av}} \qquad (1.22)$$

式中，A_{f1} 表示内摩擦部分的接触面积；σ_{av} 表示该部分的平均正压力。τ_s 是工件材料的剪切屈服强度，对切削温度升高而略有下降；σ_{av} 则随材料硬度、切削厚度、切削速度以及刀具前角的情况而不同。

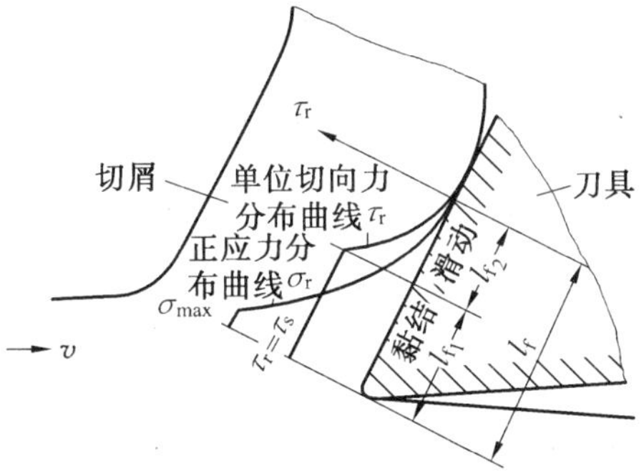

图 1.21 切屑和前刀面摩擦情况示意图

1.3.5 积屑瘤对切削过程的影响

在切削速度不高而又能形成连续性切屑的情况下，加工一般钢料或其他塑性材料时，常常在前刀面切削处黏着一块剖面有时呈三角状的硬块。它的硬度很高，通常是工件材料的2 ~ 3倍，在处于比较稳定的状态时，能够代替刀刃进行切削，这个冷焊在前刀面上的金属称为积屑瘤或刀瘤。积屑瘤剖面的金相磨片如图 1.22 所示。这是用 $\gamma_o = 0$ 的 YT15 刀具车削 Q235A 软钢时的切屑根部照片，切削速度为 103.8 m/min，切削厚度为 0.085 mm。由图可见，三角状的金属经强烈变形而纤维化，顶部与切屑相连，顶部在取样时脱离前刀面，三角体在前端与尾部均有裂缝。三角体的形状及大小将随切削条件不同而变化。

图 1.22 积屑瘤

切削时，切屑对前刀面接触处的摩擦，使后者十分洁净。当两者的接触达到一定温度，同时压力又较高时，会产生黏结现象，即所谓的“冷焊”。这时切屑从刀面的底层上流过，形成“内摩擦”。如果温度与压力适当，底层上面的金属因内摩擦而变形，也会发生加工硬化，而被阻滞在底层，黏成一体，这样黏结层就逐步长大，直到该处的温度与压力不足以造成黏附为止。所以积屑瘤的产生以及它的积聚高度与金属材料的硬化有关，也与刃前区的温度与压力分布有关。一般来说，塑性材料的加工硬化倾向越强，越易产生积屑瘤；温度与压力太低，不会产生积屑瘤；反之，温度太高，产生弱化作用，也不会产生积屑瘤。对碳素钢来说，温度大约在 300 ~ 350℃ 时积屑瘤最高，到500℃ 以上时趋于消失。在背吃刀量和进给量保持一定时，积屑瘤高度与切削速度有密切关系。

1.4 切 削 力

切削力对切削机理的研究，计算功率消耗，刀具、机床和夹具的设计，制定合理的切削用量，优化刀具几何参数，都具有非常重要的意义。在自动化生产中，还可通过切削力来监控切削过程和刀具工作状态，如刀具折断、磨损、破损。

1.4.1 切削力的来源、切削合力及其分解

1. 切削力的来源

金属切削时，刀具切入工件，使被加工材料发生变形形成切屑所需的力称为切削力。根据前面分析可知，切削力来源于以下三个方面(见图 1.23)：

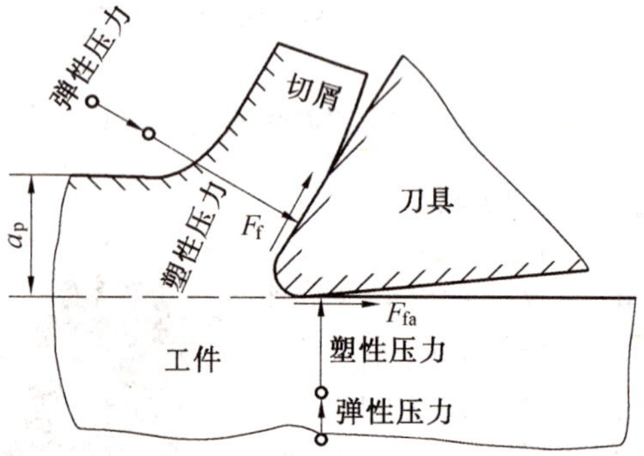

图 1.23 切削力的来源

① 克服被加工材料对弹性变形的抗力。

② 克服被加工材料对塑性变形的抗力。

③ 克服切屑对刀具前刀面的摩擦力和刀具后面对过渡表面和已加工表面之间的摩擦力。他们分别用 F_f 和 F_{fa} 表示。

2. 切削合力及其分解

上述各力的总和形成作用在车刀上的合力 F_r。为了实际应用，把 F_r 分解为相互垂直的 F_c、F_p 和 F_f 三个分力(见图 1.24)。

(1) 切削力 F_c

切削力与过渡表面相切并与基面垂直。F_c 是计算车刀强度，设计机床零件、确定机床功率所必需的。

(2) 进给力 F_f

进给力是处于基面并与工件轴线平行与走刀方向相反的力。F_f 是设计走刀机构、计算车刀进给功率必需的。

(3) 背向力 F_p

背向力是处于基面内并与工件轴线垂直的力。F_p 主要用来确定与工件加工精度有关的工件挠度，计算车床零件和车刀强度。它也是使工件在切削过程中产生振动的力。

由图 1.24 可得合力 F_r，即

$$F_r = \sqrt{F_c^2 + F_p^2 + F_f^2} \tag{1.23}$$

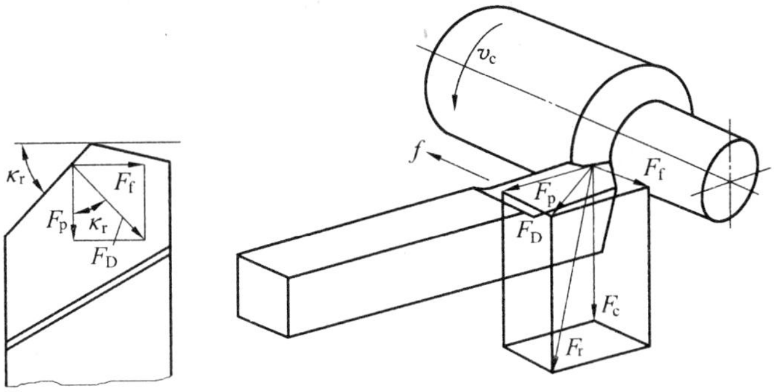

图1.24　切削合力与分力

3.切削功率

消耗在切削过程中的功率称为工作功率P_e(W)。工作功率P_e可以分为两部分:一部分是主运动消耗的功率P_c(W),称为切削功率;另一部分是进给运动消耗的功率P_f(W),称为进给功率。于是,工作功率为

$$P_e = P_c + P_f = \left(F_c v + \frac{F_f n_w f}{1\,000}\right) \times 10^{-3}\ \text{kW} \tag{1.24}$$

式中　n_w—— 工件转速,r/s;

f—— 进给量,mm/r。

由于进给功率P_f相对于P_c,一般都很小(1% ~ 2%),可以略去不计,所以,工作功率P_e可以用切削功率P_c代替。按上式求得切削功率后,如要计算机床电机的功率以便选择机床电机时,还应将切削功率除以机床的传动效率η_m,所以,机床电机功率为

$$P_m \geqslant \frac{P_c}{\eta_m} \tag{1.25}$$

其中,传动效率为η_m,一般取为0.75 ~ 0.85,大值适用于新机床,小值适用于旧机床。

1.4.2　影响切削力的因素

1.工件材料的影响

被加工材料的物理力学性质、化学成分、热处理方式等对切削力的大小都有影响。一般来说,被加工材料的强度越高,硬度越大,切削力就越大。但切削力的大小不单纯受材料原始强度和硬度的影响,它还受到材料的加工硬化能力大小的影响。如奥氏体不锈钢的强度、硬度都较低,但强度系数大,加工硬化能力大,较小的变形就会引起硬度大大提高,从而切削力增大。

化学成分会影响材料的物理力学性能,从而影响切削力的大小,如碳钢中含碳量的多少,是否含有合金元素都会影响钢材的强度和硬度,影响切削力。此外,在正常钢中增加了含硫量或添加了铅等金属元素的易削钢,在钢中存在的这些杂质引起结构成分间的应

力集中,容易形成挤裂切屑,其切削力约比正常钢减小 20% ~ 30%。

铜铝等金属强度低,虽塑性较大,但变形时的加工硬化小,因而切削力也较低。

加工铸铁及其他脆性材料时,切削层的塑性变形很小,加工硬化小。此外,铸铁等脆性材料切削时,形成崩碎切屑,且集中在刀尖,切屑与前刀面的接触面积小,摩擦力也小。因此,加工铸铁时的切削力比钢小。

2. 切削用量对切削力的影响

(1) 背吃刀量 a_p 和进给量 f 对切削力的影响

背吃刀量 a_p 增大,进给量 f 增大都会使切削面积 A_D 增大,从而使变形力增大,摩擦力增大,导致切削力增大。但两者对切削力的影响大小不同。从切削刀具上的载荷和能量消耗的观点来看,用大的进给量 f 工作,比用大的背吃刀量 a_p 工作更为有利。

(2) 切削速度对切削力的影响

用 YT15 硬质合金刀具加工 45 钢,当 $a_p = 4$ mm,$f = 0.3$ mm/r 时切削速度 v 对切削力的影响如图 1.25 所示。

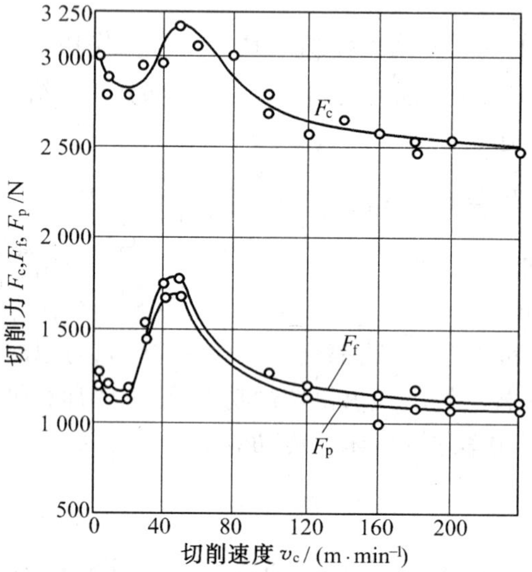

图 1.25 当用 YT15 车刀加工 45 钢时,切削速度 v 对切削力的影响

如图 1.25 所示,当 $v < 50$ m/min 时,由于积屑瘤的产生和消失,使车刀的实际前角增大或减小,导致了切削力的变化。

当 $v > 50$ m/min 时,随着切削速度的增大,切削力减小,这是因为切削速度增高后,摩擦系数 μ 减小,剪切角 φ 增大,变形系数 ξ 减小,使切削力减小;另一方面,切削速度增高,切削温度也增高,使被加工金属的强度和硬度降低,也会导致切削力的降低。

3. 刀具几何参数对切削力的影响

(1) 前角对切削力的影响

在刀具的几何参数中,前角 γ_o 对切削力的影响最大。当加工钢时,切削力随前角的增大而减小,这是因为前角增大时,剪切角 φ 也随之增大,金属塑性变形减小,变形系数 ξ 减小,沿前刀面的摩擦力也减小,因此切削力降低。当加工脆性金属(如铸铁、青铜等)

时，由于切削变形和加工硬化很小，所以前角对切削力的影响不显著。

（2）主偏角 κ_r 对切削力的影响

当切削面积不变时，主偏角增大，切削厚度也随之增大，切屑变厚。主偏角 κ_r 在 $60° \sim 70°$ 之间时切削力 F_c 最小。但无论 F_c 是增大还是减小，一般都不超过10%。

主偏角 κ_r 的变化对背向力 F_p 和进给力 F_f 有较大的影响，如图1.24所示。

$$F_p = F_D \cos \kappa_r, F_f = F_D \sin \kappa_r \tag{1.26}$$

式中　F_D——切削合力 F_r 在基面内的投影。

4. 刀具材料对切削力的影响

刀具材料与被加工材料间的摩擦系数影响到摩擦力的变化，直接影响着切削力的变化。在同样的切削条件下，陶瓷刀具的切削力最小，硬质合金次之，高速钢刀具的切削力最大。陶瓷刀具由于热导性小，在较高的切削温度下工作时，使摩擦降低，因而切削力减小。硬质合金刀具前刀面上的摩擦系数随钴元素含量的增大和碳化钛含量的减小而提高。

5. 切削液对切削力的影响

切削过程中采用切削液可以降低切削力。切削过程中所消耗的能量，主要用于克服金属的变形和刀具与被加工材料、切屑间的摩擦。正确使用切削液，可以减小摩擦，使摩擦力降低。切削中所用切削液的润滑性能越高，切削力降低越显著。切削液中合理地加入使表面张力降低的添加剂，可以使切削液渗入塑性变形区中的金属微裂纹内部，降低强化系数，减小切削力，使切削过程变得容易。

6. 刀具磨损对切削力的影响

车刀在前刀面上磨损而形成月牙洼时，由于增大了前角，因此减小了切削力。车刀在后刀面上磨损时，在后刀面上形成后角为零的小棱面。后刀面磨损越大，小棱面的面积也越大，使车刀后刀面与被加工工件的接触面积增大，因而使三个切削分力都增大。当车刀同时沿前后刀面磨损时，切削力先减小，然后逐渐增大，力 F_f 和 F_p 比 F_c 增大得快些。

1.5　切削热和切削温度

切削热是切削过程中的重要物理现象之一。切削时所消耗的能量，除了1% ~2%用以形成新表面和以晶格扭曲等形成潜藏能外，有98% ~ 99%转换为热能，因此可以近似地认为切削时所消耗的能量全部转换成热。大量的切削热使得切削温度升高，这将直接影响刀具前刀面上的摩擦系数、积屑瘤的形成和消退、刀具的磨耗以及工件材料的性能和已加工表面质量，也影响工艺系统和工件加工精度。所以对切削温度的研究有重要的意义。

1.5.1　切削热的产生和传出

1. 切削热的产生

被切削的金属在刀具的作用下，发生弹性和塑性变形而耗功，这是切削热的一个重要来源。此外，切屑与前刀面、工件与后刀面之间的摩擦也要耗功，也产生大量的热量。因此，切削时共有三个发热区域，即剪切面、切屑与前刀面接触区、后刀面与过渡表面接触区，如图 1.26 所示。所以，切削热的来源就是切屑变形和前、后刀面的摩擦功。

切削塑性材料时，变形和摩擦都比较大，所以发热较多。切削速度提高时，因切屑的变形系数下降，所以塑性变形产生的热量百分比降低，而摩擦产生的热量百分比增高。切削脆性材料时，后刀面上摩擦产生的热量在切削热中所占的百分比增大。

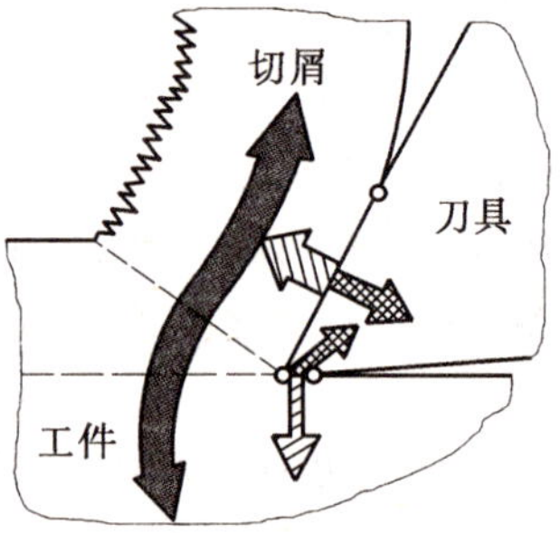

图 1.26 切削热的产生与传导

2. 切削热的传出

切削区域的热量被切屑、工件、刀具和周围介质传出。

工件材料的导热性能，是影响热传导的重要因素。工件材料的导热系数越低，通过工件和切屑传导的切削热量越少，这就必然会使刀具传导出去的热量增加。例如切削钛合金时，因为它的导热系数只有碳素钢的 1/3 ~ 1/4，切削产生的热量不易传出，切削温度因而随之增高，刀具就容易磨损。刀具材料的导热系数较高时，切削热易从刀具方面导出，切削区域温度随之降低，这有利于刀具耐用度的提高。

切削时所用的切削液及浇注方式的冷却效果越高，则切削区域的温度越低。切屑与刀具接触时间的长短，也影响刀具的切削温度。外圆车削时，切屑形成后迅速脱离车刀而落入机床的容屑盘中，故切削热传导给刀具的不多。钻削或其他半封闭式容屑的切削加工，切屑形成后仍与刀具及工件相接触，切屑将所带的切削热再次传给工件和刀具，使切削温度升高。

3. 切削温度的概念

切削温度 θ 是指前刀面与切屑接触区内的平均温度。它由切削热的产生与传出条件所决定，产生的切削热越多，传出的越慢，切削温度越高。反之，切削温度就越低。

因此，凡是增大切削力和切削功率的因素都会使切削温度上升。

1.5.2 影响切削温度的主要因素

1. 切削用量的影响

实验研究表明，切削用量三要素 v，a_p，f 中，切削速度 v 对切削温度 θ 的影响最大，随着 f 的增加，切削速度 v 对切削温度 θ 的影响减小，进给量 f 对切削温度 θ 的影响次之，a_p 对切削温度 θ 的影响最小。因此，为了有效地控制切削温度以提高刀具耐用度，在机床允许的条件下，选用较大的背吃刀量 a_p 和进给量 f 比选用大的切削速度 v 更为有利。

2. 刀具几何参数的影响

(1) 前角 γ_o

切削温度随前角的增大而降低，这是因为前角增大时，单位切削力下降，使产生的切削热减小的缘故。但前角大于 18° ~ 20° 后，对切削温度的影响减小，这是因为楔角变小而且散热的体积减小的缘故。

(2) 主偏角 κ_r

主偏角 κ_r 减小时,使切削宽度 b_D 增大,使切削厚度 h_D 减小,散热面积增大,故切削温度下降。

3. 工件材料的影响

工件材料的强度、硬度增大,产生的切削热增大,切削温度升高。工件的导热系数则直接影响切削热的导出。图1.27为在不同切削速度下,各种工件材料的切削温度,由图可以看出工件材料对切削温度的影响。

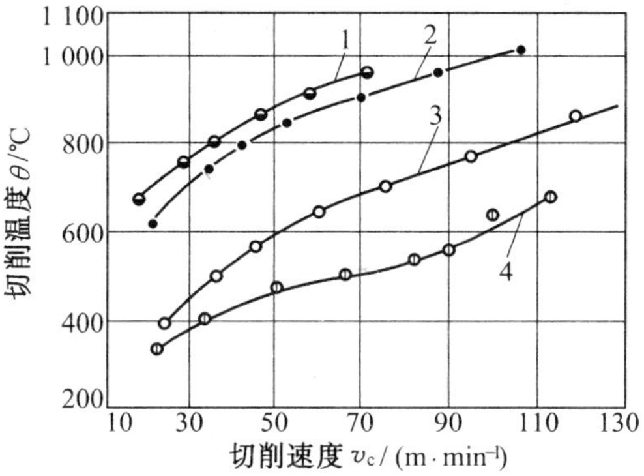

图1.27 不同切削速度下各种材料的切削温度

1—GH131;2—Cr18Ni9Ti;3—45钢(正火);4—HT200

4. 刀具磨损的影响

在后刀面的磨损值达到一定数值后,对切削温度的影响增大:切削速度越高,影响就越显著。合金钢的强度大,导热系数低,所以切削合金钢时刀具磨损对切削温度的影响,就比切碳素钢时大。

5. 切削液的影响

切削液对降低切削温度、减少刀具磨损和提高已加工表面质量有明显的效果,在切削加工中应用很广。切削液对切削温度的影响,与切削液的导热性能、比热、流量、浇注方式以及本身的温度有很大的关系。从导热性能来看,油类切削液不如乳化液,乳化液不如水基切削液。如果用乳化液来代替油类切削液,加工生产率可以提高50%~100%。

1.5.3 切削温度的分布

工件、切屑和刀具上各点的温度分布,也就是温度场。切削时的温度场,对研究刀具磨损、工件材料性能的变化和已加工表面质量都有很大的影响。

图1.28是切削钢材料时,所测出的正交平面内的温度场。

由此可分析归纳出一些温度分布的规律:

(1)剪切面上各点温度几乎相同。由此可以推想剪切面上各点的应力规律,基本上是变化不大的。

(2)前刀面和后刀面上的最高温度都不在刀刃上,而是在离刀刃有一定距离的地方。

这是摩擦热沿着刀面不断增加的缘故。前刀面上后边一端的接触长度上,由于摩擦逐渐减少(由内摩擦转化为外摩擦),热量又在不断传出,所以切削温度开始逐渐下降。

(3)在剪切区域中,垂直剪切面方向上的温度梯度很大。切削速度增高时,则因热量来不及传出,而导致温度梯度增大。

(4)在切屑靠近前刀面的一层(简称底层)上温度梯度很大,离前刀面 0.1 ~ 0.2 mm,温度就可能下降一半。这说明前刀面上的摩擦热集中在切屑的底层。这样,摩擦热就不至于使切屑上金属强度有显著的改变;但很明显,摩擦热对切屑底层金属的剪切强度,将有很大的影响,因此切削温度对前刀面的摩擦系数有很大的影响。

(5)后刀面的接触长度较小,因此温度的升降是在极短的时间内完成的,加工表面受到的是一次热冲击。

(6)工件材料塑性越大,则前刀面上的接触长度越大,切削温度的分布也就较均匀些;反之,工件材料的脆性越大,则最高温度所在的点离刀刃越近。

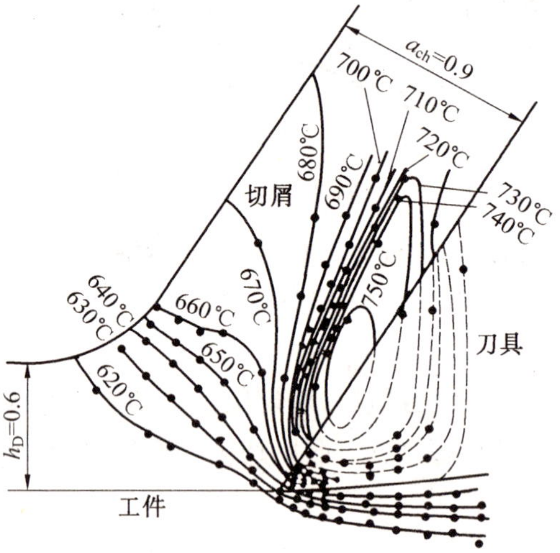

图 1.28 切削某种钢材料时的温度场

1.6 刀具的磨损与工件材料的切削加工性

切削金属时,刀具一方面切下切屑,另一方面刀具本身也要发生损坏。刀具损坏到一定程度,就要换刀或更换新的刀刃,才能进行正常切削。刀具损坏的形式主要有磨损和破损两类。前者是连续的逐渐磨损,后者包括脆性破损(如崩刃、碎断、剥落、裂纹破损等)和塑性破损两种。刀具磨损主要决定于刀具材料、工件材料的物理机械性能和切削条件。

刀具磨损与一般机械零件的磨损相比,有显著不同的特点:与前刀面接触的切屑底面是活性很高的新鲜表面,前、后刀面上的接触压力很大,接触面温度也很高(如硬质合金刀具加工钢,可达 800 ~ 1 000℃以上)等。因此,磨损时存在着机械、热和化学作用以及摩擦、黏结、扩散等现象。

刀具磨损后,使工件加工精度降低,表面粗糙度增大,并导致切削力和切削温度增加,甚至产生振动,不能继续正常切削。因此,刀具磨损直接影响工件的加工质量、效率和成本。

1.6.1 刀具磨损的形态

切削时,刀具的前刀面和后刀面经常与切屑和工件相互接触,产生剧烈摩擦,同时在接触区内有相当高的温度和压力,因此在刀具前、后刀面上发生磨损。前刀面被磨成月牙洼,后刀面形成磨损带,多数情况是二者同时发生,相互影响,如图1.29所示。

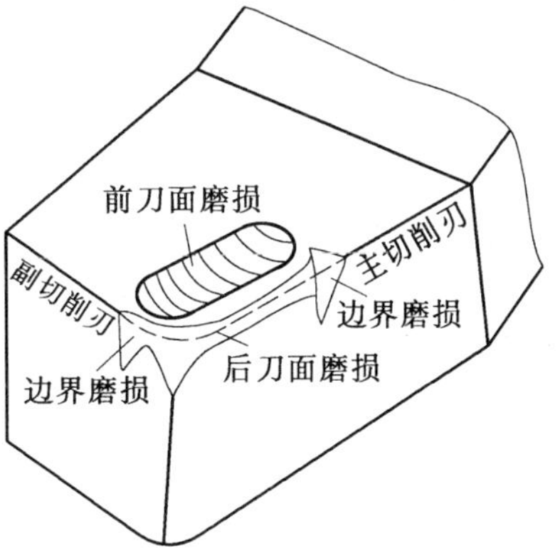

图1.29 刀具的磨损形态

1. *前刀面磨损*

切削塑性材料时,如果切削速度和切削厚度很大,由于切屑与前刀面完全是新鲜表面相互接触和摩擦,化学活性很高,反应很强烈。如前所述,接触面又有很高的压力和温度,接触面积中有80%以上是实际接触,空气或切削液渗入比较困难,因此在前刀面上形成如图1.29所示的月牙洼磨损。开始时前缘离刀刃还有一段距离,以后逐渐向前、后扩大,但宽度变化并不显著(取决于切削宽度),主要是深度不断扩大,其最大深度的位置即相当于切削温度最高的地方。当月牙洼宽度发展到其前缘与切削刃之间的棱边变得很窄时,刀刃强度降低,易导致刀刃磨损。前刀面月牙洼磨损值以其最大深度 *KT* 表示(见图1.30(b))。

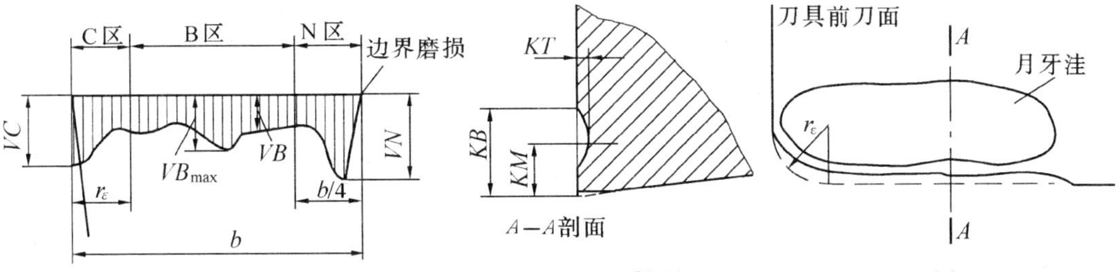

图1.30 刀具磨损的测量位置

2. *后刀面磨损*

切削时,工件的新鲜加工表面与刀具后刀面接触,相互摩擦,引起后刀面磨损。后刀面虽然有后角,但由于切削刃不是理想的锋利,而有一定的钝圆,后刀面与工件表面的接触压力很大,存在着弹性和塑性变形。因此,后刀面与工件实际是小面积的接触,磨损就发生在这个接触面上。切削铸铁或以较小的切削厚度切削塑性材料时,主要发生这种磨损。后刀面磨损带往往不均匀,如图1.30所示。刀尖部分(C区)强度很低,散热条件又差,磨损比较严重,其最大值为*VC*。主切削刃靠近工件外皮的后刀面(N区)上,磨成较深的沟,以*VN*表示。在后刀面磨损带中间部位(B区),磨损比较严重,平均磨损带宽以*VB*表示,而最大磨损宽度以VB_{max}表示。

3. 边界磨损

如图1.29所示,切削钢料时,常在主切削刃靠近工件外皮以及副切削刃靠近刀尖处的后刀面上,磨出较深的沟。此两处分别是在主、副切削刃与工件待加工表面接触的地方。发生这种边界磨损的主要原因有两种:

一是在刀刃附近的前、后刀面上,压应力和剪应力很大,但在工件外表面处的切削刃上应力突然下降,形成很高的应力梯度,引起很大的剪应力。同时,前刀面上切削温度最高,而与工件外表面接触点由于受空气或切削液冷却,造成很高的温度梯度,也引起很大的剪应力。因而在主切削刃后刀面上发生边界磨损。

二是由于加工硬化作用,靠近刀尖部分的副切削刃处的切削厚度减薄到零,引起此处刀刃打滑,促使副后刀面上发生边界磨损。

加工铸、锻件等外皮粗糙的工件,也容易发生边界磨损。

1.6.2 刀具磨损的原因

刀具磨损形式各不相同,故其磨损原因很复杂。但从对温度的依赖程度来看,刀具正常磨损的原因主要有机械磨损和热、化学磨损。前者是由工件材料中硬质点的刻划作用引起的磨损,后者则是由黏结、扩散、腐蚀等引起的磨损。

1. 硬质点磨损

这主要是由于工件材料中的杂质、材料基本组织中所含的碳化物、氧化物和氮化物等硬质点以及积屑瘤的碎片等的刻划作用所造成的机械磨损。各种切削速度下的刀具都存在硬质点磨损,但它是低速刀具磨损的主要原因。因为此时切削温度较低,其他各种形式磨损还不显著。一般认为,由硬质点磨损产生的磨损量与刀具和工件相对滑动距离或切削路程成正比。

2. 黏结磨损

黏结磨损是刀具与工件材料接触到原子间距离所产生的结合现象。它是在摩擦面的实际接触面积上,在足够大的压力和温度作用下,产生塑性变形而发生的所谓冷焊现象,是摩擦面塑性变形所形成的新鲜表面原子间吸附力所造成的结果。两摩擦表面的黏结点因相对运动,晶粒或晶粒群受剪或受拉被对方带走,是造成黏结磨损的原因。

黏结磨损在两材料接触面上,不论在软材料一边,还是在硬材料一边,都可能发生。一般来说黏结点的破裂多发生在硬度较低的一方,即工件材料上。但刀具材料往往有组织不均、存在内应力、微裂纹以及空隙、局部软点等缺陷,所以刀具表面也常发生破裂而被工件材料带走,形成黏结磨损。例如用硬质合金刀具切削钢件时,在能形成积屑瘤的条件下,切削刃可能很快地因黏结磨损而损坏。但高速钢刀具有较大的抗剪和抗拉强度,因而有较大的抗黏结磨损的能力,切削时,只有微小碎片从刀具表面上撕裂下来,所以黏结磨损较慢。

在中、高切削速度下(切削温度600~700℃),若积屑瘤不稳定,黏结磨损最为严重。刀具与工件材料的硬度比越小,相互间的亲和力越大,黏结磨损就越严重。刀具表面刃磨质量差,亦会加剧黏结磨损。

3. 扩散磨损

由于切削时的高温,而且刀具表面始终与被切出的新鲜表面相接触,有巨大的化学活泼性,所以两摩擦面的化学元素有可能互相扩散,使两者的化学成分发生变化,削弱刀具材料的性能,加速磨损过程。

扩散速度随切削温度升高而按 $e^{\frac{-E}{K\theta}}$ 指数函数增加(θ 为刀具表面上的绝对温度,E 为活性化能量,K 为常数)。即切削温度上升,扩散速度开始增加较慢,然后越来越快。不同元素的扩散速度是不同的,如Ti的扩散速度比C、Co、W等元素低得多,故YT类硬质合金抗扩散能力比YG类高。此外,扩散速度还与切屑底层在刀具表面上的流动速度有关,也就是与切屑流过前刀面的速度有关。流动速度低,扩散磨损也较慢。故切削速度越高,刀具的扩散磨损越快。

例如,用硬质合金刀具切削钢件时,切削温度常达800~1 000℃以上,因而扩散磨损成为硬质合金刀具的主要磨损原因之一。自800℃开始,硬质合金中的Co、C、W等元素会扩散到切屑中而被带走;而切屑中的Fe也会向硬质合金中扩散,形成新的低硬度、高脆性的复合碳化物。由于Co的扩散,WC、TiC等碳化物会因黏结剂的减少而降低其与基体的黏结强度,这会加速刀具磨损。因此,扩散磨损和黏结磨损往往同时发生,极易形成月牙洼。

4. 化学磨损

化学磨损是在一定温度下,刀具材料与某些周围介质(如空气中的氧,切削液中的极压添加剂硫、氯等)起化学作用,在刀具表面形成一层硬度较低的化合物,而被切屑带走,加速刀具磨损,化学磨损主要发生在切削速度较高的条件下。

综上所述,刀具正常磨损主要有硬质点、黏结磨损、扩散磨损和化学磨损等,它们还要相互影响。对于不同的刀具材料,在不同的切削条件下,加工不同工件材料时,其主要磨损原因可能包含多种。例如,用硬质合金刀具高速切削钢料时,主要是扩散磨损,同时伴随黏结磨损和化学磨损等。

总之,对于一定的刀具和工件材料,起主导作用的是切削温度。在低温区,刀具以机械磨损(硬质点磨损)为主,而在较高的温度区,刀具以热、化学磨损(黏结、扩散、氧化等)为主。

1.6.3 刀具的磨损标准及刀具耐用度

1. 刀具的磨损过程

根据切削实验,可得如图1.31所示的刀具磨损过程的典型曲线。由此可以看出,刀具的磨损过程可分为如下三个阶段。

(1)初期磨损阶段

因为新刃磨的刀具后刀面存在粗糙不平以及显微裂纹、氧化或脱碳等缺陷,而且切削刃较锋利。后刀面与已加工表面接触面积较小,压应力较大,所以这一阶段磨损较快。

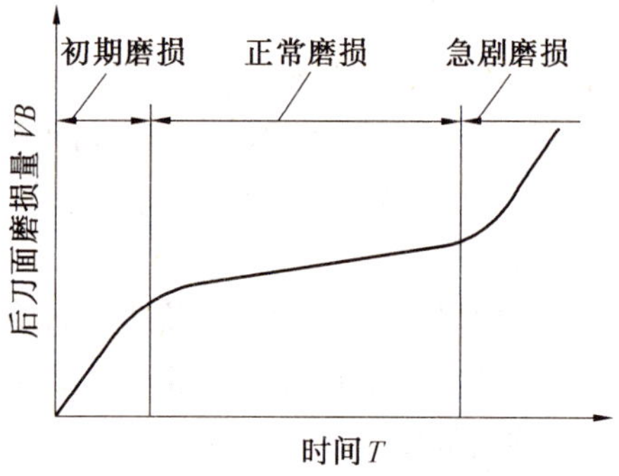

图 1.31　磨损的典型曲线

(2)正常磨损阶段

经过初期磨损后,刀具粗糙表面已经磨平,缺陷减少,刀具进入比较缓慢的正常磨损阶段。后刀面的磨损量与切削时间近似成正比增加。正常切削时这个阶段较长。

(3)急剧磨损阶段

当刀具的磨损带增加到一定限度后,切削力和切削温度均迅速增高,磨损速度急剧增加。生产中,为了合理使用刀具,保证加工质量,应该在发生急剧磨损之前就及时更换刀具。

2. 刀具的磨钝标准

刀具磨损到一定限度就不能继续使用。这个磨损限度称为磨钝标准。

在评定刀具材料切削性能和做研究实验时,都以刀具表面的磨损量为衡量刀具的磨钝标准。因为一般刀具的后刀面都发生磨损,而且测量也比较方便。因此,国际标准 ISO 统一规定以 1/2 背吃刀量处的后刀面上测定的磨损带宽度 VB 作为刀具磨钝标准(见图 1.32)。自动化生产中用的精加工刀具,常以沿工件径向的刀具磨损尺寸作为衡量刀具的磨钝标准,称为刀具径向磨损量 NB。磨钝标准的具体数值可参考有关手册。

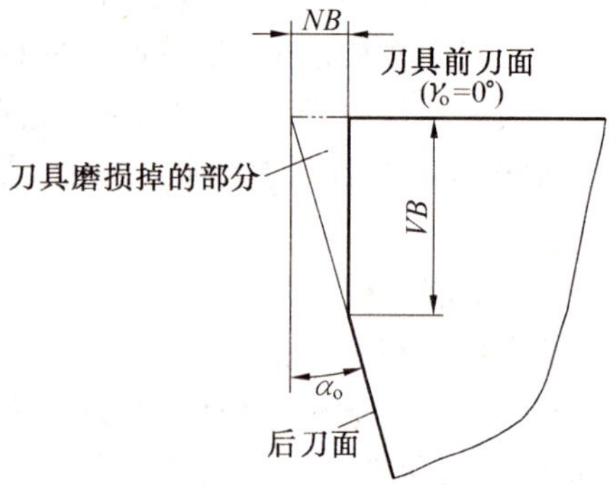

图 1.32　车刀磨损的测量

在生产实际中,经常卸下刀具来测量磨损量会影响生产的正常进行,因而不能直接以磨损量的大小,而是根据切削中发生的一些现象来判断刀具是否已经磨钝。例如粗加工时,观察加工表面是否出现亮带,切屑的颜色和形状的变化,以及是否出现振动和不正常的声音等。精加工可观察加工表面粗糙度变化以及测量加工零件的形状与尺寸精度等。发现异常现象,就要及时换刀。

3. 刀具耐用度

刀具耐用度是指刀具由刃磨后开始切削,一直到磨损量达到刀具磨钝标准所经过的总切削时间。

一般来说,当工件材料和刀具几何形状选定后,切削速度是影响刀具耐用度的最主要的因素。提高切削速度,耐用度就降低。这是由于切削速度对切削温度影响最大,因而对刀具磨损影响最大。实验研究表明,耐热性越低的刀具材料,则切削速度对刀具耐用度影响越大。也就是说,切削速度稍稍改变一点,而刀具耐用度的变化就很大。切削速度 v 对刀具耐用度影响最大，其次是进给量 f，背吃刀量 a_p 影响最小。这与三者对切削温度的影响顺序完全一致。这也反映出切削温度对刀具磨损耐用度有着最重要的影响。因此，在优选切削用量以提高生产率时，应首先尽量选用大的背吃刀量 a_p，然后根据加工条件和加工要求允许的最大进给量 f，最后才在刀具耐用度或机床功率所允许的情况下选取最大的切削速度 v。

1.6.4 工件材料切削加工性

工件材料切削加工性是在一定切削条件下，对工件材料进行切削加工的难易程度。由于切削加工的具体情况和要求不同，所谓难易程度就有不相同内容。比如，粗加工时要求加工生产率高，而在精加工时，则要求工件有高的加工精度和较小的表面粗糙度。显然，这两种情况下所指的切削加工难易程度是不同的。又如，对于单件小批量生产与大批大量生产，单刀切削与多刀切削等，其衡量切削加工性能的指标均不相同。因此，切削加工性是一个相对的概念。

1. 工件材料切削加工性的衡量指标

(1) 以加工质量衡量切削加工性

一般零件的精加工，以表面粗糙度衡量切削加工性，易获得很小的表面粗糙度的工件材料，其切削加工性高。

对一些特殊精密零件以及有特殊要求的零件，则以已加工表面变质层的深度、残余应力和硬化程度来衡量其切削加工性。因为变质层的深度、残余应力和硬化程度对零件尺寸和形状的稳定以及导磁、导电和抗蠕变等性能都有很大的影响。

(2) 以刀具耐用度衡量切削加工性

以刀具耐用度来衡量切削加工性，是比较通用的，这其中包括：

① 在保证相同的刀具耐用度的前提下，考查切削这种工件材料所允许的切削速度的高低。

② 在保证相同的切削条件下，考查切削这种工件材料时刀具耐用度数值的大小。

③ 在相同的切削条件下，考查保证切削这种工件材料时达到刀具磨钝标准时所切除金属体积的多少。

(3) 以单位切削力衡量切削加工性

在机床动力不足或机床–夹具–刀具–工件系统不足时，常用这种衡量指标。

(4) 以断屑性能衡量切削加工性

在对工件材料断屑性能要求很高的机床，如自动机床、组合机床及自动线上进行切削加工时，或者对断屑性能要求很高的工序，如深孔钻削、盲孔镗削工序等，应采用这种衡量指标。

综上所述，同一种工件材料很难在各种衡量指标中同时获得良好的评价。因此，在生产实践中，常采用某一种衡量指标来评价工件材料的切削加工性。

2. 材料的相对加工性

在保证相同刀具耐用度的前提下，切削某种工件材料所允许的切削速度，以 v_T 表示。它的含义是：当刀具耐用度为 T(min 或 s) 时，切削该种工件材料所允许的切削速度值。v_T 越高，则工件材料的切削加工性越好。一般情况下可取 $T = 60$ min，写做 v_{60}，对于一些特别难加工的材料，可取 $T = 30$ min 或 $T = 15$ min，相应的 v_T 为 v_{30} 或 v_{15}。

生产中通常使用相对加工性来衡量工件材料的切削加工性。所谓相对加工性是以强度 $\sigma_b = 0.637$ Pa 的 45 钢的 v_{60} 作为基准，写做 $(v_{60})_j$ 将其他被切削的工件材料的 v_{60} 与之相比得数值，记做 K_v，即相对加工性

$$K_v = \frac{v_{60}}{(v_{60})_j} \tag{1.27}$$

目前常用的工件材料，按相对加工性可分为 8 级：很容易切削材料（1 级，$K_v > 3.0$），容易切削材料（2 ~ 3 级，$K_v = 1.6 \sim 3.0$），普通材料（4 ~ 5 级，$K_v = 0.65 \sim 1.6$）和难切削材料（6 ~ 8 级，$K_v < 0.65$）。可见 K_v 值越大，切削加工性越好，K_v 值越小，切削加工性越差。

1.7 切削液的合理选用

切削液主要用来降低切削温度和减少切削过程的摩擦。合理选用切削液，对减少刀具磨损、提高加工表面质量及加工精度起着重要作用。选用切削液时应综合考虑工件材料、刀具材料、加工方法及加工要求等情况。

①工件材料为钢（或其他塑性材料）时，应采用切削液。切削铸铁、青铜等脆性材料时不可用切削液，原因是其作用不明显，而且会污染工作场地。切削高强度钢、高温合金等难加工材料时，属高压边界摩擦状态，宜选用极压切削油或极压乳化液，有时还需配制特殊的切削液。

②刀具材料为高速钢时，因高速钢的耐热性差，应采用切削液。硬质合金刀具耐热性强一般不用切削液，必须使用时，浇注要充分连续，以免刀片因冷热不均而导致破裂。

③加工方法为钻孔、铰孔、攻螺纹和拉削时，刀具与已加工表面摩擦严重，宜采用乳化液、极压乳化液或极压切削油。成形刀具、齿轮刀具等价格昂贵，要求刀具耐用度高，可采用极压切削油（或硫化油等）。磨削加工度很高，还会产生大量的碎屑及脱落的砂粒，因此要求切削液应具有良好的冷却和清洗作用，常采用乳化液，如选用极压型或多效型合成的切削液效果更好。

④从加工要求方面考虑，粗加工时，金属切除量大，产生的热量也大，因此应着重考虑降低温度，选用以冷却为主的切削液，如 3% ~5% 的低浓度乳化液和合成切削液。精加工时主要要求加工精度和加工表面质量，应选用以润滑性能为主的切削液，如极压切削油或高浓度极压乳化液，它们可减小刀具与切屑间的摩擦和黏结，抑制积屑瘤。

切削加工中，除采用切削液进行冷却、润滑外，有时也采用二硫化钼作为润滑剂、各种气体作为冷却剂，以减小飞溅造成的不良影响和化学侵蚀作用。

1.8 刀具几何参数的合理选择

刀具的几何参数对各方向切削力的大小、切削热的高低及分布状态、切屑形状和流出

方向、工艺系统的振动和零件质量等都有很大的影响。

1.8.1 前角的选择

前角是刀具上最重要的几何参数之一，前角的大小决定着切削刃的锋利和刀具的耐用程度。它对切削过程有一系列的重要影响。

增大刀具的前角可以减小切屑变形，从而使切削力和切削功率减小，切削时产生的热量减小，使刀具耐用度得以提高。但是，增大前角会使楔角减小，这样一方面使刀刃强度降低，容易造成崩刃，另一方面会使刀头散热体积减小，刀头能容纳热量的体积减小，致使切削温度提高，因此，刀具的前角太大时，刀具耐用度也会下降。

实践证明，刀具合理前角主要取决于刀具材料和工件材料的种类和性质：当刀具材料的强度及韧性较高时可选择较大的前角；当加工塑性材料时，应选较大的前角，加工脆性材料时，应选较小的前角；工件材料的强度或硬度较小、切削力不大时，可选较大的前角，反之，宜取较小前角；用硬质合金车刀加工强度很大的钢料或淬硬钢时，常需采用负前角。选择合理前角时还要考虑一些具体的加工条件。如粗加工时，特别是断续切削时，切削力和冲击一般都比较大，工件表面硬度也可能很高，为使切削刃有足够的强度，宜取较小前角；精加工时，对切削刃强度要求很低，为使刀刃锋利，降低切削力，以减小工件变形和减小表面粗糙度，宜取较大前角。

综上所述，选择前角应该具体问题具体分析，可通过试验对比或查表法来确定。

1.8.2 后角的选择

增大后角，可增加切削刃的锋利性，减轻后刀面与已加工表面的摩擦，从而降低切削力和切削温度，改善已加工表面质量。但同时也会使切削刃和刀头的强度降低，减小了散热面积，加速刀具磨损。如图1.33所示，在同样的磨钝标准 VB 条件下，增大后角（$\alpha_2>\alpha_1$），刀具材料的磨损体积也增大，这有利于提高刀具耐用度，但径向磨损量 NB 也随之增大（$NB_2>NB_1$），这对零件的尺寸精度是不利的。

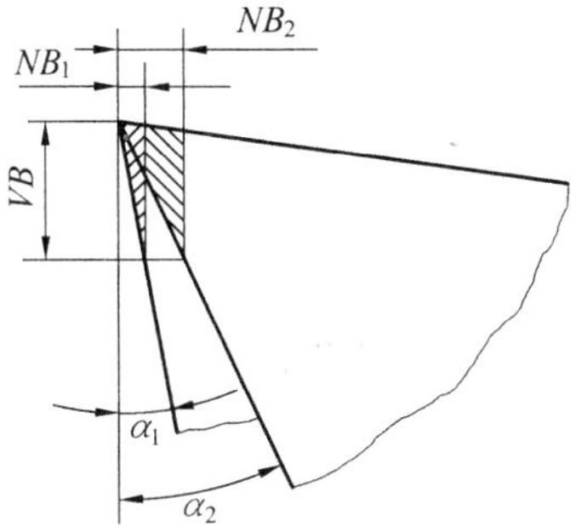

图1.33 后角对刀具磨损的影响

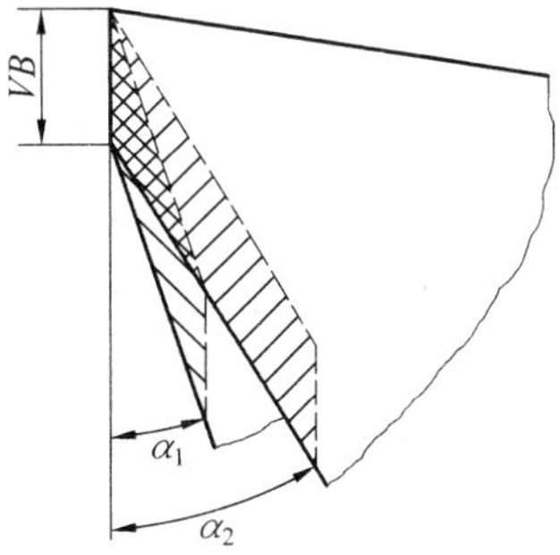

图1.34 后角对刀具重磨体积的影响

如图1.34所示，对于重磨刀具，由于大部分都是重磨后刀面，所以在同样条件下，增大后角就会使重磨时的磨削量增大，这就增加了刀具材料费用和刃磨费用。

因此，对于后角的合理选择，一般应遵循：① 当需要提高刀具强度时，应适当减小后角，以保证切削刃有较好的切削条件。② 精加工时，当以尺寸精度为主时应减小后角，以提高径向磨损；当以加工表面质量（如表面残余应力、表面粗糙度）要求为主时，则应加大后角，以减小刀具与工件间的摩擦。

1.8.3 主偏角和副偏角的选择

一般来说，减小主偏角可使刀具耐用度提高，当背吃刀量和进给量不变时，减小主偏角会使切削厚度减小、切削宽度增加，从而使单位长度切削刃所承受的载荷减轻，同时刀尖圆弧增大，提高了刀尖强度。而切削宽度和刀尖圆弧半径的增大又有利于散热。但是，减小主偏角会导致切削力的径向分力增大，加大工件的变形，因而降低了加工精度。同时刀尖与工件的摩擦也加剧，容易引起系统振动，使加工表面的粗糙度值加大，也会引起刀具耐用度下降。

综合上述两方面，合理选择主偏角的原则主要看工艺系统的刚度如何，同时还要考虑工件形状、切削冲击和切屑控制等方面的要求。如车削台阶轴时，取 $\kappa_r=90°$，镗盲孔取 $\kappa_r>90°$ 等。

副偏角的主要作用是最终形成已加工表面。副偏角越小，切削刀痕的理论残留面积的高度就越小。因此，减小副偏角有利于有效地减小加工表面的粗糙度。同时还加强了刀尖强度，改善了散热面积。但副偏角过小，会增加副切削刃的工作长度，增大副后刀面与已加工表面的摩擦，易引起系统振动，反而增大表面粗糙度数值。

1.8.4 刃倾角的选择

刃倾角的作用可归纳为以下四个方面：

(1) 影响刀具的锋利性

当刃倾角 $\lambda_s \leqslant 45°$ 时，刀具的工作前角和工作后角将随 λ_s 的增大而增大，而切削刃钝圆半径却随之减小，于是自然增大了切削刃的锋利性。因此，增大刃倾角可增加刀具的切削能力，降低切削力。

(2) 影响刀头强度和散热条件

负的刃倾角可以增强刀尖强度，其原因是切入时从切削刃开始，而不是从刀尖开始的，如图 1.35 所示，进而改善了散热条件，有利于提高刀具的耐用度。

(3) 影响切削力的大小和方向

一般说来刃倾角为正时，切削力降低；刃倾角为负时，切削力增大。特别是当负刃倾角绝对值增大时，径向力会显著增大，易导致工件变形和工艺系统振动。因此，在工艺系统刚性不足时，应尽量避免采用负刃倾角。

(4) 影响切屑排出方向

图 1.36 表示了刃倾角对切屑排出方向的影响，可以看出，精加工时 λ_s 应取正值，使切屑流向待加工表面，避免缠绕和划伤已加工表面。

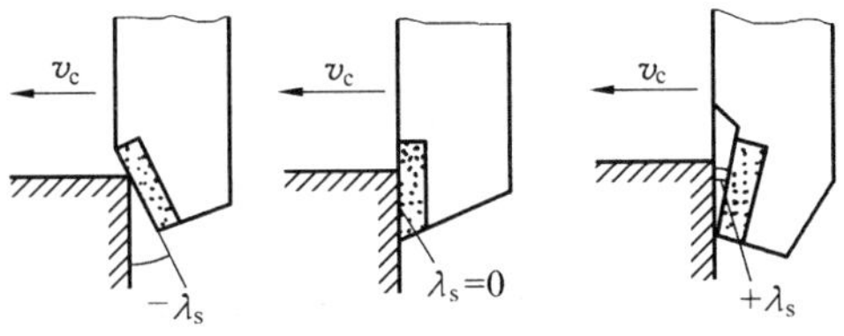

(a) $-\lambda_s$　(b) $\lambda_s=0$　(c) $+\lambda_s$

图1.35　刃倾角对刀尖强度的影响

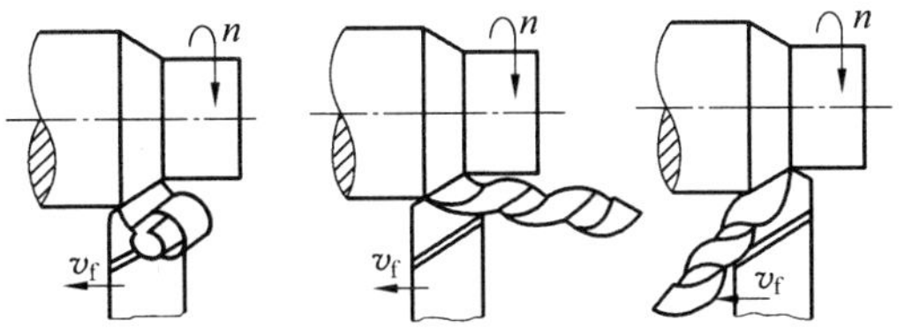

(a) $\lambda_s=0$　(b) $-\lambda_s$　(c) $+\lambda_s$

图1.36　刃倾角对排屑方向的影响

除了应合理地选择刀具上述角度参数外，还应合理地选择刀具前刀面的形状和刀具的刃形尺寸参数。具体可参阅有关资料。

第2章 机械制造装备及其加工表面

当今时代,任何一个具备完整工业体系的国家都会有相当数量的制造工业,如航空航天工业、国防工业、船舶工业、汽车工业、冶金矿山、石油化工、仪器仪表、机床工具、食品工业、纺织工业等,这些统称为机械工业。它们都是用机械制造装备生产各类产品。因此说,机械制造业是国民经济的基础产业,也是国民经济的主要支柱产业。它不仅为现代工业社会提供物质基础,为信息与知识社会提供先进的装备和技术平台,也是实现军事变革和国防安全的基础。一个国家制造装备的水平、数量和现代化程度,不仅是这个国家工业生产能力和科学技术水平的重要表现,而且是衡量这个国家综合国力和竞争力的重要依据。马克思曾深刻指出:"大工业必须掌握它特有的生产资料,即机器本身,必须用机器生产机器,这样,大工业才能建立起与自己适应的技术基础,才能得以自立。"

2.1 金属切削机床概述

机械产品的制造方法很多,根据其成形方法的不同,分为不同的制造装备。通常所说的机械制造装备就是指用去除材料的方法获得零件表面的金属切削机床,也就是用切削的方法将金属毛坯加工成所需零件的机器,是制造机器的机器,所以又称为"工作母机"或"工具机",简称机床。

2.1.1 金属切削机床的分类

金属切削机床种类繁多,为便于使用和管理,常按加工性质和所用刀具进行分类。

1. 按照机床的工作原理分类

我国的机床分为12大类:车床、钻床、镗床、磨床、齿轮加工机床、螺纹加工机床、铣床、刨插床、拉床、特种加工机床、锯床及其他机床。在每类机床中,又按工艺范围、布局形式和结构等分为若干个组,每组又细分为若干系(系别)。

2. 按照机床的通用性程度分类

(1)通用机床

通用机床可用于加工多种零件的不同工序,加工范围较广,通用性较大,但结构比较复杂。例如,普通车床、卧式镗床、万能升降台铣床等,都属于通用机床。它主要适用于单件、小批生产。

(2)专门化机床

专门化机床加工工艺范围较窄,主要用于加工形状类似而尺寸不同的工件的某一道(或几道)工序。例如,凸轮轴车床、丝杆车床及凸轮机床等都属于专门化机床。

(3)专用机床

专用机床的工艺范围最窄,只能用于加工某种零件的某道特定工序。例如,加工机床主轴箱体的专用镗床、车床床身导轨的专用龙门磨床等,都是专用机床。它的生产率比较高,自动化程度往往也较高,适用于大批量生产。各种组合机床也属于专用机床。

3. 按照加工精度不同分类

在同一类型机床中,根据加工精度不同又可分为普通机床、精密机床和高精度机床。

4. 其他分类

按照自动化程度不同,机床可分为手动机床、机动机床、半自动和自动机床。按照质量和尺寸不同,机床可分为仪表机床、中型机床(一般机床)、大型机床(质量大于 10 t)、重型机床(质量大于 30 t)和超重型机床(质量大于 100 t)。按照机床的主要部件数目,机床可分为单刀机床、多刀机床和单轴机床、多轴机床等。

随着机床的发展,其分类方法也将不断发展。现代机床正向着数控化方向发展,数控机床的功能日趋多样化,工序更加集中。因此,机床也可按具有的数控功能分为普通机床(非数控机床)、一般数控机床、加工中心和柔性制造单元等。

2.1.2 金属切削机床型号的编制方法

机床的型号是赋予每种机床的一个代号,用以简明地表示机床的类型、通用特性和结构特性、主要技术参数等。我国机床型号,现在是按 1994 年颁布的“金属切削机床型号编制方法”(GB/T 15375—94)编制的。此标准规定,机床型号由汉语拼音字母和阿拉伯数字按一定的规律组合而成。它适用于各类通用机床和专用机床(不包括组合机床)。

1. 通用机床型号

通用机床的型号表示方法为:

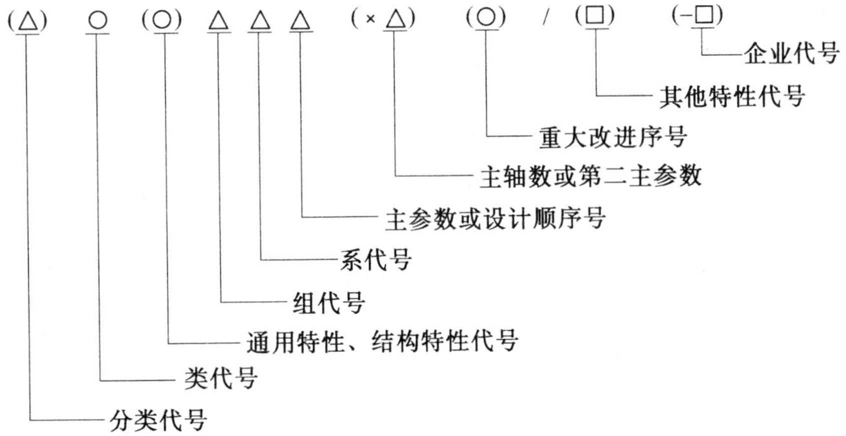

注:① 有“( )”的代号或数字,当无内容时,则不表示;若有内容则不带括号。

②有“○”符号者,为大写的汉语拼音字母。

③有“△”符号者,为阿拉伯数字。

④有“□”符号者,为大写的汉语拼音字母,或阿拉伯数字,或两者兼有之。

(1)机床的类别代号

机床的类别用汉语拼音的第一个字母(大写)表示。例如,“车床”的汉语拼音是“chechuang”,所以用“C”来表示。当需要时,每类又可以分为若干分类,分类代号用阿拉伯数字表示,在类别代号之前,它居于型号的首位,但第一分类不予表示。例如,磨床类分为 M、2M、3M 三个分类。机床的类别代号及其读音见表 2.1。

表 2.1 通用机床类别代号

类别	车床	钻床	镗床	磨床			齿轮加工机床	螺纹加工机床	铣床	刨插床	拉床	特种加工机床	锯床	其他机床
代号	C	Z	T	M	2M	3M	Y	S	X	B	L	D	G	Q
读音	车	钻	镗	磨	2 磨	3 磨	牙	丝	铣	刨	拉	电	割	其

(2)机床的通用特性和结构特性代号

① 通用特性代号。当某类型机床除有普通型外,还有如表 2.2 所示的某种通用特性时,则在类别代号之后加上相应的特性代号。例如,“CK”表示数控车床。如果同时具有两种通用特性,则可用两个代号同时表示,如“MBG”表示半自动高精度磨床。如果某类型机床仅有某种通用特性,而无普通型时,则通用特性不必表示。如 C1107 型单轴纵切自动车床,由于这类车床没有“非自动”型,所以不必用“Z”表示通用特性。

表 2.2 通用特性代号

通用特性	高精度	精密	自动	半自动	加工中心(自动换刀)	仿形	轻型	加重型	简式或经济型	柔性加工单元	数控	数显	高速
代号	G	M	Z	B	H	F	Q	C	J	R	K	X	S
读音	高	密	自	半	换	仿	轻	重	简	柔	控	显	速

② 结构特性代号。为了区分主参数相同而结构不同的机床,在型号中用结构特性代号表示。结构特性代号为汉语拼音字母。例如,CA6140 型卧式车床型号中的“A”,可理解为:CA6140 型普通机床在结构上区别于 C6140 型及 CY6140 型普通车床。当机床有通用特性代号时,结构特性代号应排在通用特性代号之后。为了避免混淆,通用特性代号已用的字母及“L”和“O”都不能作为结构特性代号。

(3)机床的组别、系别代号

机床的组别、系别代号用两位阿拉伯数字表示,前一位表示组别,后一位表示系别。每类机床按其结构性能及使用范围划分为 10 个组,用数字 0 ~ 9 表示。每组机床又分若干系(系别),系的划分原则是:主参数相同,并按一定公比排列,工件和刀具本身的相对运动特点基本相同,且基本结构及布局形式相同的机床,即划分为同一系。机床的类别、组别详见表 2.3。

表2.3 金属切削机床类别、组别

类别＼组别		0	1	2	3	4	5	6	7	8	9
车床C		仪表车床	单轴自动、半自动车床	多轴自动、半自动车床	回轮转塔车床	曲轴及凸轮轴车床	立式车床	落地及卧式车床	仿形及多刀车床	轮、轴、辊、锭及铲齿车床	其他车床
钻床Z			坐标镗钻床	深孔钻床	摇臂钻床	台式钻床	立式钻床	卧式钻床	铣钻床	中心孔钻床	
镗床T				深孔镗床		坐标镗床	立式镗床	卧式铣镗床	精镗床	汽车、拖拉机修理用镗床	
磨床	M	仪表磨床	外圆磨床	内圆磨床	砂轮机		导轨磨床	刀具刃磨床	平面及端面磨床	曲轴、凸轮轴、花键轴及轧辊磨床	工具磨床
	2M		超精机床	内外圆珩磨机	平面、球面珩磨机	抛光机	砂带抛光及磨削机床	刀具刃磨及研磨机床	可转位刀片磨削机床	研磨机床	其他磨床
	3M		球轴承套圈沟磨床	滚子轴承套圈滚道磨床	轴承套圈超精机床	滚子及钢球加工机床	叶片磨削机床	滚子超精及磨削机床		气门、活塞及活塞环磨削机床	汽车、拖拉机修理用磨床
齿轮加工机床Y		仪表齿轮加工机床		锥齿轮加工机床	滚齿机	剃齿及珩齿机床	插齿机	花键轴铣床	齿轮磨齿机床	其他齿轮加工机床	齿轮倒角及检查机床
螺纹加工机床S					套丝机	攻丝机		螺纹铣床	螺纹磨床	螺纹车床	
铣床X		仪表铣床	悬臂及滑枕铣床	龙门铣床	平面铣床	仿形铣床	立式升降台铣床	卧式升降台铣床	床身式铣床	工具铣床	其他铣床
刨插床B			悬臂刨床	龙门刨床			插床	牛头刨床		边缘及模具刨床	其他刨床
拉床L				侧拉床	卧式外拉床	连续拉床	立式内拉床	卧式内拉床	立式外拉床	键槽及螺纹拉床	其他拉床
特种加工机床D			超声波加工机	电解磨床	电解加工机			电火花磨床	电火花加工机		
锯床G				砂轮片锯床		卧式带锯床	立式带锯床	圆锯床	弓锯床	锉锯床	
其他机床Q		其他仪表机床	管子加工机床	木螺钉加工机		刻线机	切断机				

(4)机床主参数、第二主参数及设计顺序号

机床主参数是表示机床规格大小的一种参数。在机床型号中,用阿拉伯数字给出主参数的折算值,折算系数一般是 1/10 或 1/100,也有少数是 1。例如,CA6140 中的 40 表示床身上工件最大回转直径为 400 mm。

某些通用机床,当无法用一个主参数表示时,则用设计顺序号表示。设计顺序号由 1 开始。顺序号小于 10 时,在设计顺序号之前一律加“0”。

第二主参数一般是指主轴数、最大跨距、最大工件长度、工作台工作面长度等。第二主参数一般不予给出。第二主参数也用折算值表示。

(5)机床的重大改进顺序

当机床的性能及结构有重大改进时,按其设计改进的次序分别用汉语拼音“A,B,C,D…”表示,附在原机床型号的末尾,以示区别。例如,MG1432A 表示是最大工件直径为 320 mm 的 MG1432 型万能外圆磨床的第一次重大改进。

(6)其他特性代号

主要用以反映各类机床的特性,如对于数控机床,可用以反映不同的数控系统;对于一般机床可用以反映同一型号机床的变形等。其他特性代号用汉语拼音或阿拉伯数字或二者的组合表示。

(7)企业代号

生产单位为机床厂时,由机床厂所在城市名称的大写汉语拼音及该厂在该城市建立的先后顺序号,或由机床厂名称的大写汉语拼音表示。生产单位为机床研究所时,由该所名称的大写汉语拼音表示。

根据通用机床型号的编制方法,举例如下。

【例 2.1】 C2140 · 6 型卧式六轴自动车床。

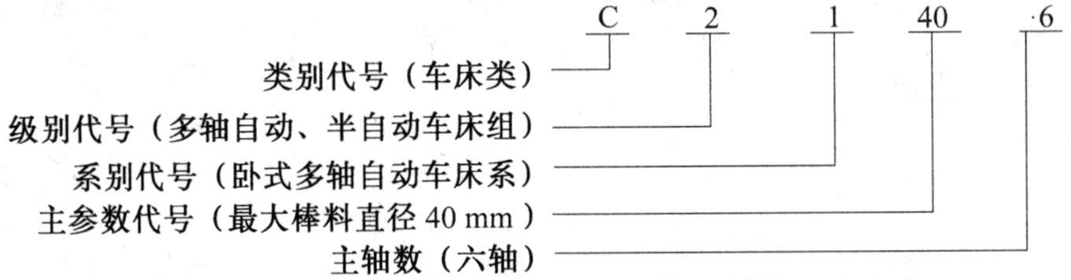

【例 2.2】 瓦房店机床厂生产的 CX5112A/WF 数显单柱立式车床。

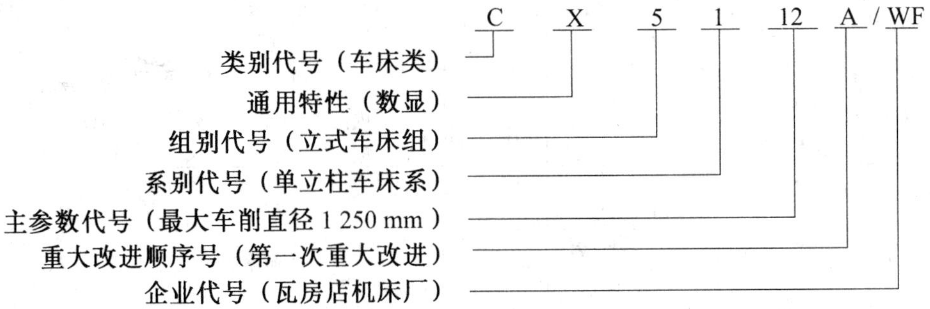

2. 专用机床型号

专用机床型号表示方法为：

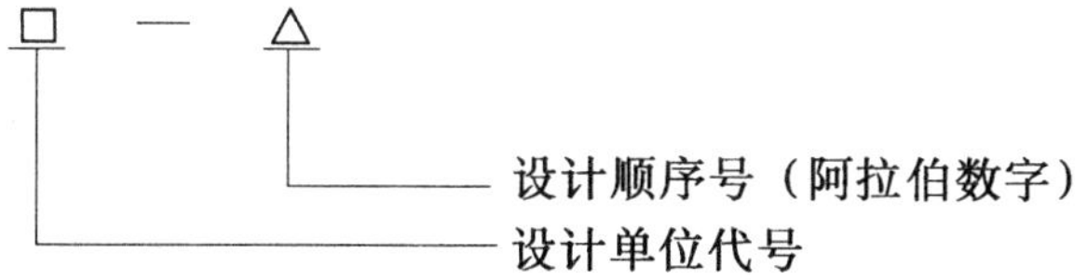

设计单位代号同通用机床型号中的企业代号。专用机床的设计顺序号，按各机床厂、所的设计顺序排列，由“001”起始，位于设计单位代号之后。例如，北京第一机床厂设计制造的第30种专用机床为专用铣床，其型号为B1—030。

3. 机床自动线型号

机床自动线通常由通用机床和专用机床组成，其代号为“ZX”（读作“自线”），位于设计单位代号之后，并用“—”（读作“至”）分开，其表示方法为：

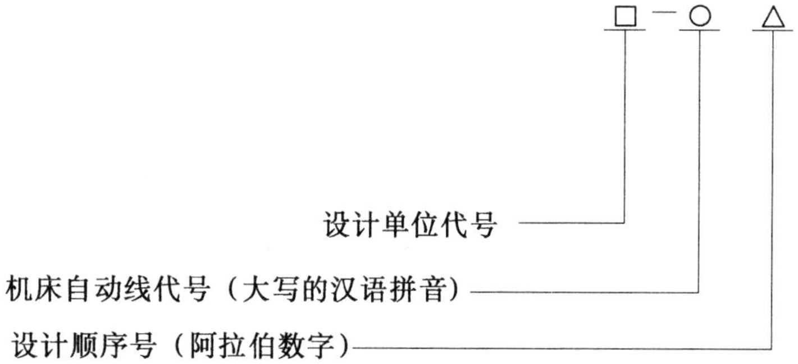

例如，北京机床研究所用某通用机床和专用机床为某企业设计的第二条自动线，其型号为：JCS—ZX002。

需要说明的是，我国机床型号的编制方法自1957年第一次颁布以来，虽共经过1959年、1963年、1971年、1976年、1985年和1994年6次修订，但到目前为止，仍有部分企业生产的机床按1994年以前的型号编制方法编制，其型号含义可查阅相应的标准。

2.2 零件表面成形方法及机床的运动分析

2.2.1 机械制造中零件的加工方法

机器或设备中的零件要完成一定的功能，首先必须具备一定的形状。这些零件表面的加工方法很多，按照零件制造过程中质量的变化，可分为材料去除加工（$\Delta m<0$）、材料成形加工（$\Delta m=0$）和材料累积加工（$\Delta m>0$）三种形式。

1. 材料去除加工（$\Delta m<0$）

材料去除加工是通过在被加工对象上去除一部分材料后得到所设计的零件。其特点是：虽然材料的利用率较低，但加工适应性较强，加工精度较高，表面质量较好。在材料去除加工中，还可按材料去除方式不同分为金属切削加工和特种加工两种加工方法。金属切削加工是利用金属切削刀具从工件上切除多余材料的方法，切削刀具的硬度比工件硬度高得多,常用的金属切削加工方法有车、铣、镗、刨、磨、拉等。特种加工主要是指利用机械能以外的其他能量(如光、电、化学、声、热能等)直接去除材料的加工方法,加工过程中基本上无机械力的作用,常见的特种加工方法有电火花加工、化学加工、电子束加工、离子束加工和激光加工等。

2. 材料成形加工($\Delta m=0$)

材料成形加工是一种在较高温度(或压力)下,使材料在模具中成形的方法,如铸造、锻造、挤压、粉末冶金以及冲压和注塑等,其主要特点是零件的生产效率较高,但加工精度较低。一般常用于制造毛坯,也可用于制造形状复杂但精度和表面粗糙度要求较低的零件。近年来,随着制造技术的发展,在精密铸造、精密锻造、挤压及粉末冶金等制造工艺方面,应用"接近最终形状成形技术"可用来直接制造精度要求较高的零件。

3. 材料累积加工($\Delta m>0$)

材料累积加工利用微体积材料逐渐叠加的方式使零件成形。这类加工方法中包括电镀、化学镀等原子沉积加工,热喷涂、静电喷涂等微粒沉积加工以及快速原型制造等。快速原型制造的基本原理是:先将零件的三维实体 CAD 模型数据沿某一坐标轴进行分层处理,得到分层截面的一系列二维数据,然后让成形材料在计算机控制下逐层堆积成型,生成三维实体原型。快速原型制造方法的特点是可以制造形状复杂的零件,而不需任何刀具和模具。

2.2.2 零件表面的成形方法

1. 零件表面的形状

任何零件表面如图 2.1 所示,都是由内外圆柱表面、内外圆锥表面、平面、圆弧表面和成形表面等不同类型的基本表面组合而成,零件的加工过程实际上就是装在机床上的刀具和工件按一定规律做相对运动,通过切削刀具的刀刃对工件毛坯的切削作用,把毛坯上多余的金属去除,获得这些所需表面的过程。

尽管零件形状千差万别,但其轮廓都是由若干几何要素如平面、回转表面等按一定位置关系构成。如图 2.2 所示,这些零件表面都可以看做一条线(称为母线)沿着另一条线(称为导线)运动的轨迹。母线和导线统称为形成零件表面的发生线(或成形线)。按零件表面特征,其形状可分为以下四类:

(1)旋转表面

如图 2.2(a) 所示,直母线 A 垂直于圆导线 B 所在的平面,并沿着圆导线 B 旋转一周,形成圆柱表面。如图 2.2(b) 所示,直母线 A 与圆导线 B 所在的平面成一定角度(小于 90°),并沿着圆导线 B 旋转一周,形成圆锥表面。图 2.2(c) 为圆母线 A 沿圆导线 B 旋转形成球面。

(2) 纵向表面

图 2.2(d) 为直母线 A 沿直导线 B 移动形成平面表面,该表面也可看成是直母线 B 沿直导线 A 移动形成的。图 2.2(e) 所示的曲面由直母线 A 沿曲线导线 B 移动形成,也可看成是图 2.2(f) 所示的由曲线母线 A 沿直导线 B 移动形成的表面。当母线和导线互换所形成的表面不发生变化时,这类表面称为可逆表面,否则称为不可逆表面。

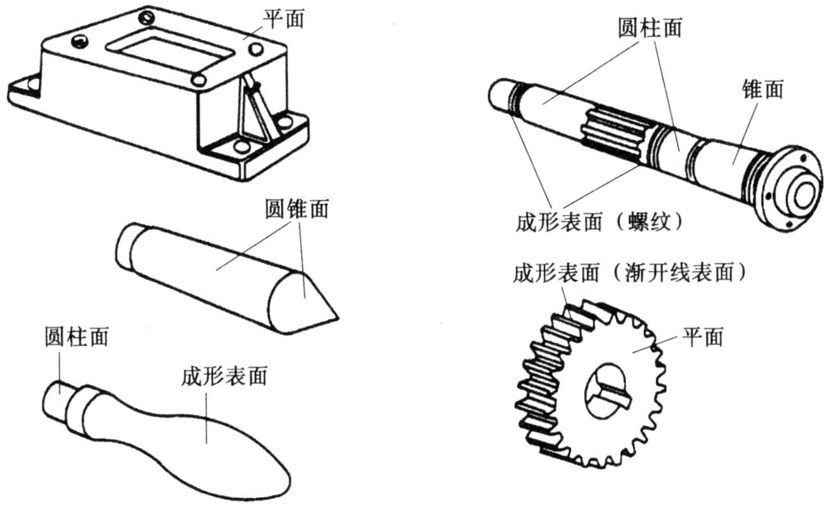

图 2.1　机器零件上常用的各种表面

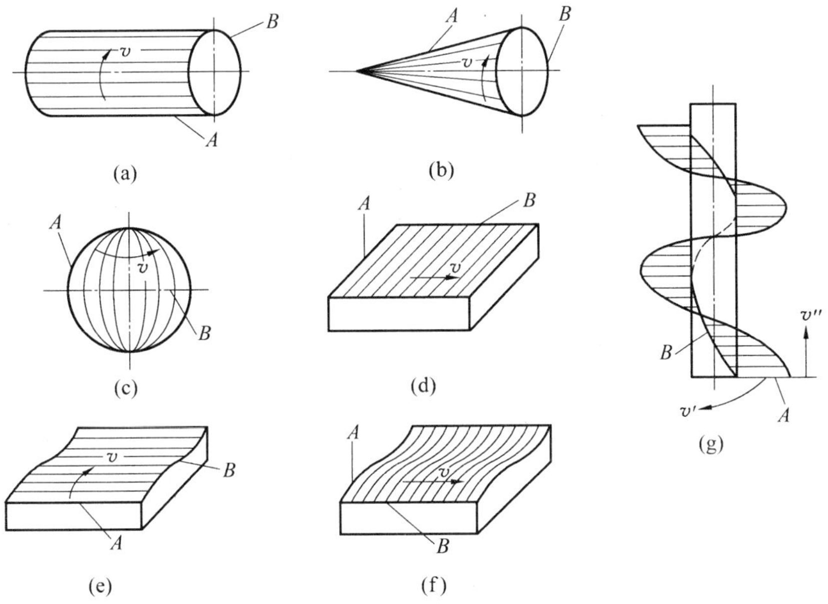

图 2.2　组成工件轮廓的几种几何表面

（3）螺旋表面

图2.2(g) 所示螺旋面由直母线 A 沿螺旋导线 B 运动（做旋转运动 v' 的同时轴向移动 v''）形成。

（4）复杂曲面

复杂曲面是由形状不断变化的母线沿导线移动形成的，如涡轮叶片表面、复杂模具型腔表面、飞机和汽车的外形表面等。

2. 零件表面的形成方法

研究零件表面的成形方法，应首先研究表面发生线的形成方法。由于发生线是刀具的切削刃与工件作相对运动得到的,所以工件表面的成形与刀具切削刃的形状有着密切关系。

切削刃的形状是指刀刃与工件形成表面相接触部分的形状。切削刃与发生线间的相互作用有以下三种情况:①切削刃的形状为一个切削点,刀具2做轨迹运动得到发生线1,如图2.3(a)所示;②切削刃的形状是一条切削线2,它与要成形的发生线1的形状完全吻合,刀具不做任何运动就可得到所需的发生线。这类刀具有成形车刀和盘形齿轮铣刀等,如图2.3(b)所示;③切削刃的形状是一条切削线2,但它与发生线1的形状不吻合,切削刃(切削线2)相对毛坯材料滚动(做展成运动),所形成的发生线1是刀具切削线2的包络线。这类刀具有滚刀、插齿刀及齿条刀等,如图2.3(c)所示。

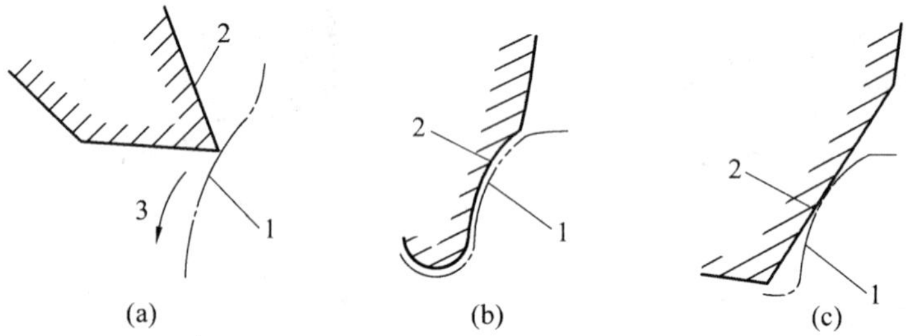

图2.3 切削刃形状与发生线的关系

由于刀具的切削刃形状和采取的加工方法不同,形成发生线的方法也不同,可归纳为图2.4所示的四种形式。

① 轨迹法。如图2.4(a)所示,切削点1按一定规律做直线或曲线(轨迹3)运动,从而形成所需的发生线2。用轨迹法形成发生线,刀具需要一个独立的成形运动。

② 相切法(又称旋切法)。相切法是利用刀具边旋转边做轨迹运动来对工件进行加工的方法。如图2.4(b)所示,加工时刀具做旋转运动,刀具中心按一定规律做直线或曲线(轨迹3)运动。刀具上的切削点运动轨迹与工件相切,形成发生线2,工件上的发生线2是刀具上所有的切削点在切削过程中共同形成的。用相切法形成发生线,刀具需要两个独立的成形运动,即刀具的旋转运动和刀具中心按一定规律做轨迹运动。

③ 成形法(又称仿形法)。如图2.4(c)所示,刀具切削刃就是切削线1,它的尺寸和形状与需要成形的发生线2完全一致。它是利用成形刀具对工件进行加工的方法,因此,形成发生线2时刀具不需要成形运动。

④ 展成法(又称范成法)。如图2.4(d)所示,刀具切削刃为切削线1,它与需要形成的发生线2的尺寸形状不同。形成发生线过程中,切削线1与发生线2彼此做无滑动的纯滚动(即做展成运动),切削线1与发生线2逐点相切,发生线2实际就是在切削过程中切削线1形成的包络线。曲线3是切削刃上某点A的运动轨迹。在形成发生线2的过程中,或者仅由切削刃1沿着由它生成的发生线2滚动;或者切削刃1和发生线2共同完成复合的纯滚动,即展成运动。因此,用展成法形成发生线只需要一个独立的成形运动。

2.2.3 零件表面的成形运动分析

在机床上,为了获得所需要的零件表面形状,必须使刀具和工件按照形成发生线的四

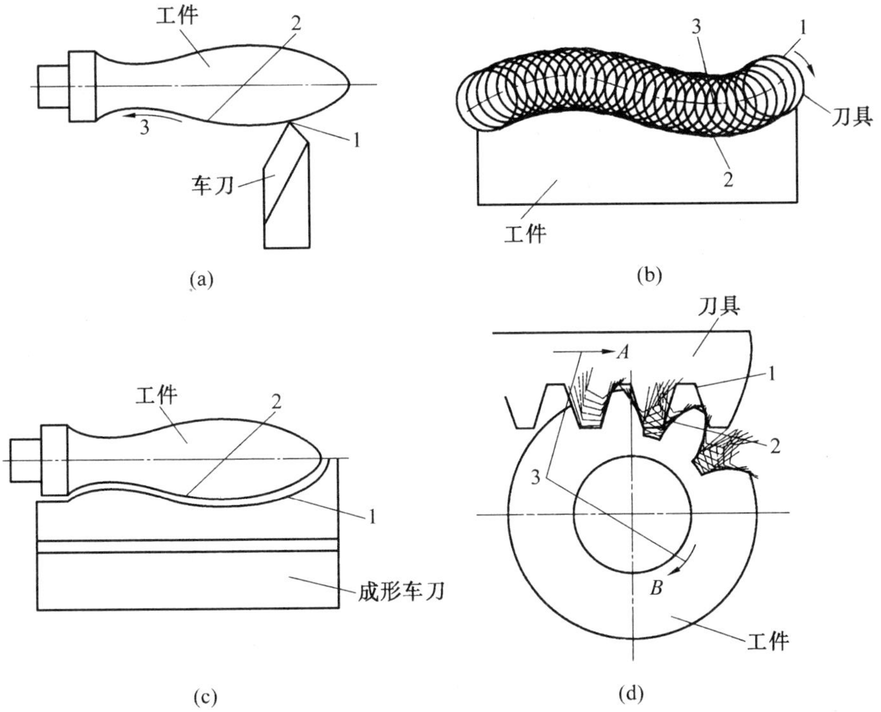

图2.4 形成发生线的方法

种方法之一完成一定的运动，这种运动称为零件表面的成形运动。

零件表面成形运动是保证获得设计要求的表面形状的运动，例如，图2.5是用外圆车刀车削圆柱表面，形成发生线的方法为轨迹法。工件的旋转运动 B_1 产生母线（圆），车刀的纵向直线运动 A_2 产生导线（直线）。因此，车削外圆柱表面需要 B_1 和 A_2 两个简单的成形运动，每个运动的角标号表示成形运动的先后次序。又如刨削，滑枕带着刨刀（牛头刨床）或工作台带着工件（龙门刨床）做往复直线运动。工作台带着工件（牛头刨床）或刀架带着刀具（龙门刨床）做间歇直线运动，产生导线。这两个直线运动产生发生线（都是直线），因而都是成形运动。

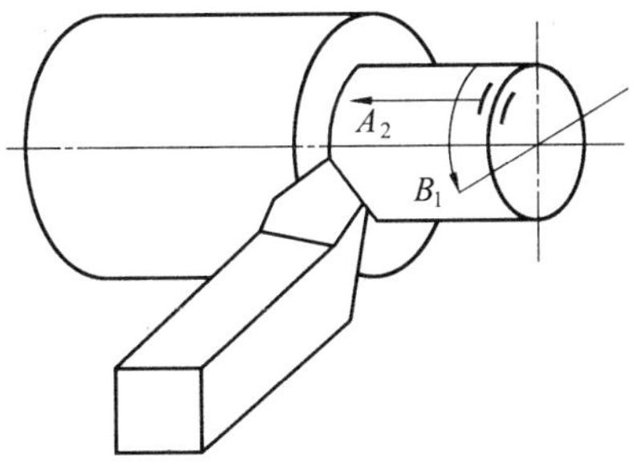

图2.5 车削外圆柱表面时的成形运动

1. 简单成形运动

以上所说的成形运动都是旋转运动或直线运动，这两种运动是最简单的，也最容易得到，因而称为简单成形运动。在机床上，成形运动以主轴的旋转，刀架或工作台的直线运动的形式出现。直线运动用符号 A 来表示，旋转运动用符号 B 来表示。

2. 复合成形运动

成形运动也有不是简单运动的，如图2.6(a)所示的用螺纹车刀切削螺纹。螺纹车刀是成形刀具，因此形成螺旋面只需一个运动，即车刀相对于工件做螺旋运动。在机床上，最容易得到并最容易保证精度的是旋转运动(如主轴的旋转)和直线运动(如刀架的移动)。因此,往往把这个螺旋运动分解成等速的旋转运动和等速的直线运动。在图 2.6(b)中,以 B_{11} 和 A_{12} 代表,其中每个字母下角标号的第一位数表示第一个运动(本例中只有一个运动),第二位数表示第一个运动中的第 1 和第 2 两部分,这样的运动称为复合的表面成形运动或简称为复合成形运动。为了得到一定导程的螺旋线,运动的两部分 B_{11} 和 A_{12} 必须严格保持相对关系,即工件每转 1 转,刀具的移动量应为一个导程。图 2.7 所示为用齿条刀加工齿轮,用展成法形成齿轮的渐开线廓形,需要一个复合的展成运动。这个复合运动也可分解为工件的旋转 B_{11} 和刀具的直线运动 A_{12}。B_{11} 和 A_{12} 是一个运动(展成运动3)的两个部分,两者必须保持严格的运动关系,即工件每转过一个齿(B_{11}),齿条刀应移动一个周节 πm(m 为模数)。

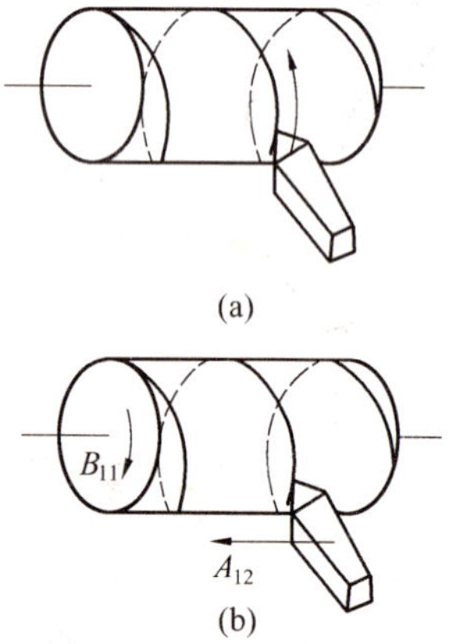

图 2.6 加工螺纹时的运动

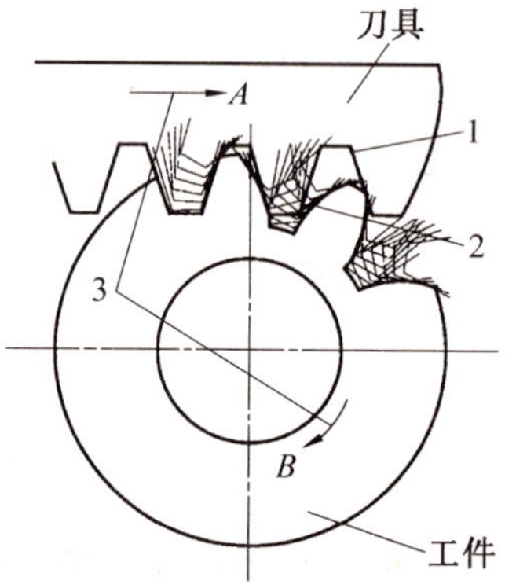

图 2.7 齿条加工齿轮时的运动

复合成形运动也可以根据情况分解为三个甚至更多的成形运动,图 2.8 为车削圆锥螺纹时的情况。刀具相对于工件的运动轨迹为圆锥螺旋线,可分解为三部分:工件的旋转运动 B_{11}、刀具纵向直线移动 A_{12} 和刀具横向直线移动 A_{13}。B_{11} 和 A_{12} 之间必须保持严格的相对运动,用以保证一定的螺距,A_{12} 和 A_{13} 之间也保持严格的相对运动关系,用以保证一定的锥度。

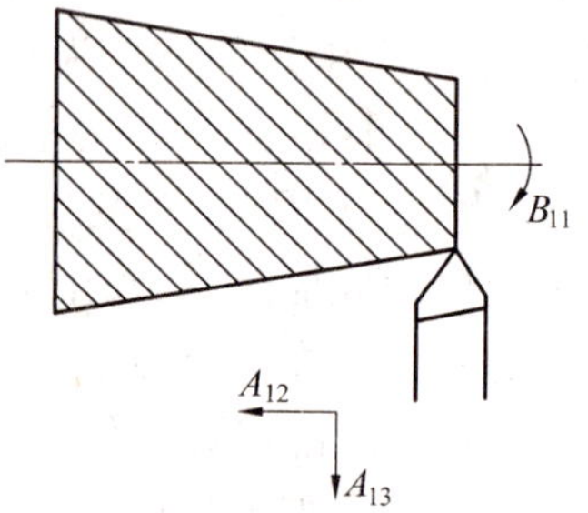

图 2.8 加工锥螺纹时的表面成形运动

由复合成形运动分解成的各个部分,虽然都是直线或旋转运动,与简单运动相似,但本质是不同的。前者是复合运动的一部分,各个部分必须保持严格的相对运动关系,是互相依存,而不是相对独立的。简单成形运动之间是互相独立的,没有严格的相对运动关系。

3. 零件表面成形所需的成形运动

母线和导线是形成零件表面的两条发生线。因此,形成表面所需要的成形运动,就是形成其母线及导线所需要的成形运动的总和。为了获得所需的零件表面,机床就必须提供这些成形运动。

【例 2.3】 分析用普通车刀车削外圆表面所需的成形运动(见图 2.5)。

分析 母线 —— 圆,由轨迹法形成,需要 1 个成形运动 B_1。导线 —— 直线,由轨迹法形成,需要1个成形运动 A_2。所以,形成外圆柱表面共需 B_1 和 A_2 两个简单的成形运动。

【例2.4】 分析用成形车刀车削回转表面所需的成形运动(见图2.9(a))。

分析 母线——曲线,由成形法形成,不需要成形运动。导线——圆,由轨迹法形成,需要1个成形运动 B_1。所以,形成表面的成形运动的总数为1,即 B_1,它是一个简单的成形运动。

【例2.5】 分析用螺纹车刀车削螺纹所需的成形运动(见图2.9(b))。

分析 母线——车刀的刀刃形状与螺纹轴向剖面轮廓的形状一致,故母线由成形法形成,不需要成形运动。导线——螺旋线,由轨迹法形成,需要1个成形运动,这是一个复合运动,把它分解为工件旋转 B_{11} 和刀具直线移动 A_{12}。B_{11} 和 A_{12} 之间必须保持严格的相对运动关系。所以,形成表面的成形运动的总数为1,即 $B_{11}A_{12}$。

【例2.6】 分析用齿轮滚刀加工直齿圆柱齿轮齿面所需的成形运动(见图2.9(c))。

分析 母线——渐开线,由展成法形成,需要1个成形运动,是复合运动,可分解为滚刀旋转 B_{11} 和工件旋转 B_{12} 两部分,B_{11} 和 B_{12} 之间必须保证严格的相对运动关系。导线——直线,由相切法形成,需要2个独立的成形运动,即滚刀的旋转运动 B_{11} 和滚刀沿工件的轴向移动 A_2。其中滚刀的旋转运动与复合展成运动的一部分 B_{11} 重合。因此,形成表面所需要的成形运动的总数为2,即一个是复合成形运动 $B_{11}B_{12}$,另一个是简单的成形运动 A_2。

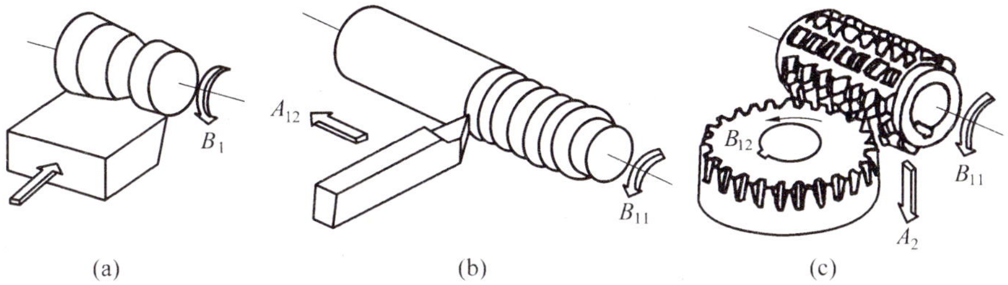

图2.9 形成所需表面的成形运动

2.2.4 机床的运动分析

为了实现加工过程中机床的各种成形运动,机床必须具备三个基本组成部分:执行件(如主轴、刀架和工作台)、动力源(如电动机)和传动机构。传动关系为"动力源—传动机构—执行件—传动机构—执行件"。机床上为了得到所需要的运动,需要将一系列的传动件与动力源(如主轴和电动机)或执行件与执行件(如主轴和刀架)连接起来,构成具有一定关系的传动联系。构成某一个传动联系的一系列传动件,称为传动链。从性质上讲,传动链可以分外联系传动链和内联系传动链两种。

1. 外联系传动链

外联系传动链是联系动力源(如电动机)和机床执行件(如主轴、刀架和工作台等)之间的传动链,使执行件获得预定的速度和动力,但不要求动力源与执行件间有严格的传动比关系。例如,在卧式车床上用轨迹法车削圆柱面时,工件的旋转速度与刀具的速度之间的传动比不要求很准确,因此,使刀具和工件运动的两条传动链均为外联系传动链。外联系传动链只影响加工件的生产率和表面质量,不影响形成零件表面发生线的形状。

2. 内联系传动链

内联系传动链是联系复合运动中各个分解部分之间的传动链,因此,传动链所联系的执行件之间的相对运动(如速度、位移)有严格的要求,以保证形成准确的工件表面形状。例如,在卧式车床上用螺纹车刀车削螺纹时,为了保证所加工螺纹的导程,主轴(工件)每转一转时,车刀必须严格移动一个导程。联系主轴—刀架之间的螺纹传动链,就是一条内联系传动链。又如,用齿轮滚刀加工圆柱齿轮时,滚刀每转一转,保证工件必须严格转过$\frac{K}{Z_{工}}$转(其中,K 为滚刀的头数,$Z_{工}$ 为被加工齿轮齿数)。联系滚刀旋转运动 B_{11} 和工件旋转运动 B_{12}(见图 2.9(c))的传动链,就是内联系传动链。

内联系传动链有严格的传动比要求,否则就不能保证被加工表面的性质。例如,如果传动比不准确,则车螺纹时就不能得到所设计的导程;加工齿轮时不能得到正确的渐开线齿形。为了保证准确的传动比,在内联系传动链中不能用摩擦传动或瞬时传动比有变化的传动机构,如链传动、带传动和摩擦传动等。

3. 传动原理图

通常,传动链中的各种传动机构可分为两类:传动比不变的“定比机构”,如带传动、定比齿轮副、齿轮齿条、丝杠螺母和蜗轮蜗杆等;可变换传动比的“换置器官”,如滑移齿轮变速机构、离合器变速机构、交换齿轮或挂轮架、各种电的、液压的和机械的无级变速机构以及数控机床中的数控系统等。为了简单明确地反映机床的传动联系,常用一些简明的符号把传动原理和传动路线表示出来,这就是传动原理图。图 2.10 列出了传动原理图中部分常用的传动元件符号。

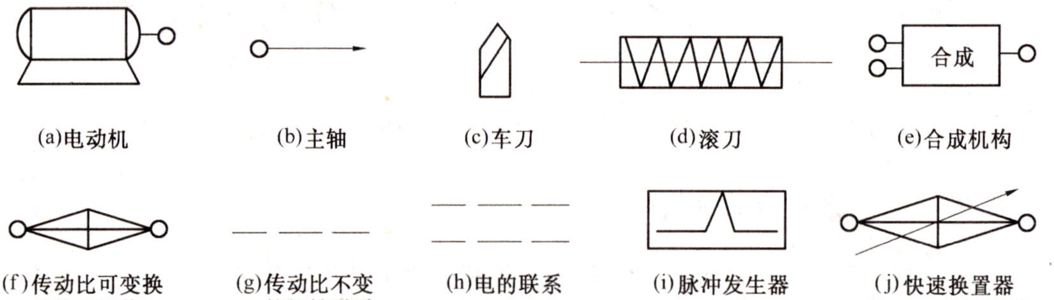

(a)电动机 (b)主轴 (c)车刀 (d)滚刀 (e)合成机构

(f)传动比可变换的换置机构 (g)传动比不变的机械联系 (h)电的联系 (i)脉冲发生器 (j)快速换置器官—— 数控系统

图 2.10 传动原理图中常用的符号

图 2.11 所示为卧式车床车削螺纹时的传动原理图。卧式车床在形成螺旋表面时,需要一个刀具与工件间的螺旋运动,这个运动为复合运动。它可分解为两部分:主轴的旋转 B 和车刀的纵向移动 A。联系两个运动的传动链为4—5 —μ_s —6—7— 丝杠,是复合运动内部的传动链,是内联系传动链。这条传动链必须严格保证主轴每转一转时,刀具移动一个导程。此外,这个复合运动还有一个外联系传动链,即主运动传动链,它与动力源相联系,即传动链 1—2—μ_v—3—4— 主轴。

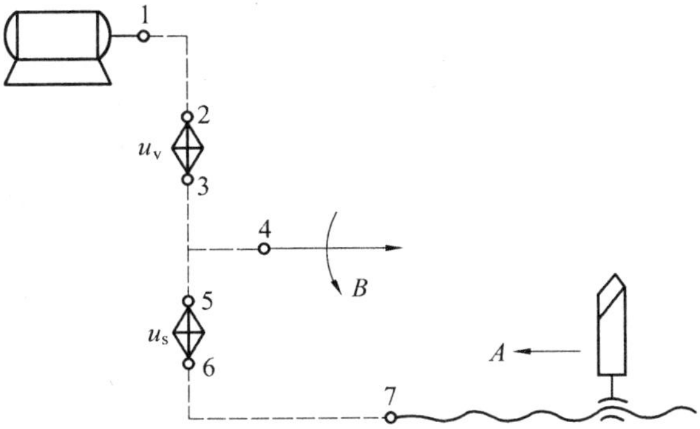

图 2.11　卧式车床车削螺纹的传动原理图

2.3　车床及其加工表面

2.3.1　车床概述

1. 车床的用途

车床主要用于加工各种回转表面,如内外圆柱表面、内外圆锥表面、成形回转表面和端面等,有些车床还能加工螺纹面。车床在机械制造中,应用极为广泛,在金属切削机床中所占的比重最大,约占机床总数的20% ~ 35%。

2. 车床的运动

车床依靠刀具和工件的相对运动来形成被加工工件的表面。车床的运动包括表面成形运动和辅助运动。

(1) 表面成形运动

表面成形运动包括工件的旋转运动和刀具的移动,工件的旋转运动,即主运动,其转速高,消耗功率最多;刀具的移动,即进给运动,其速度低,消耗的功率也较小。以工件的旋转轴线为基准,刀具可做纵向进给(如车圆柱表面) 或横向进给(如车端面),也可做斜向进给(如车圆锥表面) 或曲线运动(如车成形回转表面)。进给量f常以主轴每转一转刀具的移动量来计算,即 mm/r。

(2) 辅助运动

为了将毛坯加工到所需要的尺寸,车床还应有切入、切出运动。为节省时间,有的机床设有刀架的纵向和横向机动快速移动机构,某些重型车床的尾座也设有快速移动机构等。

3. 车床的分类

车床的种类很多,按其结构和用途可分为以下几类:卧式车床和落地车床、立式车床、转塔车床、单轴自动和半自动车床、多轴自动和半自动车床、仿形车床和多刀车床、数控车床和车削中心、专门化车床(如凸轮轴车床、曲轴车床、铲齿车床) 等。此外,在大批量生产中还有各式各样的专用车床。在所有的车床类机床中,卧式车床应用最为广泛。

2.3.2 CA6140 型卧式车床

CA6140 型卧式车床通用性强，但结构复杂且自动化程度低，加工形状复杂的工件时，需多次换刀，换刀麻烦，辅助时间较长。因此，该机床适用于单件、小批量生产及维修等。

1. 工艺范围

CA6140 型卧式车床的工艺范围很广，如图 2.12 所示，能加工 10 余种表面，如各种轴类和盘类零件上的回转表面，包括车削内外圆柱面和圆锥面、环槽及成形回转面，车削端面，车削螺纹等，还可以进行钻孔、扩孔、铰孔和滚花等多种车削工艺。

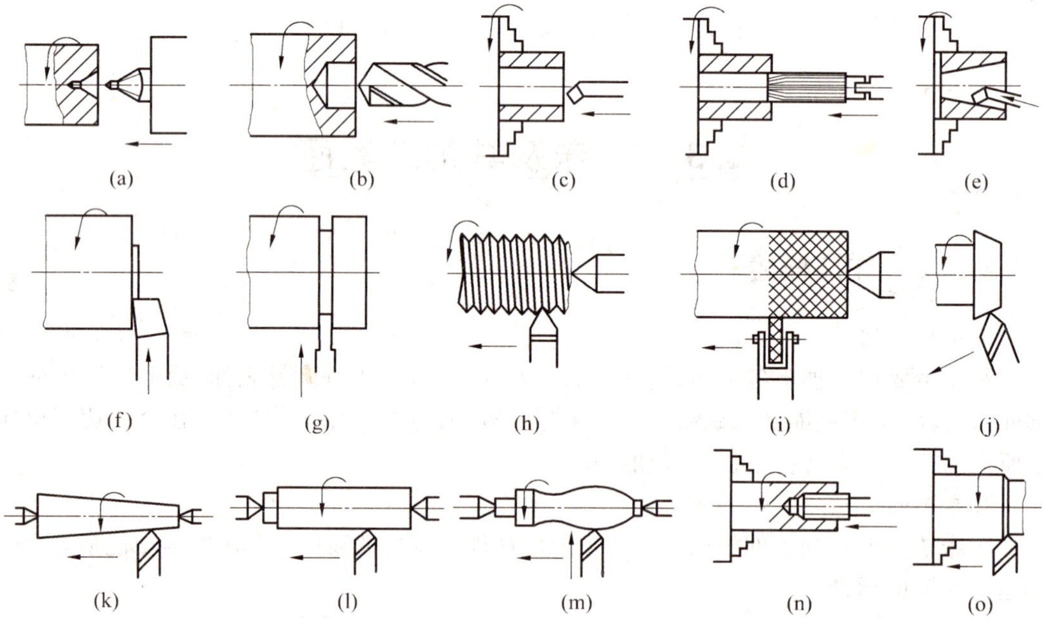

图 2.12 CA6140 卧式车床所能加工的典型表面

2. 主要技术指标

床身上最大工件回转直径：400 mm；

刀架上最大工件回转直径：210 mm；

最大工件长度：750 mm，1 000 mm，1 500 mm，2 000 mm；

主轴转速：正转 24 级　　10 ~ 1 400 r/min；

　　　　　反转 12 级　　14 ~ 1 580 r/min；

进给量：纵向 64 种，其范围是 0.028 ~ 6.33 mm/r；

横向 64 种，其范围是 0.014 ~ 3.16 mm/r；

车削螺纹范围：公制 44 种　　$s = 1 \sim 192$ mm；

　　　　　　　英制 20 种　　$a = 2 \sim 24$ 扣/in；

　　　　　　　模数制 39 种　　$m = 0.25 \sim 48$ mm；

　　　　　　　径节制 37 种　　$DP = 1 \sim 96$ 牙/in；

主电动机：7.5 kW，1 450 r/min。

3. 组成

图2.13所示为CA6140型卧式车床的外观图,其主要组成部件及功能如下。

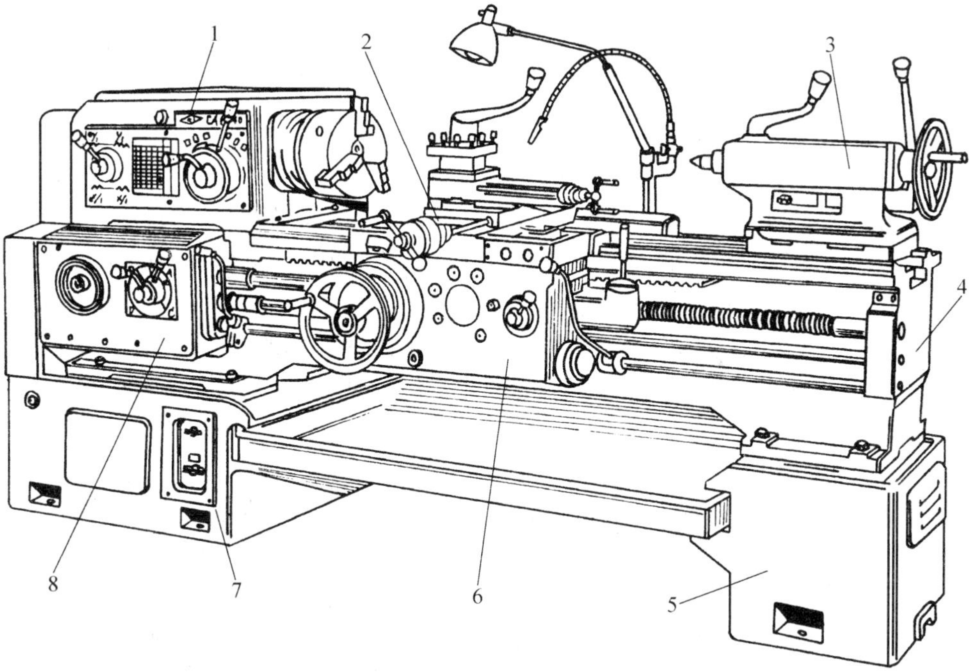

图2.13 CA6140卧式车床外形图

1—主轴箱;2—刀架;3—尾座;4—床身;5,7—床腿;6—溜板箱;8—进给箱

(1)主轴箱

主轴箱又称床头箱,主轴箱1固定在床身4的左上部,箱内部装有主轴组件和变速及传动机构等。主轴前端可安装卡盘、花盘等夹具,用以装夹工件。主轴箱的功用是支承主轴并将动力经变速机构和传动机构传给主轴,使主轴带动工件按规定的转速旋转,以实现主运动。

(2)刀架

刀架2安装在床身4上的刀架导轨上,刀架部件由三层溜板和方刀架组成。刀架的功用是可带着夹持在其上的车刀移动,实现纵向、横向和斜向进给移动。

(3)尾座

尾座3安装在床身4的尾座导轨上,可沿导轨纵向调整其位置。它的功用是用后顶尖支承较长的工件,也可以安装钻头、铰刀及中心孔等刀具进行孔加工。

(4)床身

床身4固定在左、右床腿7和5上。在床身上安装着车床的各个主要部件,使它们在工作时保持准确的相对位置或运动轨迹,是重要的支承件。

(5)溜板箱

溜板箱6与刀架2的纵向刀架溜板相连。在光杠或丝杠的传动下,溜板箱可带动刀架一起做纵向运动。在溜板箱固定不动时,通过光杠传动,可使刀架做横向移动。溜板箱的右下侧装有快速电动机，专供刀架做纵、横向快速移动用。溜板箱上装有各种操纵手柄和按钮。

（6）进给箱

进给箱8固定在床身4的左端前侧。箱内装有进给运动的变换机构，用于改变机动进给的进给量或所加工螺纹的导程。

4. 传动系统

机床的传动系统图是表示机床运动传动关系的示意图，是传动原理图的具体体现。机床的传动系统图画在一个能反映机床基本外形和各主要部件相互位置的投影面上，并尽可能绘制在机床外形轮廓线内。各传动元件（其表达符号详见国标 GB4460—84《机械制图 —— 机动示意图中的规定符号》）应尽可能按运动的传递顺序安排。传动系统图只表示传动关系，不表示各传动元件的实际尺寸和空间位置。在图中，通常须注明齿轮及蜗轮的齿数、蜗杆的头数、带轮直径、丝杠的螺距和头数、电动机的功率和转速、传动轴的编号等。图 2.14 为 CA6140 型卧式车床的传动系统图。

（1）主运动传动链

主运动传动链的两末端件是主电机和主轴，主要功用是把动力源的运动及动力传给机床的主轴，使主轴带动工件旋转，实现主运动，并使主轴变速和换向。

① 传动路线

运动由电机（7.5 kW，1 450 r/min）经 V 带轮传动副（ϕ130 mm/ϕ230 mm）传至主轴箱中的轴 Ⅰ。轴 Ⅰ 上的双向多片式摩擦离合器 M_1，其作用是使主轴 Ⅵ 实现正转、反转或停止。当离合器 M_1 压紧左侧的摩擦片时，轴 Ⅰ 的运动经离合器 M_1 及齿轮副 56/38 或 51/43 传给轴 Ⅱ，使主轴 Ⅵ 正转。当离合器 M_1 压紧右侧的摩擦片时，轴 Ⅰ 的运动经离合器 M_1 及齿轮副50/34、34/30 传至轴 Ⅱ。由于此时 Ⅰ、Ⅱ 轴之间多一个惰轮 Z_{34}，所以轴 Ⅱ 的转向与经 M_1 左部传动时相反，即主轴 Ⅵ 反转。当离合器 M_1 处于中间位置时，左、右摩擦片都没有被压紧，空套在 Ⅰ 轴上的齿轮 Z_{56}、Z_{51} 和 Z_{50} 均不转动，此时主轴 Ⅵ 停止。

轴 Ⅱ 的运动可分别通过轴 Ⅱ 和轴 Ⅲ 间三对齿轮副 39/41，或 30/50 或 22/58 传至轴 Ⅲ，故轴 Ⅲ 正转共有 $2 \times 3 = 6$ 级转速。

运动由轴 Ⅲ 传给主轴 Ⅵ 有两种传动路线：

a. 高速传动路线

将主轴 Ⅵ 上的滑移齿轮 Z_{50} 移至左端（如图 2.14 中所示位置），与轴 Ⅲ 上的齿轮 Z_{63} 啮合，运动由这一齿轮副 63/50 直接传至主轴 Ⅵ，使主轴获得 6 级高转速（450 ~ 1 400 r/min）。

b. 低速传动路线

主轴 Ⅵ 上的齿轮 Z_{50} 移到右边位置，使齿式离合器 M_2 啮合，于是轴 Ⅲ 的运动经齿轮副 50/50 或 20/80 传至轴 Ⅳ，又经齿轮副 20/80 或 51/50 传给轴 Ⅴ，再经齿轮副 26/58 和齿式离合器 M_2 传至主轴 Ⅵ，可得到 $2 \times 3 \times 2 \times 2 = 24$ 级理论上的低转速（10 ~ 500 r/min）。

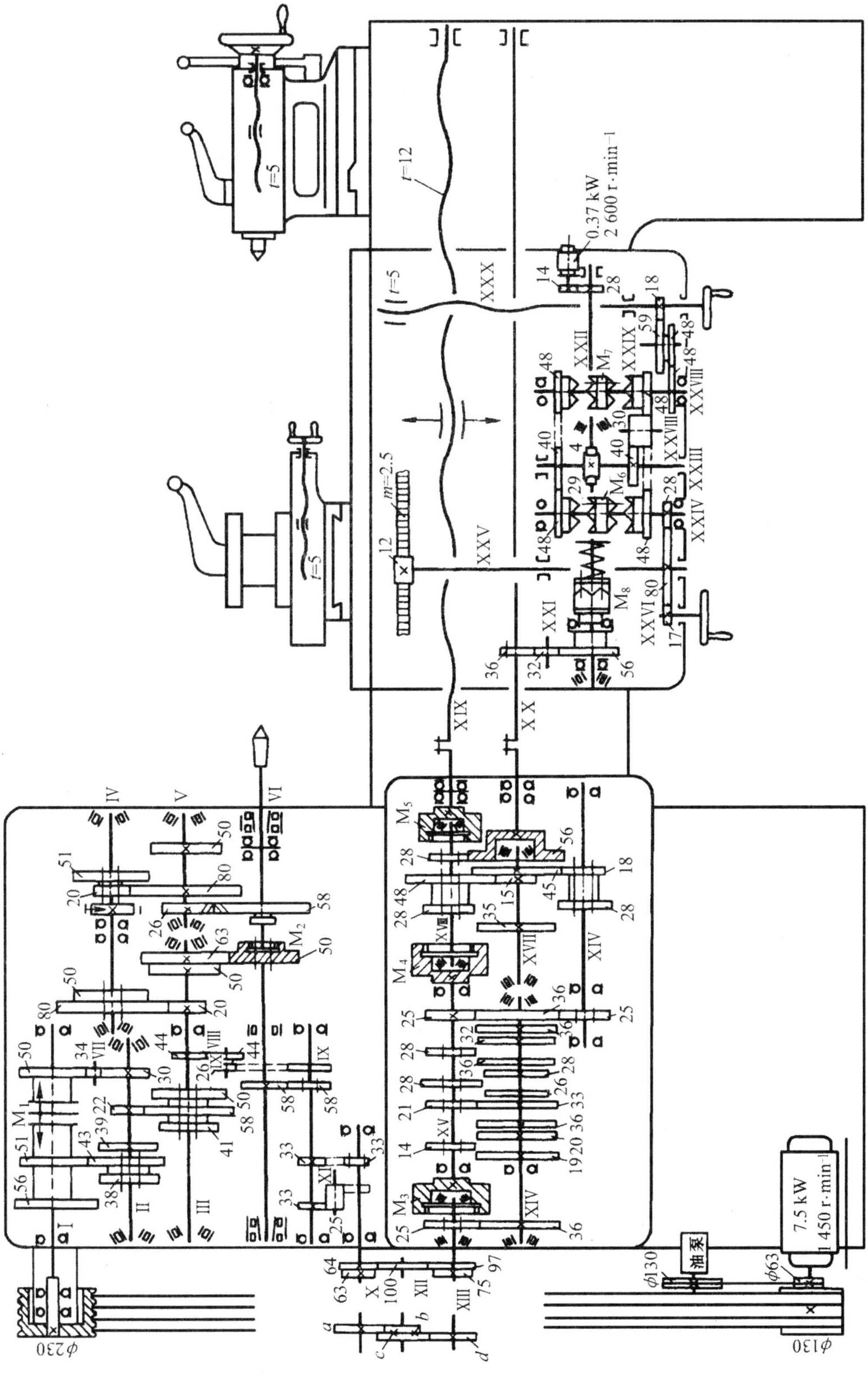

图 2.14 CA6140型卧式车床的传动系统图

机床的传动路线，通常可采用传动路线表达式来表示。CA6140 型卧式车床主运动传动链的传动路线表达式为

$$\text{主电动机}\begin{pmatrix}7.5\ \text{kW}\\ 1\ 450\ \text{r}\cdot\text{min}^{-1}\end{pmatrix} - \frac{\phi 130}{\phi 230} - \text{I} - \begin{bmatrix} \text{M}_1(\text{左})(\text{正转}) \begin{bmatrix}56/38\\ 51/43\end{bmatrix} - \\ \text{M}_1(\text{右})(\text{反转}) - 50/34 - \text{VII} - 34/30 \end{bmatrix}$$

$$- \text{II} - \begin{bmatrix}39/41\\ 30/50\\ 22/58\end{bmatrix} - \text{III} - \begin{bmatrix} \frac{63}{50}\ (\text{M}_2\text{左移}) \\ \begin{bmatrix}20/80\\ 50/50\end{bmatrix} - \text{IV} - \begin{bmatrix}20/80\\ 51/50\end{bmatrix} - \text{V} - \frac{26}{58} - \text{M}_2(\text{右移}) \end{bmatrix} - \text{VI}(\text{主轴})$$

② 主轴转速级数和转速值

由传动系统图和传动路线表达式可以看出，主轴正转时，利用滑移齿轮轴向位置的不同组合，理论上共可得 $2 \times 3 = 6$ 级高转速和 $2 \times 3 \times 2 \times 2 = 24$ 种低转速。

轴 Ⅲ 到 Ⅴ 轴之间的四种传动比分别为

$$u_1 = \frac{20}{80} \times \frac{20}{80} = \frac{1}{16}, \quad u_2 = \frac{20}{80} \times \frac{51}{50} \approx \frac{1}{4}$$

$$u_3 = \frac{50}{50} \times \frac{20}{80} = \frac{1}{4}, \quad u_4 = \frac{50}{50} \times \frac{51}{50} \approx 1$$

其中，u_2 与 u_3 基本相同，实际上只有3种不同的传动比。因此，低速传动路线实际只有 $2 \times 3 \times (2 \times 2 - 1) = 18$ 级转速。加上高速传动路线的 6 级转速，主轴共得 $2 \times 3 \times [1 + (2 \times 2 - 1)] = 24$ 级转速。

同理，主轴反转时有 $3 \times [1 + (2 \times 2 - 1)] = 12$ 级转速。

主轴的各级转速值可用平衡式进行计算。图 2.14 中所示的啮合位置时，主轴的转速为

$$n_{主}/(\text{r} \cdot \text{min}^{-1}) = 1\ 450 \times \frac{130}{230} \times \frac{51}{43} \times \frac{22}{58} \times \frac{20}{80} \times \frac{20}{80} \times \frac{26}{58} \approx 10$$

同理，应用运动平衡式可以分别计算出主轴正转的 24 级转速值为 10 ~ 1 400 r/min，主轴反转的 12 级转速值为 14 ~ 1 580 r/min。主轴反转通常不用于切削，主要用于切削螺纹时的退刀。退刀时不能断开主轴和刀架之间的传动链，以免"乱扣"。主轴反转的速度较高，以缩短辅助退刀时间。主轴转速按等比数列排列，公比 $\phi = 1.26$。

(2) 进给运动传动链

进给运动传动链是使刀架实现纵向或横向运动的传动链，进给运动的动力源也是主电动机。在进给传动链中，有两种不同性质的传动路线：一条路线经丝杠 ⅩⅨ 带动溜板箱，使刀架纵向移动，这是车削螺纹的传动链，是内联系传动链；另一条路线经光杠 ⅩⅩ 和溜板箱，使刀架做纵向或横向机动进给，这是外联系传动链。由于刀架的进给量及螺纹的导程均是以主轴每转一转时刀架的移动量来表示的，所以分析进给传动链时，把主轴和刀架作为该传动链的两个末端件。

运动分析从主轴 Ⅵ 开始，经轴 Ⅸ 与轴 Ⅹ 间的换向机构、轴 Ⅹ 与轴 ⅩⅢ 间的挂轮，传入进给箱。从进给箱传出的运动，或者经过丝杠 ⅩⅨ 带动溜板箱纵向移动，进行螺纹加

工;或者经光杠 XX 和溜板箱内的一系列传动机构,带动刀架作纵向或横向的机动进给运动。

CA6140 型车床可车削常用的米制、英制、模数制(米制蜗杆)及径节制四种标准螺纹,还可车削加大螺距、非标准螺距和较精密的螺纹。既可车削右旋螺纹,也可车削左旋螺纹。进给传动链的作用在于能得到上述的四种标准螺纹。

车削螺纹时的运动平衡式为

$$l_{主轴} \times u \times t_1 = S$$

式中 u—— 从主轴到丝杠之间的总传动比;

t_1—— 机床丝杠的导程,CA6140 型车床的 $t_1 = 12$ mm;

S—— 被加工螺纹的导程,mm。

由上式可知,改变传动比 u 值,就可加工不同种类的螺纹。

① 米制螺纹

米制螺纹是我国常用的螺纹,其标准螺距值符合国家标准规定,且按分段等差数列的规律排列。

车米制螺纹时,进给箱中的齿式离合器 M_3 和 M_4 脱开,M_5 接合。此时,运动由主轴 Ⅵ 经齿轮副 58/58、换向机构 33/33(车左螺纹时 $\frac{33}{25} \times \frac{25}{33}$)、挂轮 $\frac{63}{100} \times \frac{100}{75}$ 进入进给箱轴 XⅢ,由齿轮副 25/36 传至轴 XⅣ,由轴 XⅣ 经双轴滑移变速机构中的 8 对齿轮副(这 8 对齿轮副称为基本组,用 u_j 来表示)之一传至 XⅤ,然后经移换机构的齿轮副 $\frac{25}{36} \times \frac{36}{25}$ 传至轴 XⅥ,再经轴 XⅥ 与 XⅧ 间的齿轮副(可变四种传动比,称为增倍组,用 u_b 来表示)传至轴 XⅧ,最后经离合器 M_5 传至丝杆 XⅨ。当溜板箱中的开合螺母与丝杠相啮合时,就可带动刀架车削米制螺纹。

车削米制螺纹的传动路线表达式为

$$\textbf{主轴}\ \text{VI} - \frac{58}{58} - \text{IX} - \begin{bmatrix} \frac{33}{33}(\textbf{右螺纹}) \\ \frac{33}{25} - \text{XI} - \frac{25}{33}(\textbf{左螺纹}) \end{bmatrix} - \text{X} - \frac{63}{100} \times \frac{100}{75} - \text{XIII} - \frac{25}{36} - \text{XIV} - u_j(\textbf{基本组}) -$$

$$\text{XV} - \frac{25}{36} \times \frac{36}{25} - \text{XVI} - u_b(\textbf{增倍组}) - \text{XVIII} - M_b\ \textbf{啮合} - \textbf{丝杠}\ \text{XIX} - \textbf{刀架}$$

其中,轴 XⅣ 与 XⅤ 之间的基本组可变换 8 种不同的传动比,即

$$u_{j1} = \frac{26}{28} = \frac{6.5}{7},\quad u_{j2} = \frac{28}{28} = \frac{7}{7},\quad u_{j3} = \frac{32}{28} = \frac{8}{7},\quad u_{j4} = \frac{36}{28} = \frac{9}{7}$$

$$u_{j5} = \frac{19}{14} = \frac{9.5}{7},\quad u_{j6} = \frac{20}{14} = \frac{10}{7},\quad u_{j7} = \frac{33}{21} = \frac{11}{7},\quad u_{j8} = \frac{36}{21} = \frac{12}{7}$$

基本组是基本螺距变换机构,组内传动副的传动比的分母相同,分子除 6.5 和 9.5 用于其他种类的螺纹外,其余按等差数列排列。因此,改变 u_j 值,就能车削出按等差数列排列的导程值。

轴 XⅤ 与 XⅧ 间的增倍组有 4 种不同的传动比,即

$$u_{b1}=\frac{18}{45}\times\frac{15}{48}=\frac{1}{8},\quad u_{b2}=\frac{28}{35}\times\frac{15}{48}=\frac{1}{4},\quad u_{b3}=\frac{18}{45}\times\frac{35}{28}=\frac{1}{2},\quad u_{b4}=\frac{28}{35}\times\frac{35}{28}=1$$

以上4种传动比成倍数关系排列，改变 u_b 值就可将基本组的传动比成倍地增大（或缩小），从而扩大机床所能车削螺纹的螺距种数。

车削米制螺纹的计算位移为：主轴 l_r——刀架移动一个导程 S/mm，所以有

$$S=KT$$

其中 S——被加工螺纹的导程；

K——被加工螺纹的头数；

T——被加工螺纹的螺距。

车削米制螺纹的运动平衡式为

$$S=KT=l_{主轴}\times\frac{58}{58}\times\frac{33}{33}\times\frac{63}{100}\times\frac{100}{75}\times\frac{25}{36}\times u_j\times\frac{25}{36}\times\frac{36}{25}\times u_b\times 12\ \text{mm}$$

将上式简化后可得

$$S=7u_j\cdot u_b$$

由上式可见，改变 u_j 和 u_b 的值，就可以得到不同的 S 值。表2.4是CA6140型机床能加工的米制螺纹导程，从表中可看出，每一列都是按等差数列排列的，且列与列之间成倍数关系。该型号车床所能加工的米制螺纹的最大导程为12 mm。当需车削导程更大的螺纹时，必须采用一条扩大螺距的传动路线。此时，可将轴Ⅸ上的滑移齿轮 Z_{58} 向右移，与Ⅷ轴上的齿轮 Z_{26} 啮合。因此，车削螺纹时有以下两条传动路线：

$$\textbf{主轴}\ \text{Ⅵ}-\left[\begin{array}{l}\text{———}\ \dfrac{58}{58}\ \textbf{正常螺距}\ \text{———}\\ \dfrac{58}{26}-\text{Ⅴ}-\dfrac{80}{20}-\text{Ⅳ}-\left[\begin{array}{c}50/50\\80/20\end{array}\right]-\text{Ⅲ}-\dfrac{44}{44}-\text{Ⅷ}-\dfrac{26}{58}\end{array}\right]-\text{Ⅸ}\cdots$$

加工扩大螺距时，自轴Ⅸ后的传动路线仍与正常螺距时相同。从主轴Ⅵ至Ⅸ的传动比为

正常螺距
$$u=\frac{58}{58}=1$$

扩大螺距
$$u_{扩1}=\frac{58}{26}\times\frac{80}{20}\times\frac{50}{50}\times\frac{44}{44}\times\frac{26}{58}=4$$

$$u_{扩2}=\frac{58}{26}\times\frac{80}{20}\times\frac{80}{20}\times\frac{44}{44}\times\frac{26}{58}=16$$

所以，扩大螺距机构是将螺距扩大4倍或16倍，它实际上也是一个增倍组。但需注意，扩大螺距机构的传动齿轮就是主运动的传动齿轮，只有当主轴上的 M_2 合上时，才能扩大螺距，此时主轴处于低速状态。当主轴转速确定后，这时可能扩大的倍数也就确定了。

② 模数制螺纹

模数螺纹主要用于米制蜗杆，有时某些特殊丝杠的导程也是模数制的。米制蜗杆的齿距为 $T_m=\pi m$，所以模数螺纹的导程为 $S_m=KT_m=K\pi m$，这里 K 为螺纹的头数，m 为模数，国家标准已规定了 m 的标准值，也是按分段等差数列排列的。

表 2.4　CA6140 型卧式车床的米制螺纹导程表

螺纹的导程 S/mm		增倍组传动比			
		$u_{b1}=\frac{18}{45}\times\frac{15}{48}=\frac{1}{8}$	$u_{b2}=\frac{28}{35}\times\frac{15}{48}=\frac{1}{4}$	$u_{b3}=\frac{18}{45}\times\frac{35}{28}=\frac{1}{2}$	$u_{b4}=\frac{28}{35}\times\frac{35}{28}=1$
基本组传动比	$u_{j1}=\frac{26}{28}=\frac{6.5}{7}$				
	$u_{j2}=\frac{28}{28}=\frac{7}{7}$		1.75	3.5	7
	$u_{j3}=\frac{32}{28}=\frac{8}{7}$	1	2	4	8
	$u_{j4}=\frac{36}{28}=\frac{9}{7}$		2.25	4.5	9
	$u_{j5}=\frac{19}{14}=\frac{9.5}{7}$				
	$u_{j6}=\frac{20}{14}=\frac{10}{7}$	1.25	2.5	5	10
	$u_{j7}=\frac{33}{21}=\frac{11}{7}$			5.5	11
	$u_{j8}=\frac{36}{21}=\frac{12}{7}$	1.5	3	6	12

与加工米制螺纹相比，不同的是在模数螺纹导程 $S_m=K\pi m$ 中含有特殊因子“π”。为此，要求传动链中应包含特殊因子“π”。所以，车削模数螺纹时，只需将挂轮换为 $\frac{64}{100}\times\frac{100}{97}$，凑出 π 值，其余部分的传动路线完全与车削米制螺纹时相同。运动平衡式为

$$S_m=K\pi m=l_{主轴}\times\frac{58}{58}\times\frac{33}{33}\times\frac{64}{100}\times\frac{100}{97}\times\frac{25}{36}\times u_j\times\frac{25}{36}\times\frac{36}{25}\times u_b\times 12\ \text{mm}$$

式中 $\frac{64}{100}\times\frac{100}{97}\times\frac{25}{36}\approx\frac{7\pi}{48}$，经化简后得

$$S_m=\frac{7\pi}{4}u_j\cdot u_b$$

因为 $S_m=K\pi m$，从而有

$$m=\frac{7}{4K}u_j u_b=\frac{1}{4K}S_j u_b$$

改变 u_j 和 u_b 值，就可以车削出各种标准模数螺纹。如果应用扩大螺距机构，也可以车削出大导程的模数螺纹。

③ 英制螺纹

英制螺纹又称英寸制螺纹，在采用英寸制的国家（如英国、美国和加拿大等）中应用较广泛，我国的部分管螺纹也采用英制螺纹。

英制螺纹以每英寸长度上的螺纹扣（牙）数 a（扣/英寸）表示。标准的 a 值也是按分

段等差数列规律排列的。英制螺纹的导程 $S_a = \frac{1}{a}\text{in}$，由于 CA6140 型车床的丝杠是米制螺纹，被加工的英制螺纹应换算成以 mm 为单位的相应导程值，即

$$S_a = \frac{1}{a}\text{in} = \frac{25.4}{a}\text{mm}$$

由上式可知，英制螺纹的导程中含有特殊因子“25.4”。因此，车削英制螺纹的传动路线应有以下两点变动：

a. 将基本组两轴（轴 XV 和 XIV）的主、被动关系对调，使轴 XV 变为主动轴，轴 XIV 变为被动轴，就可以使分母为等差数列。

b. 在传动链中改变部分传动副的传动比，使其中包含特殊因子“25.4”。

为达到以上变动，车削英制螺纹时，进给箱中的齿式离合器 M_3 及 M_5 接合，M_4 脱开，轴 XVI 左端的滑移齿轮 Z_{25} 移至左面位置，与固定在轴 XIV 上的齿轮 Z_{36} 相啮合。此时，运动由轴 XIII 经 M_3 先传到轴 XV，然后经基本组传至轴 XIV，再经齿轮副 36/25 传至轴 XVI。其余部分的传动路线与车削米制螺纹相同。其运动平衡式为

$$S_a = l_{\text{主轴}} \times \frac{58}{58} \times \frac{33}{33} \times \frac{63}{100} \times \frac{100}{75} \times \frac{1}{u_j} \times \frac{36}{25} \times u_b \times 12 \text{ mm}$$

其中 $\frac{63}{100} \times \frac{100}{75} \times \frac{36}{25} = \frac{63}{75} \times \frac{36}{25} \approx \frac{25.4}{21}$，则

$$S_a \approx \frac{25.4}{21} \times \frac{1}{u_j} \times u_b \times 12 \text{ mm} = \frac{4}{7} \times 25.4 \times \frac{u_b}{u_j} \text{ mm}$$

将 $S_a = \frac{25.4}{a}$ 代入上式，得

$$a = \frac{7}{4}\frac{u_j}{u_b}\text{（扣/英寸）}$$

改变 u_j 和 u_b 值，就可以车削出各种标准的英制螺纹。

轴 XIII 与 XIV 间齿轮副 25/36、齿式离合器 M_3 及轴 XV、XIV、XVI 上的齿轮副 $\frac{25}{36} \times \frac{36}{25}$ 及 $\frac{36}{25}$ 称为移换机构。移换机构的功能是，通过改变基本组的主动轴与被动轴的位置，实现车削米、英制螺纹传动路线的转换；同时使传动路线中具有特殊因子“25.4”。

④ 径节螺纹

径节螺纹主要用于英制蜗杆。它用径节 DP 表示，DP 的标准值也是按分段的等差数列排列的。$DP = \frac{z}{D}$（z 为齿轮的齿数，D 为分度圆直径，in），即蜗杆或齿轮折算到每 1 英寸分度圆直径上的齿数。英制蜗杆的轴向齿距即径节螺纹的导程为

$$S_{DP} = \frac{\pi}{DP}(\text{in}) \approx \frac{25.4\pi}{DP}(\text{mm})$$

分析上式可知，S_{DP} 中包含因子“25.4”，这应与英制螺纹的传动路线相同；S_{DP} 中还包含因子“π”，这又与加工模数螺纹时的传动路线相同。所以，车削径节螺纹时，除应将挂轮换为 $\frac{64}{100} \times \frac{100}{97}$ 外，其余传动路线与车削英制螺纹相同。由此可知，车削径节螺纹的运

动平衡式中有$\dfrac{64}{100}\times\dfrac{100}{97}\times\dfrac{36}{25}=\dfrac{25.4\pi}{84}$。

综上所述，车削不同形式的螺纹时，可通过改变挂轮和移换机构来获得所需的传动路线，即：

a. 选择不同的挂轮，可以使螺纹导程中包含或不包含特殊因子“π”。车削米制和英制螺纹时，选用挂轮$\dfrac{63}{100}\times\dfrac{100}{75}$；车削模数和径节螺纹（米制和英制蜗杆）时，选用挂轮$\dfrac{64}{100}\times\dfrac{100}{97}$，可使传动路线中包含特殊因子“π”。

b. 通过移换机构，可改变基本组的主动轴与被动轴的位置，并使传动路线中包含或不包含特殊因子“25.4”，实现米制与英制螺纹传动路线的转换。车削米制和模数螺纹时，轴 XⅣ 是主动轴，车削英制和径节螺纹时，轴 XⅤ 是主动轴。

⑤ 非标准螺纹

车削非标准螺纹时，不使用进给变速机构。这时，可将离合器 M_3、M_4 和 M_5 全部啮合，运动经轴 XⅢ、XⅤ、XⅧ 和丝杠连成一体，使运动直接传动丝杠 XⅨ。被加工螺纹的导程 S 依靠调整挂轮架的传动比 $u_{挂}$ 来实现。运动平衡式为

$$S_{非标}=l_{主轴}\times\frac{58}{58}\times\frac{33}{33}\times u_{挂}\times 12\ \text{mm}$$

换置公式为

$$u_{挂}=\frac{a}{b}\cdot\frac{c}{d}=\frac{S_{非标}}{12}$$

若 $u_{挂}$ 的选配精度高，则可加工精度较高的螺纹。

为了综合分析和比较车削上述各种螺纹时的传动路线，把 CA6140 型车床进给传动链中加工各种形式螺纹时的传动路线表达式归纳如下：

$$\text{主轴 VI}-\left\{\begin{array}{c}\dfrac{58}{58}\\ \text{(正常导程)}\\ \dfrac{58}{26}-\text{V}-\dfrac{80}{20}-\text{IV}-\left\{\begin{array}{c}\dfrac{50}{50}\\ \dfrac{80}{20}\end{array}\right\}-\dfrac{44}{44}-\text{VIII}-\dfrac{26}{58}\\ \text{(扩大导程)}\end{array}\right\}-\text{IX}-\left\{\begin{array}{c}\text{(右螺纹)}\\ \dfrac{33}{33}\\ \dfrac{33}{25}-\text{XI}-\dfrac{25}{33}\\ \text{(左螺纹)}\end{array}\right\}-\text{X}-$$

$$\left\{\begin{array}{c}\left\{\begin{array}{c}\dfrac{63}{100}-\text{XII}-\dfrac{100}{75}\\ \text{(米、英制螺纹)}\\ \dfrac{64}{100}-\text{XII}-\dfrac{100}{97}\\ \text{(模数、径节螺纹)}\end{array}\right\}-\text{XII}-\left\{\begin{array}{c}\dfrac{25}{36}-\text{XIV}-u_j-\text{XV}-\dfrac{25}{36}-\dfrac{36}{25}\\ \text{(米制及模数螺纹)}\\ M_3\,合-\text{XV}-\dfrac{1}{u_j}-\text{XIV}-\dfrac{36}{25}\\ \text{(英制及径节螺纹)}\end{array}\right\}-\text{XVI}-u_b\\ \dfrac{a}{b}\times\dfrac{c}{d}-\text{XII}-M_3\,合-\text{XV}-M_4\,合\\ \text{(非标准螺纹)}\end{array}\right\}-\text{XVIII}-M_5\,合-\text{XIX}$$

(3) 机动进给传动链

车削内外圆柱面时,可使用纵向机动进给;车削端面时,可使用横向机动进给。

① 传动路线

为了减少丝杠的磨损和便于操作,机动进给是由光杠经溜板箱传动的。这时,由主轴Ⅵ至轴ⅩⅧ的传动路线与车削米制或英制螺纹时的传动路线相同,其后离合器 M_5 脱开,使轴ⅩⅧ的运动经齿轮副$\frac{28}{56}$传至光杠ⅩⅩ,光杠ⅩⅩ的运动经溜板箱中的齿轮副$\frac{36}{32}\times\frac{32}{56}$、超越离合器及安全离合器 M_8、轴ⅩⅩⅡ、蜗轮蜗杆副$\frac{4}{29}$传至轴ⅩⅩⅢ。运动由轴ⅩⅩⅢ经齿轮副$\frac{40}{48}$或$\frac{40}{30}\times\frac{30}{48}$、双向离合器 M_6、轴ⅩⅩⅣ、齿轮副28/80、轴ⅩⅩⅤ传至小齿轮 Z_{12}。由于小齿轮 Z_{12} 与固定在床身上的齿条啮合,小齿轮转动时,就使刀架做纵向机动进给以车削圆柱面。若运动由轴ⅩⅩⅢ经齿轮副$\frac{40}{48}$或$\frac{40}{30}\times\frac{30}{48}$、双向离合器 M_7、轴ⅩⅩⅧ及齿轮副$\frac{48}{48}\times\frac{59}{18}$传至横向进给丝杠ⅩⅩⅩ后,就使横刀架做横向机动进给以车削端面。其传动路线表达式如下:

$$\text{主轴 VI}-\begin{bmatrix}\text{米制螺纹传动路线}\\ \text{英制螺纹传动路线}\end{bmatrix}-\text{XVIII}-\frac{28}{56}-\text{XX(光杠)}-\frac{36}{32}\times\frac{32}{56}-\text{XXII}-\frac{4}{29}-\text{XXIII}$$

$$\begin{cases}\begin{bmatrix}M_6\uparrow\ \frac{40}{48}\\ M_6\downarrow\ \frac{40}{30}\times\frac{30}{48}\end{bmatrix}-\text{XXIV}-\frac{28}{80}-\text{XXV}-Z_{12}/(\text{齿条})-\text{纵向机动进给}\\[2ex] \begin{bmatrix}M_7\uparrow\ \frac{40}{48}\\ M_7\downarrow\ \frac{40}{30}\times\frac{30}{48}\end{bmatrix}-\text{XXVIII}-\frac{48}{48}-\text{XXIX}-\frac{59}{18}-\text{横向丝杠XXX}(t=5\text{ mm})-\text{横向机动进给}\end{cases}$$

② 纵向机动进给量

CA6140 型车床纵向机动进给量有 64 种,由 4 种传动路线分别实现。

a. 运动经正常螺距的米制螺纹传动路线时,可获正常进给量。这时的运动平衡式为

$$f_{纵}=l_{主轴}\times\frac{58}{58}\times\frac{33}{33}\times\frac{63}{100}\times\frac{100}{75}\times\frac{25}{36}\times u_j\times\frac{25}{36}\times\frac{36}{25}\times u_b\times$$
$$\frac{28}{56}\times\frac{36}{32}\times\frac{32}{56}\times\frac{4}{29}\times\frac{40}{30}\times\frac{30}{48}\times\frac{28}{80}\times\pi\times2.5\times12\text{ mm/r}$$

化简后可得

$$f_{纵}=0.711u_j\cdot u_b\text{ mm/r}$$

从而可以得到0.08 ~ 1.22 mm/r 之间的 32 种正常进给量。

b. 经正常螺距的英制螺纹的传动路线时,运动平衡式为

$$f_{纵}=1.474\frac{u_b}{u_j}\text{ mm/r}$$

从中可以得到从 0.86 ~ 1.59 mm/r 的 8 种较大的进给量。

c. 运动经由扩大螺距机构及英制螺纹传动路线，且主轴处于低速（10 ~ 125 r/min）状态，可得从 1.71 ~ 6.33 mm/r 的 16 种加大进给量。

d. 运动经由扩大螺距机构及米制螺纹传动路线，主轴以高速（450 ~ 1 400 r/min，其中 500 r/min 除外）状态运转，且 $u_b = \frac{18}{45} \times \frac{15}{48}$ 时，可以得到从 0.028 ~ 0.054 mm/r 的 8 种微小的进给量。

③ 横向机动进给量

通过传动计算可知，横向机动进给量是纵向进给量的一半，横向进给量的级数与纵向的相同。机动进给时，只走车削右旋螺纹的传动路线。

（4）刀架的快速移动

为了减轻工人劳动强度和缩短辅助时间，刀架可以实现纵向和横向机动快速移动。按下快速移动按钮，快速电动机（370 W，2 600 r/min）经齿轮副 14/28 使轴 XXⅡ 高速转动，再经蜗杆副 4/29，传动溜板箱内的传动机构，使刀架实现纵向或横向的快速移动。快移方向仍由溜板箱中双向离合器 M_6 和 M_7 控制。刀架快移时，不必脱开进给传动链。为了避免光杠和快速电动机同时传动轴 XXⅡ，在齿轮 Z_{56} 与轴 XXⅡ 之间装有超越离合器。

5. CA6140 型车床的主要结构

（1）主轴箱

主轴箱的功用是支承主轴和传动其旋转，并能实现启动、停止、变速和换向等。因此，主轴箱中包括主轴及其轴承、传动机构、启动、停止及换向装置、制动装置、操纵机构和润滑装置等。

为了便于表达主轴箱中各传动件的结构和装配关系，常用展开图表示。展开图基本上是按各传动轴传递运动的先后顺序，沿其轴线剖开，并展开在一个平面上的装配图，其结构如图 2.15 所示。该图是沿轴Ⅳ—Ⅰ—Ⅱ—Ⅲ（Ⅴ）—Ⅵ—Ⅺ—Ⅸ—Ⅹ的轴线剖切，展开后绘制出来的。展开图把立体展开在一个平面上，因而其中有些轴之间的距离拉开了，原来相互啮合的齿轮副分开了。因此，展开图不表示各轴的实际空间位置，表达主轴和各传动轴实际空间位置的是主轴箱的侧视图和横剖面图。

①卸荷式带轮

电动机经 V 带将运动传至轴Ⅰ左端的带轮 2（图 2.15 中的左上部分）。带轮 2 与花键套 1 用螺钉连接成一体，支承在法兰 3 内的两个深沟球轴承上。法兰 3 固定在主轴箱体 4 上。这样，带轮 2 可通过花键套 1 带动轴Ⅰ旋转，胶带的拉力则经轴承和法兰 3 传至箱体 4。轴Ⅰ的花键部分只传递转矩，从而可避免因胶带拉力而使轴Ⅰ产生弯曲变形。因此，这种带轮是卸荷的——把径向载荷卸给箱体。

②双向多片摩擦离合器、制动器及其操纵机构

双向多片摩擦离合器装在轴Ⅰ上。如图 2.16 所示，由内摩擦片 3，外摩擦片 2，止推片 10 及 11，压块 8 及空套齿轮 1 等组成。离合器左、右两部分结构是相同的。左离合器使主轴正转，用于切削加工。需传递的转矩较大，所以摩擦片数量较多。右离合器使主轴反转，主要用于退刀，故摩擦片数量较少。

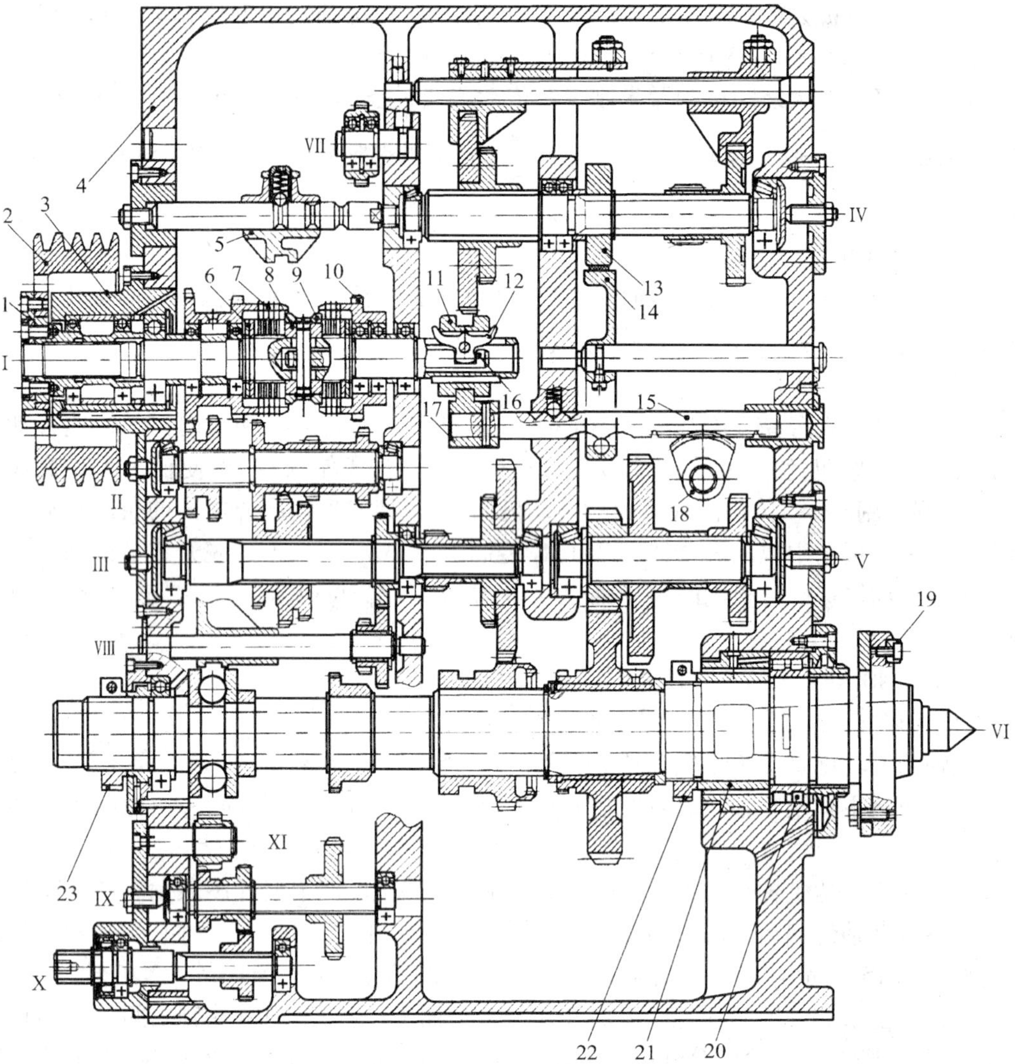

图 2.15 CA6140 型车床主轴箱展开图

1—花键套;2—带轮;3—法兰;4—主轴箱;5—拨叉;6—双联齿轮;7—摩擦片;8—花键滑套;9—螺母;10—空套齿轮;11—滑套;12—元宝销;13—制动器;14—杠杆;15—齿条;16—拉杆;17—拨叉;18—齿扇;19—拨块;20—轴承;21—套;22—螺母;23—螺母

图 2.16(a)是左离合器。内摩擦片 3 的孔是花键孔,装在轴 Ⅰ 的花键上,随轴 Ⅰ 一同旋转。外摩擦片 2 的孔是圆孔,直径略大于花键外径。外圆上有 4 个凸起,嵌在空套齿轮 1 的缺口中。内、外摩擦片相间安装。当拉杆 7 通过销 5 向左推动压块 8 时,将内片 3 与外片 2 互相压紧。轴 Ⅰ 的运动便通过内、外摩擦片间的摩擦力而传给齿轮 1,使主轴正转。同理,当压块 8 向右时,使主轴反转。当压块 8 处于中间位置时,左右离合器都脱开,这时轴 Ⅰ 虽然转动,但离合器不传递运动,所以轴 Ⅱ 以后的各轴不转动。

如图 2.16(b)所示,离合器的位置由操纵手柄 18 操纵。向上扳,杆 20 向外移动,使曲柄 21 和齿扇 17 做顺时针转动,齿条轴 22 向右移动。齿条左端有拨叉 23,它卡在滑套

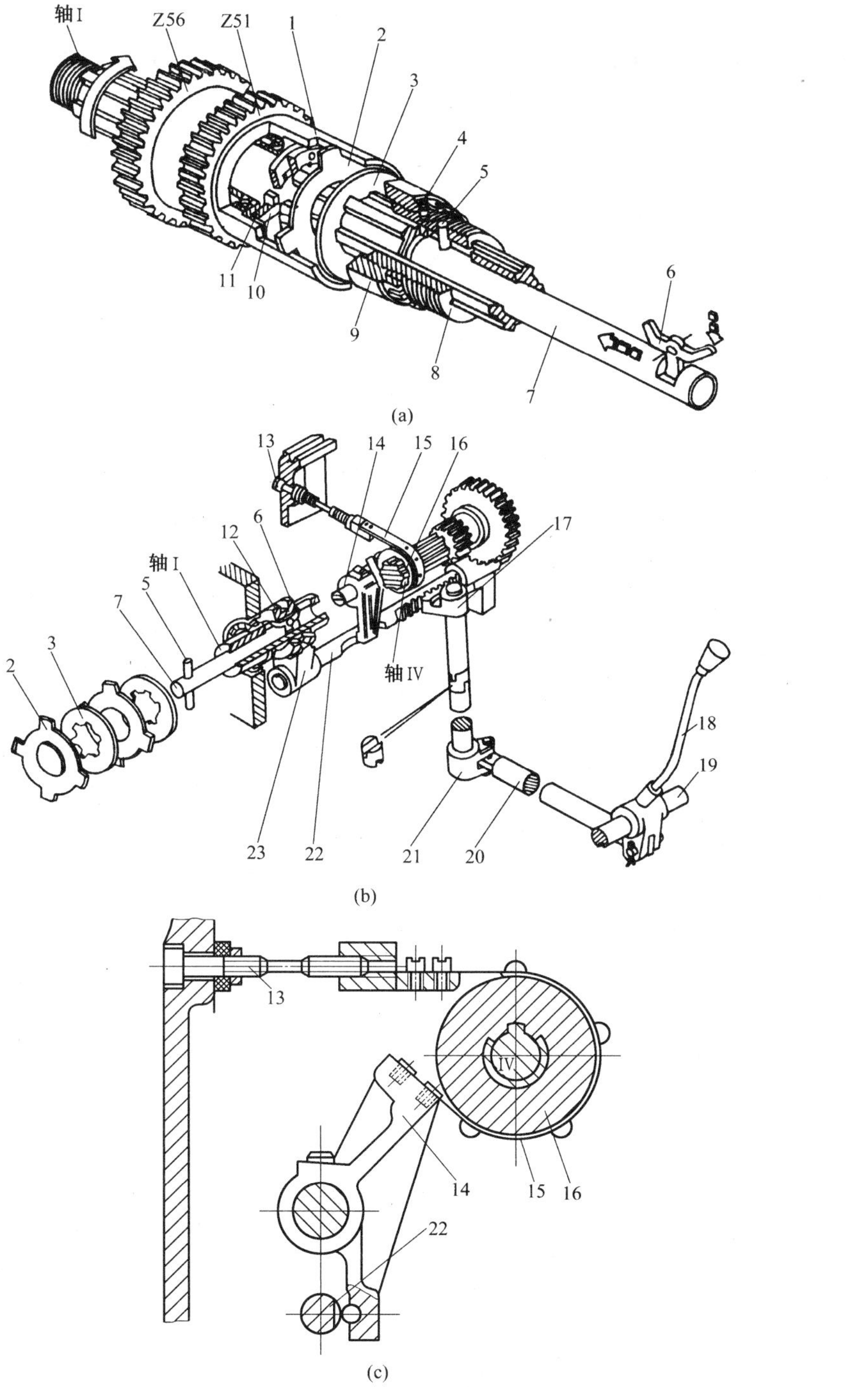

图2.16 摩擦离合器、制动器及其操纵机构

1—空套齿轮;2—外摩擦片;3—内摩擦片;4—弹簧销;5—销;6—元宝销;7—拉杆;8—压块;9—螺母;10,11—止推片;12—滑套;13—调节螺钉;14—杠杆;15—制动带;16—制动盘;17—齿扇;18—操纵手柄;19—操纵杆;20—杆;21—曲柄;22—齿条轴;23—拨叉

12 的环槽内，使滑套 12 也向右移动，滑套 12 内孔的两端为锥孔，中间为圆柱孔。当滑套 12 向右移动时，就将元宝销 6 的右端向下压。元宝销 6 的回转中心轴装在轴 Ⅰ 上。元宝销 6 左端顺时针方向转动时，下端的凸缘便推动装在轴 Ⅰ 内孔中的拉杆 7 向左移动，并通过销 5 带动压块 8 左压紧，使主轴正转。同理，将手柄 18 扳至下端位置时，右离合器压紧，主轴反转。当操纵手柄 18 处于中间位置时，离合器脱开，主轴停转。为了操纵方便，在操纵杆 19 上装有两个操纵手柄 18，分别位于进给箱右侧及溜板箱右侧。

摩擦离合器除了靠摩擦力传递运动和扭矩外，还能起到过载保护的作用。当机床过载时，摩擦片打滑，就可避免损坏机床。摩擦片间的压紧力是根据离合器应传递的额定转矩确定的。摩擦片磨损后，压紧力减小，可用一字头旋具将弹簧销 4 按下，同时拧动压块 8 上的螺母 9，直到螺母压紧离合器的摩擦片。调整好位置后，使弹簧销 4 重新卡入螺母 9 的缺口中，防止螺母松动。

制动器安装在轴Ⅳ上，它的功用是在摩擦离合器脱开时及时制动主轴，以缩短辅助时间。其结构如图 2.16(b) 所示，由制动盘 16、制动带 15、调节螺钉 13 和杠杆 14 等件组成。制动盘的外圆上围绕着制动带，制动带为一钢带，为了增加摩擦系数，在钢带内侧固定一层酚醛石棉。制动带的一端与杠杆 14 连接，另一端通过调节螺钉 13 等与箱体相连。为了操作方便并避免出错，制动器和摩擦离合器共用一套操纵机构，均由操纵手柄 18 操纵。当离合器脱开时，齿条轴 22 处于中间位置。这时，齿条轴 22 上的凸起正处于与杠杆 14 下端相接触的位置，使杠杆 14 向逆时针方向摆过一定角度，将制动带拉紧。由于齿条轴 22 凸起的左、右边都是凹槽，当左、右离合器中任一个结合时，杠杆 14 都按顺时针方向摆动，使制动带放松，主轴旋转。制动带的拉紧程度由调节螺钉 13 调整。调整后应检查在压紧离合器时制动带是否松开。

③主轴组件

主轴组件是车床的重要部件，主要由主轴、主轴支承和主轴上的传动件、密封件等组成，其结构如图 2.17 所示。主轴是一个空心阶梯轴，内孔用于通过长棒料或通过气动、液压或电气夹紧装置的管道和导线等。主轴前端的莫氏 6 号锥孔用于安装前顶尖，有时也可安装心轴，利用锥面配合的摩擦力直接带动心轴和工件转动。主轴后端的锥孔是工艺基准面。

主轴前端为短锥法兰式结构，用以卡盘或拨盘，如图 2.18 所示。拨盘或卡盘座 4 由主轴 3 的短圆锥面定位。安装时，使装在卡盘或拨盘座 4 的四个双头螺栓 5 及螺母 6 通过主轴法兰及环形锁紧盘（转垫）2 的大孔。然后，将锁紧盘 2 转过一个角度，使螺栓 5 处于锁紧盘 2 的沟槽内，拧紧螺钉 1 和螺母 6。这种结构装卸方便，工作可靠，定心精度高，主轴前端悬伸量小，有利于提高主轴组件的刚度，所以，得到广泛应用。主轴法兰上的圆形拨块（即图 2.15 中传动键 19）用于传递扭矩。主轴尾部的圆柱面是安装各种辅具的基准面。

近年来，CA6140 型机床的主轴组件在结构上做了较大改进：由原来的三支承主轴改为两支承主轴，由前端轴向定位改为后端轴向定位，如图 2.17 所示。

主轴前端轴承 2 为双列圆柱滚子轴承 NN3021K/P5（D3182121），用以承受径向力。这种轴承精度高，承载能力大，刚性好，速度适应性好。后支承为角接触轴承 7215AC/P5

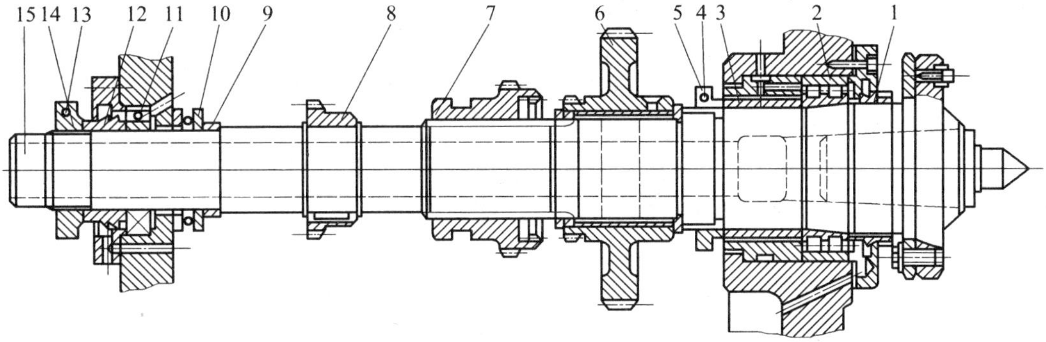

图 2.17 主轴组件结构图

1—端盖;2—轴承;3—套;4—销紧螺钉;5—螺母;6,7,8—齿轮;9—轴套;10—推力轴承;11—后轴承;12—轴套;13—锁紧螺钉;14—螺母;15—主轴

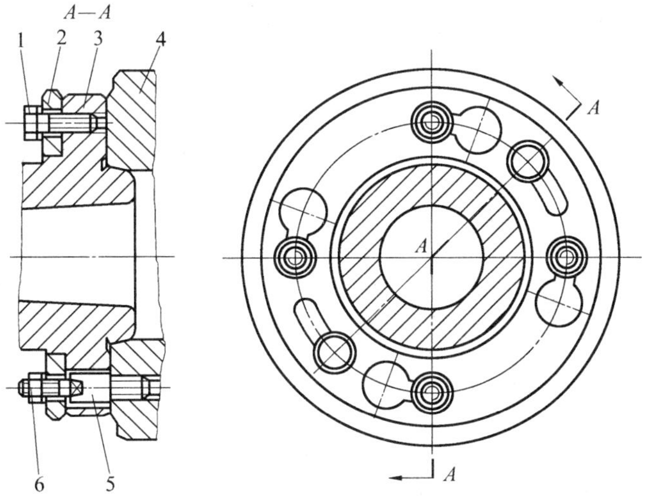

图 2.18 卡盘或拨盘的安装

1—螺钉;2—锁紧盘;3—主轴;4—卡盘或拨盘座;5—螺栓;6—螺母

(D46215),大口向外安装,用于承受径向力和向右的轴向力,另一个为单向推力球轴承 51215/P5(D8215),用于承受向左的轴向力。

主轴支承对主轴的回转精度和刚度影响很大,应保证主轴轴承在无间隙或少量过盈条件下运转。前轴承径向间隙调整方法为:先松开前端螺母 1,拧动螺母 5,推动套 3 使前轴承的内环相对主轴锥面做轴向移动,内环锥孔和主轴锥面锥度相同,均为 1 ∶ 12,由于内环很薄,轴向移动的同时产生径向弹性膨胀,使轴承的径向间隙消除或达到预紧程度。调整后,再将前端螺母 1 和锁紧螺钉 4 拧紧。后轴承 11 的径向间隙和推力轴承 10 的轴向间隙用螺母 14 同时调整。拧动螺母 14,推动轴套 12、后轴承 11 的内环和滚动体,消除了后轴承 11 的径向间隙。拧动螺母 14 的同时,向后拉主轴 15 及轴套 9,从而调整推力轴承 10 的轴向间隙。

主轴前后支承的润滑靠润滑泵供油,润滑油经进油口对轴承进行充分的润滑,并带走轴承运转产生的热量。为了防止漏油,前、后支承都采用了锯齿形油沟密封,离心力将油甩到法兰盘油槽内，油液经回油孔流进箱体。

④变速操纵机构

主轴箱中共有 7 个滑移齿轮，其中 5 个用于改变主轴的转速，其余 2 个分别用于车削左、右旋螺纹及正常螺距、扩大螺距的变换。

轴Ⅱ上的双联滑移齿轮和轴Ⅲ上的三联滑移齿轮的操纵机构共用一个手柄操纵，其操纵机构如图 2.19 所示。变速手柄每转一转，变换全部 6 级转速，故手柄共有 6 个均布的位置。

变速手柄装在主轴箱的前壁上，通过链传动轴 4。轴 4 上装有盘形凸轮 3 和曲柄 2。盘形凸轮 3 上有一条封闭曲线槽，由两段不同半径的圆弧和直线组成。凸轮上有 1 ~6 个变速位置，在位置 1,2,3 时，杠杆 5 上端的滚子处于凸轮槽曲线的大半径圆弧处。杠杆 5 经拨叉 6 将轴Ⅱ的双联滑移齿轮移向左端位置。在位置 4,5,6 时，则将双联滑移齿轮移向右端位置。曲柄 2 随轴 4 转动，带动拨叉 1 拨动轴Ⅲ上的三联滑移齿轮，使它处于左、中、右三个位置。顺次地转动手柄，就可使两个滑移齿轮的位置实现 6 种组合，使轴Ⅲ得到 6 种转速。滑移齿轮到位后应定位，见图 2.15 中的件 5，它是拨叉上用于定位的定位钢球。

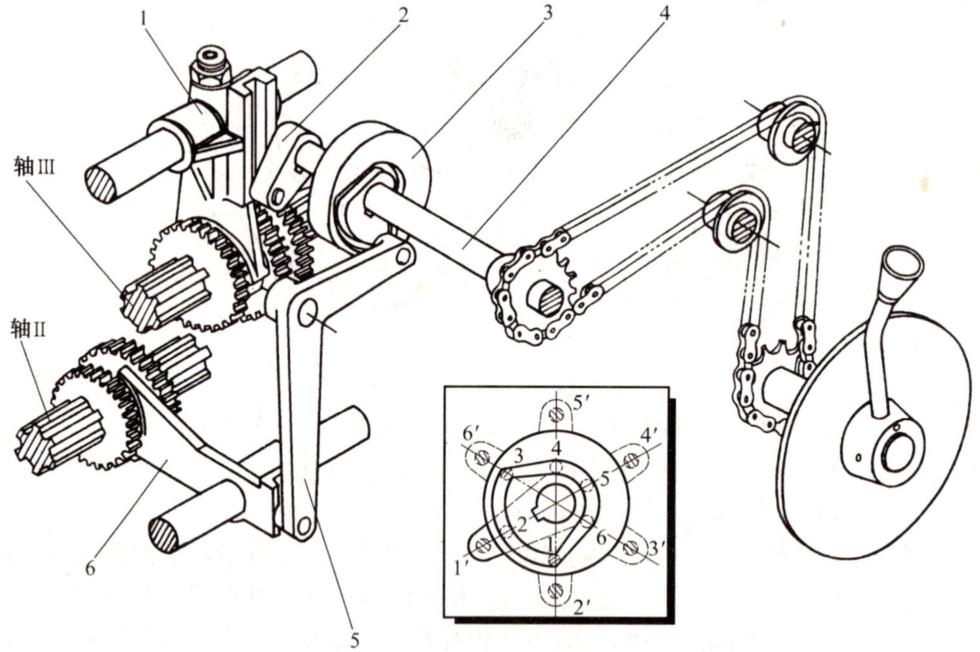

图 2.19 轴Ⅱ和轴Ⅲ上滑移齿轮操纵机构立体图

1—拨叉；2—曲柄；3—盘形凸轮；4—轴；5—杠杆；6—拨叉

(2)溜板箱

溜板箱的结构如图 2.20 所示。

①开合螺母(对开螺母)机构

开合螺母的功用是接通或断开从丝杠传来的运动。车削螺纹时，合上开合螺母，丝杠通过开合螺母带动溜板箱及刀架。开合螺母的结构见图 2.20 中的 *A—A* 剖视，由下半螺母18和上半螺母19组成,它们都可沿溜板箱中竖直的燕尾形导轨上下移动。每个半螺母装有一个圆柱销20。它们分别插入槽盘21的两条曲线槽d中(见图2.20中的$C—C$视图)。车削螺纹时,转动手柄15,使盘21转动,两个圆柱销带动上下半螺母互相靠拢,于是开合螺母就与丝杠啮合。槽盘21上的偏心圆弧槽d接近槽盘中心部分的倾斜角比较小,使开合螺母闭合后能自锁。螺钉17用来调整丝杠与螺母间的间隙。

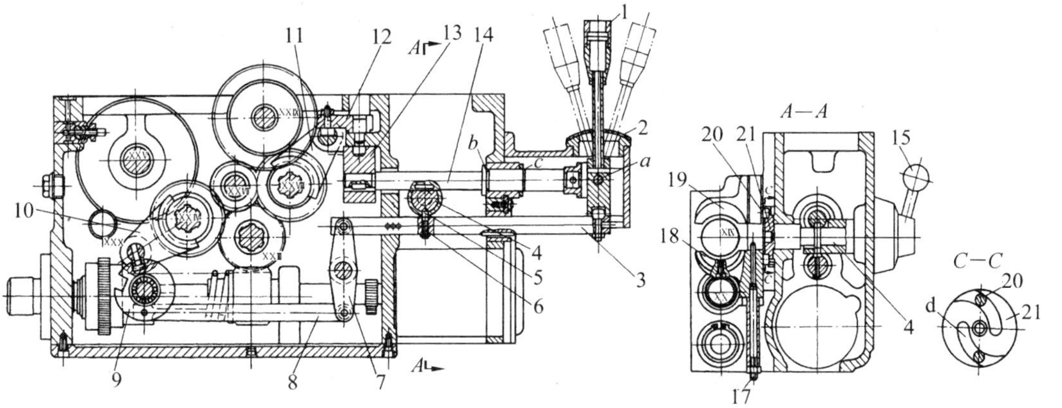

图2.20　CA6140型卧式车床溜板箱结构

1—手柄;2—盖;3—轴;4—轴;5—销子;6—弹簧销;7—杠杆;8—推杆;9—凸轮;10,11—拨叉;12—杠杆;13—凸轮;14—轴;15—手柄;16—固定套;17—螺钉;18—下半螺母;19—上半螺母;20—圆柱销;21—槽盘

②纵、横向机动进给及快速移动的操纵机构

纵、横向机动进给及快速移动是由一个手柄集中操纵的,如图2.20和2.21所示。纵向进给时,向左或向右扳动手柄1。轴14用台阶及卡环轴向固定在箱体上,只能转动而不能轴向移动。因此,操纵手柄1只能绕销a摆动。如图2.21所示,手柄1通过其下部的开口槽可拨动轴3轴向移动。轴3通过杠杆7及推杆8使圆柱形凸轮9转动。凸轮9的曲线槽又使拨叉10沿其槽移动,推动轴ⅩⅩⅡ上的双向牙嵌离合器M_6向相应的方向啮合。这样,进给运动从光杠传到轴ⅩⅩⅡ,使刀架做纵向机动进给。如按下手柄1上端的快速移动按钮,快速电动机启动,刀架就可向相应方向快速移动。

横向进给时,向前或向后扳动操纵手柄1,可通过轴14使圆柱形凸轮13转动。凸轮13上的曲线槽使杠杆12摆动,通过拨叉11拨动轴ⅩⅩⅧ上的双向牙嵌离合器M_7向相应方向啮合。这时,如光杠转动或快速电动机启动,就可使横刀架实现向前或向后的横向机动进给或快速移动。操纵手柄1处于中间位置时,离合器M_6和M_7都断开,机动进给和快速移动均脱开。盖2上开有十字槽,使操纵手柄不能同时接合纵向和横向运动。

③互锁机构

为了避免损坏机床,在接通机动进给或快速移动时,开合螺母不能闭合;反之,合上开合螺母时,就不允许接通机动进给或快速移动。因此,开合螺母和机动进给及快速移动必须互锁。图2.22是互锁机构的工作原理图,与图2.21中相同的标号为同一个零件。图2.22(a)表示的是中间位置状态,这时机动进给未接通,开合螺母也处于脱开状态,所以可任意地扳动开合螺母操纵手柄15或机动进给操纵手柄1。图2.22(b)是合上开合螺母时的情况,此时手柄15所操纵的轴4转过了一个角度,它的凸肩转入到轴14的槽中,将

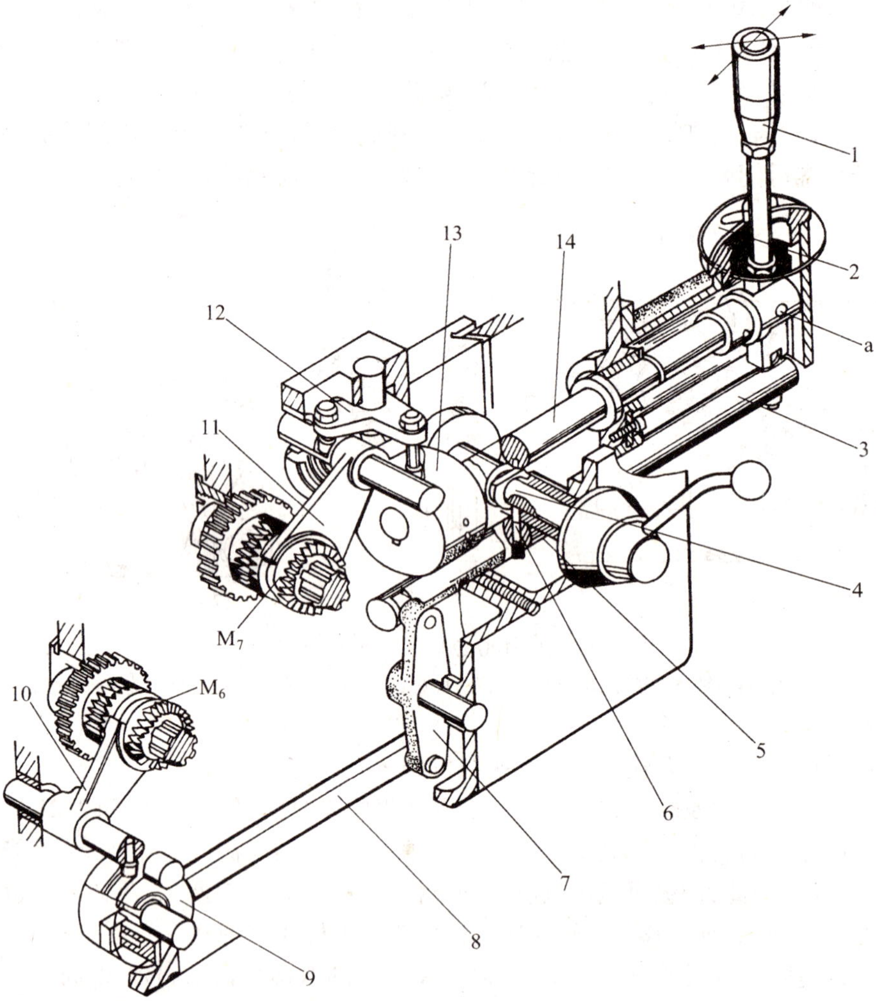

图 2.21 溜板箱操纵机构立体图

1—手柄;2—盖;3,4—轴;5—套;6—销;7—杠杆;8—推杆;9—凸轮;10,11—拨叉;12—杠杆;13—凸轮;14—轴

轴 14 卡住,使其不能转动,凸肩又将销子 5 的一半压入轴 3 的孔中,销子 5 的另一半尚留在固定套 16 中,使轴 3 不能轴向移动。6 为弹簧销。因此,如合上开合螺母,机动进给的手柄 1 就被锁在中间位置上不能扳动,也就不能再接通机动进给。图 2.22(c)是向左扳机动进给手柄 1 接通纵向进给时的情况,这时轴 3 向右移动,轴 3 上安装在圆孔内的弹簧销 6 也随之移开,销子 5 被轴 3 的表面顶住,不能往下移动,销子 5 的圆柱段处于固定套 16 的圆孔中,上端则卡在轴 4 的 V 形槽中,将手柄轴 4 锁住,开合螺母操纵手柄不能转动,开合螺母不能闭合。图 2.22(d)是向前扳手柄 1 接通横向进给时的情况。这时,轴 14 转动,其上的长槽与手柄轴 4 上的凸肩错位,于是手柄轴 4 上的凸肩被轴 14 卡住,使轴 4 无法转动,所以开合螺母也不能闭合。

④超越离合器

为了避免光杠和快速电动机同时传动轴 XXⅡ,在蜗杆 XXⅡ 的左端与齿轮 Z_{56}(件

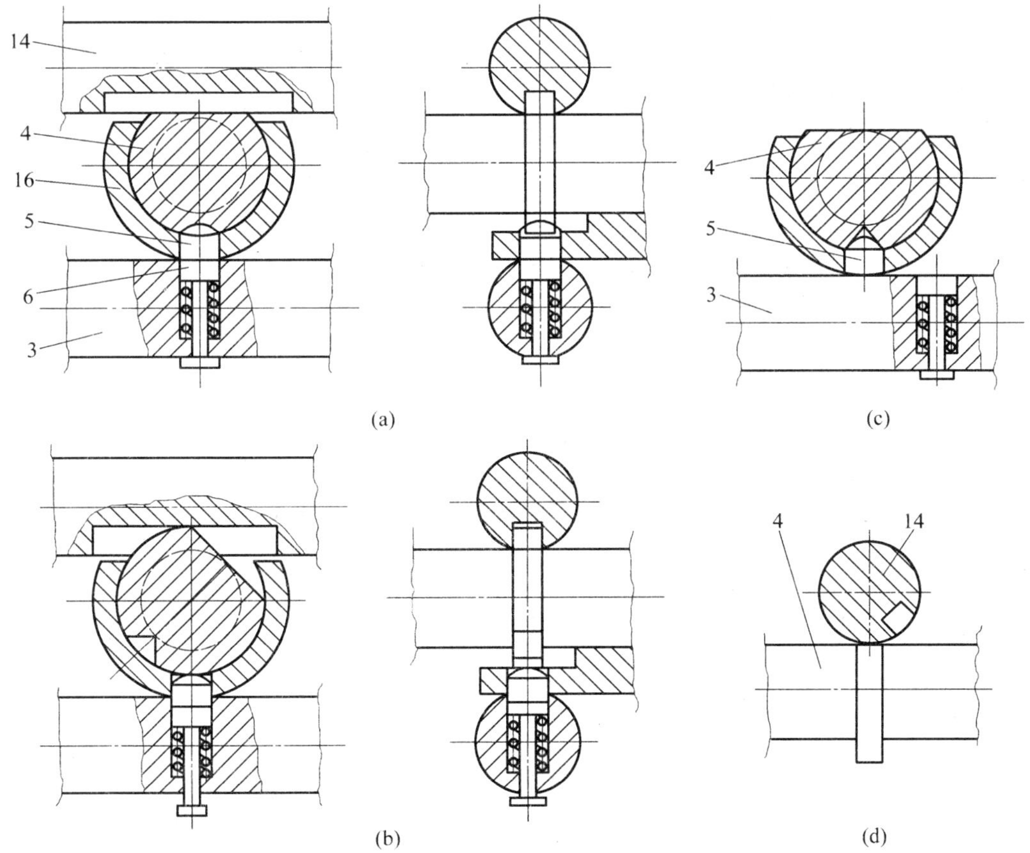

图 2.22　互锁机构的工作原理图

3—轴;4—轴;5—销子;6—弹簧销;14—轴;16—固定套

5)之间装有超越离合器,其原理图如图 2.23 所示。机动进给时,由光杆传来的低速进给运动,使齿轮 Z_{56}(外环 5)按图示逆时针方向转动,三个圆柱滚子 6 在弹簧 8 的弹力及滚子 6 与外环 5 之间摩擦力的作用下,楔紧在外环 5 和星形体 4 之间,外环 5 就可经滚子 6 带动星形体 4 一起转动,于是运动便经过安全离合器 M_8 传至轴ⅩⅩⅡ,实现机动进给。当快速电机启动时,运动经齿轮副 14/28 传至轴ⅩⅩⅡ,轴ⅩⅩⅡ及星形体 4 获得一个与齿轮 Z_{56} 转向相同,而转速却高很多的旋转运动。这时,由于滚子 6 与 5 及 4 之间的摩擦力,就使滚子 6 压缩弹簧 8 而向楔形槽的宽端滚动,从而脱开外环 5 与星形体 4(及轴ⅩⅩⅡ)间的传动联系。这时光杠ⅩⅩ及齿轮 Z_{56} 虽在旋转,但却不能使轴ⅩⅩⅡ转动。因此,刀架快速移动时不必停止光杠的运动。快速移动的方向仍由溜板箱中的双向离合器 M_6 和 M_7 控制。

⑤安全离合器

机动进给时,如果进给力过大或刀架移动受阻,则可能损坏机件。因此,在溜板箱中设置安全离合器来自动地停止进给。安全离合器的结构如图 2.24 所示。

由光杠ⅩⅩ传来的运动经单向超越离合器传至安全离合器的左半部 25,然后由其螺旋端面齿传至安全离合器的右半部 24,再经花键传至轴ⅩⅩⅡ。倾斜的接触面在传递力

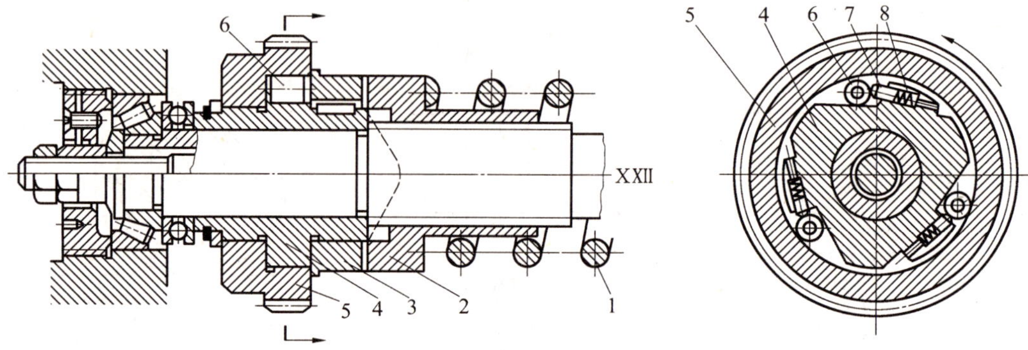

图 2.23 超越离合器

1—弹簧;2—离合器右半部;3—离合器左半部;4—星形体;5—外环;6—圆柱滚子;7,8—弹簧

矩时,产生轴向力,这个力靠弹簧 23 的弹力来平衡。在正常机动进给的情况下,如图 2.24(a)所示。机床过载时,安全离合器传递的力矩增大,因此作用在螺旋形端面齿上的轴向力也将增大。当轴向力超过允许值时,弹簧不再能保持离合器的左、右两半相啮合,轴向力将离合器的右半部 24 推开,如图 2.24(b)所示。这时离合器左半部 25 虽然在继续转动,而离合器的右半部 24 却不能被带动,两者之间出现打滑现象,如图 2.24(c)所示,使传动链断开。当过载现象消除后,由于弹簧力的作用,安全离合器恢复啮合,转入正常工作状态。

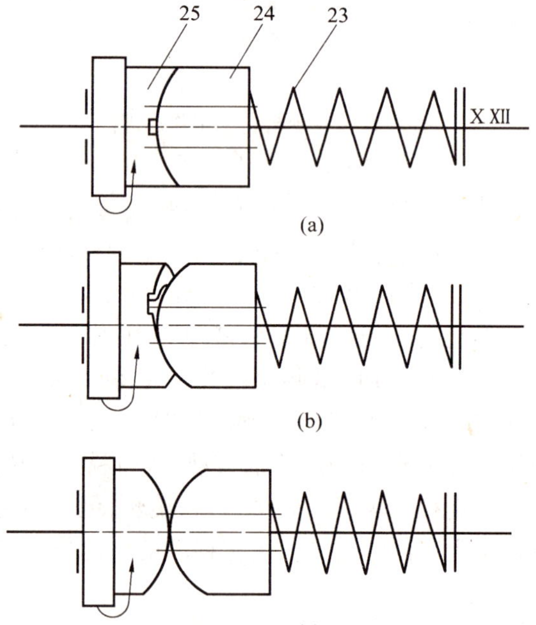

图 2.24 安全离合器的工作原理

23—弹簧;24—安全离合器右半部;25—安全离合器左半部

(3)进给箱

进给箱由螺纹导程和进给量的变速机构(基本组和增倍组)、变换螺纹种类的移换机

构、丝杠和光杠的转换机构以及操纵机构等组成。

图2.25是进给箱基本组操纵机构的工作原理图。基本组的4个滑移齿轮是由一个手轮集中操纵的。手轮6的端面上开有一个环形槽E,4个销子5均匀地分布在槽E中,通过销子5和杠杆4来控制拨块3,4个拨块3分别控制基本组的4个滑移齿轮。在槽E中有两个间隔45°的直径比槽宽的孔a和b,孔中分别安装带斜面的压块1和2。压块1和2的斜面倾斜方向,一个向外,另一个向里。

手轮6沿圆周方向有8个均布位置,当它处于图示位置时,只有左上角杠杆的销子5′在压块2的作用下靠在孔b的内侧壁上,此时在销子5′的控制下,拨块3将齿轮Z_{28}拨至左端位置(与轴XⅣ上的齿轮Z_{26}啮合),其余3个销子均在环形槽E中,相对应的滑移齿轮都处于各自的空挡位置。

米制螺纹和英制螺纹的移换机构以及丝杠和光杠传动的操纵由一个凸轮集中控制,详细结构前面已介绍,这里不再赘述。

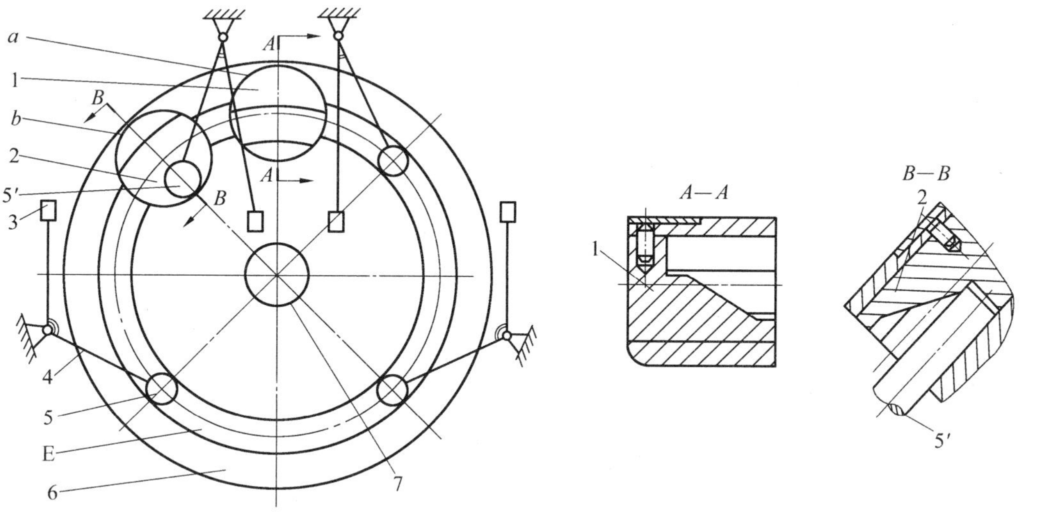

图2.25 进给箱基本组操纵机构原理图

1,2—压块;3—拨块;4—杠杆;5,5′—销子;6—手轮;7—轴

2.3.3 车 刀

在金属切削加工中,车刀不但是最常用的刀具之一,而且是研究刨刀、铣刀、钻头等切削刀具的基础。它用在普通车床、转塔车床、立式车床、数控车床及数控加工中心上,担负着工件的外圆、端面、内孔、螺纹、切槽或切断等不同表面的切削加工任务。除少数情况外,一般的车刀只有一条连续的主切削刃。在切削过程中,车刀做直线的进给运动。

1. 车刀的种类

车刀的形式多样,种类繁多,按照它的用途车刀可分为外圆车刀、端面车刀、内孔车刀、切断刀、切槽刀等多种形式。常用车刀的种类如图2.26所示,直头车刀主要用来切削圆柱形或圆锥形的工件外表面以及外圆倒角。弯头车刀不仅可以纵车外圆,还可以横车端面和内外倒角。偏刀是主偏角$\kappa_r=90°$的弯头车刀,它有左偏刀和右偏刀之分,主要用于车削刚性不足的轴类工件的外圆、轴肩和端面。切槽或切断车刀，专门用于在回转形工件表面上切槽或切断工件。这种车刀因其刚性差，工作时切屑排出困难，故设计时应注意加强刀头刚度，并合理选择它的几何参数。镗孔刀主要用于镗削工件上的通孔或盲孔。螺纹车刀主要用于车削内、外螺纹。外圆车刀又可分为粗车刀、精车刀和宽刃车刀。精车刀刀尖圆弧半径较大，可减小加工表面粗糙度，宽刃车刀用于低速精车。

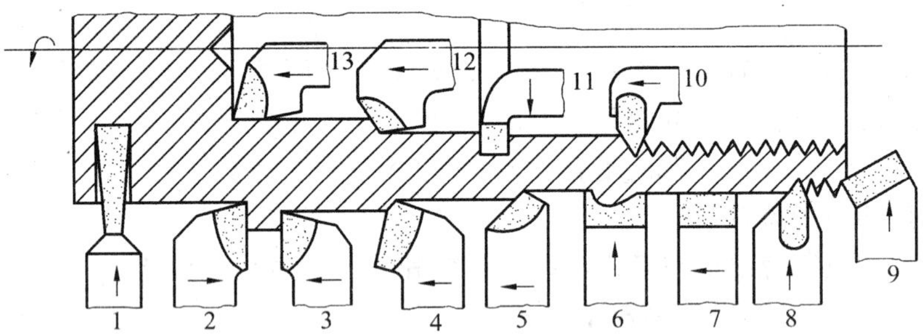

图 2.26 常用车刀的种类及用途

1—切断刀；2—左偏刀；3—右偏刀；4—弯头车刀；5—直头车刀；6—成形车刀；7—宽刃精车刀；8—外螺纹车刀；9—端面车刀；10—内螺纹车刀；11—内槽车刀；12—通孔车刀；13—盲孔车刀

成形车刀又称样板刀，它是加工内、外回转体成形表面的专用刀具，它的切削刃形状是根据工件的廓形设计而成的。成形车刀一般多在成批、大量生产中使用。成形车刀的种类很多，也有不同的分类方法。如图 2.27 所示，按刀具本身的结构和形状分有平体成形车刀、棱体成形车刀和圆体成形车刀三种。前两种成形车刀只能加工外成形表面，圆体成形车刀可以用来加工内、外成形表面。若按进给方向分，则有沿工件径向进给的成形车刀和切向进给的成形车刀两种。

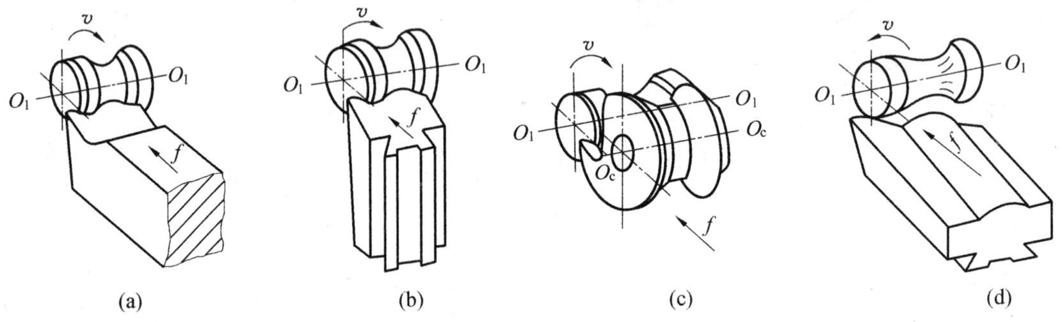

图 2.27 成形车刀的种类及用途

2. 车刀的结构形式

随着生产的发展和新刀具材料的应用，车刀的结构形式也在不断地发展和变化，其形式主要有整体式高速钢车刀、焊接式硬质合金车刀、机械夹固式硬质合金车刀和金刚石车刀等。其中，硬质合金车刀是生产中应用得最广泛的一种刀具，下面主要介绍各种形式的硬质合金车刀。

(1) 焊接式硬质合金车刀

焊接式硬质合金车刀是用黄铜、紫铜或其他焊料将一定形状的硬质合金刀片钎焊到普通结构钢刀杆上制造而成的，如图 2.28 所示。它结构简单、紧凑，抗振性能好，制造方便,使用灵活,所以应用广泛。但是,这种车刀也存在一些缺点,如刀片工作时较容易崩刃或打刀、打刀后刀片和刀杆材料得不到充分利用、大尺寸刀杆不便于刃磨等。

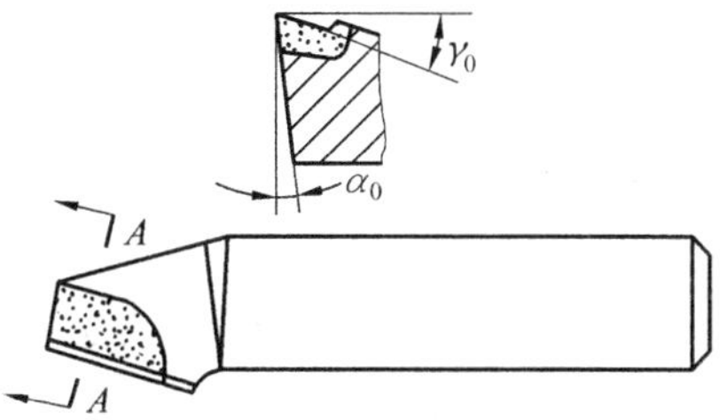

图2.28 焊接式车刀

(2)机械夹固式硬质合金车刀

为解决焊接式硬质合金车刀所存在的缺点,人们设计出机械夹固式车刀,并广泛应用于生产实践。图2.29所示是机械夹固车刀结构的一种形式,它是将刀片用机械夹固方式装夹在车刀刀杆上,标准硬质合金刀片是通过螺钉、楔块安装在刀杆上的。它的主要优点是刀片可不经过高温焊接,避免了因焊接而引起的刀片硬度降低和由内应力导致的裂纹,提高了刀具耐用度,刀杆可以重复使用;刀片的可刃磨次数多,利用率较高。但是,这种结构的车刀在使用过程中仍需刃磨,还不能完全避免由于刃磨而可能引起的裂纹。

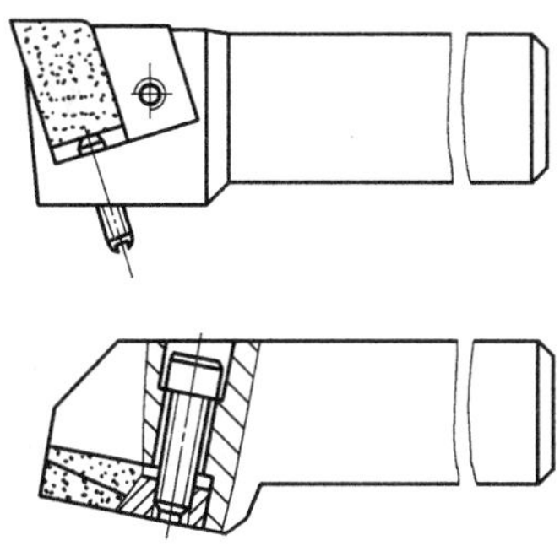
图2.29 机械夹固式车刀

为了避免因刃磨或重磨产生的微裂纹影响刀片的使用寿命,人们设计出机械夹固式可转位车刀。图2.30为机夹可转位刀片的车刀结构。车刀的工作前角和工作后角,是由刀体上刀槽的角度来确定的。刀片上的前刀面和断屑槽在压制刀片时预先制出。刀片的每条边都可作为切削刃,一个切削刃用钝后,可以转动刀片改用另一个新的切削刃工作,直到刀片上所有切削刃都用钝,刀片才能回收报废。

这种机夹可转位车刀与焊接式和机械夹固普通硬质合金刀片的车刀相比,具有以下优点:

①因为可转位刀片的切削刃出厂时已经磨好,使用时无须焊接和重磨,不会改变刀片原有的物理力学和化学性能。

②可使用涂层材料刀片,以提高刀具的耐用度。

③缩短了换刀和调刀的辅助时间,提高了劳动生产率。

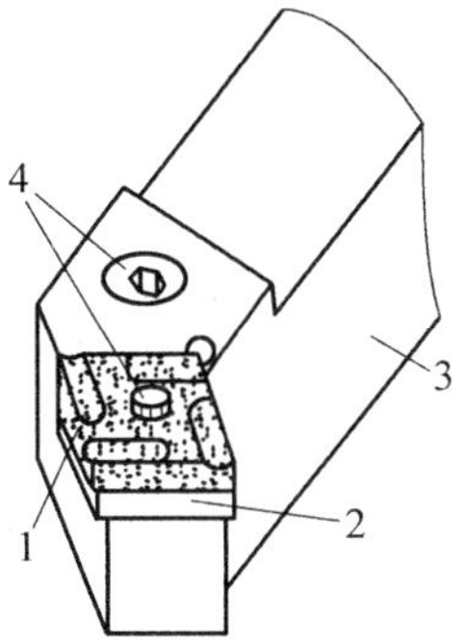

图2.30 机夹可转位车刀
1—刀片;2—刀垫;3—刀体;4—夹固元件

(3)可转位车刀刀片的夹固方式

机夹可转位车刀刀片的夹紧机构有多种形式,它的结构一般简单、紧凑,能够保证刀具在刀槽中的合理几何参数,刀杆具有足够的刚性,且便于制造和使用。图2.31~图2.34是几种常见的刀片夹固形式。

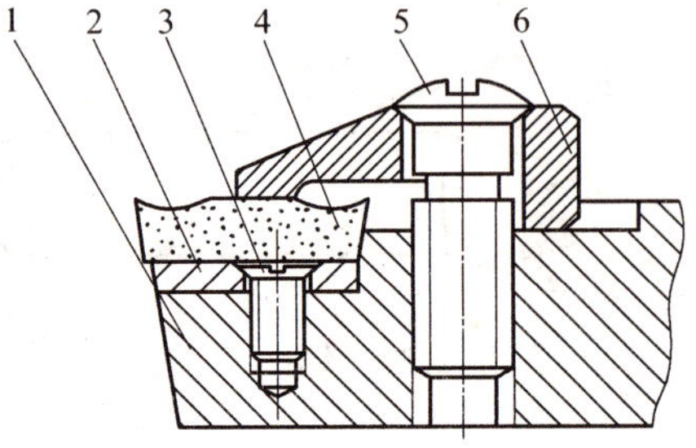

图 2.31 上压式夹固机构

1—刀体;2—刀垫;3、5—螺钉;4—刀片;6—压板

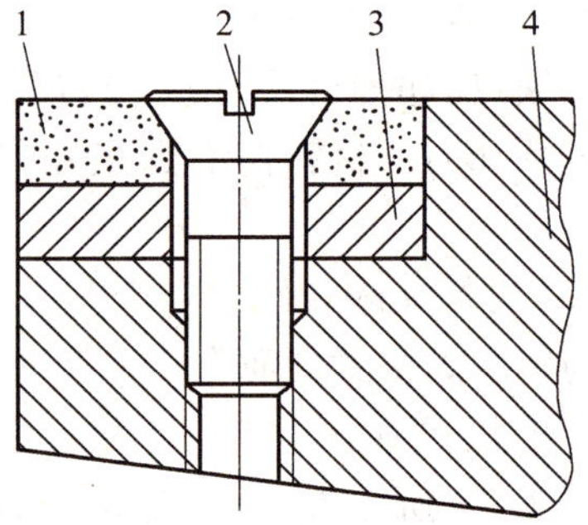

图 2.32 压孔式夹固机构

1—刀片;2—沉头螺钉;3—刀垫;4—刀体

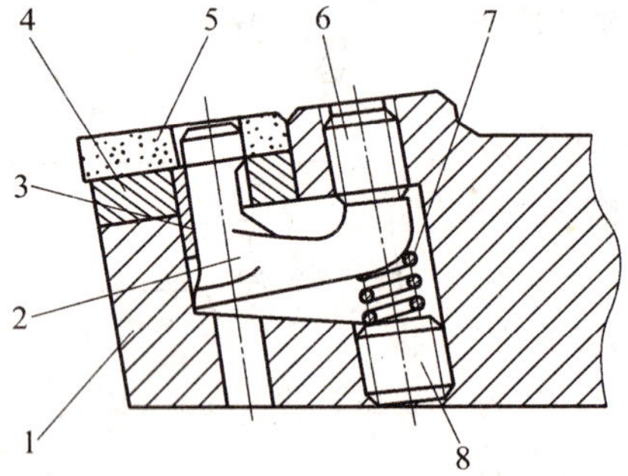

图 2.33 杠杆式夹固机构

1—刀体;2—曲杠;3—弹簧套;4—刀垫;5—刀片;6—压紧螺钉;7—弹簧;8—调节螺钉

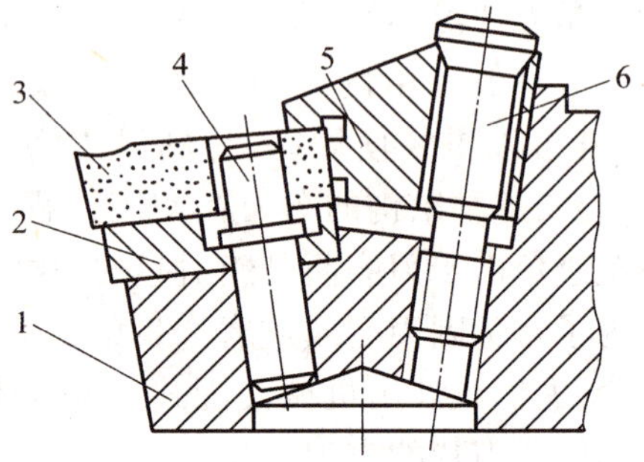

图 2.34 综合式夹固机构

1—刀体;2—刀垫;3—刀片;4—圆柱销;5—压块;6—螺钉

2.3.4 车床的主要加工表面

车床一般可加工回转体零件的内外圆柱表面、内外圆锥表面、端面以及某些成形表面等,一般常用来加工各种精度的外圆柱表面。

1. 外圆表面的车削加工

(1)粗车

车削加工是外圆粗加工最经济有效的方法。粗车的主要目的是高效地从毛坯上切除多余的金属,因而,提高生产率是其主要任务。粗车通常采用较大的背吃刀量和进给量来提高生产率,为了保证必要的刀具寿命,所选的切削速度一般较低。粗车时,车刀应选取较大的主偏角,以减小背向力,防止工件产生变形和振动;选取较小的前角、后角和负的刃倾角,以增强车刀切削部分的强度。粗车所能达到的加工精度为 IT11 ~ IT12,表面粗糙度 Ra 为 12.5 ~ 50 μm。

(2)精车

精车的主要任务是保证零件所要求的加工精度和表面质量。精车外圆表面一般采用较小的背吃刀量与进给量和较高的切削速度($v \geq 100$ m/min)。加工大型轴类零件外圆时,常采用宽刃车刀低速精车($v = 2 \sim 12$ m/min)。精车时,车刀应选用较大的前角、后角和正的刃倾角,以提高加工表面质量。

精车可作为较高精度外圆的最终加工或作为精细加工的预加工。精车的加工精度可达IT6~IT8级,表面粗糙度 Ra 可达0.8~1.6 μm。

(3)细车

细车的特点是背吃刀量 a_p 和进给量 f 取值极小(a_p=0.03~0.05 mm,f=0.02~0.2 mm/r),切削速度可高达150~2 000 m/min。细车一般采用立方氮化硼(CBN)、金刚石等超硬材料刀具进行加工,所用机床也必须是主轴能做高速回转并具有很高刚度的高精度或精密机床。细车的加工精度及表面粗糙度与普通外圆磨削大体相当,加工精度可达IT5~IT6级,表面粗糙度 Ra 可达0.02~1.25 μm,多用于有色金属工件的精密加工,如铝及铝合金零件的精加工。在加工大型精密外圆表面时,细车可以代替磨削加工。

2.提高外圆表面车削生产率的工艺措施

车削是轴类、套类和盘类零件外圆表面加工的主要工序,也是这些零件加工耗费工时最多的工序。提高外圆表面车削生产效率的途径主要有:

(1)采用高速切削

采用高速切削,可有效缩短刀具与工件的作用时间,它不但要求车床具有很高的刚度和转速,而且要求刀具具有很高的硬度、耐磨性、耐热性以及很高的化学稳定性。一般多采用硬质合金刀具、陶瓷刀具、金刚石刀具和立方氮化硼等刀具进行加工,在保证生产效率的同时,还能获得较低的表面粗糙度值。

(2)采用强力切削

强力切削通过增大切削面积来提高生产效率。其特点是在车刀刀尖处磨出一个副偏角 κ_r'=0、长度为1.2~1.5f 的修光刃。在进给量 f 提高几倍甚至十几倍的条件下进行切削时,加工表面的粗糙度 Ra 仍能达到2.5~5 μm。采用强力切削时,车床加工系统必须具有足够的刚性及功率。它比高速切削的生产效率更高,适用于刚度比较好的轴类零件的粗加工。

(3)采用多刀加工方法

多刀加工通过减少刀架行程长度来提高生产效率。加工外圆时,可采用按阶梯分段切削法(见图2.35(a)),也可采用等分最长阶梯分段切削法(见图2.35(b)),还可采用等分余量切削法(见图2.35(c))。

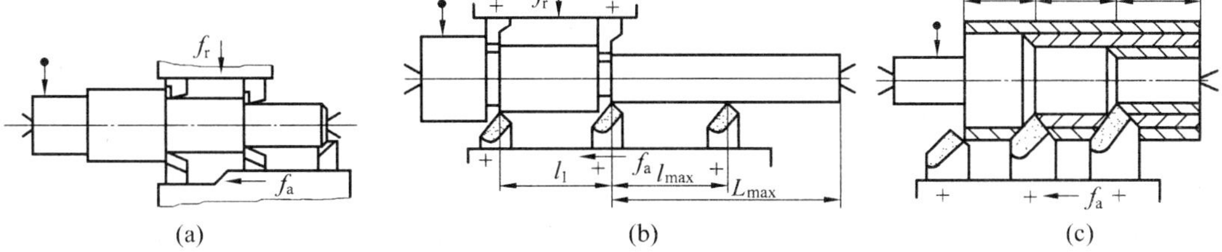

图2.35 多刀加工方法

3.内孔表面的车削加工

在车床上不但能加工回转体的外圆表面,还能加工内孔表面。将钻头、铰刀等孔加工刀具安装在车床尾座上,可以钻(铰)出与工件外圆表面同轴的内孔表面;若将镗刀安装在刀架上，工件做旋转的主运动，刀具做直线进给运动，则也可以镗削出不同的内孔表面，如图 2.36 所示。

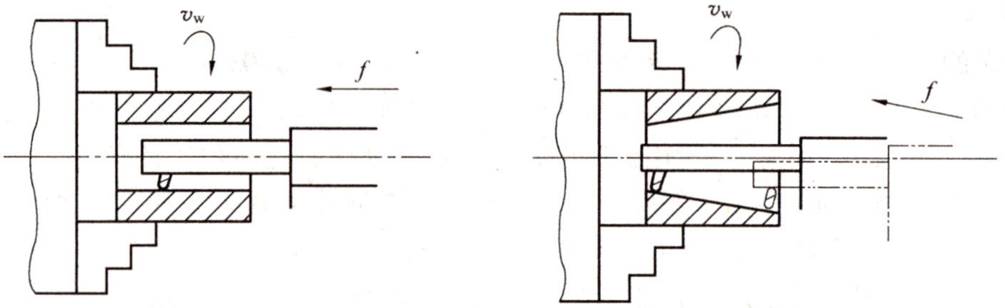

(a) 刀具进给方向与工件回转轴线平行　　(b) 刀具进给方向与工件回转轴线不平行

图 2.36　车床上镗孔加工

在车床上镗孔的工艺特点是：加工后孔的轴线与工件的回转轴线一致，孔的圆度主要取决于机床主轴的回转精度，孔的轴向几何形状误差主要取决于刀具进给方向相对于工件回转轴线的位置精度。这种镗孔方式适于加工与外圆表面有同轴度要求的孔。

2.4　钻床、镗床及其加工表面

钻床和镗床都是孔加工机床，主要用于加工外形复杂、没有回转轴线的工件上的孔，如箱体、机架、轴承座等零件上的孔或孔系。

2.4.1　钻床及其加工表面

1. 钻床的功用

在钻床上加工时，工件不动，刀具做旋转主运动，同时沿轴向移动，做直线进给运动。钻床可完成钻孔、扩孔、铰孔、锪孔、攻丝以及锪端面等工作。图 2.37 为钻床常用的加工方法。

2. 钻床的类型

钻床主要类型有：立式钻床、台式钻床、摇臂钻床、深孔钻床及其他钻床等。

(1)立式钻床

图 2.38 是立式钻床的外形图。变速箱 4 固定在立柱 5 顶部，内部装有主电动机、变速机构和操纵机构。进给箱 3 内部有主轴 2、进给变速机构和操纵机构。进给箱右侧的手柄用于控制主轴的升降，工件放置在工作台 1 上。工作台和进给箱都可沿立柱调整上下位置，以适应不同高度的工件。立柱和工作台固定在底座 6 上。立式钻床还有其他一些形式，例如有的立式钻床变速箱和进给箱合为一个箱，有的立式钻床立柱截面是圆形。

立式钻床上用移动工件的办法来对准孔中心，因而操作不便，生产率较低，常用于单件、小批量生产中加工中、小型工件。

(2)摇臂钻床

在大型零件上钻孔，一般工件不动，钻床主轴能在水平面内任意调整位置，这就需要

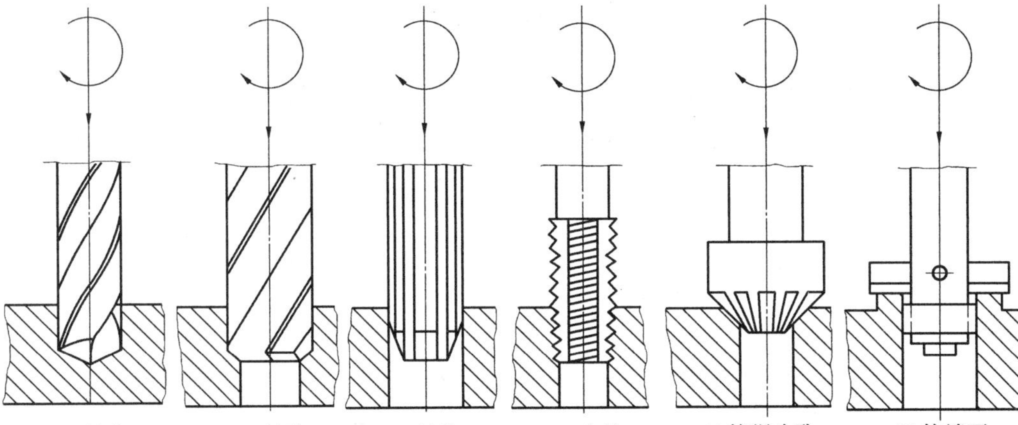

图2.37 钻床的加工方法

使用摇臂钻床。图2.39是摇臂钻床的外形图。底座1上装立柱3。立柱分为两层:内层固定在底座1上,外层由滚动轴承支承,可绕内层转动。摇臂4可沿外立柱3升降。主轴箱5可沿摇臂的导轨做水平移动。这样,就可很方便的调整主轴6的位置。工件可以安装在工作台上。如工件较大,也可移走工作台,直接装在底座上。摇臂钻床广泛用于大、中型零件的加工。

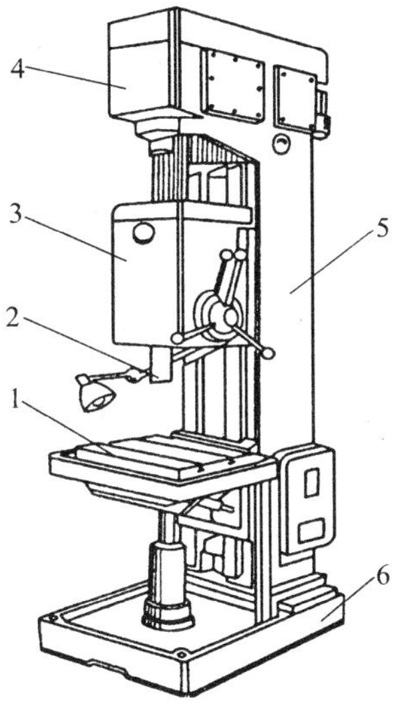

图2.38 立式钻床外形图

1—工作台;2—主轴;3—进给箱;4—变速箱;5—立柱;6—底座

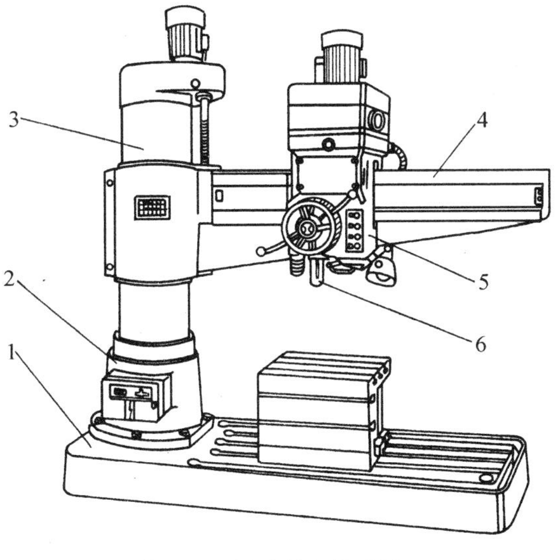

图2.39 摇臂钻床外形图

1—底座;2—支承座;3—立柱;4—摇臂;5—主轴箱;6—主轴

3. 钻床上使用的刀具及其加工表面

孔加工刀具应用非常广泛,它主要用于在实体工件材料上加工孔(孔径一般小于80 mm)或将工件上已有的孔进行扩大或精加工。由于孔加工刀具在工件内部工作,它的结构尺寸必然受到一定的限制,因而它的容屑和排屑、强度和刚度、导向以及冷却等问题就显得尤为突出,必须根据具体加工情况作适当的考虑。

(1)扁钻

扁钻是最早使用的一种钻孔刀具,它有装配式和整体式的两种形式。装配式扁钻(见图2.40(a))主要用于大尺寸孔的加工,因其刀杆刚性好,可使用高性能的高速钢和硬质合金刀片或可转位刀片,故在数控机床上得到广泛应用。钻削孔径在12 mm以下的工件时,特别是在加工直径在0.03 ~0.5 mm的微孔时,常用图2.40(b)所示的整体式扁钻。扁钻的优点是结构简单、刚性好、便于刃磨和制造,被加工孔径大于38 mm时,使用扁钻比使用麻花钻更为经济。其缺点是切削时前角小、导向差、排屑困难、重磨次数少,生产效率低。

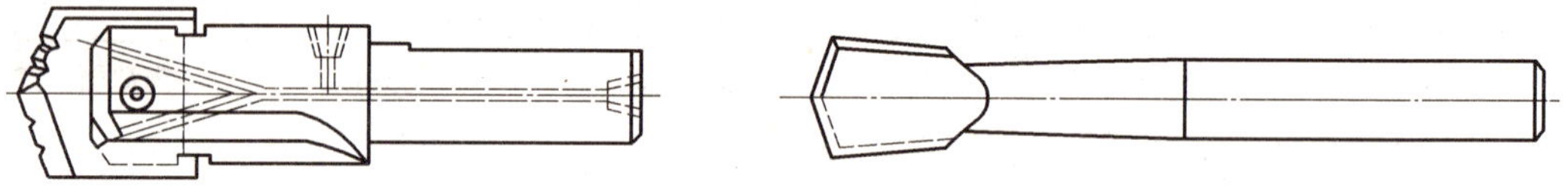

(a)装配式　(b)整体式

图2.40　扁钻

(2)麻花钻

麻花钻主要是用来在实体工件材料上钻孔,有时也用来扩大已有孔的直径。它是目前应用最广泛的一种孔的粗加工刀具,加工精度只能达到IT11 ~IT13,表面粗糙度 Ra 一般为12.5 ~50 μm。加工的孔径范围为0.1 ~80 mm,其中加工孔径在30 mm以下时,目前仍以麻花钻为主。它也有装配式和整体式两种形式。

①标准麻花钻的结构

如图2.41所示,标准麻花钻一般由工作部分、颈部和柄部三部分组成。柄部是钻头的夹持部分,用来传递转矩,钻头的柄部有直柄与锥柄两种结构。前者用于小直径钻头,后者用于大直径钻头。颈部供制造时磨削柄部退砂轮用,也是钻头打标记的地方。为便于制造,直柄麻花钻一般不设颈部。工作部分包括切削部分和导向部分,切削部分担负着主要切削工作,钻头有两条主切削刃、两条副切削刃和一条横刃(见图2.42)。螺旋槽表面为钻头的前刀面,切削部分顶端的螺旋面为后刀面,刃带为副后刀面。横刃是两主后刀面的交线。呈对称分布的两主切削刃和两副切削刃可视为一正一反安装的两把外圆车刀。导向部分有两条对称的螺旋槽和刃带,螺旋槽用来形成切削刃和前角,并起排屑和输送切削液的作用。刃带起导向和修光孔壁的作用,刃带上有很小的倒锥。从切削部分到柄部每100 mm长度上直径减小0.03 ~0.12 mm,以减小钻头与孔壁的摩擦。

②麻花钻的主要几何角度

如图2.43所示,麻花钻的主要几何角度有顶角 2ϕ、前角 γ_0、后角 α_f、横刃斜角 Ψ 和螺旋角 β。顶角 2ϕ 是两条主切削刃在与其平行的平面 $M—M$ 上投影的夹角。加工钢料和铸铁的钻头,其顶角一般取为118°±2°。前角 γ_0 是在正交平面 $O—O$ 内测量,由于前刀面是螺旋面,因此沿主切削刃上任一点的前角大小是变化的(由+30° ~ -30°),越靠近钻心,前角越小。为测量方便,钻头后角 α_f 规定是在假定工作平面 $F—F$ 内测量的,主切削刃上各点的后角也是变化的,由钻头外缘向钻心后角逐渐增大。横刃斜角 Ψ 是在端面投

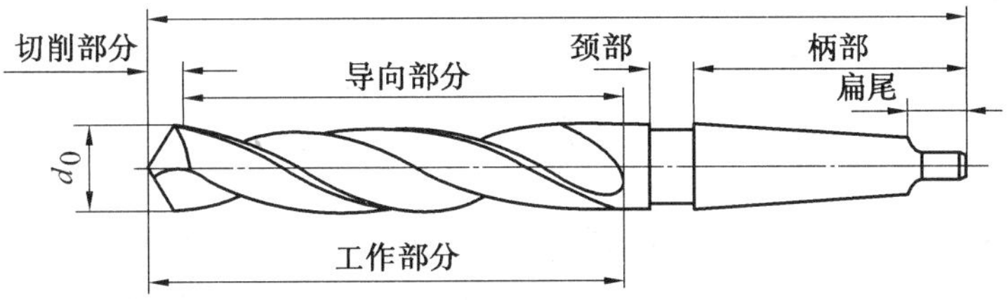

(a) 锥柄麻花钻

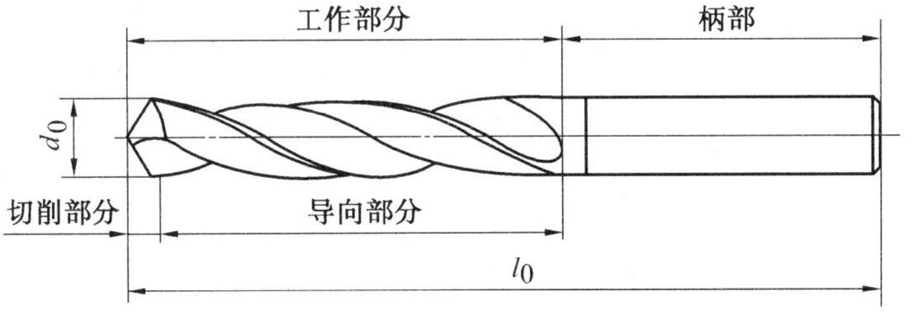

(b) 直柄麻花钻

图2.41 标准麻花钻结构

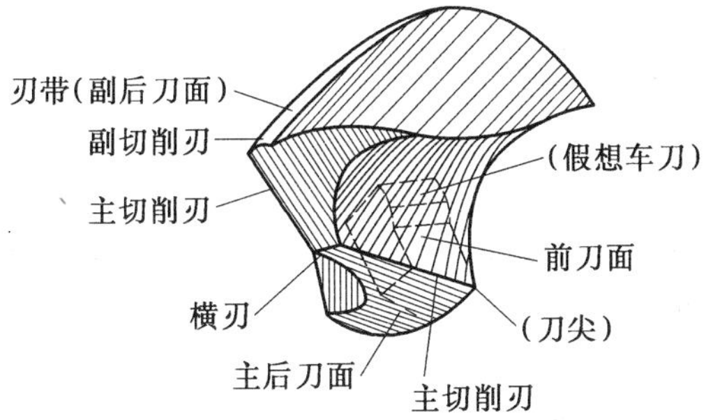

图2.42 标准麻花钻的切削部分

影中横刃与主切削刃之间的夹角,它是刃磨后角时形成的,一般为50° ~55°。后角越大,Ψ 越小,横刃越长,钻削时轴向力就越大。螺旋角 β 是钻头刃带棱边螺旋线展开成直线后与钻头轴线的夹角,β 越大,钻削越容易。但 β 过大,会削弱切削刃的强度,使散热条件变差。标准麻花钻的螺旋角一般取为25°~32°。

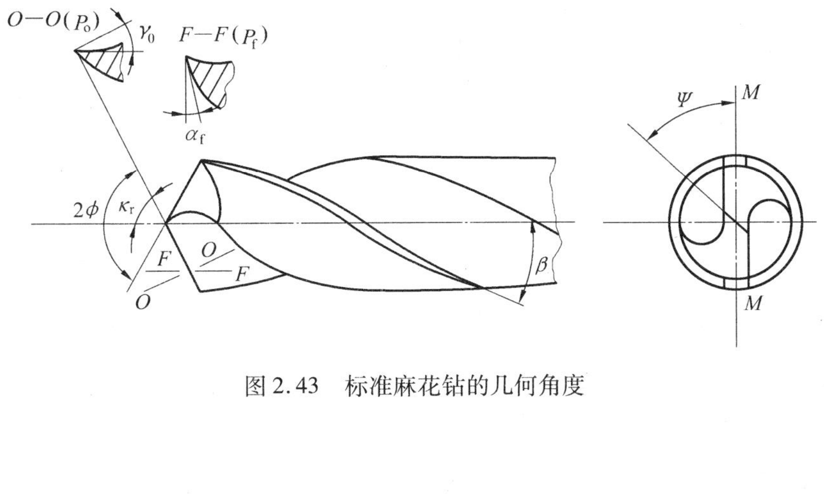

图2.43 标准麻花钻的几何角度

(3)深孔钻

它是用来加工深度与直径之比大于5~10的深孔。由于加工深孔时,刀具工作条件很差,故对机床、刀具的设计和使用有特殊要求。

(4)扩孔钻

扩孔钻常用做已有的孔扩大加工或铰孔、磨孔前的预加工。与麻花钻相比,由于扩孔钻刀齿较多且没有横刃,刀体强度高,刚性好,故零件的加工质量和生产效率均高于用麻花钻扩孔。扩孔钻的加工精度一般为IT10~IT11,表面粗糙度 Ra 为6.3~12.5 μm。被加工表面的直径为10~32 mm时,扩孔钻常做成整体式(见图2.44);当被加工的孔径在25~80 mm时,扩孔钻一般做成镶齿套式。

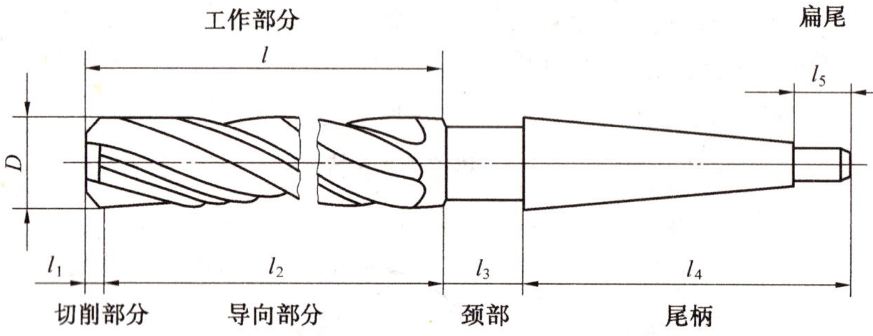

图2.44 扩孔钻

(5)中心钻

中心钻主要用来加工轴类零件两端的中心孔,其形式有无护锥中心钻(见图2.45(a))和有护锥中心钻(见图2.45(b))两种。

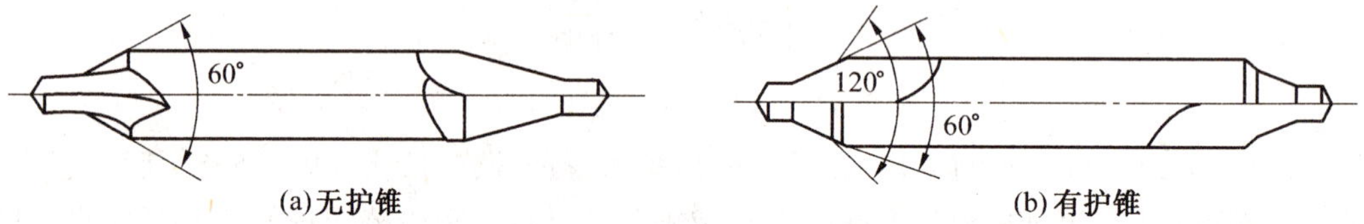

图2.45 中心钻

(6)锪钻

锪钻主要是用来加工孔端面上圆柱形沉头孔(见图2.46(a))、圆锥形沉头孔(见图2.46(b))和凸台表面(见图2.46(c))。锪钻上装有可拆卸的定位导向柱,它是用来保证被锪的孔或端面与原来的孔具有高的同轴度或垂直度关系。锪钻根据尺寸的不同,有高速钢整体式结构和硬质合金镶齿式结构两种。

(7)铰刀

铰刀用于工件上已有孔的半精加工或精加工,其加工精度一般为IT7~IT9,表面粗糙度 Ra 为0.8~3.2 μm,在生产中应用较广。对于直径较小的孔,相对于内圆磨削及精镗而言,铰孔是一种较为经济实用的加工方法。铰刀的切削余量更小,刀齿数目更多,且有较长的修光刃。它的材料有合金工具钢、高速钢和硬质合金三种。

如图2.47所示,铰刀由工作部分、颈部和柄部三部分组成。工作部分又分为切削部

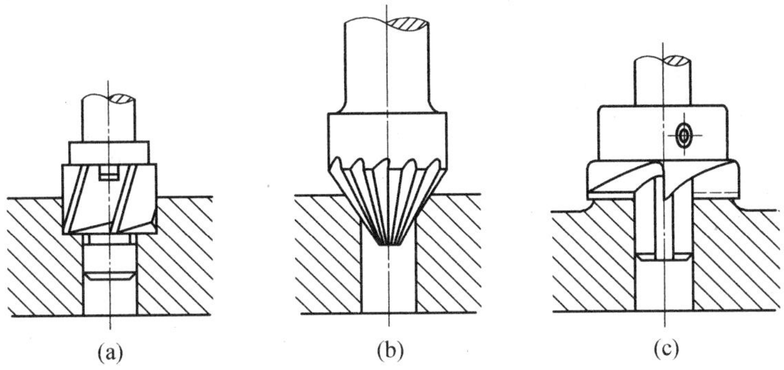

图2.46　锪钻

分与校准(修光)部分。铰刀一般分为手用铰刀及机用铰刀两种,手用铰刀柄部为直柄,工作部分较长,导向作用较好。手用铰刀有整体式(见图2.48(a))和外径可调整式(见图2.48(b))两种。机用铰刀有带柄的(见图2.48(c),其中 $\phi1\sim\phi20$ mm 为直柄,$\phi10\sim\phi32$ mm 为锥柄)和套式的(见图2.48(d))两种。铰刀不仅可加工圆形孔,也可用锥度铰刀加工锥孔(见图2.48(e))。

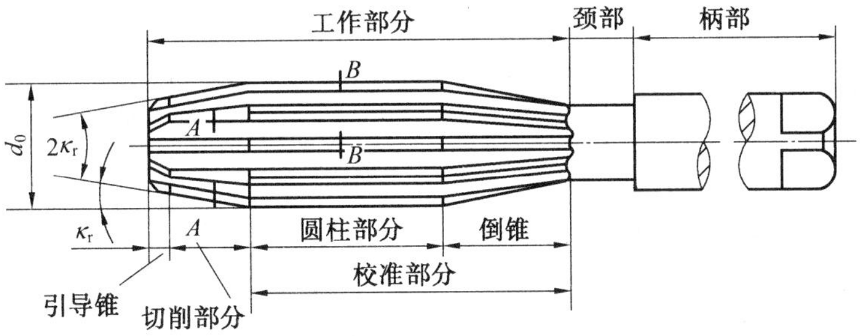

图2.47　铰刀的结构

2.4.2　镗床及其加工表面

镗床主要用镗刀进行镗孔加工,通常用于加工尺寸较大、精度较高的孔,特别是分布在不同表面上,且孔距和位置精度要求都较高的孔,如用于各种复杂箱体、发动机缸体上的孔加工。

1. 镗床的类型

镗床的主要类型有:卧式镗床、坐标镗床、金刚镗床。此外,还有立式镗床、落地镗床及落地铣镗床等。

(1)卧式镗床

卧式镗床因其工艺范围广泛而得到普遍应用,尤其适用于大型、复杂的箱体类零件精度要求较高的镗孔加工。卧式镗床除镗孔外,还可车端面、铣平面、车螺纹及钻孔等。零件可在一次安装中完成大量的加工工序。图2.49 所示为卧式镗床的主要加工方法。

卧式镗床的外形如图2.50 所示。主轴箱1 可沿前立柱2 的导轨上下移动,主轴箱中装有镗杆3,平旋转盘4,以及主运动和进给运动的变速传动机构和操纵机构。根据加工

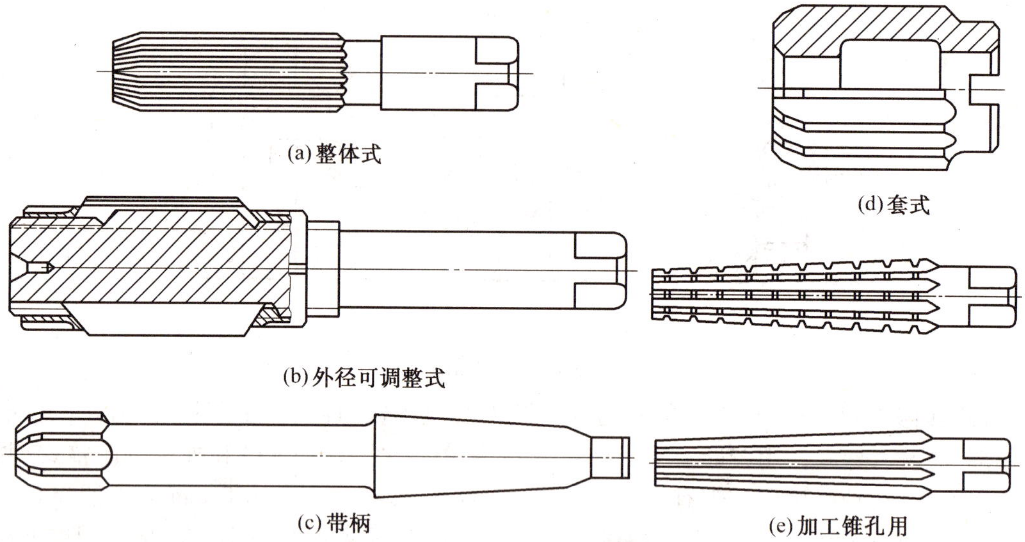

图 2.48　铰刀的类型

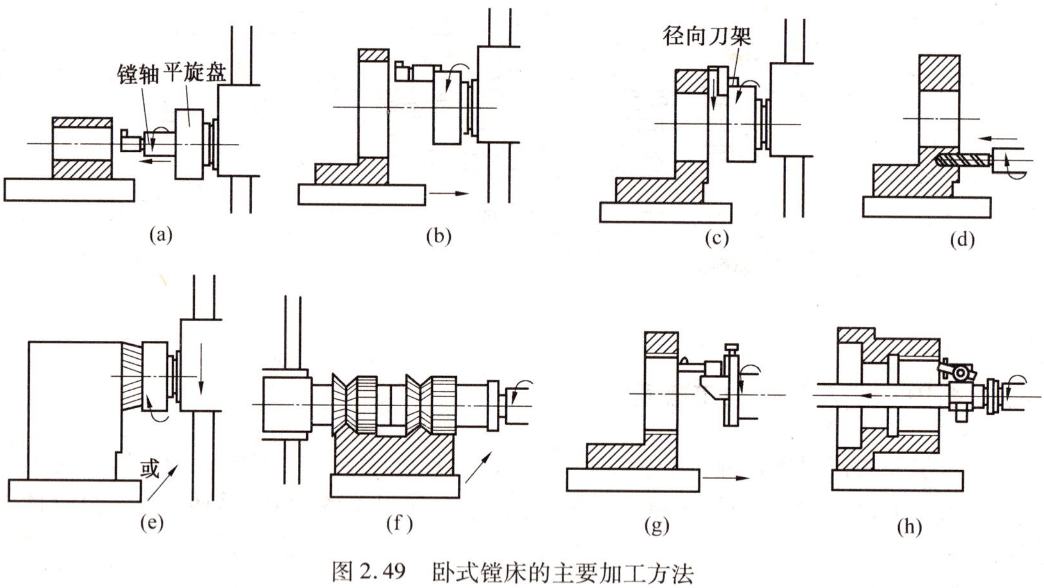

图 2.49　卧式镗床的主要加工方法

情况,刀具可以装在镗杆 3 上(见图 2.49(a),(d),(f),(h))或平旋转盘 4 上(见图 2.49(b),(c),(e),(g))。镗杆 3(主运动)可沿轴向移动(进给运动),平旋转盘只能做旋转运动。装在后立柱 10 上的后支架 9,用于支承悬伸长度较大的镗杆的悬伸端,以增加刚性(见图 2.49(f))。后支架可沿后立柱上的导轨移动,以适应镗杆的不同悬伸。工件安装在工作台 5 上,可与工作台一起随下滑座 7 或上滑座 6 做纵向或横向移动。工作台还可绕上滑座的圆导轨在水平面内转位,以便加工互相成一定角度的平面或孔。当刀具装在平旋转盘 4 的径向刀架上时,径向刀架可带着刀具做径向进给,用来车削端面(见图 2.49(c))。

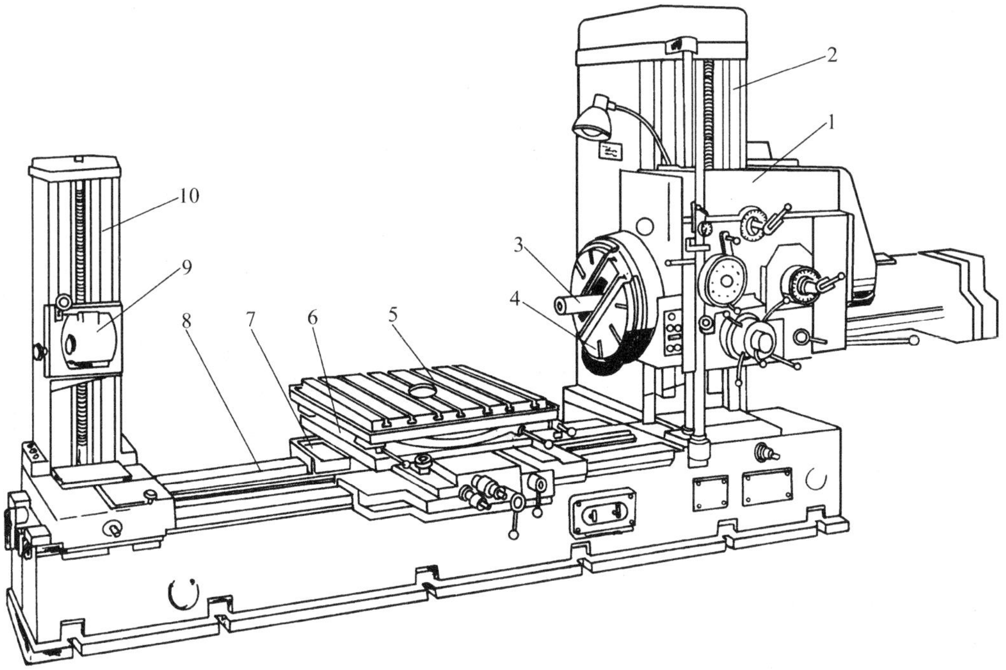

图 2.50 卧式镗床外形图

1—主轴箱;2—立柱;3—镗杆;4—平旋转盘;5—工作台;6—上滑座;7—下滑座;8—床身;9—后支架;10—立柱

(2)坐标镗床

坐标镗床是一种高精度机床,它具有测量坐标位置的精密装置,主要零件的制造精度和装配精度都很高,并且有良好的刚性和抗振性。主要用于镗削精密孔(IT5 级或更高)和位置精度要求很高的孔系(定位精度达 0.002 ~ 0.01 mm),例如镗削钻模和镗模上的精密孔。坐标镗床的工艺范围很广,除镗孔、钻孔、扩孔、铰孔以及铣平面和沟槽外,还可进行精密刻线以及进行孔距和直线尺寸的精密测量工作。坐标镗床主要用于工具车间的单件生产,近年来,逐渐应用到生产车间成批地加工精密孔系,如在飞机、汽车和机床等行业加工某些箱体(壳体)零件上的孔和轴承孔等。

根据坐标镗床的布局和形式不同,可分为立式单柱、立式双柱、卧式等类型,坐标镗床的主参数是工作台的宽度。图 2.51 是立式单轴坐标镗床的外形图,工件固定在工作台 3 上,主轴箱装在立柱 4 的垂直导轨上,可上下调整位置,以适应加工不同高度的工件。主轴箱内装有主电动机和变速、进给和操纵机构。主轴由精密轴承支承在主轴套筒中。当进行镗孔、钻孔、扩孔及铰孔等工作时,主轴由主轴套筒带动,在竖直方向做机动或手动进给运动。当进行铣削时,则由工作台在纵、横向完成进给运动。

这类机床的工作台三面敞开,操作比较方便,但主轴箱悬臂安装,机床尺寸较大时,将会影响刚度。因此,此种形式多为中、小型机床(工作台宽度小于 630 mm)。

2. 镗刀及其加工表面

镗刀不仅可以用在普通车床和镗床上,还可以用在数控机床上对工件孔进行加工。镗孔的加工范围很广,可以对不同结构形状的零件孔进行粗、精加工,当被加工的孔径超

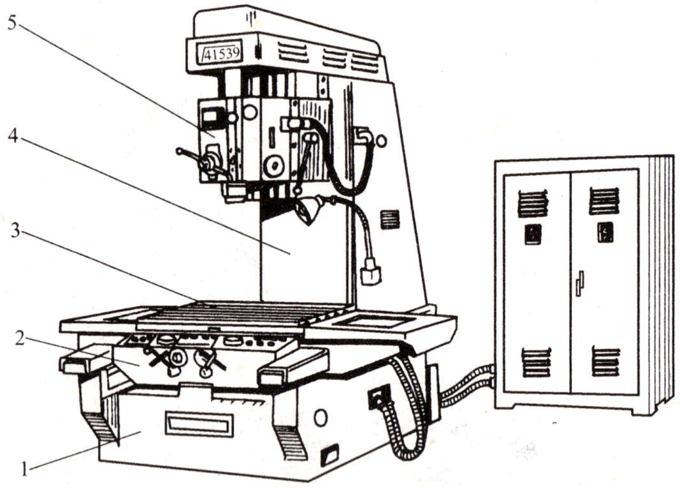

图2.51 立式单轴坐标镗床的外形图

1—底座;2—滑座;3—工作台;4—立柱;5—主轴箱

过80 mm时,镗刀几乎是唯一的加工刀具。一般镗孔后的孔公差可达IT6 ~ IT7级,表面粗糙度 Ra 为0.8 ~6.3 μm,最高可达0.4 μm。

镗刀可分为单刃镗刀和双刃镗刀两类。单刃镗刀只有一个主切削刃,常用装夹式结构,如图2.52所示,分别用来镗通孔和盲孔。用单刃镗刀镗孔时,孔的尺寸通过操作者调整镗刀头位置来保证的。双刃镗刀有两个对称的切削刃,其特点是在对称的方向上同时有切削刃参加工作,因而可消除镗孔时径向力作用在镗杆上而产生加工误差,孔的尺寸精度靠镗刀本身的尺寸保证。图2.53所示的浮动镗刀是双刃镗刀的一种,加工时镗刀片插在镗杆的矩形槽中,刀片尺寸可以通过调整螺钉来调节,且在刀杆方孔中可以稍许浮动,由径向切削力自动平衡定心,从而补偿由于刀具的安装误差或镗杆径向跳动而引起的加工误差。镗孔与铰孔相似,只能保证孔径的尺寸精度,不能校正镗孔前孔轴线的位置误差。

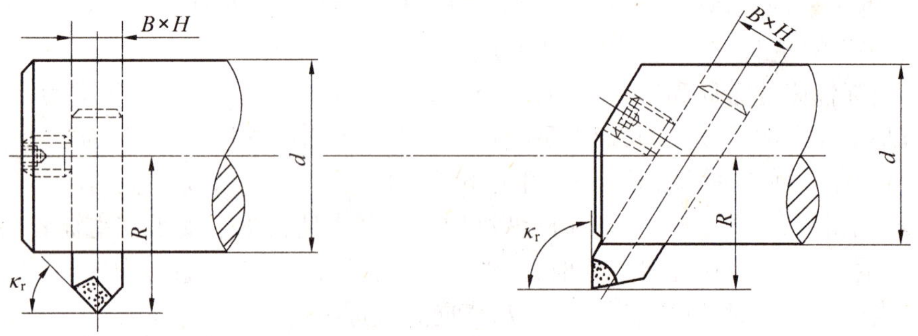

图2.52 单刃镗刀

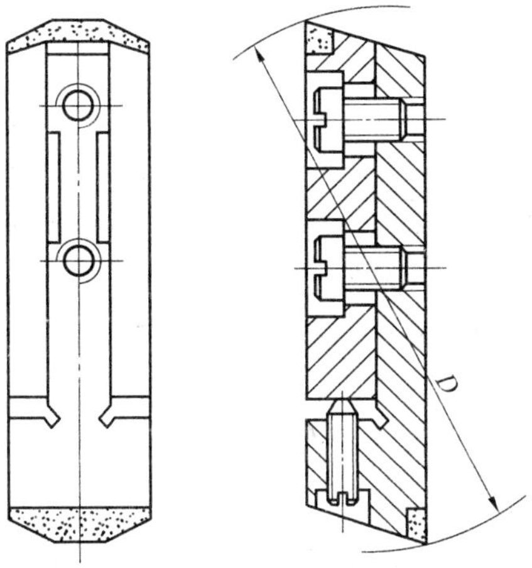

图 2.53　双刃浮动镗刀

2.5　铣床及其加工表面

2.5.1　铣　床

1. 铣床的功用

铣床是用铣刀进行切削加工的机床,它的生产效率和加工质量较高,主要用于铣削平面、斜面、沟槽、台阶、T形槽、燕尾槽等表面。如果配上分度头或回转台还可以铣削齿轮、花键轴、凸轮和螺旋面,在机械制造业中应用很广泛。

2. 铣床的类型

铣床的主要类型有:卧式升降台铣床、立式升降台铣床、工作台不升降铣床、龙门铣床、工具铣床等。此外,还有仿形铣床、仪表铣床、悬臂铣床和各种专门化铣床。

(1)升降台铣床

升降台铣床是铣床中的主要品种,有卧式升降台铣床、万能升降台铣床和立式升降台铣床三大类,适用于单件、小批及成批生产中加工小型零件。

卧式升降台铣床的主轴是水平的,简称卧铣,图2.54为卧式升降台铣床的外形图。床身1固定在底座8上,内装主电动机、主运动变速机构极其操纵机构和主轴。床身1顶部的导轨上装有悬梁2,可沿水平方向调整其前后位置。铣刀杆3上装铣刀,一端插入主轴,另一端由悬梁上的挂架6支承。升降台7可沿床身上的竖直导轨升降,以适应工件的不同高度。滑座5可以在升降台上做横向运动,工作台4可在滑座上做纵向运动。升降台内装有进给电动机和进给变速、传动和操纵机构,使工作台、滑座和升降台分别做纵向、横向和升降的进给和快速移动。工件固定在工作台顶面上。

万能卧式铣床与一般卧式铣床的区别是:在工作台4和滑座5之间增加了一层转台,转台可相对于滑座绕垂直轴线在±45°范围内转动。工作台可沿调整转角的方向在转台上部的导轨进给,以便加工出不同角度的螺旋面。

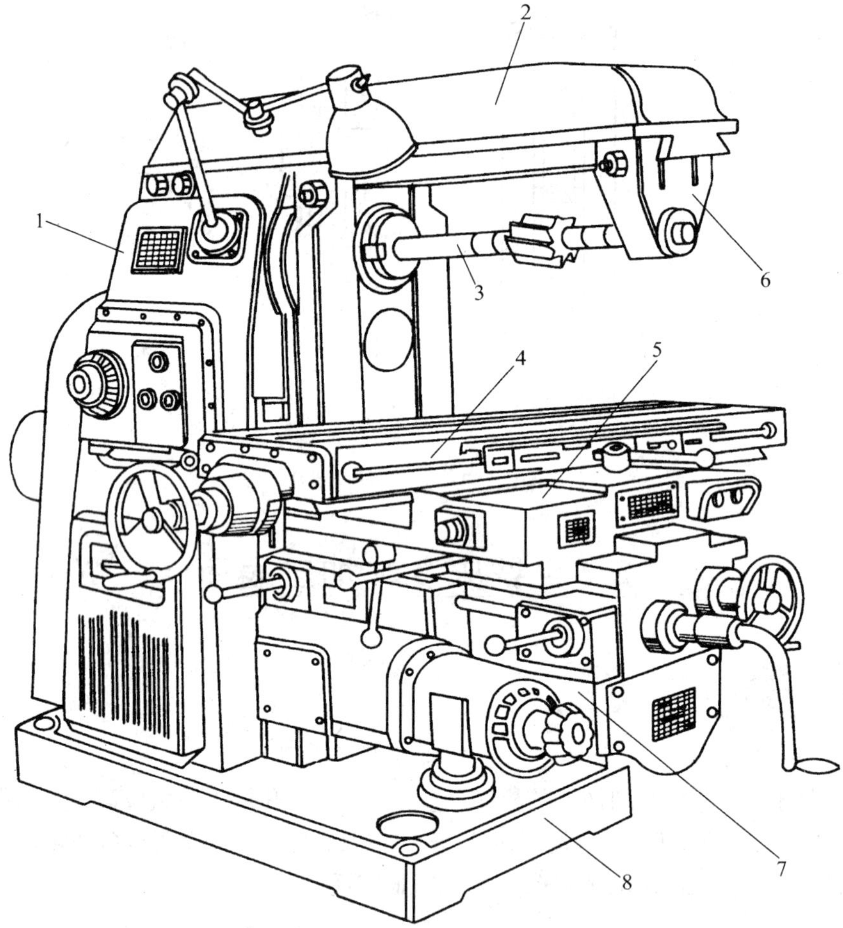

图 2.54　卧式升降台铣床外形图

1—床身;2—悬梁;3—铣刀杆;4—工作台;5—滑座;6—挂架;7—升降台;8—底座

立式升降台铣床的主轴是竖直的,简称立铣。图 2.55 是数控立式升降台铣床的外形图。立式床身 2 装在底座 1 上,床身上装有变速箱 3,滑动立铣头 4 可以升降。升降台 7 可沿床身的竖导轨做 z 向的升降运动。升降台上有滑座和工作台 6,可作 x 向的纵向运动和 y 向的横向运动。5 是悬挂式控制台,装有操作按钮和开关。立铣床上可以加工平面、斜面、沟槽、台阶、齿轮、凸轮以及封闭轮廓表面等。

(2)工作台不升降铣床

在升降台铣床上铣削较大的工件时,升降台的刚性比较差,这时做成工作台固定不升降,这样就可以提高机床的刚度,并能采用较大的切削用量。这类机床用以加工中等尺寸的零件。

(3)龙门铣床

龙门铣床是一种大型高效通用铣床,主要用于加工各类大型工件上的平面、沟槽等。可以对工件进行粗铣、半精铣也可以进行精铣。龙门铣床为框架式,外形像龙门。在横梁和立柱式上安装铣削头,一般有 3 ~ 4 个铣削头。每个铣削头都是一个独立的主运动部件，铣刀旋转为主运动。龙门铣床可用多个铣削头同时加工工件的几个面，所以生产率很高，在成批和大量生产中得到广泛的应用。

3. XK5040-1 型数控立式升降台铣床

(1)特点和用途

XK5040-1 型数控立式升降台铣床的外形如图 2.55 所示。在数控系统的控制下，机床可以实现 x,y,z 三坐标方向的联动。这种机床主要用于加工各种复杂形状的凸轮、样板、靠模、模具以及弧形槽等平面曲面和空间曲面，也可以进行平面铣削或按坐标加工孔。

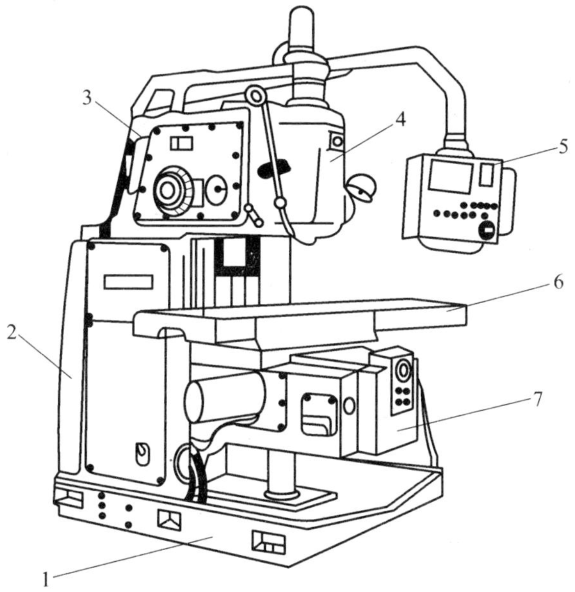

图 2.55　XK5040-1 型数控立式升降台铣床外形图

1—底座；2—床身；3—变速箱；4—立铣头；5—控制台；6—工作台；7—升降台

(2)传动系统

图 2.56 是 XK5040-1 型数控铣床的传动系统图。主电动机为交流异步电动机，7.5 kW，1 440 r/min。经带传动，轴Ⅰ—Ⅱ—Ⅲ—Ⅳ间的 3×2×2＝12 级滑移齿轮变速机构，使轴Ⅳ得到 12 级低转速。如使轴Ⅳ上的 Z_{25} 向上与空套齿轮 Z_{85} 内的内齿轮组成齿轮离合器，则运动由轴Ⅳ经 85/86 使主轴得到 12 级高转速。这时，轴Ⅴ上的 Z_{25} 应下降，与轴Ⅳ上的空套齿轮脱离啮合，轴Ⅴ不转。主轴转速共 24 级，最高 1 500 r/min，最低 12 r/min。

主轴Ⅵ装在立铣头内，可以升降，故主轴齿轮 Z_{86} 较宽。大直径的宽齿轮兼起飞轮的作用以平衡不连续切削时引起的动载荷。轴Ⅰ的带轮上有电磁制动器，制动器的动摩擦片与带轮相连，定摩擦片与箱体相连，通电即制动。主轴箱内各轴都是竖直安装的，与主轴平行。这样做可以避免用锥齿轮带动主轴，以便降低噪声。

数控机床的进给传动链都非常简单。本机床 x,y 两个坐标采用一个直流伺服电动机驱动，z 轴坐标采用一个直流伺服电动机，通过一对或两对减速齿轮传动滚珠丝杠。x,y 方向的进给速度是 6～3 000 mm/min，快移速度为 4 000 mm/min；z 方向进给速度是3.6～1 800 mm/min，快移速度为 2 400 mm/min。x,y,z 三个方向的进给速度均由数控系统无

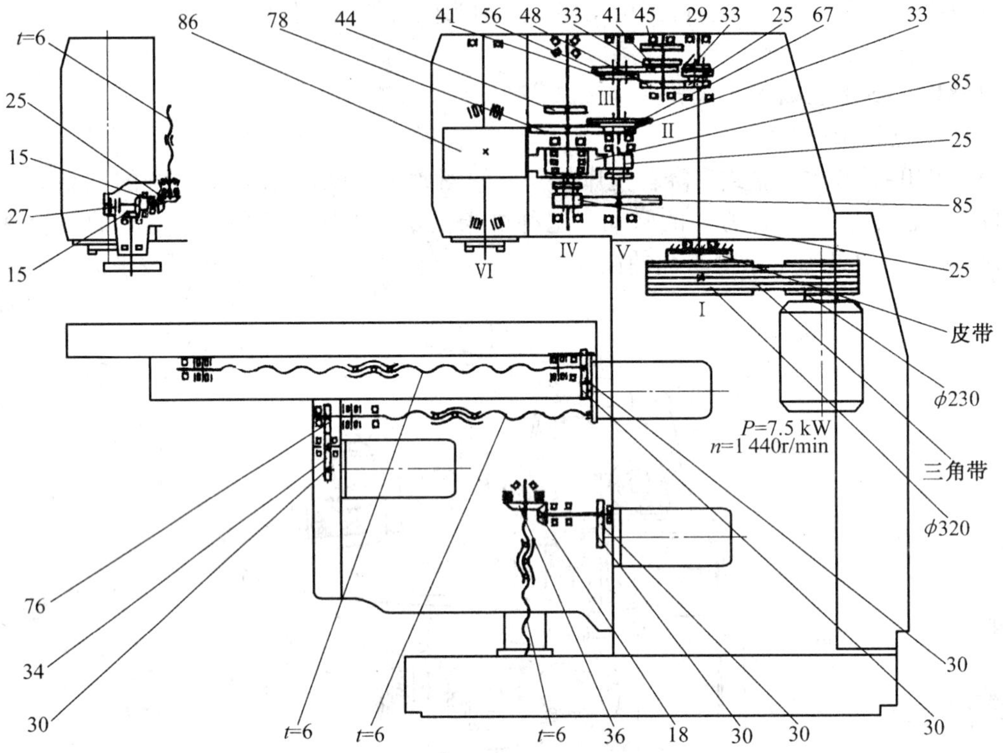

图 2.56 XK5040-1 型数控铣床传动系统图

级调节。最小设定单位为 0.001 mm。机床三坐标联动由计算机数控装置(CNC)控制。滚珠丝杠不自锁,为防止升降台因自重而下滑,z 向伺服电动机带有制动器,断电时即可使电动机制动。伺服系统为半闭环,用脉冲编码器进行位置检测。

2.5.2 铣刀及其加工表面

铣削是用铣刀在铣床或加工中心上对工件进行的一种切削加工方式。它应用广泛,适于粗加工或半精加工多种不同形状的表面,一般加工精度可达 IT8 ~ IT9,表面粗糙度 Ra 为 1.6 ~6.3 μm。铣削加工与车削加工比较,铣刀绕其轴线旋转做主运动。同时,由于铣刀是一种多齿多刃回转刀具,参加工作的切削刃总长度较长,铣削时的切削速度也较高,所以铣削的效率高。

1. 铣刀的种类及用途

铣刀可以用来加工平面、斜面、沟槽、阶梯面和特形面等不同形状的表面。为适应不同表面的加工要求,制造出了不同种类的铣刀。现简要介绍一下铣刀的几种分类方法。

(1)按铣刀的安装方式和加工表面的形状分(见图 2.57)

①圆柱铣刀(见图 2.57(a))。圆柱铣刀的材料多为高速钢,用在卧式铣床上加工小平面。它的主切削刃分布在圆柱面上,无副切削刃,加工效率不高。

②端铣刀(见图 2.57(b))。端铣刀也称面铣刀,刀齿为可转位形式的硬质合金材料,用在立式铣床上加工大平面。主切削刃分布在圆柱体端面上。

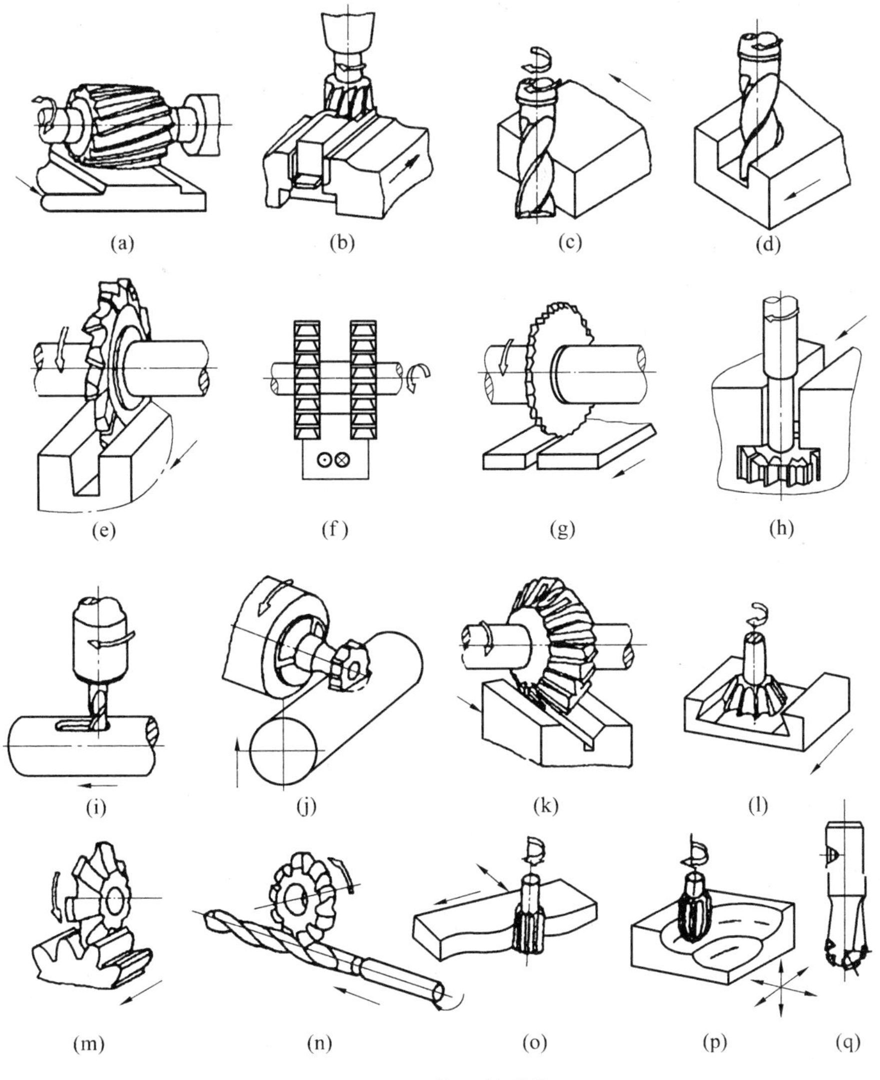

图2.57 铣刀的种类

③立铣刀。立铣刀主要用在立式铣床上铣削工件平面(见图2.57(c))和沟槽(见图2.57(d))。它的主切削刃分布在圆柱面上,副切削刃分布在端面上。

④槽铣刀。槽铣刀主要用于加工直槽(见图2.57(e))、台阶面(见图2.57(f))、窄槽或切断(见图2.57(g))。加工直槽的槽铣刀刀齿呈左右旋交错分布在刀具圆柱体表面上,使刀齿渐入工件,切削过程平稳。

⑤T形槽铣刀(见图2.57(h))。T形槽铣刀除刀柄和尺寸外,类似于(见图2.57(e))所示的三面刃铣刀,它的主切削刃分布在圆柱面上,副切削刃分布在两个端面上,主要用于加工T形槽。

⑥键槽铣刀(见图2.57(i))。键槽铣刀只有两个刀刃,具有钻头和立铣刀的功能。铣槽时,先沿铣刀轴线在工件上钻孔,然后沿工件轴线方向铣出键槽全长。图2.57(j)为用于铣削半圆形键槽的圆键铣刀。

⑦角度铣刀(见图2.57(k)和图2.57(i))。角度铣刀用于铣削角度槽和斜面。

⑧盘形铣刀(见图2.57(m))。盘形铣刀用于直齿或斜齿圆柱齿轮的齿形加工。

⑨成形铣刀(见图2.57(n)和图2.57(o))。成形铣刀是用来加工外成形表面的专用铣刀。

⑩鼓形铣刀(见图2.56(p))。鼓形铣刀主要用在数控铣床或数控加工中心上,加工立体曲面。

⑪球头铣刀(见图2.56(q))。球头铣刀主要用于加工螺旋桨表面、涡轮叶片和复杂模具型腔等。

(2)按刀齿齿背形式和重磨方式分

①尖齿铣刀。这种铣刀后面常做成直母线的螺旋面或简单的平面,加工平面和沟槽用的铣刀一般都是这种齿背形式。尖齿铣刀磨钝后,只需重磨后刀面,比较方便。

②铲齿铣刀。这种铣刀后面常做成特殊形状的曲面,如加工成形表面的铣刀常用这种齿背形式。铲齿铣刀磨钝后,为保持切削刃原有的形状需重磨前刀面。

(3)按刀齿数目分

按铣刀刀齿的数目分有粗齿铣刀和细齿铣刀两种。它们的区别在于,在相同直径下,粗齿铣刀的齿数较少、刀齿强度较高和容屑空间较大,适宜于粗加工用;细齿铣刀则齿数较多,适宜于半精加工和精加工。

2.铣刀的几何角度的选择

铣刀是由夹持部分和工作部分组成的。对于夹持部分,一般小尺寸铣刀常做成带柄的形式,较大直径的铣刀则常做成带孔形式而套装在刀轴上。工作部分主要承担切削任务,每个刀齿上有前角 γ_0、后角 α_0 和刃倾角 λ_s 等几何角度。尽管铣刀的种类很多,结构复杂,但都是由基本的几何角度形成。圆柱铣刀和面铣刀是铣刀的基本形式,如图2.58所示,下面给出这两种铣刀的几何角度。

①前角 γ_0 及 γ_n。铣刀前角 γ_0 在正交平面 P_0 中测量。为了便于铣刀的制造和测量,圆柱形铣刀还要标注法平面 P_n 内的法前角 γ_n。

②后角 α_0。铣刀后角在正交平面 P_0 中测量。

③刃倾角 λ_s。铣刀的刃倾角是主切削刃和基面之间的夹角,在切削平面 P_s 中测量。对于圆柱形铣刀,它的刃倾角就是刀齿的螺旋角 β。螺旋角 β 不宜过大,否则就会给铣刀的制造和刃磨造成困难,故一般取 $\beta=25°\sim45°$。对于端铣刀,其刀齿刃倾角 λ_s 的作用和选取原则类似于车刀。但由于铣削时冲击较大,为了保护刀尖部分,对于切削铸铁件和钢件的硬质合金铣刀来说,刃倾角 λ_s 常取负值,一般取 $\lambda_s=-15°\sim-5°$;只有在加工强度较低的材料时,才选用正的刃倾角 $\lambda_s=5°$。

3.铣削方式

采用适当的铣削方式可以减小振动,有利于保证工件的表面质量,有利于提高刀具的耐用度和铣削生产率。

(1)端铣和周铣

用分布于铣刀端平面上的刀齿进行的铣削,称为端面铣削,简称端铣。用分布于铣刀圆柱面上的刀齿进行的铣削,称为圆周铣削,简称周铣。两者相比,端铣的副切削刃、刀尖

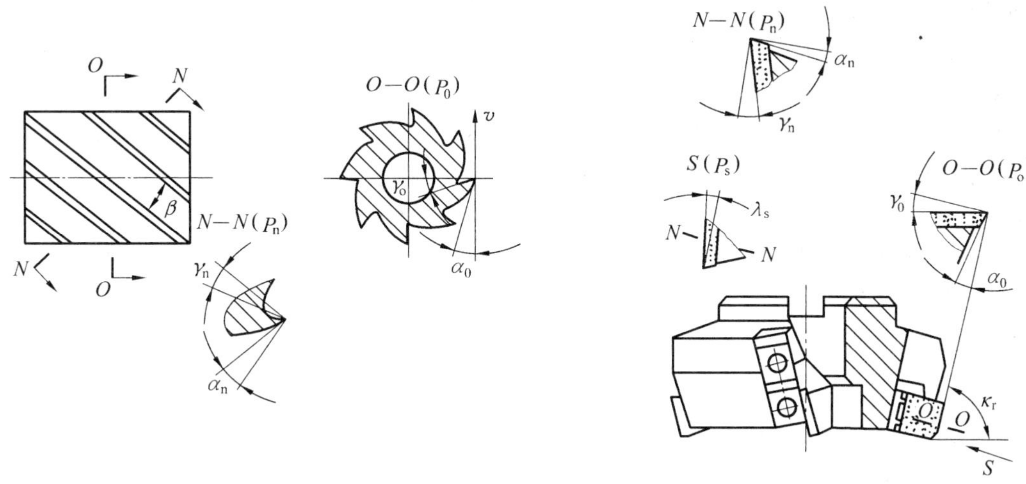

(a) 圆柱铣刀　　(b) 面铣刀

图 2.58　铣刀的几何角度

倒角具有修光作用,而周铣只有主切削刃工作,故前者容易获得较小的表面粗糙度值。此外,端铣时主轴刚性好,可用大的切削用量,故前者具有较高的劳动生产率。但周铣可以加工组合表面和成形表面。

(2)顺铣和逆铣

圆周铣削有图 2.59 所示的逆铣和顺铣两种方式。铣削时,铣刀切入工件时切削速度方向和工件的进给方向相反,这种铣削方式称为逆铣(见图 2.59(a))。铣削时,铣刀切入工件时切削速度方向和工件的进给方向相同,这种铣削方式称为顺铣(见图 2.59(b))。

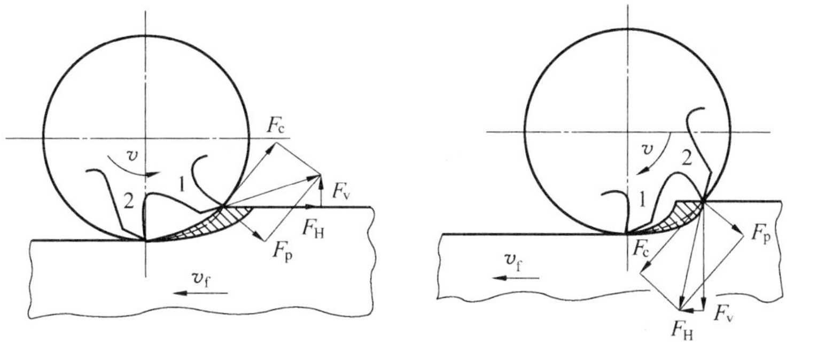

(a) 逆铣　　(b) 顺铣

图 2.59　刀具的顺铣与逆铣

逆铣时,刀齿的切削厚度由零逐渐增加,刀齿切入工件时切削厚度为零,由于切削刃钝圆半径的影响,刀齿在已加工表面上滑擦一段距离后才能真正切入工件,因而刀齿磨损快,加工表面质量较差。顺铣时则无此现象,并且顺铣时,切削力使工件压紧在工作台上,加工较稳定。实践证明,顺铣时铣刀寿命比逆铣高 2 ~3 倍,加工表面质量也比较好,但顺铣不宜铣带硬皮的工件。另外,顺铣时,工件受到的水平铣削力与进给速度相同,由于丝杠与丝杠螺母之间有间隙,加工中会出现工作台窜动现象,容易损坏刀具,故顺铣加工时,必须消除丝杠与丝杠螺母之间的间隙。

(3)对称铣削和不对称铣削

对于端铣,如图2.60(a)所示,端铣刀的轴线始终位于铣削弧长的对称中心位置上,刀齿切入和切出工件时的切削厚度相同,这种铣削方式称为对称铣削。这种铣削方式一般多用于端面铣削,尤其适用于铣削淬硬钢。如图2.60(b)所示,当端铣刀的轴线偏置于铣削弧长对称中心的一侧,且刀齿切入工件时的切削厚度小于切出工件时的切削厚度,这种铣削方式称为不对称逆铣。由于切入时冲击较小,适用于普通碳钢和高强度低合金钢。这种铣削,切削力变化较小,切削过程较平稳,已加工表面粗糙度值较小。如图2.60(c)所示,当端铣刀的轴线偏置于铣削弧长对称中心的一侧,且刀齿切入工件时的切削厚度大于切出工件时的切削厚度,这种铣削方式称为不对称顺铣。这种铣削方式适于加工不锈钢等中强度和高塑性材料。虽然加工材料的强度和塑性有所增大,但由于它减小了逆铣时刀齿的滑行、挤压现象和已加工表面的加工硬化程度,它仍然有利于提高刀齿的耐用度。

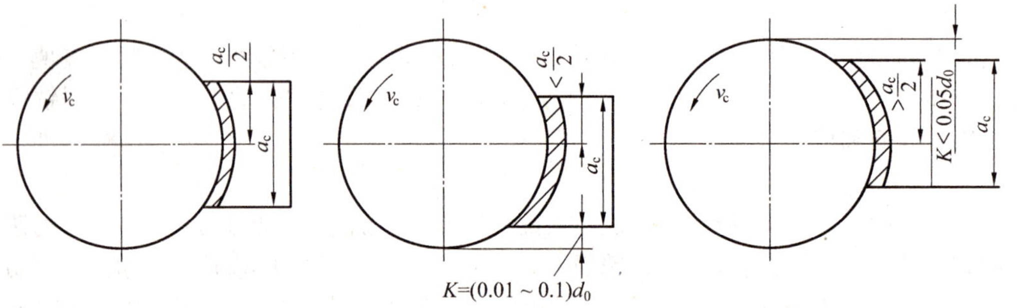

(a) 对称铣削　　(b) 不对称逆铣　　(c) 不对称顺铣

图2.60　对称铣削和不对称铣削

2.6 磨床及其加工表面

2.6.1 磨床的功用

用磨料或磨具(砂轮、砂带、油石或研磨料等)作为工具对工件进行切削加工的机床,统称为磨床。磨削加工主要用于零件的精加工,特别是淬硬钢、耐热钢及合金钢等高硬度材料零件的精加工,也有用于粗加工的磨削,并具有很高的生产效率。磨削的加工精度可达IT4~IT6,表面粗糙度 Ra 为0.01~1.25 μm。

磨床可用于磨削内外圆柱面和圆锥面、平面、螺旋面、齿面以及各种成形表面等,还可以刃磨刀具,应用范围非常广泛。

2.6.2 磨床的类型

磨床的种类很多,主要类型有外圆磨床和万能磨床、内圆磨床、平面磨床、各种工具磨床和专门化磨床，如曲轴磨床、凸轮轴磨床及导轨磨床等，还有珩磨机、研磨机和超精加工机床等。

1. 外圆磨床和万能磨床

普通精度级的外圆磨床和万能磨床，主要用于磨削 IT6 ~ IT7 级精度的圆柱形或圆锥形的内、外表面。所获得的加工表面粗糙度 Ra 为 0.08 ~1.25 μm。图 2.61(a)和(b)是外圆磨床常用的加工方法——纵向磨削法。图 2.61(a)为磨削外圆柱面，主运动为砂轮主轴的旋转 $n_{砂}$，进给运动有两个：一个是工件的旋转——周向进给 $f_{周}$；一个是工作台的纵向往复运动——纵向进给 $f_{纵}$。此外，还需一个切入运动：砂轮在工作台的两端做横向间歇切入运动，这习惯上称为横向进给 $f_{横}$。磨削圆柱面时，工件的轴线与工作台纵向运动平行。图 2.61(b)为磨削锥度不大的长圆锥面，此时，应把工作台的上层转盘转过一个 α 角。

外圆磨床除图 2.61(a)和(b)外，还能进行图 2.61(c)、(d)和(e)所示的加工方式。图 2.61(c)和(d)为磨削锥度较大但较短的圆锥面。这时，把砂轮架(砂轮主轴箱)或工件头架倾斜 α 角。砂轮比工件宽，故不用纵向进给。由砂轮架的横向进给 $f_{横}$ 做切入磨削，称为切入磨削法。图 2.61(e)是用内磨砂轮架(又称为内圆磨头)磨圆柱内孔。如果磨削锥孔，则应使工件头架转 α 角，所需运动与图 2.61(a)相同。

从这里可以看出，万能磨床与外圆磨床的差别在于：①砂轮架能按逆时针方向转角度，故比外圆磨床的砂轮架多一层转盘。②工件头架也能按逆时针方向转角度，故也要多一层转盘。③多一个内圆磨头。它平时抬起，磨内圆时放下。

万能磨床比外圆磨床有更高的通用性，但砂轮架和头架多了一层，刚度较低；同样大小的机床，万能磨床的砂轮电动机功率比外圆磨床要小一些，因此，万能磨床的生产率低。外圆磨床适合于大、中批量生产车间，而万能磨床则适合于中、小批生产车间和工具、机修车间。

图 2.62 是万能磨床的外形。床身 1 是 T 字形的。工作台 8 可在前导轨上往复移动。工作台分上下两层，上层可以转一个角度以磨圆锥体。工作台的左端装工件头架 2，右端装尾架 5。头架 2 可与尾架一起支承长工件，也可装卡盘，夹持短工件。头架有头架电动机和变速机构，带动工件旋转。4 是砂轮架，包括砂轮主轴和砂轮电动机。砂轮架可在滑鞍 7 的转盘上转角度，滑鞍 7 在床身垫板 6 上做横向进给，由手柄 7 摇动。垫板 6 固定在床身上。3 是内圆磨头及其支架，图示处于抬起状态，磨内圆时放下。3 的后面是内圆磨头电动机。

工作台的纵向运动、砂轮架的快进快退和周期径向进给，以及尾架顶尖套的缩回等均是液压驱动的。砂轮不需变速，故砂轮架和内圆磨头主轴都没有变速机构。为使砂轮运动平稳，都用带传动。砂轮架功率较大，用三角带或多楔带；内圆磨头转速高，用平带。

工件头架需变速，故用直流电动机无级调速，再经三级塔轮扩大其变速范围。最后，经带轮副驱动拨盘。当用顶尖支持工件时(见图 2.61(a)、(b)和(c))，为避免头架主轴的旋转带来误差，把头架主轴固定不转。拨盘带动工件上的鸡心夹头，使工件在头、尾架的固定顶尖中旋转。当用卡盘夹持工件(图 2.61(d)和(e))时，放开工件主轴，把带轮与主轴连接，使主轴旋转。

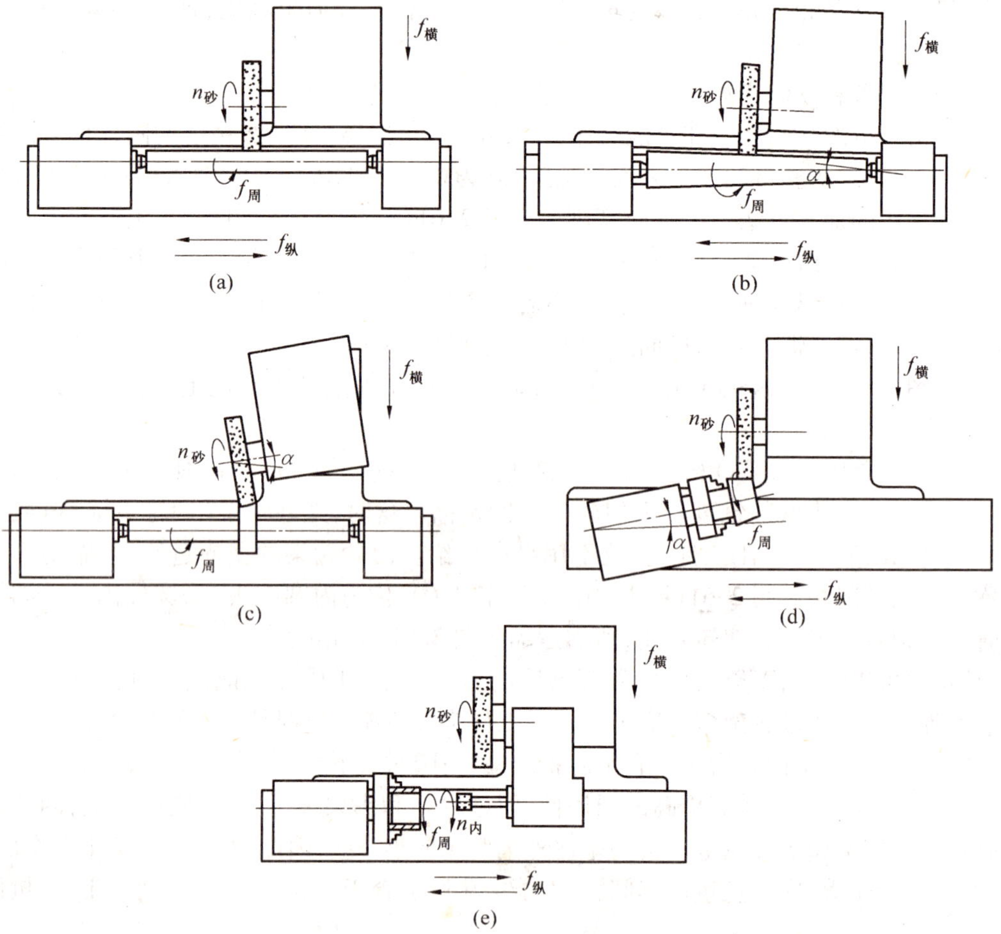

图 2.61 外圆磨床和万能磨床加工示意图

而外圆磨床只能用做顶尖加工(见图 2.61(a)和(b)),故外圆磨床的工件头架与图 2.62 所示的万能磨床略有不同。主轴不转动,它固定在箱体孔内。工件只能由拨盘带动在两个固定顶尖间旋转。这样,既简化了结构,又提高了磨床的精度和刚度。

2. 平面磨床

平面磨床用于磨削各种工件的平面,其磨削方法如图 2.63 所示。

平面磨床有用砂轮的轮缘磨削的,也有用砂轮的端面进行磨削的。前者砂轮主轴为水平(卧轴)的,后者为竖直(立轴)的。轮缘磨削精度较高,可得到较光洁的加工表面,但生产率较低。工作台有矩形和圆形两种,前者适宜加工长工件,但工作台做往复运动时容易发生振动,后者适宜加工短工件或圆工件的端面,如磨轴承套圈的端面,工作台连续旋转,无往复冲击。因此,根据工作台的形状和砂轮主轴布置方式的不同,可把普通平面磨床分为卧轴矩台式、立轴矩台式、立轴圆台式和卧轴圆台式四类。它们的加工方式分别见图 2.63(a)、(b)、(c)和(d)。图中,主运动为砂轮的旋转 $n_{砂}$,矩台的直线往复运动或圆台的回转 $f_{纵}$ 是进给运动。用轮缘磨削时(见图 2.63(a)和(d)),砂轮宽度小于工件宽度,故卧轴磨床还有轴向进给运动 $f_{横}$。矩台的 $f_{横}$ 是间歇运动,在矩台的两端进行;圆台的 $f_{横}$

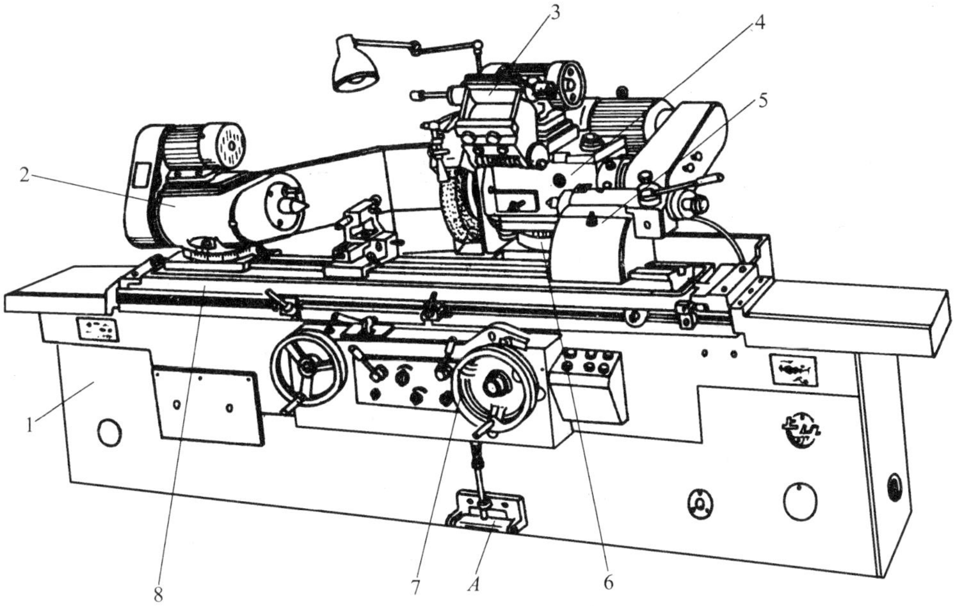

图 2.62 万能外圆磨床外形图

1—床身;2—头架;3—内圆磨头及其支架;4—砂轮架;5—尾架;6—垫板;7—手柄;8—工作台

是连续运动,$f_{切}$ 是周期的切入运动。

平面磨床中,应用较多的是卧轴矩台式平面磨床,如图 2.64 所示。这种机床的砂轮主轴通常是用内装式异步电动机直接带动的,电动机轴装在砂轮架 3 的壳体内。砂轮架 3 可沿滑座 4 的燕尾导轨做间歇的横向进给运动 $f_{横}$。滑座 4 和砂轮架 3 一起,沿立柱 5 的导轨做间歇的竖直切入运动 $f_{切}$。工作台 2 沿床身 1 的导轨做纵向往复运动,由液压传动。

3. 内圆磨床

内圆磨床的主要类型有普通内圆磨床、无心内圆磨床和行星运动内圆磨床。普通内圆磨床是生产中应用最广的一种。

内圆磨床可以磨削圆柱形或圆锥形的通孔、盲孔和阶梯孔。图 2.65(a)是用纵磨法磨孔,图 2.65(b)是用切入法磨孔,两者的 $f_{横}$ 是切入运动。有的内圆磨床还附有磨削端面的磨头,可以在一次装夹过程中同时磨削出端面和内孔。图 2.65(c)和(d)的 $f_{纵}$ 是切入运动。

普通内圆磨床的自动化程度不高,磨削尺寸通常是靠人工测量来加以控制的,因而仅适用于单件和小批生产。

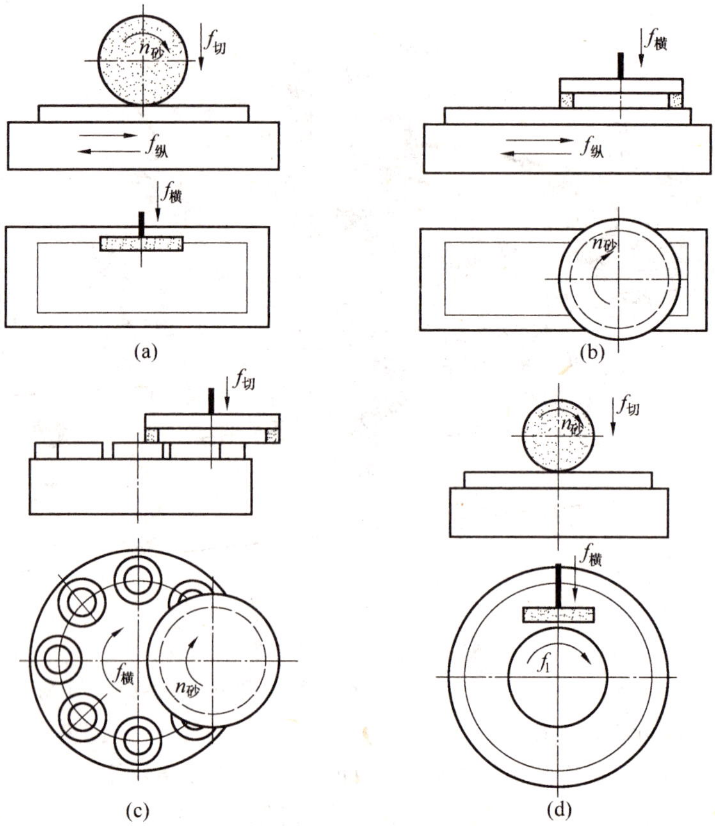

图 2.63 平面磨床加工示意图

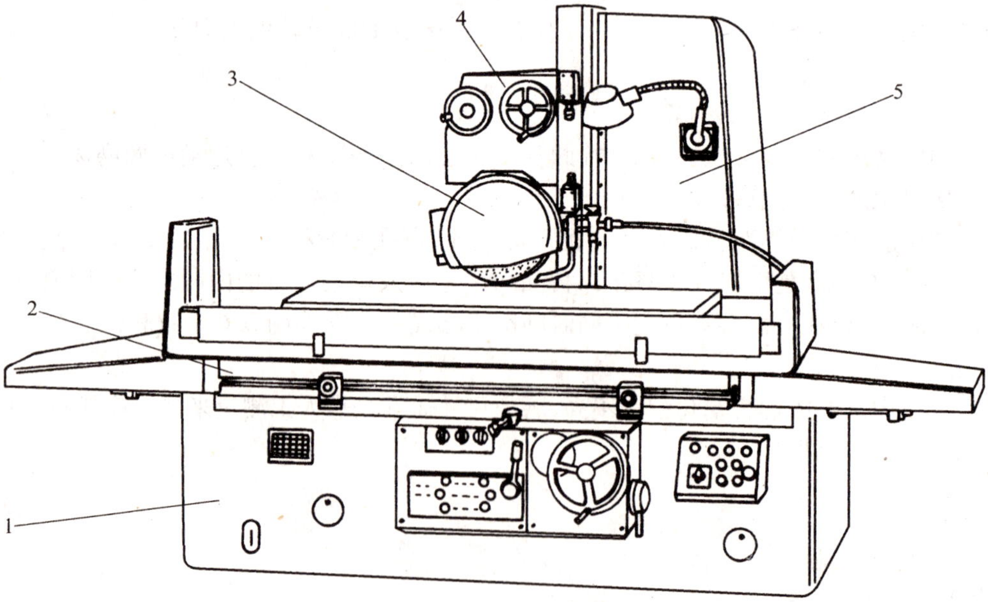

图 2.64 卧轴矩台平面磨床外形图

1—床身;2—工作台;3—砂轮架;4—滑座;5—立柱

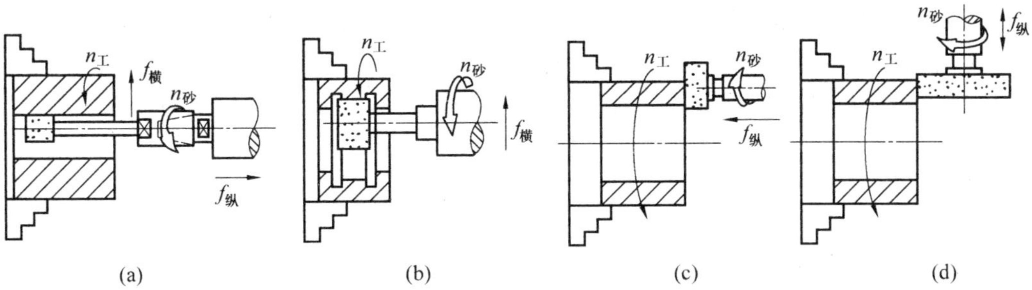

图2.65 内孔磨削方法

2.6.3 砂 轮

磨削加工的刀具主要有砂轮和砂带两种形式,其中砂轮是最常用的磨削工具。

1. 砂轮的特性及其选择

砂轮是用结合剂把磨粒黏结起来,经压坯、干燥、焙烧及车整而成的。它具有很多气孔,用磨粒进行切削,其表面结构如图2.66所示。因此,它的切削性能主要取决于磨料、粒度、结合剂、硬度、组织和尺寸形状等因素。

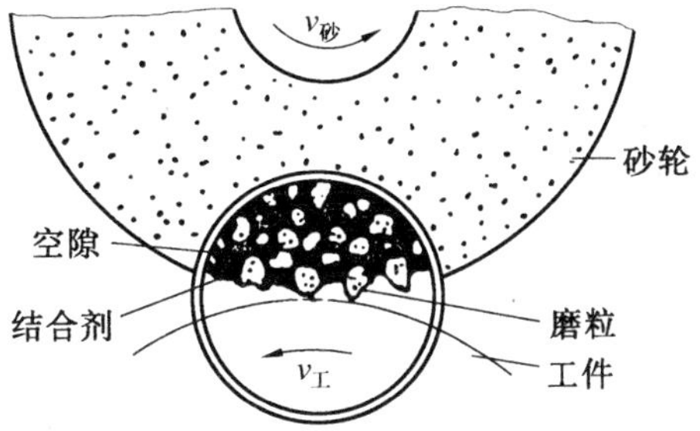

图2.66 砂轮表面放大图

(1)磨料

磨料是构成砂轮的主要成分,它具有一定的韧性、很高的硬度和热硬性以及锋利的形状,担负着砂轮的磨削任务。生产上用做磨料的有刚玉系、碳化硅系、碳化硼系、金刚石系和立方氮化硼等,而刚玉类(主要成分为 Al_2O_3)和碳化硅类(SiC)磨料主要用于制造普通砂轮。

①刚玉类磨料

棕刚玉,代号A,呈棕褐色,韧性好,显微硬度为1 800~2 200HV。适于磨削碳素钢、不锈钢、高强度合金钢、退火后的可锻铸铁和硬青铜等。

铬刚玉,代号PA,呈玫瑰红色,硬度稍低,韧性比白刚玉好,显微硬度为2 200~2 280HV。适于磨削高速钢和不锈钢等。

单晶刚玉,代号SA,呈浅灰色,强度高,耐热度高,显微硬度为2 000~2 400HV。适于磨削淬硬的和可磨削性差的合金钢。

白刚玉,代号WA,呈白色,硬度高,韧性稍低,显微硬度为2 200~2 400HV。适于磨削高碳钢、高速钢、淬火钢和薄壁零件等。

其他刚玉类磨料还有锆刚玉(代号 ZA)和微晶刚玉(代号 MA)等。

②碳化硅类磨料

碳化硅类磨料与刚玉类磨料相比,它的磨粒锋利、硬度高、韧性差,适于磨削脆性材料。

黑色碳化硅,代号 C,呈黑色,有金属光泽,导电性、导热性好,显微硬度为 3 100 ~ 3 280HV。适于磨削铸铁、黄铜、铝材、耐火材料和非金属材料等。

绿色碳化硅,代号 GC,呈绿色,比黑色碳化硅硬度高、导电性好,但韧性差,显微硬度为 3 200 ~ 3400 HV。适于磨削陶瓷材料、宝石、玻璃和硬质合金等。

③金刚石类磨料

金刚石类磨料分天然金刚石和人造金刚石两种。天然金刚石价格昂贵,普通生产中很少使用。人造金刚石比天然金刚石略脆一些,颗粒较细,表面粗糙,易于做砂轮。金刚石是最硬的磨料,热传导系数大,适用于加工硬质合金、光学玻璃、陶瓷等硬质材料。但不易于加工钢料,金刚石与铁在高温下接触时,缺乏化学稳定性,磨削时金刚石易破损。

④立方氮化硼磨料

立方氮化硼磨料硬度仅次于金刚石,抗弯强度约为氧化铝的两倍,热稳定性好,适于磨削高强度、高硬度钢等材料。

(2)粒度

磨料的粒度指的是磨料颗粒的尺寸大小。对于颗粒尺寸大于 40 μm 的磨料,用机械筛选法来决定粒度号,即用磨料颗粒能通过的每英寸长度上的筛孔数来表示粒度的大小,粒度号就是筛孔数。所以,粒度号数越大,颗粒尺寸越细。对于颗粒尺寸小于 40 μm 的磨料用显微镜分析法来测量,其粒度号数即该颗粒最大尺寸的微米数。

磨粒的大小直接影响着零件的表面质量和生产效率。一般在粗磨时选用较粗的砂轮,精磨时选用颗粒较小的砂轮。砂轮速度较高时,或砂轮与工件间接触面积较大时,为避免引起工件表面烧伤,宜选用颗粒较粗的砂轮。磨削软而韧的金属时,用颗粒较粗的砂轮;磨削硬而脆的金属时,选用颗粒较细的砂轮。

(3)结合剂

砂轮的结合剂将磨粒黏合起来,使砂轮具有一定的强度、气孔、硬度和抗腐蚀、抗潮湿的性能。常用的结合剂有:

①陶瓷结合剂(代号 V)。它由黏土、长石、滑石、硼玻璃、硅石等陶瓷材料配制而成,烧结温度为 1 240 ~ 1 280℃。它的特点是强度高、刚性大、耐酸、耐热、耐潮湿、廓形保持性好,但它的脆性、韧性和弹性较差,不能承受侧面弯扭力。

②树脂结合剂(代号 B)。它的主要成分是酚醛树脂或环氧树脂。其优点是强度高,弹性好,多用于切断、开槽等工序。它的缺点是气孔率小、耐热性和耐腐蚀性差。

③橡胶结合剂(代号 R)。它的主要成分是人造橡胶或天然橡胶。它的优点是黏结强度高、弹性大自砺性好。适用于切断、开槽、抛光或制作无心磨导轮。它的缺点是耐酸、耐热及耐油性差。

④金属结合剂(代号 M)。它的主要成分是青铜,用于制作金刚石砂轮。其特点是廓形保持性好,抗张强度高,有一定的韧性,但自砺性较差。适用于粗磨、精磨硬质合金,以

及磨削或切断光学玻璃、宝石、陶瓷、半导体等高硬度非金属材料。

(4)砂轮的组织

砂轮的组织反映了磨料、结合剂和气孔三者之间体积的比例关系，也就是砂轮结构的紧密和疏松程度。砂轮结构的体积百分比一般为磨料占38%～62%，结合剂占1.5%～22%，气孔占16%～60.5%。砂轮的组织分紧密级、疏松级和中级三个等级，见表2.5。

紧密组织的砂轮适用于在重压力下磨削，如手工磨削、精磨和成形磨削。中等组织的砂轮适用于一般磨削。疏松组织的砂轮一般较软，适用于粗磨、平面磨、内圆磨等磨削接触面积较大的工序，以及磨削敏感性较强的材料、软金属和薄壁工件。

表2.5　砂轮的组织等级

类别	紧				中				松						
组织级别	0	1	2	3	4	5	6	7	8	9	10	11	12	13	14
磨料占砂轮体积/%	62	60	58	56	54	52	50	48	46	44	42	40	38	36	34

(5)砂轮的硬度

砂轮的硬度是指砂轮工作时在磨削力的作用下，磨粒从砂轮表层脱落的难易程度。它反应了磨粒和结合剂的黏结程度，而与磨料本身的硬度无关。磨削时磨粒容易脱落，说明砂轮硬度低；反之，说明砂轮硬度高。砂轮的硬度等级见表2.6。

表2.6　砂轮的硬度等级

等级	大级	超软	软	中软	中	中硬	硬	超硬
	小级	超软	软1～3	中软1～2	中1～2	中硬1～2	超硬	
代号	GB 2484—84	D,E,F	G,H,J	K,L	M,N	P,Q,R	S,Y	Y
	GB 2484—81	CR	R1～3	ZR1～2	Z1～2	ZY1～3	Y1～2	CY

砂轮的硬度对零件的表面质量和生产效率影响很大。如果砂轮硬度过高，磨粒磨钝后仍不脱落，就会降低工件的加工精度，降低磨削效率，同时使摩擦热急剧增大，严重时会产生表面烧伤或微裂纹。如果砂轮硬度过低，磨粒尚未磨钝就脱落，不但增加了砂轮的消耗，而且影响了砂轮的廓形精度保持性，从而降低了加工精度。

因此，磨削时要根据具体的情况来选取砂轮的硬度。选择砂轮硬度时，应考虑以下因素。

①工件材料。工件材料越硬，所选的砂轮就越软。这是因为材料硬容易使磨粒磨损，而较软的砂轮易使磨钝的磨粒及时脱落，同时软砂轮空隙多较大，容屑性能好。但是，磨削有色金属(铝、黄铜、青铜等)、橡皮和树脂等软材料时，却也要用较软的砂轮，这是因为这些材料易使砂轮糊塞，选用软些的砂轮可使糊塞处较易脱落，容易露出锋利的新磨粒。

②工件导热性能。当工件的导热性较差时，应选用较软的砂轮。这样就不会因磨粒的自砺性差而使切削区温度过高，减小了工件表面烧伤的可能性。

2. 砂轮的形状和用途

国家标准GB 2484—84规定，磨具的书写顺序为：磨具形状、尺寸、磨料、粒度、硬度、组织、结合剂和最高工作线速度。一般在砂轮端面上打出标志，下面是砂轮标志的例子。

BW	300×30×75	SA	46	K	6	V	35
①	② ③ ④	⑤	⑥	⑦	⑧	⑨	⑩

上面标志中：①为形状代号（碟形砂轮）；②为外径（$D=300$ mm）；③为厚度（$H=30$ mm）；④为内径（$d=75$ mm）；⑤为磨料（单晶刚玉）；⑥为粒度（46#）；⑦为硬度（中软 1）；⑧为组织（6 号组织）；⑨为结合剂（陶瓷结合剂）；⑩为最高工作速度（35 m/s）。

表 2.7 为常用砂轮的类型、代号和主要用途。

表 2.7　常用砂轮的类型、代号和主要用途

砂轮种类	断面形状	形状代号	标　记	主要用途
平行砂轮	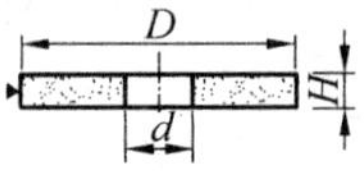	P	P　$D\times H\times d$	磨外圆、内孔，无心磨，周磨平面及刃磨刀具
薄片砂轮	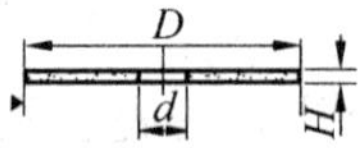	PB	PB　$D\times H\times d$	切断及磨槽
单面凹砂轮	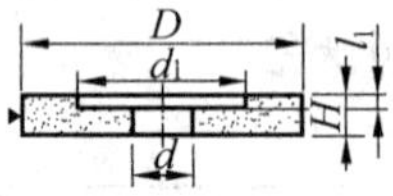	PDS	PDA　$D\times H\times d-1-d_1 l_1$ （注：1 指单面）	磨外圆、内孔、平面
双面凹砂轮	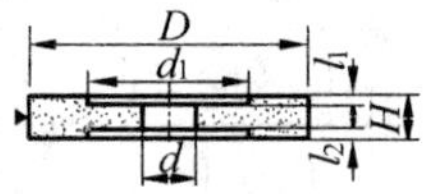	PSA	PDA　$D\times H\times d-$ $2-d_1 l_1\times l_2$ （注：2 指双面）	磨外圆，无心磨的砂轮和导轮，刃磨车刀后刀面
双斜边一号砂轮	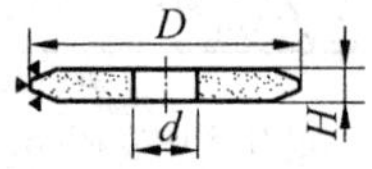	PSX1	PSX_1　$D\times H\times d$	磨齿轮与螺纹
双面凹带锥砂轮	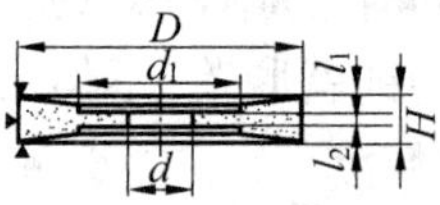	PSZA	PSZA　$D\times H\times d$	磨外圆兼磨两端肩部（如磨曲轴的曲拐轴颈）
筒形砂轮	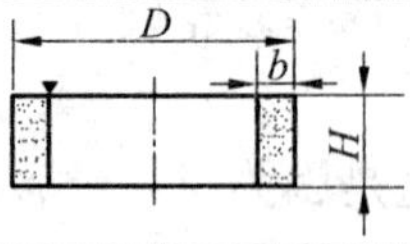	N	N　$D\times Hb$（b 的尺寸）	端磨平面
碗形砂轮	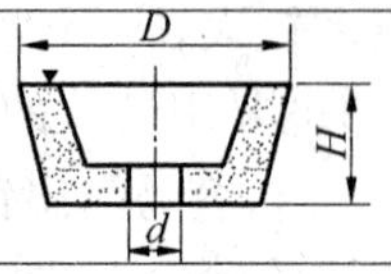	BW	BW　$D\times H\times d$	端磨平面 刃磨刀具后刀面
碟形一号砂轮	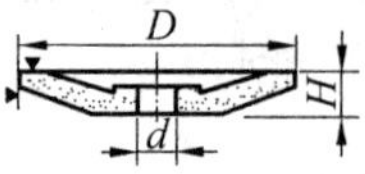	D_1	D_1　$D\times H\times d$	刃磨刀具前刀面

2.7 齿轮加工机床

2.7.1 齿轮的加工方法

齿轮的加工可采用铸造、锻造、冲压及切削等方法。其中切削法加工齿轮，精度最高，应用最广泛。按形成轮齿的原理，切削齿轮的方法可分为两大类：成形法和展成法。

1. 成形法

成形法是使用与被加工齿轮槽形状相同的成形刀具切削齿轮的方法，即由刀具的切削刃形成渐开线母线，刀具沿齿坯齿向的直线运动形成被加工齿面的导线。按照此方法可在铣床上用盘形或指状齿轮铣刀加工齿轮，如图2.67所示。也可用成形刨刀在刨床上刨齿，或在插床上插齿。用成形法加工齿轮的优点是机床结构简单，可以利用通用机床加工。缺点是对于同一模数的齿轮，只要齿数不同，齿廓形状就不同，就需要采用不同的成形刀具。为了减少刀具数量，每种模数通常只配8把或15把一套的刀具，各自适应一定的齿数范围，因此加工出来的齿形是近似的。成形法加工齿轮，多用于精度要求不高的修配行业。

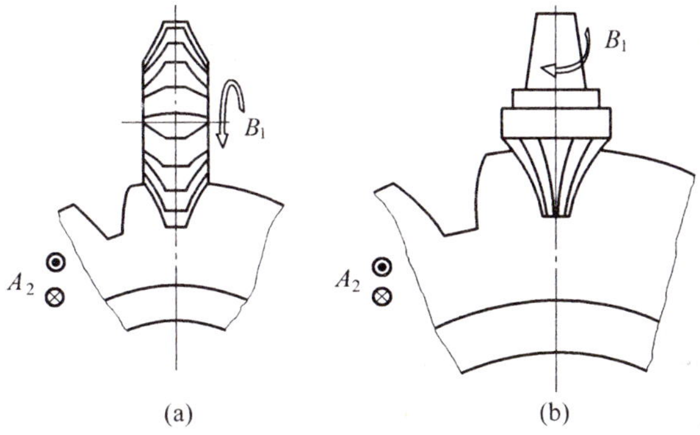

图2.67 成形法加工齿轮

2. 展成法

展成法加工齿轮应用齿轮啮合的原理，即切齿过程模拟齿轮副的啮合过程，如交错轴齿轮啮合副（齿轮-齿轮副，齿轮-齿条副）等。把其中的一个转化为刀具，另一个作为工件，并保证刀具和工件之间做严格的啮合运动，被加工齿的齿面是在刀具和工件包络过程中由刀具切削刃的位置连续变化而形成的。展成法形成齿面的优点是只要模数和压力角相同，一把刀具可以加工任意齿数的齿。这种方法的加工精度和生产率一般比较高，因此，在齿轮加工中应用最广泛。

2.7.2 齿轮加工机床的类型

齿轮加工机床一般可分为圆柱齿轮加工机床和圆锥齿轮加工机床两大类。圆柱齿轮加工机床主要有滚齿机、插齿机等；锥齿轮加工机床主要有加工直齿锥齿轮的刨齿机、铣齿机和拉齿机,以及加工弧齿锥齿轮的铣齿机和拉齿机等。用来精加工齿轮齿面的机床有珩齿机、剃齿机和磨齿机等。

1. 滚齿机的运动分析

滚齿机在齿轮加工中应用十分广泛,主要用于加工直齿和斜齿圆柱齿轮及蜗轮。与滚齿机加工原理相同的还有花键轴铣齿机。

(1) 滚齿原理

滚齿机根据展成法原理来加工直齿和斜齿圆柱齿轮。滚齿的过程相当于一对螺旋齿轮啮合滚动的过程(图 2.68(a)),将其中一个的齿数减少到一个或几个,类似于蜗杆(图 2.68(b)),开槽和铲背后,就成了齿轮滚刀(图 2.68(c))。因此,当机床使滚刀和工件严格地按一对螺旋齿轮的传动关系做相对旋转运动时,就可在工件上连续不断地切出齿形来。

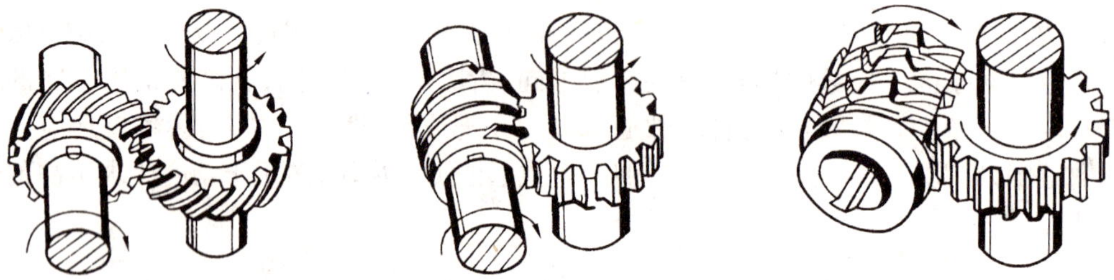

图 2.68 滚齿原理

(2) 滚切直齿圆柱齿轮

①机床的运动和传动原理图

用滚刀加工直齿圆柱齿轮必须具备以下两个运动:一个形成渐开线齿廓(母线)所需的展成运动(B_{11},B_{12});另一个是形成导线所需的滚刀沿工件轴线的移动(A_2),如图2.69所示,图中 ω 为滚刀的螺旋升角,δ 为滚刀安装角。

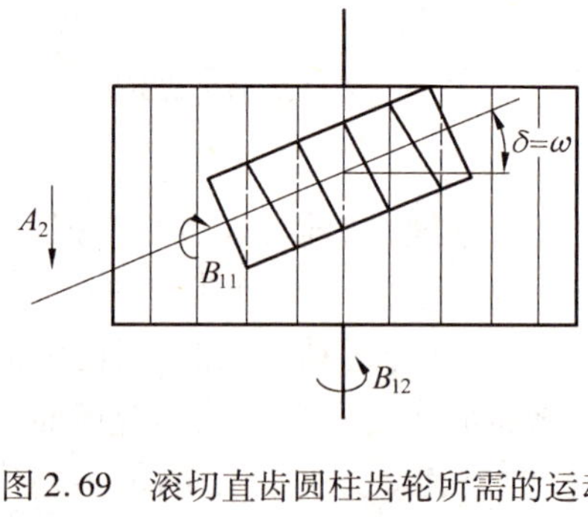

图 2.69 滚切直齿圆柱齿轮所需的运动

图 2.70 是滚切直齿圆柱齿轮的传动原理图,完成滚切直齿圆柱齿轮,需以下传动链:

a. 主运动。滚刀的旋转为主运动,构成展成运动外联系传动链:电动机—1—2—u_v—3—4—滚刀。这条传动链称为主运动链。滚刀的转速 $n_刀$(r/min)可根据切削速度 v(m/min)及滚刀的外径 D 来确定,$n_刀=\frac{1\,000v}{\pi D}$。

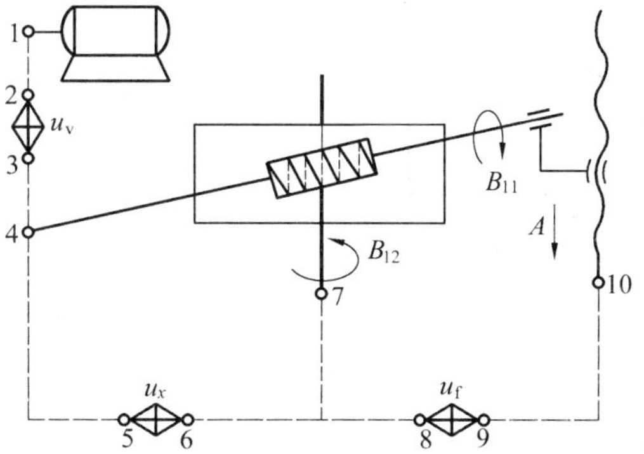

图 2.70　滚切直齿圆柱齿轮传动原理图

b. 展成运动。展成运动是形成渐开线齿廓的滚刀与工件间的啮合运动，是一个复合的表面成形运动。这个运动可以被分解为两个部分：滚刀的旋转运动 B_{11} 和工件的旋转运动 B_{12}。这一复合运动需要有一个内联系传动链，用以保持 B_{11} 和 B_{12} 间的相对运动关系。设滚刀的头数为 K，工件齿数为 z，则滚刀每转 1 转，工件应转 $\frac{K}{z}$ 转。在图中，这条传动链是：滚刀—4—5—u_x—6—7—工件。

c. 垂直进给运动。为了切出整个齿宽，即形成轮齿表面的导线，滚刀还需做垂直进给 A_2。A_2 是一个简单运动，可以使用独立的动力源驱动。但是，工件转速和刀架移动速度之间的相对关系，会影响到齿面加工的表面粗糙度。因此，滚齿机的进给以工件每转时滚刀架的轴向移动计量，单位为 mm/r。计算时，可以把工作台作为间接动力源。在图中，这条传动链为：工件—7—8—u_f—9—10—刀架升降丝杠。这是一条外联系传动链，称为进给传动链。

综上所述，滚切直齿圆柱齿轮时，共有三条传动链：用展成法形成渐开线（母线），需要一个复合的成形运动，这个运动需要一条内联系传动链（展成运动链）和一条外联系传动链（主运动链）。用相切法形成直线，需要两个简单的成形运动：一个是滚刀的旋转，与展成法成形运动的一部分 B_{11} 重合；另一个是直线运动，需要一条外联系传动链（进给传动链）。

②滚刀的安装。滚刀刀齿沿螺旋线分布，螺旋升角为 ω。加工直齿圆柱齿轮时，为了使滚刀刀齿方向和被切齿轮的齿槽方向一致，滚刀轴线与被切齿轮端面之间应倾斜一个角度 δ，称为滚刀安装角。它等于滚刀的螺旋升角 ω。用右旋滚刀加工直齿齿轮的安装角如图 2.71(a) 所示，用左旋滚刀加工时安装角如图 2.71(b) 所示，图中虚线表示滚刀与齿坯接触一侧的滚刀螺旋线方向。

（3）滚切斜齿圆柱齿轮

①机床的运动和传动原理图。斜齿圆柱齿轮与直齿圆柱齿轮相比，端面齿廓也是渐开线，但齿长方向不是直线，而是螺旋线。因此，加工斜齿圆柱齿轮也需要两个运动：一个是产生渐开线（母线）的展成运动；另一个是产生螺旋线（导线）的运动。前者与加工直齿圆柱齿轮相同，后者则有所不同。加工直齿圆柱齿轮时，进给运动是直线运动，是一个简单运动。滚切斜齿圆柱齿轮时，进给运动是螺旋运动，是一个复合运动。如图 2.72 所示，

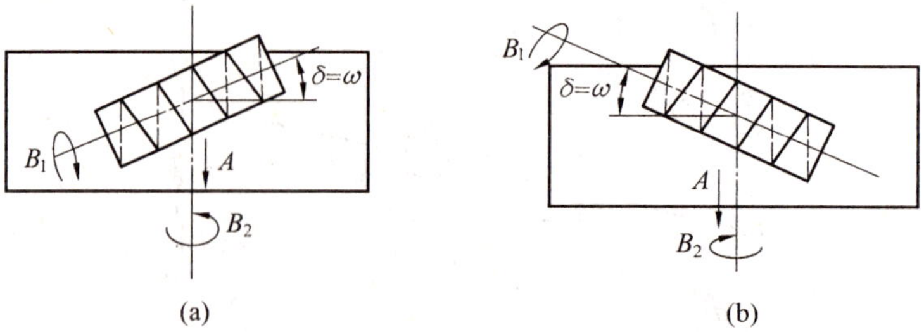

图 2.71 滚切直齿圆柱齿轮时滚刀安装角

这个运动可分解为两部分,滚刀的直线运动 A_{12} 和工件的旋转运动 B_{22}。工件要同时完成 B_{12} 和 B_{22} 两种旋转运动,故 B_{22} 常称为附加运动。

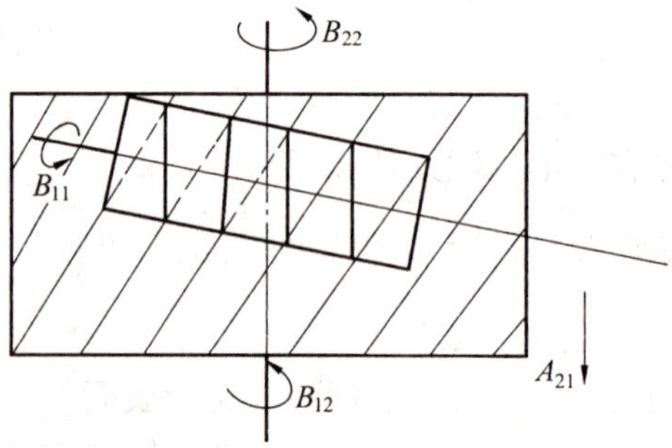

图 2.72 滚切斜齿圆柱齿轮所需的运动

滚切斜齿圆柱齿轮时的两个成形运动都各需一条内联系传动链和一条外联系传动链,如图 2.73 所示。展成运动的传动链与滚切直齿时完全相同。产生螺旋运动的外联系传动链——进给传动链,也与切削直齿圆柱齿轮时相同。但是,这时的进给运动是复合运动,还需一条产生螺旋线的内联系传动链。它连接刀架移动 A_{21} 和工件的附加转动 B_{22},以保证当刀架直线移动距离为螺旋线的一个导程 T 时,工件的附加转动为一转。这条内联系传动链习惯上称为差动传动链。图 2.73 中,差动链为:丝杠—12—13—u_y—14—15—Σ—6—7—u_x—8—9—工件。换置器官的传动比根据被加工齿轮的螺旋线导程 T 或螺旋角 β 调整。滚齿机既可用来加工直齿,又可用来加工斜齿圆柱齿轮。因此,滚齿机是根据滚切斜齿圆柱齿轮的传动原理设计的。当滚切直齿圆柱齿轮时,就将差动传动链断开,并把合成机构通过结构固定成为一个如同联轴器的整体。

②工件附加转动的方向。工件附加转动 B_{22} 的方向如图 2.74 所示。图中假设使用右旋滚刀,且安装在工件前面(图中未画出),滚刀由上至下进位。ac' 是斜齿圆柱齿轮的齿线。滚刀在位置Ⅰ时,切削点在点 a。滚刀下降 Δf 到达位置Ⅱ时,需要切削的是点 b' 而不是点 b,因此要求工件比切削直齿时多转或少转一些,使 b' 转至滚刀对着点 b 位置上。如果加工右旋齿轮,则工件应比切直齿时多转一些(图 2.74(a)),因为 B_{22} 与 B_{12} 同向;如果加工左旋齿轮,则应少转一些(图 2.74(b)),因为 B_{22} 与 B_{12} 反向。用右旋滚刀时,刀架向下移动螺旋导线 T,工件应多转(右旋齿轮)或少转(左旋齿轮)1 转。当其他条件不变时刀具的进给方向也应改变。

③滚刀的安装。滚切斜齿圆柱齿轮时,滚刀的安装角 δ 不仅与滚刀的螺旋线方向及

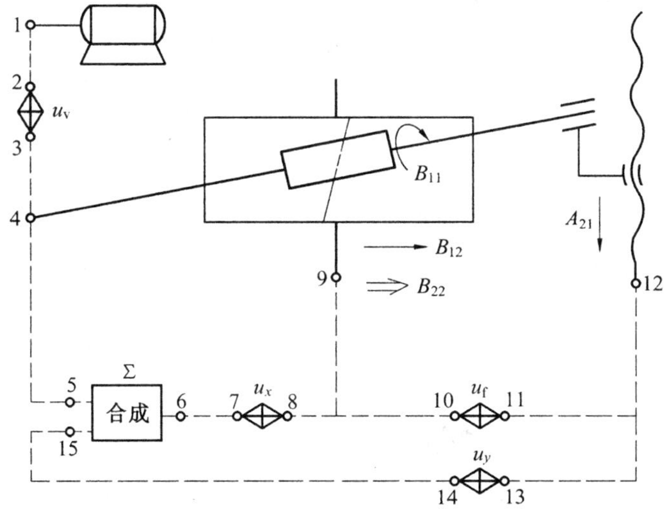

图 2.73 滚切斜齿圆柱齿轮传动原理图

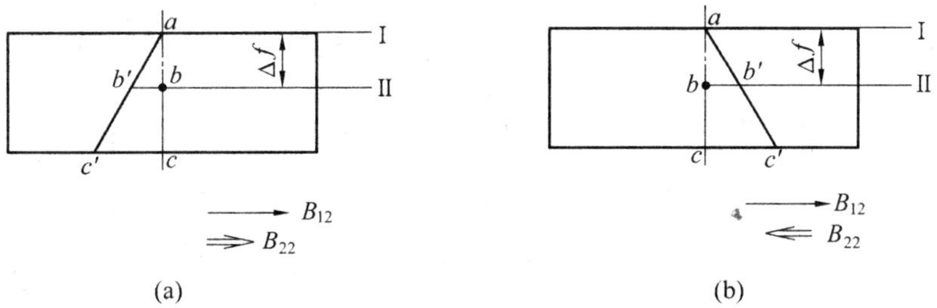

图 2.74 滚切斜齿轮时工件附加转动方向

螺旋升角 ω 有关，而且还与被加工齿轮的螺旋线方向及螺旋角 β 有关。当滚刀与齿轮的螺旋线方向相同时，滚刀的安装角 $\delta=\beta-\omega$，图 2.75(a)表示滚刀和齿轮都是右旋的情况。当滚刀与齿轮的螺旋线方向相反时，滚刀的安装角 $\delta=\beta+\omega$，图 2.75(b)表示滚刀为右旋，齿轮为左旋的情况。

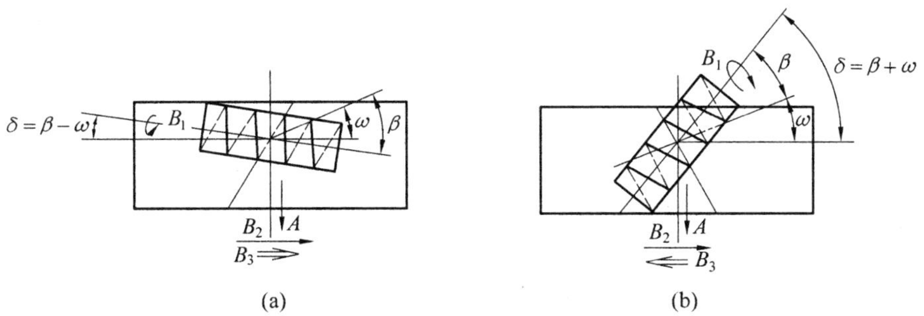

图 2.75 滚切斜齿圆柱齿轮时滚刀安装角

2. YC3180 型滚齿机

(1) YC3180 型滚齿机结构

图 2.76 是 YC3180 型滚齿机的外形图。立柱 2 固定在床身 1 上，滚刀架 3 可沿立柱

的导轨上下移动。滚刀安装在主轴4上,做旋转运动。工件安装在工作台7的心轴6上,随工作台7一起旋转。后立柱5和工作台7装在同一溜板上,可沿床身1的导轨做水平方向的移动。根据工件的直径,调整其径向位置。当用径向进给法切削蜗轮时,这个水平移动是径向进给。

YC3180型滚齿机能加工的最大工件直径为800 mm,最大模数为10 mm,最小齿数为8。这种滚齿机除具备普通滚齿机的全部功能外,还可采用硬质合金滚刀对已淬硬的高硬度(50~60HRC)齿轮齿面进行半精铣或精铣,以滚代磨。为此,机床的主电机功率较大,机床的刚度和抗振性要求也较高。

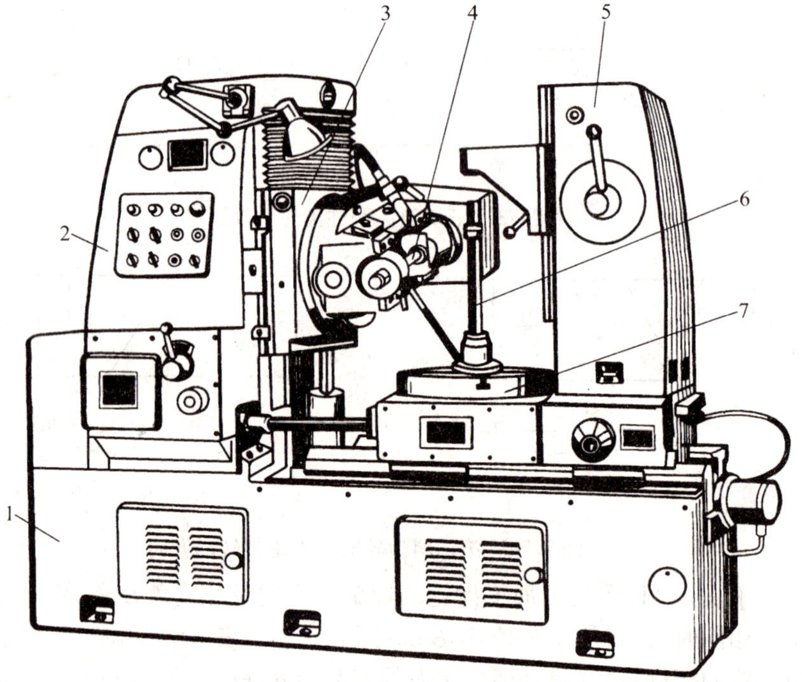

图2.76　YC3180型滚齿机外形图

1-床身;2—立柱;3—滚刀架;4—主轴;5—后立柱;6—心轴;7—工作台

(2)滚齿机的传动系统

滚齿机的传动系统比较复杂,应联系传动原理图进行分析。图2.77是YC3180型滚齿机的传动原理图,其传动关系分析如下:

①主运动传动链(以下简称“主运动链”)

a. 末端件。主运动链是展成运动的外联系传动链,它的一端是电动机,另一端是主轴。

b. 计算位移。电动机转速为1 500 r/min(同步转速,未计转差率),主轴转速为n。记做

$$1\ 500\ \text{r/min} \longrightarrow n(\text{主轴})$$

c. 运动平衡式

$$1\ 500 \times \frac{\phi 90}{\phi 176} \times \begin{bmatrix} \frac{24}{48} \\ \frac{28}{44} \\ \frac{32}{40} \end{bmatrix} \times \begin{bmatrix} \frac{24}{48} \\ \frac{36}{36} \\ \frac{48}{24} \end{bmatrix} \times \frac{33}{35} \times \frac{23}{23} \times \frac{23}{23} \times \frac{23}{23} \times \frac{20}{80} = n$$

（9 速变速箱）

与图2.77（传动原理图）相比，$\frac{\phi 90}{\phi 176}$（带传动）相当于1—2段，9速变速箱相当于u_v，33/35至20/80相当于3—4段。

d. 换置式

$$u_v = \frac{1}{1500} \times \frac{176}{90} \times \frac{35}{33} \times \frac{23}{23} \times \frac{23}{23} \times \frac{23}{23} \times \frac{20}{80} \times n \approx \frac{n}{1\ 800}$$

主运动链是外联系传动链，调整不需很准确，因此可以用一个9速的分级变速箱来调整。

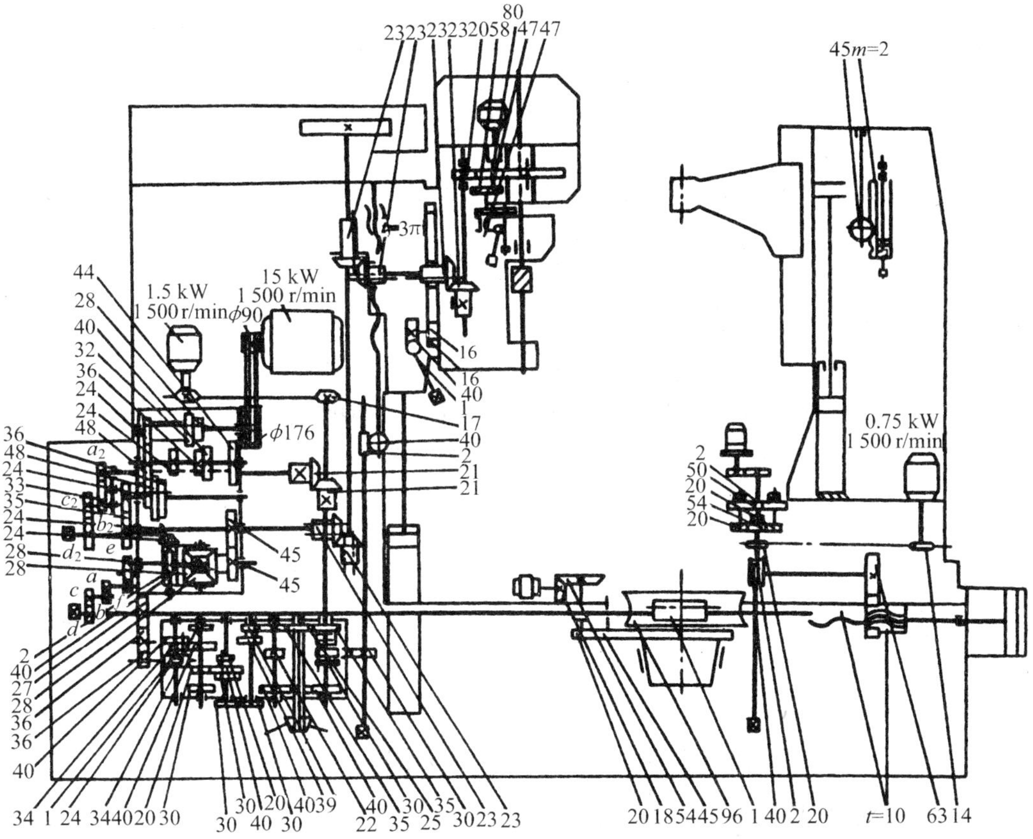

图2.77 YC3180型滚齿机的传动系统图

② 展成运动传动链（以下简称“展成链”，又称“分齿链”）

a. 末端件。展成链是展成运动的内联系传动链。它联系滚刀和工件的旋转，故两末端件是滚刀和工件或滚刀主轴和工作台。

b. 计算位移。展成链保证末端件的传动比相当于一对交错轴齿轮副的啮合传动，即滚刀每转1转，工件转 K/z 转。K 为滚刀头数，z 为工件齿数，记做

$$1(\text{滚刀}) \longrightarrow K/z(\text{工件})$$

c. 运动平衡式

$$1 \times \frac{80}{20} \times \frac{23}{23} \times \frac{23}{23} \times \frac{23}{23} \times \frac{45}{45} \times u_{\text{合成}} \times \frac{e}{f} \times \frac{a}{b} \times \frac{c}{d} \times \frac{1}{96} = \frac{K}{z}$$

与传动原理图相对比，从$\frac{80}{20}$至$\frac{45}{45}$相当于定比传动4—5段，$u_{\text{合成}}$是合成机构的传动比，$\frac{e}{f} \times \frac{a}{b} \times \frac{c}{d}$是展成链的换置器官 u_x，1/96是定比传动8—9段。加工直齿圆柱齿轮时，合成机构被锁住，传动比 $u_{\text{合成}} = 1$。

d. 换置式

$$u_x = \frac{e}{f} \times \frac{a}{b} \times \frac{c}{d} = 24\frac{K}{z}$$

通常 $K = 1$ 或2，当 $z = 21 \sim 161$ 时，$e = f = 42$。这时，$\frac{a}{b} \times \frac{c}{d} = 24\frac{K}{z}$。当 $z = 8 \sim 20$ 时，$24\frac{K}{z}$有可能大于1。为避免在挂轮架处升速，增加噪音，取 $e = 56$，$f = 28$。这时，$\frac{a}{b} \times \frac{c}{d} = 12\frac{K}{z}$。当 $z > 161$ 时，$24\frac{K}{z}$太小，挂轮架的被动轮太大。这时，取 $e = 28$，$f = 56$。这时$\frac{a}{b} \times \frac{c}{d} = 48\frac{K}{z}$。

③ 进给传动链（以下简称“进给链”）

a. 末端件。以工作台为间接动力源，故末端件是工作台和滚刀架。

b. 计算位移。即工作台每转1转时滚刀架的竖直移动量(mm)，故计算位移为

$$1(\text{滚刀}) \longrightarrow f(\text{滚刀架})$$

c. 运动平衡式

$$1 \times \frac{96}{1} \times \frac{27}{36} \times \frac{36}{36} \times \frac{1}{24} \times \begin{bmatrix} \frac{40}{34} \\ \frac{34}{40} \end{bmatrix} \times \begin{bmatrix} \frac{40}{20} \\ \frac{30}{30} \\ \frac{20}{40} \end{bmatrix} \times \frac{30}{30} \times \begin{bmatrix} \frac{39}{22} \\ \frac{25}{35} \end{bmatrix} \times \begin{bmatrix} \frac{40}{40} \\ \frac{35}{25} \times \frac{25}{35} \end{bmatrix} \times \frac{30}{30} \times \frac{2}{40} \times 3\pi = f$$

（6速进给箱）（双速滑移齿轮）（换向机构）

与传动原理图相比，从$\frac{96}{1}$至$\frac{1}{24}$相当于9—10段。6速进给箱、定比$\frac{30}{30}$和双速滑移齿轮，相当于 u_f。在它的后面，是一个进给换向机构，无论是正向$\frac{40}{40}$或反向$\frac{35}{25} \times \frac{25}{35}$，传动比都是1。从$\frac{30}{30}$至滚刀架升降丝杠（导程为3π），相当于11—12段。

d. 换置式

$$u_f=\frac{1}{96}\times\frac{36}{27}\times\frac{36}{36}\times\frac{24}{1}\times\frac{30}{30}\times\frac{40}{2}\times\frac{1}{3\pi}f=\frac{f}{0.45}\pi$$

④ 滚切斜齿圆柱齿轮

a. 差动链。滚切斜齿圆柱齿轮时，进给是复合运动，需要一条内联系传动链来保证螺旋线的导程。这条传动链习惯上称为差动链。

(a) 末端件。螺旋线由滚刀架的竖直运动和工作台的附加转动来保证，故末端件为滚刀架和工件。

(b) 计算位移。当滚刀架竖向移动 T 时，工件应多转或少转 1 转。T 是螺旋线的导程，记做

$$T(\text{滚刀架})\longrightarrow\pm1(\text{工件})$$

(c) 运动平衡式

$$T\times\frac{1}{3\pi}\times\frac{40}{2}\times\frac{30}{30}\times\frac{21}{21}\times\frac{a_2}{b_2}\times\frac{c_2}{d_2}\times\frac{24}{24}\times\frac{2}{40}\times u_{\text{合成}}\times\frac{e}{f}\times\frac{a}{b}\times\frac{c}{d}\times\frac{1}{96}=\pm1$$

与传动原理图相对比，从$\frac{1}{3\pi}$至$\frac{21}{21}$相当于 12—13，$\frac{a_2}{b_2}\times\frac{c_2}{d_2}$相当于 u_y，$\frac{24}{24}\times\frac{1}{20}$相当于 14—15 段；$u_{\text{合成}}$ 为合成机构的传动比，$\frac{e}{f}\times\frac{a}{b}\times\frac{c}{d}$相当于 u_x，$\frac{1}{96}$相当于 8—9 段。

(d) 换置式。合成机构是一个锥齿轮差动机构。4 个锥齿轮齿数都相等。差动链的蜗轮 $z=40$ 与系杆（转臂）相联系。在差动链中，系杆为主动，行星轮为被动，传动比 $u_{\text{合成}}=2$。代入运动平衡式，得

$$u_y=\frac{a_2}{b_2}\times\frac{c_2}{d_2}=\frac{3\pi}{T}\times\frac{2}{40}\times\frac{30}{30}\times\frac{21}{21}\times\frac{24}{24}\times\frac{40}{2}\times\frac{1}{2}\times\frac{f}{e}\times\frac{b}{a}\times\frac{d}{c}\times96$$

斜齿圆柱齿轮的已知值为齿数 z，法向模数 m 和螺旋角 β，它们与导程的关系如图 2.78 所示。则有 $T=\frac{\pi m_{\text{端}}z}{\tan\beta}$，$m_{\text{端}}=\frac{m}{\cos\beta}$，其中，$m_{\text{端}}$ 为端面模数。故有 $T=\frac{\pi mz}{\tan\beta\cos\beta}=\frac{\pi mz}{\sin\beta}$，将 T 的值和$\frac{f}{e}\times\frac{b}{a}\times\frac{d}{c}=\frac{1}{u_x}=\frac{z}{24K}$代入运动平衡式，得

$$u_y=3\pi\times\frac{\sin\beta}{\pi mz}\times\frac{2}{40}\times\frac{30}{30}\times\frac{21}{21}\times\frac{24}{24}\times\frac{40}{2}\times\frac{1}{2}\times\frac{z}{24K}\times96$$

上式中，前两项可消去 π，这就是滚刀架升降丝杠采用模数制螺纹（导程为 3π）的原因。整理得

$$u_y=\frac{a_2}{b_2}\times\frac{c_2}{d_2}=\frac{6\sin\beta}{mK}$$

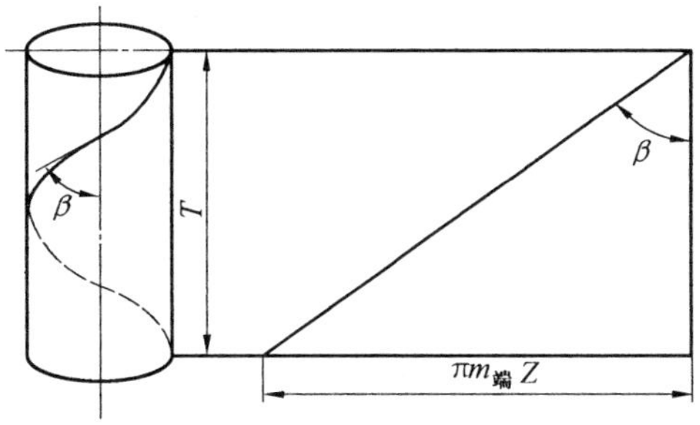

图 2.78 螺旋线的展开

b. 展成链。展成链与滚切直齿圆柱齿轮相同，但合成机构不被锁住。展成运动从行星轮传入，从另一恒星轮传出。两行星轮转速相同，但转向相反，故传动比为 -1。因此，

展成链的换置式不变,但滚刀和工件的相对旋转方向与滚切直齿圆柱齿轮时相反。为了使之相同,应在展成链的挂轮架内加一个惰轮。

主运动链和进给链与滚切直齿圆柱齿轮时相同。

⑤用径向进给法滚切蜗轮

用径向进给法滚切蜗轮时,主运动链和展成链与滚切直齿圆柱齿轮时相同。其不同点在于所用的刀具为蜗轮滚刀,滚刀心轴水平安装,滚刀刀架不做垂直进给,而用刀具或工件的径向移动实现径向进给。

径向进给为床身溜板连同工作台和后立柱在床身的导轨上做水平的径向运动。径向进给行程较短(等于齿全高加上开始切削前的一小段),行程终点的要求较高(因影响齿厚),故常用手动。床身右端的液压缸和活塞用于在加工完毕后使工件退离滚刀,以便于装卸。

此外,这台机床还有其他一些功能,如滚刀架的快速升降,备有仿形装置以便于加工某些形状特殊的齿轮。

3. 插齿机

插齿机主要用于加工直齿圆柱齿轮,尤其适合于加工在滚齿机上不能加工的内齿轮和多联齿轮。装上附件,插齿机还能加工齿条,但插齿机不能加工蜗轮。

(1) 插齿原理及所需的运动

插齿机加工原理为一对圆柱齿轮的啮合。其中一个是工件,另一个是齿轮形刀具——插齿刀。插齿刀实质上是一个端面磨有前角、齿顶及齿侧磨有后角的齿轮,它的模数和压力角与被加工齿轮相同。插齿机同样是按展成法加工圆柱齿轮的。

图 2.79 表示插直齿的原理及加工时所需的成形运动。

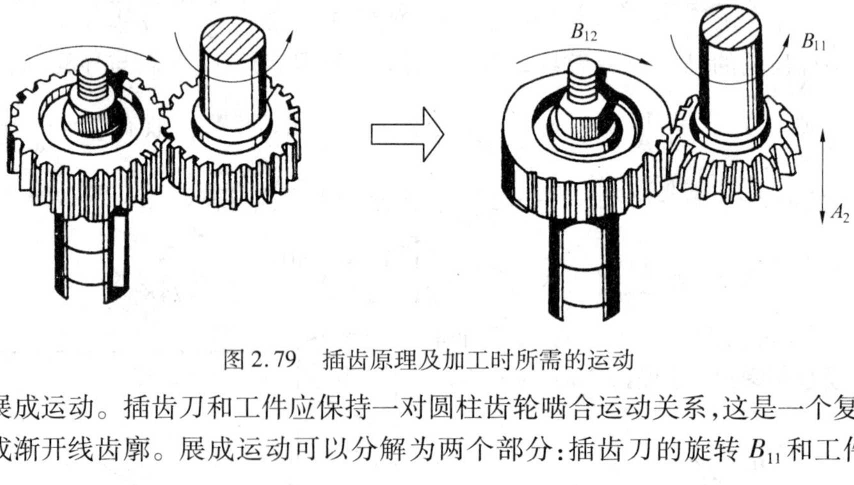

图 2.79　插齿原理及加工时所需的运动

①展成运动。插齿刀和工件应保持一对圆柱齿轮啮合运动关系,这是一个复合运动,用以形成渐开线齿廓。展成运动可以分解为两个部分:插齿刀的旋转 B_{11} 和工件的旋转 B_{12}。

②主运动。插齿刀沿工件轴线所做的上下往复运动 A_2 是一个简单的成形运动,用以形成轮齿齿面。插斜齿时,应用斜齿插齿刀,插齿刀的螺旋角与工件的相同,但旋向相反。插齿刀主轴在一个专用的螺旋导轨上移动。这样,在上下往复移动时,插齿刀还得到一个附加转动。

③圆周进给运动。插齿刀的转动为圆周进给运动。插齿刀的快慢决定了工件转动的快慢,同时也决定了插齿刀每次切削的进给量。圆周进给运动以插齿刀上下往复一次时插齿刀在节圆上所转过的弧长来表示。

④径向切入运动。插齿刚开始时,插齿刀相对于工件做径向切入运动,直到全齿深为止;然后,工件转过一圈,全部轮齿就切削完毕。加工完后插齿刀与工件分开,机床停止。有时,为了提高加工精度,径向切入可分几次进行。每次进给后,工件需转过一圈。

⑤让刀运动。插齿刀向下的直线运动为工作行程,向上为空行程。空行程不切削,为了减少刀具的磨损,机床上还需有让刀运动,使空行程时刀具在退离工件。

(2)插齿机的传动原理图

用齿轮形插齿刀插削直齿圆柱齿轮时,机床的传动原理图如图2.80所示。切入运动及让刀运动并不影响加工表面的形成,所以在传动原理图中没有表示出来。

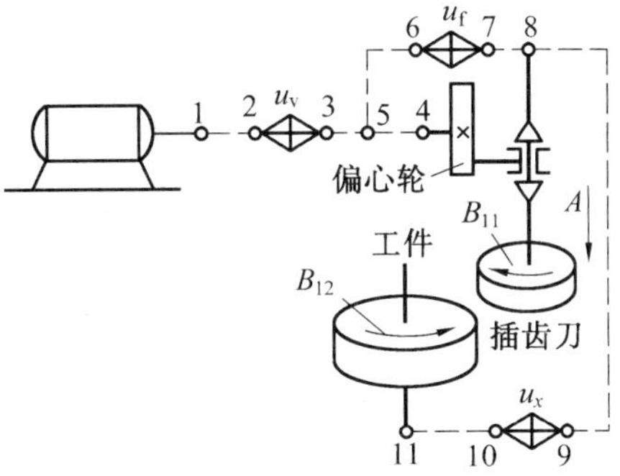

图2.80　插齿机的传动原理图

图2.80中所示B_{11}和B_{12}是一个复合运动,需要一条内联系传动链和一条外联系传动链。图中点8到点11之间的传动链是展成链(内联系)。点4到点8点之间的传动链为圆周进给传动链(外联系)。以上两条传动链分别用来确定渐开线成形运动的轨迹和速度。由电机点1至曲柄偏心轮处的点4之间的传动链是机床的主运动传动链,用以确定插齿刀每分钟往复次数(速度)。

4. 磨齿机

磨齿机多用于淬硬齿轮齿廓的精加工。有的磨齿机也能用来直接在齿坯上磨出模数不大的轮齿。磨齿机能消除齿轮淬火后的变形,加工精度较高。磨齿后,精度最低为6级。有的磨齿机可磨3、4级齿轮。

(1)磨齿原理及所需的运动

按齿廓的成形方法,磨齿也两大类:用成形砂轮磨齿和用展成法磨齿。成形砂轮磨齿机应用较少,多数磨齿机用展成法。

①成形砂轮磨齿机的原理和运动

成形砂轮磨齿机的砂轮截面形状修整成与工件齿间的齿廓形状相同,图2.81为磨削外啮合和内啮合齿轮的工作原理图。图2.81(a)为磨削外啮合齿轮,图2.81(b)为磨削内啮合齿轮。砂轮是根据专用的样板,由修正机构修正的。样板根据所磨齿轮的模数、齿数以及压力角等参数专门制造,所以这种磨齿机的工作精度相当高。它适用于大批生产中磨削大模数齿轮。

磨齿时,砂轮高速旋转并沿工件轴线方向做往复运动。一个齿磨完后,进行分度,再磨第二个齿。砂轮对工件的切入运动,由砂轮与安装工件的工作台做相对径向运动得到。

②展成法磨齿机的原理和运动

用展成法原理工作的磨齿机,有连续磨齿和分度磨齿两大类,如图2.82所示。

a. 连续磨齿展成法。连续磨削的磨齿机工作原理与滚齿机相似。砂轮为蜗杆形,称

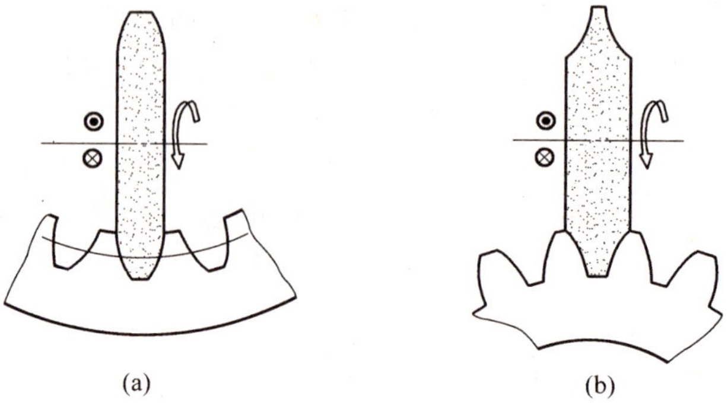

图 2.81 成形砂轮磨齿的工作原理

为蜗杆砂轮磨齿机。工作原理如图 2.82(a)所示。蜗杆形砂轮相当于滚刀,相对于工件做展成运动,磨出渐开线。工件做轴向直线往复运动,以磨削直线圆柱齿轮的齿面。如果做倾斜运动,就可磨削斜齿圆柱齿轮。砂轮的转速很高,展成链不能用机械的方式联系砂轮和工件。目前常用的方法有两种:一种用两个同步电动机分别驱动砂轮主轴和工件主轴,用挂轮换置;另一种用数控的方法,即在砂轮主轴上安装脉冲发生器,发出与主轴旋转成正比的脉冲(每转若干个脉冲),脉冲经数控系统调制后,伺服系统控制伺服电动机驱动工件主轴,在工件主轴上装反馈信号发生器。数控系统起展成换置器的作用,不用展成挂轮架。在各类磨齿机中,这类机床的生产率最高,但修整砂轮较麻烦,因而常用于成批生产。

b. 分度磨齿。这类磨齿机使用的砂轮形状有碟形砂轮、大平面砂轮和锥形砂轮三种。它们的基本工作原理相同,都是利用齿条和齿轮的啮合原理,用砂轮代替齿条来磨削齿轮。齿条的齿廓是直线,形状简单,易于保证砂轮的修整精度。加工时,被切齿轮在假想的齿条上滚动。每往复滚动一次,完成一个或两个齿面的磨削。因此需多次分度,才能磨完全部齿面。

碟形砂轮磨齿机(见图 2.82(b))用两个碟形砂轮代替齿条的两个齿侧面。大平面砂轮磨齿机(见图 2.82(c))用大平面砂轮的端面代替齿条的一个齿侧面。锥形砂轮磨齿机(见图 2.82(d))用锥形砂轮的侧面代替齿条的一个齿。但砂轮比齿条的一个齿略窄。当向一个方向滚动时,磨削一个齿面;当向另一方向滚动时,齿轮略做水平移动,以磨削另一个齿面。

下面以锥形砂轮磨齿机为例,说明分度磨齿法所需的运动。如图 2.82(d)所示,展成运动相当于齿轮在不同的齿条上做滚动。齿轮(工件)的滚动可分解为两部分:齿轮的水平移动 A_{32} 和转动 B_{31}。砂轮做旋转运动 B_1 和往复移动 A_2。这两个运动都是简单运动。磨完一个齿后分度,磨下一个齿,直到全部齿磨完为止。

(2)锥形砂轮磨齿机的传动原理图

锥形砂轮磨齿机的传动原理图如图 2.83 所示。

①主运动链。主运动链是一条外联系传动链,用来实现砂轮的旋转运动 B_1,传动链为:电动机 1—2—u_v—3—4—砂轮。

②展成链。展成链是展成运动的内联系传动链,联系工件的移动 A_{32} 和转动 B_{31}。传

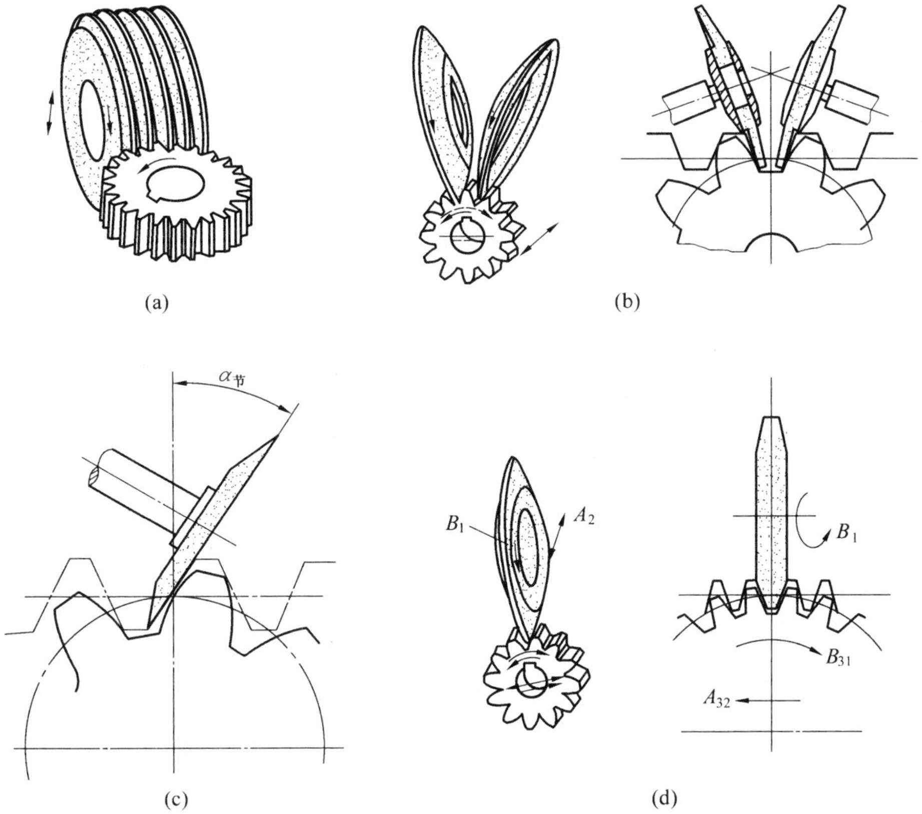

图 2.82　展成法磨齿机的工作原理

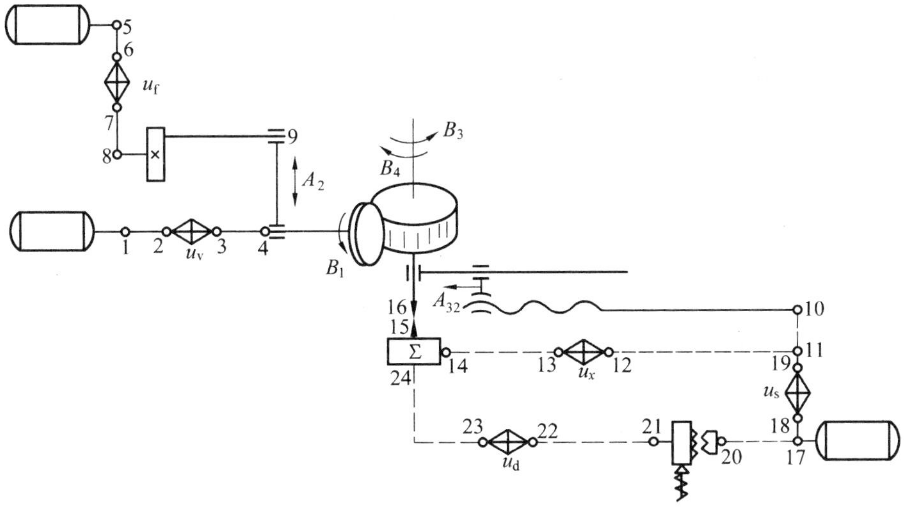

图 2.83　锥形砂轮磨齿机的传动原理图

动链为:丝杠— 10 — 11 — 12 — u_x — 13 — 14 —合成机构— 15 — 16。

③进给链。进给链是展成运动的外联系传动链,用来联系展成运动和动力源。传动链为 17 — 18 — u_s — 19 — 11 — 10 —丝杠。

④分度链。分度运动由分度盘控制，磨完一个齿，工件与砂轮脱离啮合。分度盘上的离合器自动合上，分度盘转一定的角度后自动脱开，并定位锁紧，从而使工件转过一个齿。分度链为：分度盘—21—22—u_d—23—24—合成机构—15—16—工件。分度时，展成运动不停止。分度运动B_4与展成运动中的B_{31}都传给工件，故需合成机构先把它们合并起来，分度运动B_4不是成形运动。

2.7.3 齿轮刀具

1. 齿轮刀具的主要类型

齿轮刀具是指加工齿轮廓轮形的刀具。由于齿轮的种类很多，生产批量和加工要求又各不相同，所以齿轮刀具的种类也很多。

(1)按被加工齿轮的类型分类

①圆柱齿轮刀具。它又包括渐开线圆柱齿轮刀具和非渐开线圆柱齿轮刀具两类。齿轮滚刀、插齿刀、插齿刀盘、盘形齿轮铣刀、指形齿轮铣刀、齿轮拉刀、梳齿刀、剃齿刀等是渐开线圆柱齿轮刀具，而圆弧齿轮滚刀、摆线齿轮滚刀和花键滚刀等是非渐开线圆柱齿轮刀具。

②蜗轮刀具。这类刀具有蜗轮滚刀、蜗轮飞刀、蜗轮剃齿刀等。

③锥齿轮刀具。它又可分为直齿锥齿轮刀具和曲线齿锥齿轮刀具两类，其中属于直齿锥齿轮刀具的有成对刨刀、成对盘铣刀、拉铣刀盘等，属于曲线齿锥齿轮刀具的是弧齿锥齿轮铣刀盘、摆线齿锥齿轮铣刀盘等。

(2)按刀具的加工原理分类

①成形齿轮刀具。这类刀具的切削刃廓形或其廓形的投影(齿轮铣刀为圆弧投影)与所切齿轮齿槽的端面截形相同。这类刀具有盘形模数齿轮铣刀，因其加工精度和生产率低，仅限于在修配中使用；指形模数齿轮铣刀，用于加工大模数齿轮；齿轮拉刀和插齿刀盘，因其有很高的生产率和较高的精度，而用于大批量生产中。用盘形或指形齿轮铣刀加工斜齿齿轮时，工件齿槽任何剖面中的形状都不与刀具的廓形相同，工件的齿形是由刀具的切削刃在相对于工件的运动过程中包络而成的，这种加工方法称为无瞬心包络法。但由于这些刀具的结构和成形齿轮刀具相同，也常将它们归纳在成形齿轮刀具中。

②展成齿轮刀具。这类刀具的切削刃廓形与被加工零件的齿形不同，切齿时，刀具和被加工零件按啮合关系要求的速比运动(做展成运动)，零件的齿形是由刀具切削刃廓形的运动轨迹包络而成的。展成齿轮刀具的基本特点是加工精度高、生产率高、刀具通用性好。齿轮滚刀、插齿刀、梳齿刀、剃齿刀、加工非渐开线齿形的各种滚刀、蜗轮刀具和锥齿轮刀具等都属于这类刀具。

2. 齿轮滚刀

(1)齿轮滚刀的基本蜗杆

齿轮滚刀一般是指加工渐开线齿轮所用的滚刀。它是按螺旋齿轮啮合原理加工的。齿轮滚刀实际上是仅有一个(或两三个)很长而螺旋角又很大的齿绕滚刀轴线旋转而成的螺旋齿轮，也就是蜗杆。通常把滚刀切削刃所在的蜗杆称为做铲形蜗杆，或称为基本蜗杆。如图2.84所示，基本蜗杆的旋向通常是右旋的，有时也做成左旋的。根据螺旋齿轮的啮合性质,一对啮合的齿轮端面齿形都应是渐开线,两齿轮的法向模数和压力角应分别相等。因而,齿轮滚刀基本蜗杆的端面齿形应是渐开线,这种蜗杆也称渐开线蜗杆(图2.85),它的法向模数和压力角分别等于被切齿轮的模数和压力角。

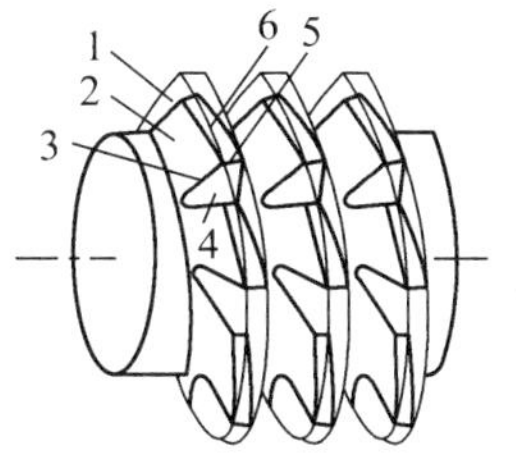

图2.84　齿轮滚刀基本蜗杆

1—蜗杆表面;2—侧刃后刀面;3—侧刃;4—滚刀前刀面;5—齿顶刃;6—顶刃后刀面

从理论上讲,以渐开线蜗杆为基本蜗杆的滚刀,加工出来的零件齿形误差为零。但是,由于渐开线蜗杆轴截面廓形和法截面廓形都是曲线,制造困难,故生产中多采用易于制造的近似齿形滚刀,如用阿基米得蜗杆(图2.86)代替渐开线蜗杆。当滚刀的圆柱导程角较小时,这些蜗杆与渐开线蜗杆非常近似,所以用近似齿轮滚刀切出的齿轮齿形虽然理论上不是渐开线,但误差很小。

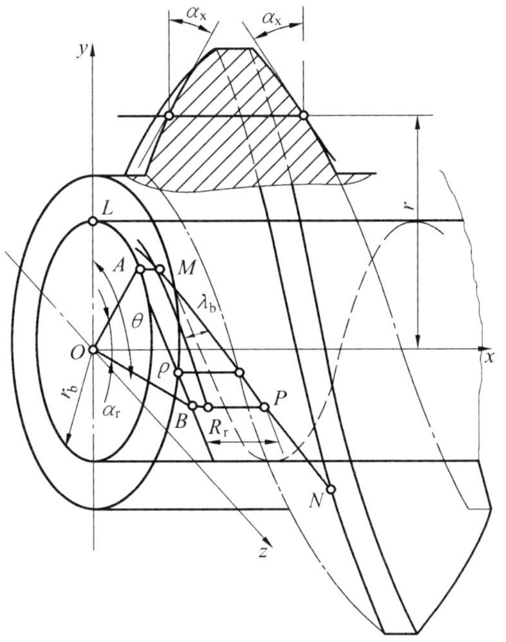

图2.85　渐开线蜗杆齿面

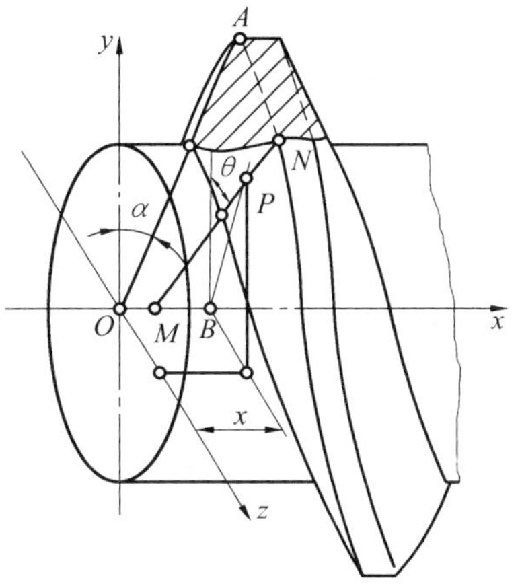

图2.86　阿基米得蜗杆齿面

(2) 齿轮滚刀的结构

从图2.84可知,齿轮滚刀有容屑槽和后角,但它的切削刃必须保证在基本蜗杆上,这就决定了滚刀的基本结构形式。

①整体式滚刀

在中小模数的齿轮加工中,以整体式高速钢滚刀用得较多,整体式硬质合金滚刀由于制造困难、价格昂贵,一般只制成小模数滚刀,用于加工仪表齿轮。图2.87为整体式齿轮滚刀的结构示意图。齿轮滚刀的容屑槽一般做成直槽,而前刀面是通过滚刀轴线的一个平面,生产中多使用顶刃前角是0°的滚刀,这种滚刀称为直槽零前角滚刀。有时为了改善刀具的切削性能,也可以采用正前角。而滚切硬齿面的硬质合金滚刀为提高刀体强度,一般采用较大的负前角。但无论正前角还是负前角,都会使齿形精度降低。

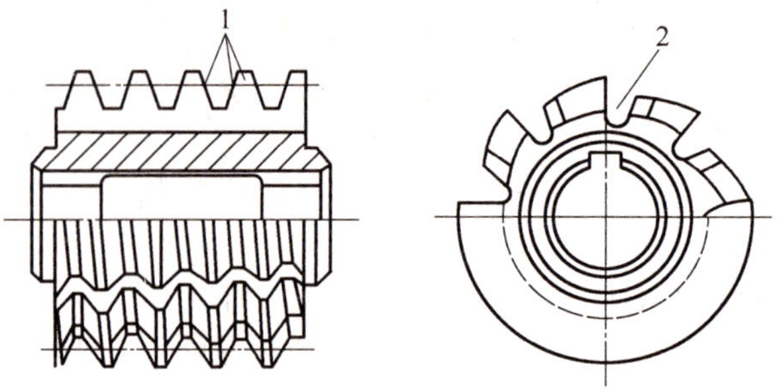

图 2.87 整体式齿轮滚刀

1—切削刃;2—容屑槽

滚刀的顶刃和侧刃经铲磨后得到后刀面和后角,为保证刀具刃磨后齿形基本不变,顶刃和侧刃的铲磨量应相同。滚刀的顶刃后角一般为 10° ~20°,此时侧刃后角约为 3°。齿轮滚刀一般都做成带有内孔的套装结构,为保证加工时刀杆的刚度,内孔直径须做得足够大。

②镶齿式滚刀

当滚刀模数较大($m>10$)时,一般做成镶齿式结构。这种结构滚刀既能节约刀具材料,又能使刀片容易锻造,得到细密均匀的金相组织。镶齿式滚刀同车刀一样,既可以把高速钢刀条安装在刀体上,又可以用焊接的方法把硬质合金刀片焊接到刀体上。

③蜗轮滚刀

蜗轮滚刀是加工蜗轮的主要刀具,加工蜗轮的过程就是模拟蜗轮和蜗杆啮合的过程。因此,蜗轮滚刀的基本参数应与工作蜗杆的基本参数相同。生产中,蜗轮滚刀的基本蜗杆形式一般采用阿基米得蜗杆。对于直径较大的蜗轮滚刀,在其刀体内做出孔和轴向键槽,以孔定位套装在机床心轴上来加工蜗轮。对于直径较小的蜗轮滚刀,则在滚刀的端面上做出端面键槽(见图 2.88(a))。对于直径很小的蜗轮滚刀,为保证刀具的强度和刚度,一般使滚刀与心轴连成一个整体,即做成连柄式(见图 2.88(b))。

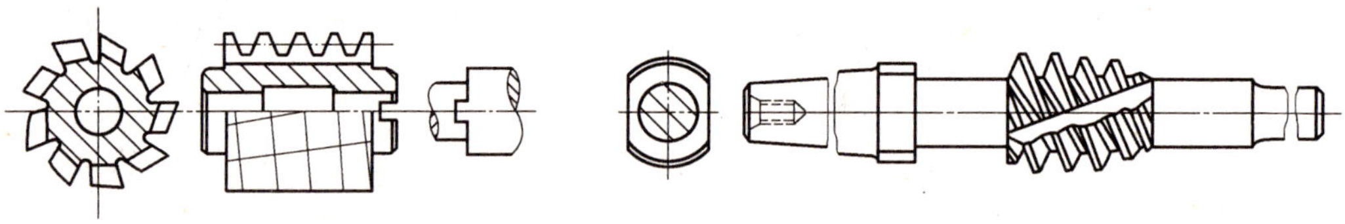

(a) (b)

图 2.88 套装式和连柄式蜗轮滚刀

3. 插齿刀

(1)插齿刀的类型

①标准直齿插齿刀

标准直齿插齿刀有三种形式,其结构如图 2.89 所示。

a. 盘形直齿插齿刀(见图 2.89(a))。这是最常用的一种结构形式,用于加工直齿外啮合齿轮和大直径的内啮合齿轮。这种插齿刀的标准分圆直径有 5 种:ϕ75 mm($m=1\sim4$ mm)、ϕ100 mm($m=1\sim6$ mm)、ϕ125 mm($m=4\sim8$ mm)、ϕ160 mm($m=6\sim10$ mm)和

ϕ200 mm(m=8 ~ 12 mm)。

b. 碗形直齿插齿刀(见图2.89(b))。它和盘形插齿刀的区别在于其刀体凹孔较深,以便容纳紧固螺母,避免在加工有台阶的齿轮时,螺母碰到工件。主要用于加工某些内齿轮和多联齿轮。这种插齿刀的标准分圆直径有4种:ϕ50 mm(m=1 ~ 3.5 mm)、ϕ75 mm(m=1 ~ 4 mm)、ϕ100 mm(m=1 ~ 6 mm)、ϕ125 mm(m=4 ~ 8 mm)。

③锥型直齿插齿刀(见图2.88(c))。这种插齿刀主要用于加工内齿轮,它的标准分圆直径有ϕ25 mm(m=1 ~ 1.25 mm)和ϕ38 mm(m=1 ~ 3.75 mm)两种。

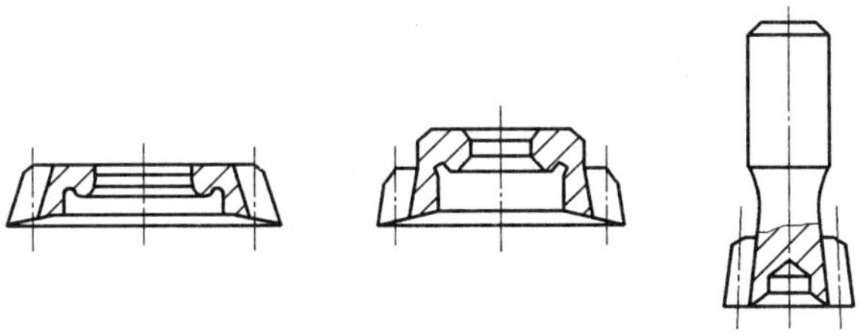

(a) (b) (c)

图2.89 标准直齿插齿刀的类型

②斜齿插齿刀

斜齿插齿刀有带锥柄结构和盘形结构两种形式,前者的标准分圆直径为ϕ38 mm(m=1 ~ 4 mm),后者的标准分圆直径为ϕ100 mm(m=1 ~ 7 mm)。不论是盘形还是带锥柄结构,它们的标准分圆螺旋角β都有15°和23°两种。

人字形齿轮插齿刀通常做成盘形,两把组成一套,它们的螺旋角β相等,但旋向相反,螺旋角一般为30°。这种插齿刀的标准分圆直径通常有ϕ100 mm(m = 1 ~ 6 mm)、ϕ150 mm(m=2 ~ 12 mm)和ϕ180 mm(m=2 ~ 15 mm)三种。

(2)插齿刀的工作范围

插齿刀的应用范围很大,它既能加工外啮合齿轮,又能加工内啮合齿轮,还能加工有台阶的齿轮、人字形齿轮、扇形齿轮和齿条等。它不但可以加工直齿轮,而且还可以加工斜齿轮。插齿的加工精度一般为IT7 ~ IT9级,最高可达6级,表面粗糙度可达0.2 ~ 1.6 μm。

2.8 直线运动机床及其加工表面

直线运动机床是指机床的主运动为直线运动,这类机床有刨床、插床和拉床等。

2.8.1 刨床及其刀具

按刨床的结构特征,刨床可分为牛头刨床、龙门刨床和插床三大类。对于单件小批生产中的小型零件,以牛头刨床的应用较为广泛。刨床主要用于加工各种平面和沟槽,表面成形方法是轨迹法。机床的主运动和进给运动均为直线运动。由于工件的尺寸和质量不同,表面成形运动有不同的分配形式。工件尺寸和质量较小时,由刀具的移动来完成主运动,牛头刨床和插床属于这一类;工件尺寸较大时,工件移动做主运动,刀具的移动做进给运动,龙门刨床属于这种运动形式。

1. 牛头刨床

(1)牛头刨床的组成(见图2.90)

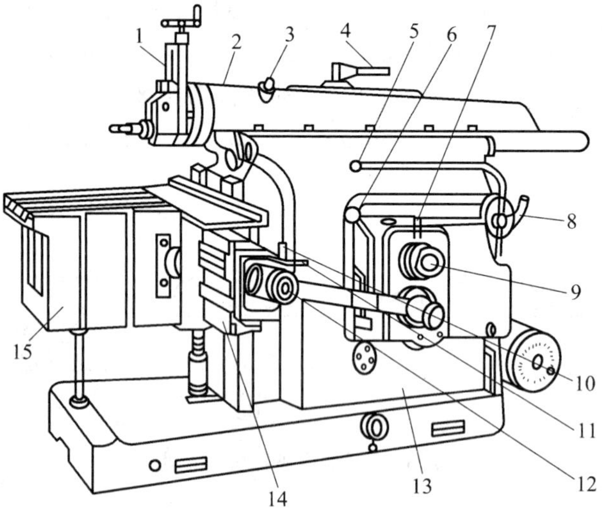

图2.90 牛头刨床的结构简图

1—刀架;2—滑枕;3—起始位置调整手柄;4—滑枕锁紧手柄;5—机床启动手柄;6—工作台快速移动手柄;7—进给量调整手柄;8—变速手柄;9—行程长度调整手柄;10—工作台横向、垂向进给选择手柄;11—进给运动换向手柄;12—工作台手动手柄;13—床身;14—横梁 15—工作台

①床身。用来连接、支承刨床的各部件。床身顶面导轨用来支承滑枕,供其做往复直线运动;侧面导轨用来供横梁和工作台做升降运动。

②滑枕。其前端装有刀架,主要用来实现刨刀的往复直线运动即主运动。滑枕的这一运动是由床身内部的一套摆杆机构来实现的,调节内部的丝杠螺母机构,可以改变滑枕的往复行程位置。

③刀架。用来夹持刨刀。刀架可做垂直进给和斜向进给,斜向进给需要先将刀架偏转一定角度,再转动刀架手柄。刀架还可做抬刀运动,这样可以保证在回程时,刨刀能顺势向上抬刀,减小刨刀后刀面与工件的摩擦。

④横梁。可沿床身导轨做升降运动。端部装有棘轮机构,可带动工作台横向进给。

⑤工作台。用来安装工件,可随横梁做上下调整,沿横梁做水平进给运动。

(2)牛头刨床的运动

加工时,滑枕带动刀架沿床身的水平导轨作直线运动,使刀具实现主运动。工作台带动工件沿滑板的导轨做间歇横向进给运动。滑板还可沿床身上的垂直导轨上、下移动,以调整工件与刨刀的相对位置。牛头刨床的刀架座可绕水平轴线调至一定的角度位置,以加工倾斜平面。刨刀只在滑枕前进方向上才作切削加工,反向时不切削。滑枕在换向瞬间有较大的惯性冲击,因而刨削速度不能太高。此外,牛头刨床上通常是单刃加工,所以它的生产率较低,在成批、大量生产中已逐渐被铣削所取代。

2. 龙门刨床

龙门刨床主要用于加工大型零件上长而窄的平面或同时加工中、小型零件的平面。精刨时,可以得到较高的加工精度(直线度0.02 mm/1 000 mm)和表面质量(表面粗糙度$Ra \leqslant 0.32 \sim 2.5\ \mu m$)。龙门刨床在大批量生产中,常被龙门铣床所代替。大型龙门刨床往往还附有铣主轴箱(铣头)和磨头,以便在一次装夹中完成更多的工序。这时就称为龙门刨铣床或龙门刨铣磨床。

龙门刨床主要由床身、工作台、横梁、顶梁、立柱、立刀架和侧刀架等部分组成,如图2.91所示。它因有一个龙门式的框架而得名。加工时,床身水平导轨上工作台带动工件做直线运动,实现主运动。装在横梁上的立刀架5和6可沿横梁导轨做间歇的横向进给运动,以刨削工件的水平表面。刀架上的滑板(溜板)可使刨刀上、下移动,做切入运动或刨削竖直平面。滑板还能绕水平轴调整至一定的角度位置,以加工倾斜平面。装在立柱上的侧刀架1和8可沿立柱导轨在上、下方向间歇进给,以刨削工件的竖直平面。横梁还可沿立柱导轨升降至一定位置,以根据工件高度调整刀具的位置。

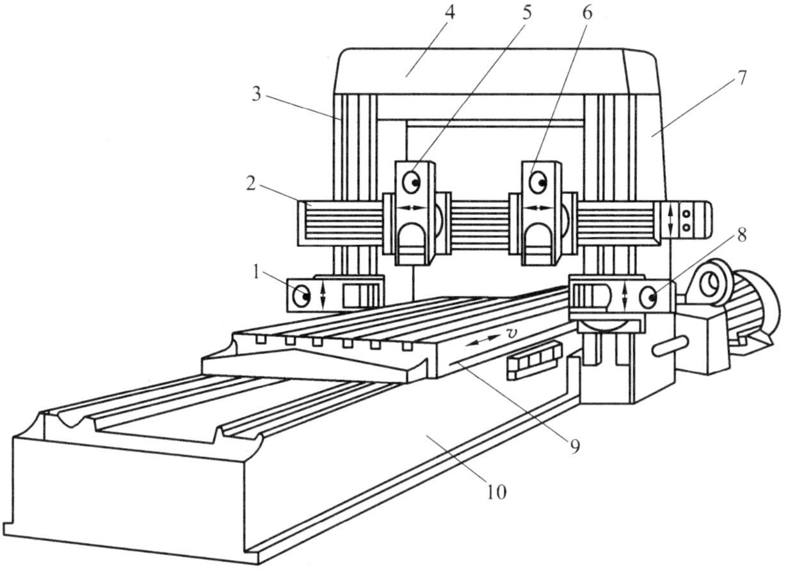

图2.91 龙门刨床外形图

1、8—侧刀架;2—横梁;3、7—立柱;4—顶梁;5、6—立刀架;9—工作台;10—床身

3. 插床

插床多加工与安装基面垂直的面,如插键槽和内孔等,故为立式机床,插床相当于立式牛头刨床,插床有时也用于加工成形表面及平面等。

插床的外形图如图2.92所示。它主要由床身、立柱、滑枕、圆工作台、溜板、床鞍等部分组成。垂直的滑枕2可沿立柱的导轨做上下方向的往复运动,使刀具实现主运动。滑枕向下为工作行程,向上为空行程。工件安装在圆工作台1上,床鞍6及溜板7带动圆工作台分别做横向(S_2)和纵向(S_1)进给运动。圆工作台还可以绕垂直轴线沿溜板上的圆导轨回转,完成圆周进给(S_3)或进行分度。

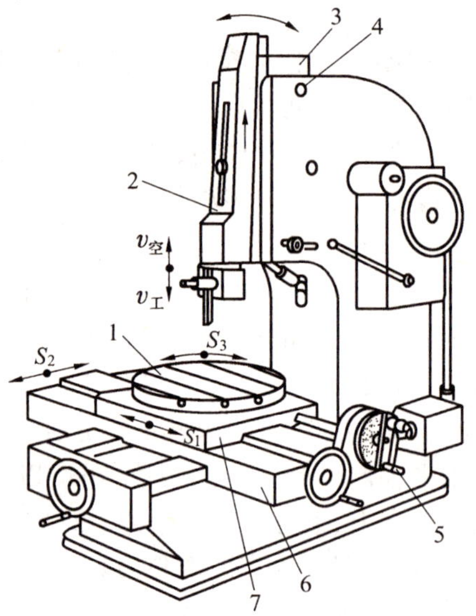

图 2.92 插床外形图

1—圆工作台;2—滑枕;3—滑枕导轨座;4—销轴;5—分度装置;6—床鞍;7—溜板

4. 刨刀

(1)刨刀的结构

刨刀的几何角度与车刀相类似。但由于刨削属于断续切削,切入、切出工件频繁,冲击力大,所以一般刨刀刀体的横截面比车刀大 1.25 ~1.5 倍。刨刀的刀杆通常做成弓形,这是刨刀的一个显著特点。当切削时,弓形刨刀受到较大的切削力时,刀杆可向后上方产生弹性弯曲变形,而不致损伤已加工表面。图 2.93 为弓形刨刀和直杆刨刀,弓形刨刀适用于大切削量时的切削。

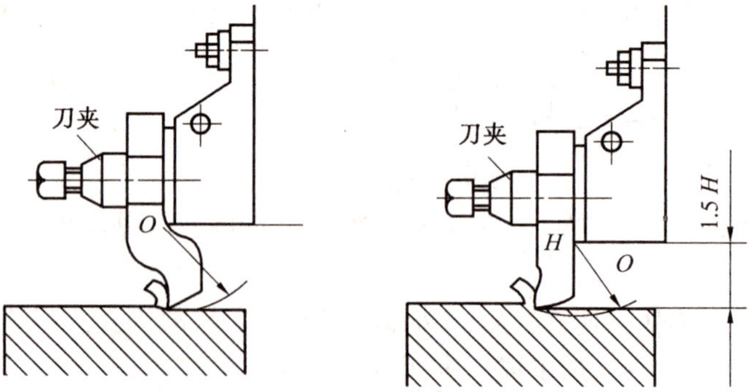

(a) 弓形刨刀 (b) 直杆刨刀

图 2.93 弓形刨刀与直杆刨刀

(2)刨刀的类型

刨刀的种类很多,如图 2.94 所示。刨刀按加工形式和用途的不同分:平面刨刀用来加工平面,偏刀用来加工垂直面或斜面,角度偏刀用来加工具有一定角度的表面,切刀用来加工槽或切断工件,成形刀用来加工成形面。

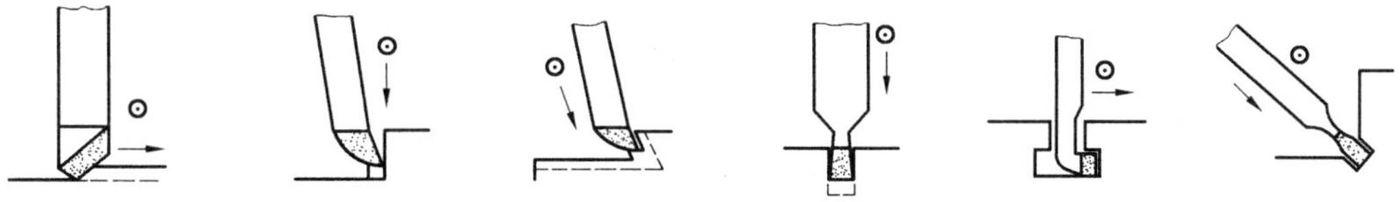

图 2.94 刨刀的类型

2.8.2 拉床及其刀具

拉床是用拉刀来加工零件内外表面的金属切削机床,它可以加工通孔表面(如圆孔、方孔、花键孔等)、平面、花键、键槽等多种成形表面,如图 2.95 所示。拉削的加工精度较高,表面粗糙度值较小,生产效率也很高,因此适于大批量生产。

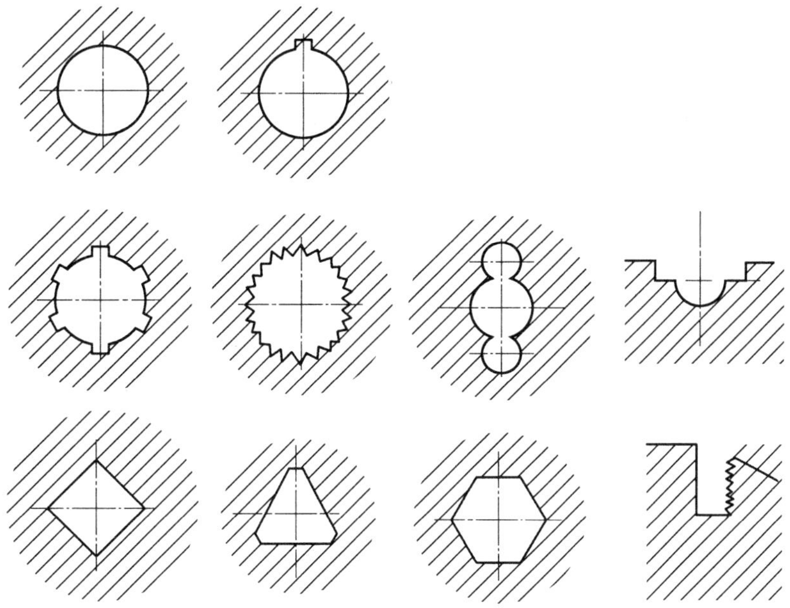

图 2.95 拉削的典型表面

拉床的结构比较简单,一般都采用液压传动。工作时,活塞带动拉刀做直线运动,即拉削时的主运动,而没有进给运动。进给量是靠相邻刀齿不同的每齿升高量来完成的,拉刀的每一个刀齿,依次切削掉一层薄薄的金属层,一次拉削行程便可以切削掉全部的加工余量。图 2.96 为拉床及其工作过程示意图。

拉削加工从切削性质上看近似于刨削,拉刀可以看做一种变化的组合式刨刀。如图 2.97 所示,拉刀的柄部是夹持拉刀的部位。前导部分起引导作用,使拉刀正确拉削,防止歪斜。切削部分是起主要的切削工作,又分为粗切和精切两部分,切削齿的齿升量由前向后逐齿递减。校准部分起到校正孔径、修光壁的作用,校准齿没有齿升量。后导部分的作用在于拉削接近终了时,使拉刀的位置保持正确,防止因拉刀的离开下垂而损伤刀齿和已

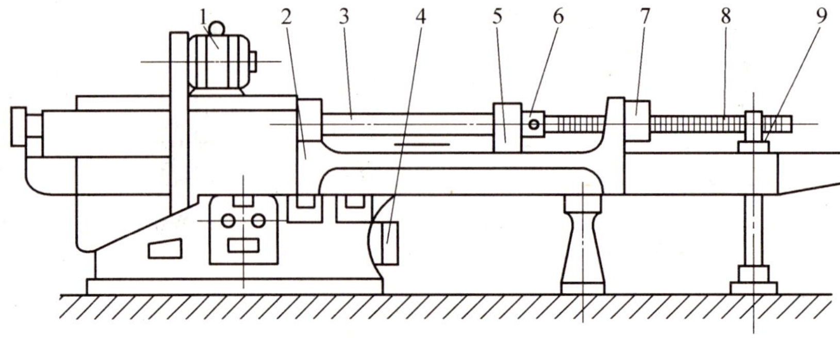

图 2.96 拉床及其工作过程

1—电机;2—床身;3—活塞杆;4—液压系统;5、9—随动刀架;6—刀架;7—工件;8—拉刀

加工表面。尾部的作用是在加工结束后,便于从工件上取下拉刀。

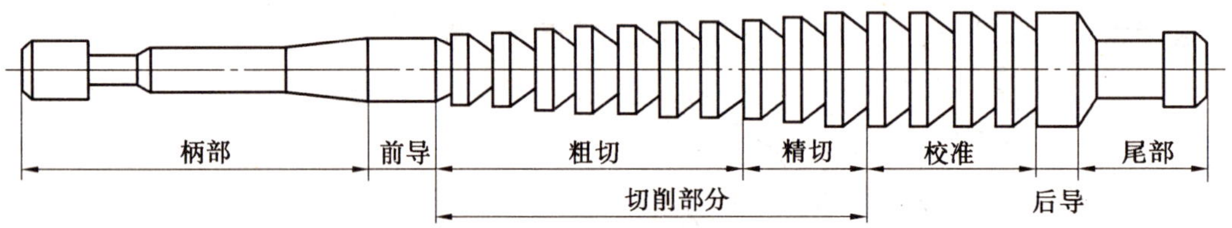

图 2.97 拉刀结构

拉削时,同时参与切削的齿数越多,则拉削越平稳,加工质量较高,但是排屑较困难。若齿距增大,则拉削时同时参与切削的齿数减少,排屑情况会得到改善,但是会影响到加工质量。由于拉刀是浮动安装的,拉削时不能校正原孔的位置误差,所以孔径在预加工时要注意位置度的正确。

第3章 机械加工工艺规程设计

3.1 机械加工基本概念

3.1.1 生产过程和工艺过程

1. 生产过程

在机械产品制造时,将原材料转变为成品的全过程称为机器的生产过程。生产过程是一个十分复杂的过程,一台产品的生产过程包括的内容有:

①原材料(或半成品、元器件、标准件、工具、工装、设备)的购置、运输、检验、保管。

②生产与技术的准备,如工艺设计和专用工艺装备的设计和制造、生产计划的编制,生产资料的准备。

③毛坯的制造,如铸造、锻造、冲压等。

④零件的机械加工及热处理,如切削加工、热处理、表面处理等。

⑤产品装配与调试、性能试验以及产品的包装、发运等工作。

机械产品的生产过程一般比较复杂,目前很多产品往往不是在一个工厂内单独生产,而是由许多专业工厂共同完成的。例如:飞机制造工厂就需要用到许多其他工厂的产品(如发动机、电器设备、仪表等),相互协作共同完成一架飞机的生产过程。因此,生产过程即可以指整台机器的制造过程,也可以指某一零部件的制造过程。

2. 工艺过程

在生产过程中,凡是改变生产对象的形状、尺寸、相对位置和性质等,使其成为成品或半成品的过程称为工艺过程。如生产过程中的毛坯制造、零件的加工和产品的装配过程均属工艺过程。因此,工艺过程可根据其具体内容分为铸造、锻造、焊接、机械加工、热处理、表面处理、装配等不同的工艺过程。而那些与将生产对象变为成品或半成品间接相关的过程,如生产准备、运输、保管、动力供应、设备维修等称为辅助过程。

3.1.2 机械加工工艺过程的组成

工艺就是制造产品的方法。机械制造工艺过程一般是指零件的机械加工工艺过程和机械的装配工艺过程。机械加工工艺过程是指将原材料用机械加工方法改变它们的形状、尺寸和表面质量,使其成为合格产品的过程。机械加工工艺过程是由一系列工序组成的,毛坯依次通过这些工序而转变成成品,而工序又分为若干个安装、工位、工步和走刀等,如图3.1所示。

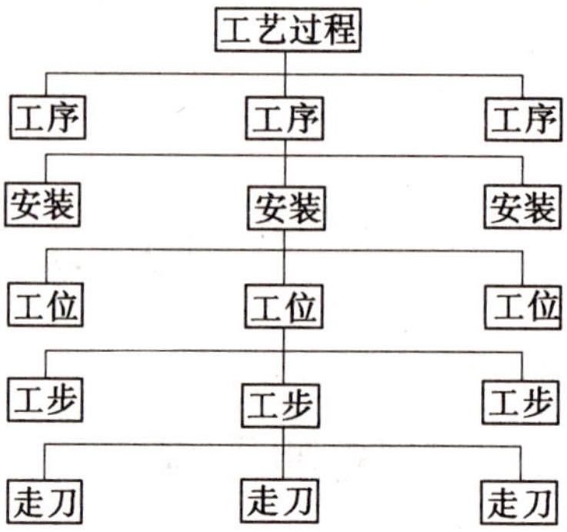

图 3.1 工艺过程的组成

1. 工序

工序是指一个或一组工人,在一台机床或一个工作地点,对同一个或同时对几个工件所连续完成的那一部分工艺过程。工序是组成工艺过程的基本单元,是安排生产计划、制订劳动定额和配备工人数量的基本计划单元。

区分工序的主要依据:①工作地点(或设备)是否变动,工序中的工人、工件和所使用的机床或工作地点不能改变,否则就是另一道工序;②完成的那部分工艺内容是否连续,即使粗加工和精加工都在同一台机床上进行,如果中间插入时效处理,则破坏了工序的连续性,故应把粗精加工分成两道工序。

生产规模不同,加工条件不同,其工艺过程及工序的划分也不同。图 3.2 所示的阶梯轴,根据加工是否连续和变换机床的情况,在小批量生产时,可划分为表 3.1 所示的三道工序;在大批大量生产时,则可划分为表 3.2 所示的五道工序;在单件生产时,甚至可以划分为表 3.3 所示的两道工序。

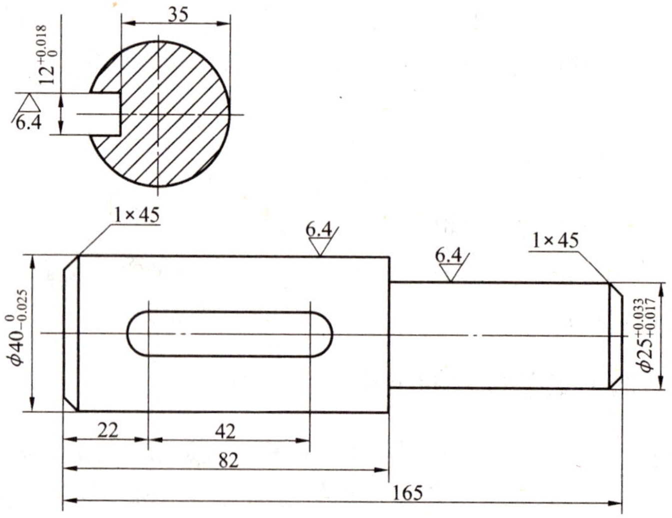

图 3.2 阶梯轴

表3.1 小批量生产的工艺过程

工序号	工 序 内 容	设备
1	车一端面,钻中心孔;调头车另一端面,钻中心孔	车床
2	车大端外圆及倒角;车小端外圆及倒角	车床
3	铣键槽;去毛刺	铣床

表3.2 大批大量生产的工艺过程

工序号	工 序 内 容	设备
1	铣端面,钻中心孔	中心孔机床
2	车大端外圆及倒角	车床
3	车小端外圆及倒角	车床
4	铣键槽	铣床
5	去毛刺	钳工台

表3.3 单件生产的工艺过程

工序号	工 序 内 容	设备
1	车一端面,钻中心孔;车另一端面,钻中心孔; 车大端外圆及倒角;车小端外圆及倒角	车床
2	铣键槽;去毛刺	铣床

2. 安装和工位

工件在机床或夹具经过一次定位并夹紧的过程称为安装。在一道工序中,零件的加工可能只需一次安装,也可能需要多次安装。但应尽可能减少安装的次数,因为安装次数多,不但会增加加工时的安装误差,而且会增加装卸工件时的辅助时间。按照工件的生产批量、加工精度和尺寸大小的不同可采取直接找正法安装、划线找正法安装和用夹具安装三种方式。

为了减少安装的次数,提高生产率,在加工中常采用回转工作台、回转夹具或移动夹具以及多轴机床,以便一次装夹就能加工不同表面。工件在一次装夹后,其与夹具或设备的可移动部分一起相对刀具或设备的固定部分所占据的每个位置,称为工位。图3.3表示的是在回转工作台上经一次安装顺次完成装卸工件、钻孔、扩孔和铰孔等四个工位的加工实例。

3. 工步

工步是指在加工表面不变、加工工具不变和切削用量(主要指转速和进给量)不变的条件下所连续完成的那部分工序。如表3.1中所示零件加工工序1中,每个安装都有车端面、钻中心孔两个工步。

这里所说的加工表面可以是一个,也可以是用复合刀具加工时的几个。为了提高生产率,用几把刀具同时加工几个表面的工步,为复合工步。通常,在工艺文件上,复合工

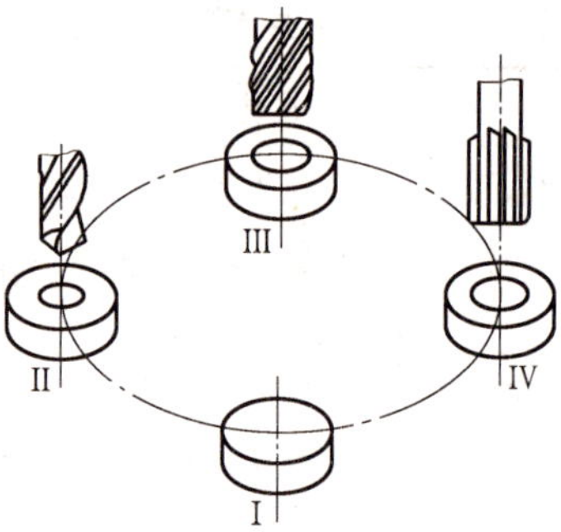

图 3.3　多工位加工

工位Ⅰ—装卸工件;工位Ⅱ—钻孔;工位Ⅲ—扩孔;工位Ⅳ—铰孔

步视为一个工步。图 3.4 是一个复合工步的实例。

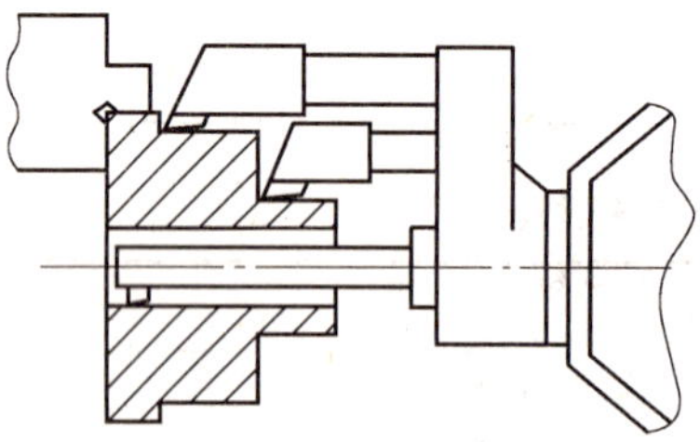

(a) 立轴转塔车床的一个复合工步

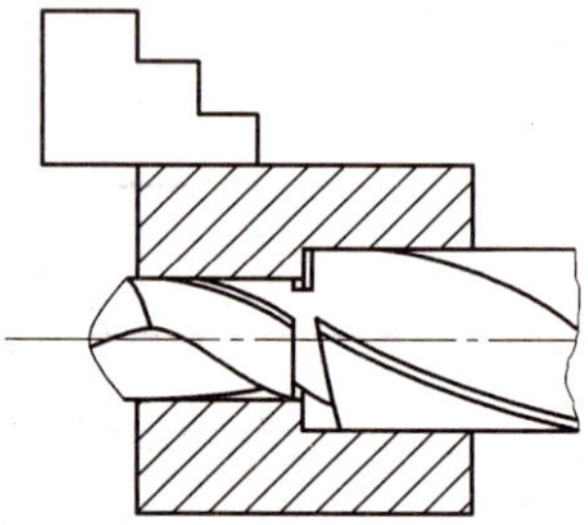

(b) 钻孔、扩孔复合工步

图 3.4　复合工步

为了简化工艺文件,对于那些在一次安装中连续进行的若干个相同的工步,通常都视为一个工步。如图 3.5 所示,零件上四个 $\phi15$ mm 的孔,在一道工序中经连续钻削而成,可视为一个工步——钻 $4\times\phi15$ mm 孔。

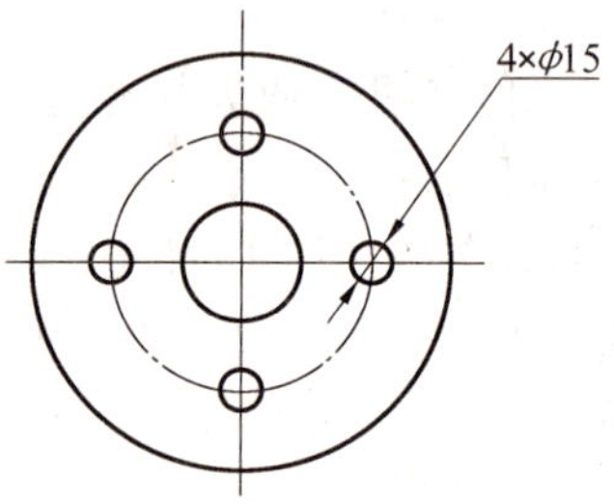

图 3.5　简化相同工步

4. 工作行程

工作行程在实际生产中也称走刀。在一个工步内,若被加工表面需要切去的金属层较厚,需要分几次切削,则每进行一次切削就是一个工作行程。一个工步可包括一个或几个工作行程。图 3.6 所示为通过三次走刀加工出阶梯轴的过程。

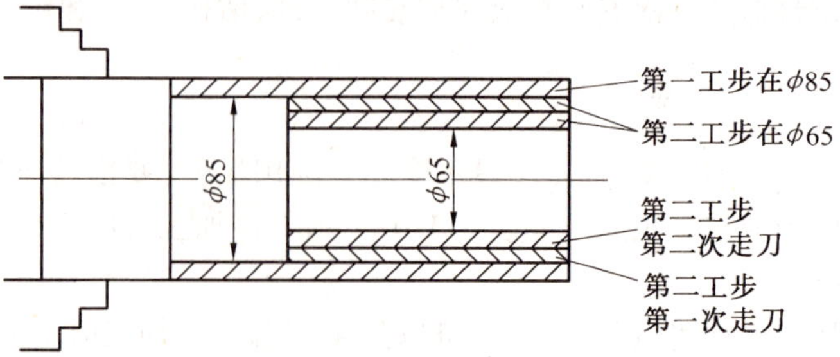

图 3.6　棒料车削加工成阶梯轴的多次行程

3.1.3 生产纲领和生产类型

1. 生产纲领

企业在计划期内应当生产的产品产量和进度计划称为生产纲领,某零件的年生产纲领就是包括备品和废品在内的年产量,可按下式计算

$$N = Q \times n \times (1 + a\%) \times (1 + b\%)$$

式中 N—— 零件的年生产纲领,件/年;

Q—— 产品的年产量,台/年;

n—— 每台产品中该零件的数量,件/台;

$a\%$—— 备品率;

$b\%$—— 废品率。

生产纲领对工厂的生产过程和生产组织起决定性作用。生产纲领不同,生产的专业化程度、采用的工艺方法、机床设备和工艺装备也不相同。因此,生产纲领是制定工艺规程的重要依据。

2. 生产类型

生产类型是指企业(或车间、工段、班组、工作地等)生产专业化程度的分类,一般分为三种类型:

(1)单件生产

其基本特点是产品品种繁多,每种产品仅制造一个或少数几个,而且很少再重复生产,甚至完全不重复。例如,重型机器制造、专用设备制造和新产品试制等常属于这种类型。

(2)大量生产

其基本特点是产品的产量大、品种少,大多在工作地长期地重复进行一种零件的某一工序的加工。例如,汽车、自行车、拖拉机、轴承等制造通常都是以大批量生产方式进行的。

(3)成批生产

其基本特点是生产年某几种产品,每种产品均有一定数量,各种产品是分期分批轮番投产,生产过程有一定的周期性。例如,机床制造就是比较典型的成批生产。

每批制造的相同的产品的数量称为批量。根据批量的大小,成批生产可分为小批生产、中批生产和大批生产。小批生产的工艺过程与单件生产相似;大批生产的工艺过程的特点和大批大量生产相似;中批生产的工艺过程的特点则介于单件小生产和大批大量生产之间。

生产类型的划分主要取决于产品(零件)的年产量、尺寸大小及复杂程度及生产纲领的大小。表3.4给出了生产类型和生产纲领的关系,可作为确定不同产品具体生产类型时的参考。

表 3.4　生产类型和生产纲领的关系

生产类型		生　产　纲　领　(件/年或台/年)		
		重型(30 kg 以上)	中型(4～30 kg)	轻型(4 kg 以下)
单件生产		5 以下	10 以下	100 以下
批量生产	小批量生产	5～100	10～200	100～500
	中批量生产	100～300	200～500	500～5 000
	大批量生产	300～1 000	500～5 000	5 000～50 000
大量生产		1 000 以上	5 000 以上	50 000 以上

3. 各种生产类型的特点

若生产类型不同，则无论是在生产组织、生产管理、机床布置，还是在毛坯制造方法、机床种类、工具、加工或装配方法及工人技术要求等方面均有所不同。为此，我们在制订机器零件的机械加工工艺过程和机器产品的装配工艺过程中，或在选用机床设备和设计工艺装备时，都必须考虑不同生产类型，以取得最大的经济效益。表 3.5 为各种生产类型的工艺特点和要求。

表 3.5　各种生产类型的工艺特点和要求

工艺特点和要求	单　件　生　产	批　量　生　产	大　量　生　产
毛坯的制造方法	铸件用木模手工造型，锻件用自由锻	铸件用金属模造型，部分锻件用模锻	铸件广泛用金属模机器造型，锻件用模锻
零件互换性	无需互换、互配零件可成对制造，广泛用修配法装配	大部分零件有互换性，少数用修配法装配	全部零件有互换性，某些要求精度高的配合采用分组装配
机床设备及其布置	采用通用机床；按机床类别和规格采用“机群式”排列	部分采用通用机床，部分专用机床；按零件加工分“工段”排列	广泛采用生产率高的专用机床和自动机床；按流水线形式排列
夹　具	很少用专用夹具，由划线和试切法达到设计要求	广泛采用专用夹具，部分用划线法进行加工	广泛用专用夹具，用调整法达到精度要求
刀具和量具	采用通用刀具和万能量具	较多采用专用刀具和专用量具	广泛采用高生产率的刀具和量具
对技术工人的要求	需要技术熟练的工人	各工种需要一定熟练程度的技术工人	对机床调整工人技术要求高，对机床操作工人技术要求低
对工艺文件的要求	只有简单的工艺过程卡	有详细的工艺过程卡或工艺卡，零件的关键工序有详细的工序卡	有工艺过程卡、工艺卡和工序卡等详细的工艺文件

3.1.4 机械加工工艺规程

1. 机械加工工艺规程的概念及内容

机械加工工艺规程简称工艺规程，是把工艺过程的有关内容，用文字和简图以表格形式编写工艺文件。

工艺规程的内容一般包括毛坯的选择、零件的工艺路线、各工序的具体加工内容、要求及说明、切削用量、时间定额及使用的机床设备和工艺装备等。

其中，工艺路线是指产品或零部件在生产中，从毛坯准备到成品入库经过企业各部门或工序的先后顺序。工艺装备简称工装是指产品制造过程中所用的各种工具的总称，包括刀具、夹具、模具、量具、检具、辅具等。

2. 机械加工工艺规程的作用

①工艺规程是指导生产的主要技术文件。合理的工艺规程是在总结长期生产实践经验基础上，依据工艺理论和必要的工艺试验而拟定的，是保证产品质量和生产经济的指导文件。因此，生产中应严格执行既定的工艺规程。

②工艺规程是生产准备和生产管理的基本依据。工夹量具的设计制造或采购，原材料、半成品及毛坯的准备，劳动力及机床设备的组织安排，生产成本的核算等，都要以工艺规程为基本依据。

③工艺规程是新建扩建工厂或车间时的基本资料。只有依据工艺规程和生产纲领才能确定生产所需机床类型和数量、机床布置、车间面积及工人工种、等级及数量等。

④工艺规程还是工艺技术交流的主要文件形式。

3. 工艺规程的格式

常用的机械加工工艺规程有下列三种格式：

(1)机械加工工艺过程卡片

机械加工工艺过程卡片(见表3.6)是以工序为单位，简要说明产品或零部件的加工过程的一种工艺文件。其内容包括工序号、工序名称、工序内容、加工车间、设备及工艺装备、各工序时间定额等。它是制订其他工艺文件的基础，也是生产技术准备、编排作业计划和组织生产的依据。

在这种卡片中，由于各工序的说明不够具体，故一般不能直接指导工人操作，而多作生产管理方面使用。但是，在单件小批生产中，由于通常不编制其他较详细的工艺文件，而是以这种卡片指导生产。

(2)机械加工工艺卡片

机械加工工艺卡片(见表3.7)是以工序为单位，详细说明整个工艺过程的工艺文件。它是用来指导工人生产和帮助车间管理人员和技术人员掌握整个零件加工过程的一种主要技术文件，广泛用于成批生产的零件和小批生产中的重要零件。

表 3.6 机械加工工艺过程卡片

<table>
<tr><td rowspan="4">(工厂名)</td><td rowspan="4">综合工艺过程卡片</td><td colspan="2">产品名称及型号</td><td></td><td colspan="2">零件名称</td><td></td><td colspan="2">零件图号</td><td colspan="2"></td></tr>
<tr><td rowspan="3">材 料</td><td>名称</td><td></td><td rowspan="2">毛坯</td><td>种类</td><td></td><td rowspan="2">零件质量/kg</td><td>毛重</td><td></td><td>第 页</td></tr>
<tr><td>牌号</td><td></td><td>尺寸</td><td></td><td>净重</td><td></td><td>共 页</td></tr>
<tr><td>性能</td><td></td><td colspan="2">每料件数</td><td></td><td>每台件数</td><td></td><td>每件批数</td><td></td></tr>
</table>

<table>
<tr><td rowspan="2">工序号</td><td rowspan="2">工序内容</td><td rowspan="2">加工车间</td><td rowspan="2">设备名称及编号</td><td colspan="3">工艺装备名称及编号</td><td rowspan="2">技术等级</td><td colspan="2">时间定额/min</td></tr>
<tr><td>夹具</td><td>刀具</td><td>量具</td><td>单件</td><td>准备-终结</td></tr>
<tr><td></td><td></td><td></td><td></td><td></td><td></td><td></td><td></td><td></td><td></td></tr>
<tr><td rowspan="4">更改内容</td><td colspan="9"></td></tr>
<tr><td colspan="9"></td></tr>
<tr><td colspan="9"></td></tr>
<tr><td colspan="9"></td></tr>
</table>

编制		抄写		校对		审核		批准	

表 3.7 机械加工工艺卡片

<table>
<tr><td rowspan="4">(工厂名)</td><td rowspan="4">机械加工工艺卡片</td><td colspan="2">产品名称及型号</td><td></td><td colspan="2">零件名称</td><td></td><td colspan="2">零件图号</td><td colspan="2"></td></tr>
<tr><td rowspan="3">材 料</td><td>名称</td><td></td><td rowspan="2">毛坯</td><td>种类</td><td></td><td rowspan="2">零件质量/kg</td><td>毛重</td><td></td><td>第 页</td></tr>
<tr><td>牌号</td><td></td><td>尺寸</td><td></td><td>净重</td><td></td><td>共 页</td></tr>
<tr><td>性能</td><td></td><td colspan="2">每料件数</td><td>每台件数</td><td></td><td>每批件数</td><td colspan="2"></td></tr>
</table>

<table>
<tr><td rowspan="2">工序</td><td rowspan="2">安装</td><td rowspan="2">工步</td><td rowspan="2">工序内容</td><td rowspan="2">同时加工零件数</td><td colspan="4">切削用量</td><td rowspan="2">设备名称及编号</td><td colspan="3">工艺装备名称及编号</td><td rowspan="2">技术等级</td><td colspan="2">时间定额/min</td></tr>
<tr><td>切削深度/mm</td><td>切削速度/$(m \cdot min^{-1})$</td><td>每分钟转数或往复次数</td><td>进给量/$(mm \cdot r^{-1})$或$(mm \cdot$双行程$^{-1})$</td><td>夹具</td><td>刀具</td><td>量具</td><td>单件</td><td>准备-终结</td></tr>
<tr><td></td><td></td><td></td><td></td><td></td><td></td><td></td><td></td><td></td><td></td><td></td><td></td><td></td><td></td><td></td><td></td></tr>
<tr><td colspan="2" rowspan="4">更改内容</td><td colspan="14"></td></tr>
<tr><td colspan="14"></td></tr>
<tr><td colspan="14"></td></tr>
<tr><td colspan="14"></td></tr>
</table>

编制		抄写		校对		审核		批准	

(3)机械加工工序卡片

机械加工工序卡片(见表3.8)是在工艺过程卡片的基础上,按每道工序所编制的一种工艺文件。它更详细地说明整个零件各个工序的加工要求,是用来具体指导工人操作的工艺文件。在这种卡片上,要画出工序简图,注明该工序每一工步的内容、工艺参数、操作要求以及所用的设备和工艺装备。工序简图就是按一定比例用较小的投影绘出工序图,可略去图中的次要结构和线条,主视图方向尽量与零件在机床上的安装方向相一致,本工序的加工表面用粗实线或红色粗实线表示,零件的结构、尺寸要与本工序加工后的情况相符合,并标注出本工序加工尺寸及上下偏差,加工表面粗糙度和工件的定位及夹紧情况。用于大批大量生产的零件和中批复杂或重要的零件。

表3.8 机械加工工序卡片

<table>
<tr><td rowspan="2">(工厂名)</td><td rowspan="2">机械加工工序卡片</td><td>产品名称及型号</td><td>零件名称</td><td>零件图号</td><td>工序名称</td><td>工序号</td><td>第 页</td></tr>
<tr><td></td><td></td><td></td><td></td><td></td><td>共 页</td></tr>
<tr><td colspan="3" rowspan="12">(工序简图)</td><td>车 间</td><td>工 段</td><td>材料名称</td><td>材料编号</td><td>机械性能</td></tr>
<tr><td></td><td></td><td></td><td></td><td></td></tr>
<tr><td>同时加工件数</td><td>每料件数</td><td>技术等级</td><td>单位时间/min</td><td>准备-终结时间/min</td></tr>
<tr><td></td><td></td><td></td><td></td><td></td></tr>
<tr><td>设备名称</td><td>设备编号</td><td>夹具名称</td><td>夹具编号</td><td>冷却液</td></tr>
<tr><td></td><td></td><td></td><td></td><td></td></tr>
<tr><td rowspan="5">更改内容</td><td colspan="4"></td></tr>
<tr><td colspan="4"></td></tr>
<tr><td colspan="4"></td></tr>
<tr><td colspan="4"></td></tr>
<tr><td colspan="4"></td></tr>
</table>

<table>
<tr><td rowspan="2">工步号</td><td rowspan="2">工步内容</td><td colspan="3">计算数量/min</td><td rowspan="2">刀次数</td><td colspan="4">切削用量</td><td colspan="3">工作定额/min</td><td colspan="5">刀具、量具及辅助工具</td></tr>
<tr><td>直径或长度</td><td>走刀长度</td><td>单边余量</td><td>切削深度/mm</td><td>进给量/($mm \cdot r^{-1}$或$mm \cdot mm^{-1}$)</td><td>每分钟转数或双行程数</td><td>切削速度($m \cdot min^{-1}$)</td><td>基本时间</td><td>辅助时间</td><td>布置工作地时间</td><td>工具号</td><td>名称</td><td>规格</td><td>编号</td><td>数量</td></tr>
<tr><td></td><td></td><td></td><td></td><td></td><td></td><td></td><td></td><td></td><td></td><td></td><td></td><td></td><td></td><td></td><td></td><td></td><td></td></tr>
</table>

编制		抄写		校对		审核		批准	

4. 工艺规程制订的原则

工艺规程制订的原则是优质、高产和低成本,即在保证产品质量的前提下,争取最好的经济效益。在具体制定时,还应注意下列问题:

(1)技术上的先进性

在制订工艺规程时,要了解国内外本行业工艺技术的发展,通过必要的工艺试验,尽可能采用先进适用的工艺和工艺装备。

(2)经济上的合理性

在一定的生产条件下,可能会出现几种能够保证零件技术要求的工艺方案。此时应通过成本核算或相互对比,选择经济上最合理的方案,使产品生产成本最低。

(3)良好的劳动条件及避免环境污染

在制订工艺规程时,要注意保证工人操作时有良好而安全的劳动条件。因此,在工艺方案上要尽量采取机械化或自动化措施,以减轻工人繁重的体力劳动。同时,要符合国家环境保护法的有关规定,避免环境污染。

产品质量、生产率和经济性这三个方面有时相互矛盾,因此,合理的工艺规程应该处理好这些矛盾,体现这三者的统一。

5. 制订工艺规程的原始资料

①产品的整套装配图和零件的工作图。

②产品验收的质量标准。

③产品的生产纲领和生产类型。

④毛坯的情况。毛坯资料包括各种毛坯制造方法的技术经济特征;各种型材的品种和规格,毛坯图等;在无毛坯图的情况下,需实际了解毛坯的形状、尺寸及机械性能等。

⑤ 本厂的生产条件。为了使制订的工艺规程切实可行,一定要考虑本厂的生产条件。如了解毛坯的生产能力及技术水平;加工设备和工艺装备的规格及性能;工人技术水平以及专用设备与工艺装备的制造能力等。

⑥国内外先进工艺及生产技术发展情况。

6. 制订机械加工工艺规程的步骤

制订机械加工工艺规程的主要内容和程序大致如下:

(1) 分析研究产品的装配图和零件图

① 熟悉产品的性能、用途、工作条件,明确各零件的装配位置及其作用;了解及研究各项技术条件制订的依据,找出其主要技术落后要求和关键技术问题。

②对装配图和零件图进行工艺性审查。主要的审查内容有:图纸上规定的各项技术条件是否合理,零件的结构工艺性是否好,图纸上是否缺少必要的尺寸、视图或技术条件。过高的精度、过小的表面粗糙度要求和其他过高的技术要求会使工艺过程变得复杂,加工更加困难。所以,应尽可能地减少加工和装配的劳动量,达到方便制造、容易使用、便于维修的目的。如果发现有问题,应及时提出,并会同有关设计人员共同讨论研究,按照规定手续对图纸进行修改与补充。

(2) 选择毛坯的形式

根据产品图纸审查毛坯的材料选择及制造方法是否合适,从工艺的角度对毛坯制造提出合理要求。必要时应与毛坯车间共同确定毛坯图。毛坯的种类和质量对机械加工的质量、材料的节约、劳动生产率的提高和成本的降低都有密切的关系。在确定毛坯时,总希望尽可能提高毛坯的制造质量,提高材料的利用率,以减少机械加工劳动量,降低机械加工成本。但这样会提高毛坯的制造成本,因此,两者是相互矛盾的,生产中往往需要根据生产纲领和企业的技术能力、技术条件等具体情况来加以解决。

(3) 设计工艺规程

设计工艺规程包括划分工艺过程的组成、选择定位基准、选择零件表面的加工方法、安排加工顺序和组合工序等。

(4) 工序设计

这里主要包括选择机床和工艺装备、确定加工余量、计算工序尺寸及其公差、确定切削用量及计算工时定额等。

(5) 进行技术经济分析

在制订机械加工工艺时,通常有几种不同的加工方案,每种加工方案都能满足被加工零件的表面质量和加工精度的要求。有些方案生产效率高、设备和工装方面投资大,而有些方案虽然设备投资小但效率低。因此,不同的方案就有不同的经济效果。为了在给定的生产条件下选出最经济合理的生产方案,需要对不同的加工方案进行技术经济分析。

(6) 编制工艺文件

按照一定的格式编写工艺文件。

3.2 零件的工艺性分析

在制订机械加工工艺之前，应首先对被加工的零件进行工艺分析，包括以下几项内容。

3.2.1 对零件图的分析

零件图是制订工艺规程最主要的原始资料。只有通过对零件图和装配图的分析,才能了解产品的性能、用途和工作条件,明确各零件的相互装配位置和作用,了解零件的主要技术要求,找出生产合格产品的关键技术问题。零件图的研究包括四项内容:

①检查零件图的完整性和正确性。主要检查零件视图是否表达直观、清晰、准确、充分;尺寸、公差、技术要求是否合理、齐全。如有错误或遗漏,应提出修改意见。

②分析零件材料选择是否恰当。零件材料的选择应立足于国内,尽量采用我国资源丰富的材料,尽量避免采用贵重金属;同时,所选材料必须具有良好的加工性。

③分析零件的技术要求。包括零件加工表面的尺寸精度、形状精度、位置精度、表面粗糙度、表面微观质量以及热处理等要求。

④对不能满足加工工艺要求的提出相应的改进意见。

如图3.7所示,方头销的方头部分要求淬硬到HRC55～60,零件上有一个直径为ϕ2H7的小孔,装配时与另一零件配作。初始设计选用材料T8A。显然,由于零件较小,局部淬火时会整体淬硬,则在装配时,导致ϕ2H7不能与另一零件配作加工。如材料改为20Cr,局部渗碳,在ϕ2H7的小孔处镀铜保护,热处理后不影响孔的配作加工,这样就合理了。

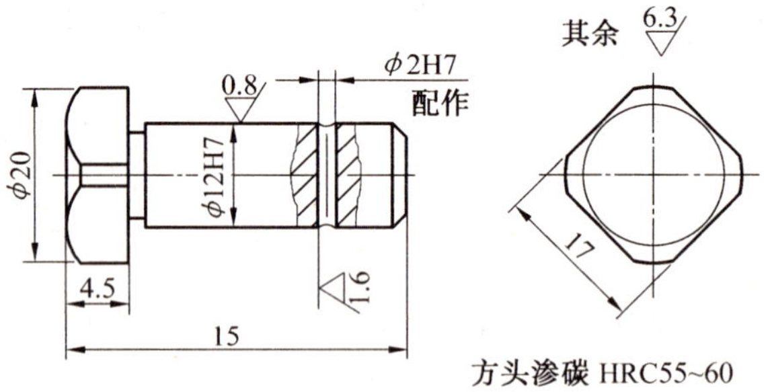

图3.7 方头销

3.2.2 审查零件结构工艺性

零件结构工艺性,是指所设计的零件在能满足使用要求的前提下,制造的可行性和经济性。根据制造的方法不同,零件结构工艺性还分为铸造工艺性、锻造工艺性、焊接工艺性和机械加工工艺性等。零件的结构工艺性涉及面很广,具有综合性,必须全面地分析。在制订机械加工工艺规程时,主要进行零件切削加工工艺性分析。

对于零件结构的机械加工工艺性主要有以下几方面要求:

(1) 设计结构应能够加工

在工件上应有足够的加工空间,以便刀具能够接近加工部位,如留有必要的退刀槽和越程槽等。

(2) 便于保证加工质量,并尽可能减少加工面积

如被加工孔的端面最好与孔加工刀具的轴线垂直;对于大的安装平面尽可能采取周边接触或四角接触的形式等。

(3) 要能提高劳动生产率

如加工表面尽可能地安排在同一个平面或同一轴线上,以便采用多刀或多件加工的高效生产方法。

(4) 零件结构要便于安装夹紧

零件结构对其工艺过程的影响很大。使用性能完全相同,而结构不同的两个零件,它们的加工方法与制造成本可能有很大的差别。表3.9通过举例的形式说明切削加工工艺性对零件结构的要求。

表 3.9　零件机械加工工艺性对比示例

序号	工艺性不合理	工艺性合理	说　明
1	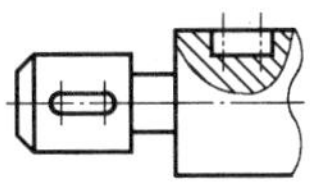	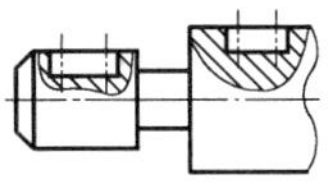	键槽的尺寸、方位相同，可在一次装夹中加工出全部键槽，以提高生产效率
2	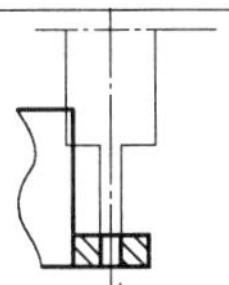	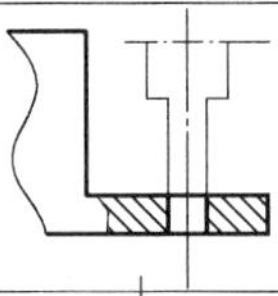	孔中心与箱体壁之间尺寸太小，无法引进刀具
3	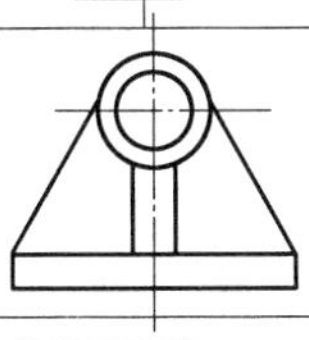	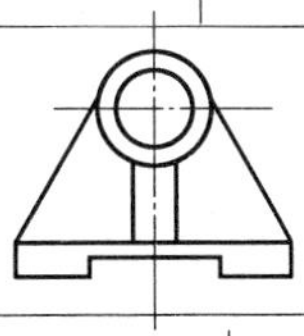	减少接触面积，减少加工量，提高稳定性
4	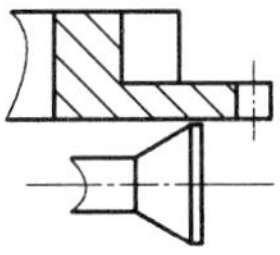	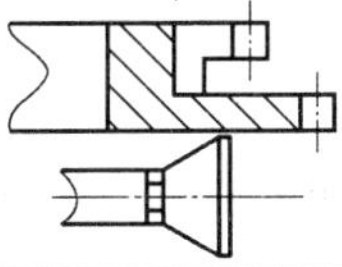	应设计退刀槽，减少刀具或砂轮的磨损
5	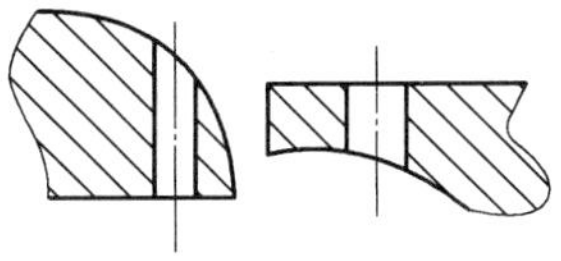	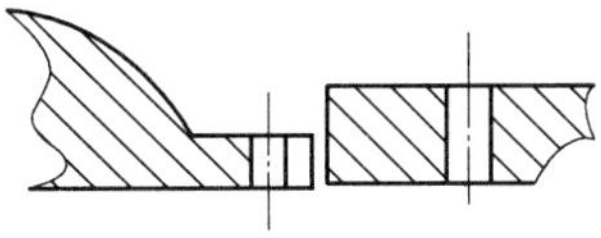	钻头容易引偏或折断
6		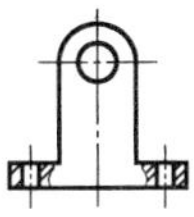	避免深孔加工，提高连接强度，节约材料，减少加工量
7	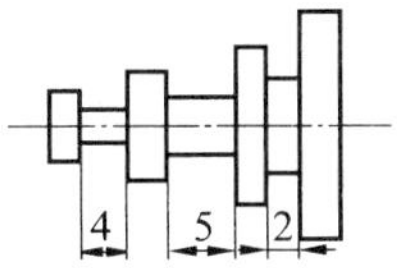	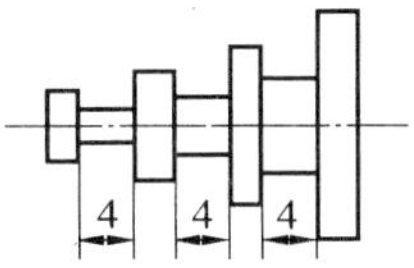	为减少刀具种类和换刀时间，应设计为相同的宽度
8	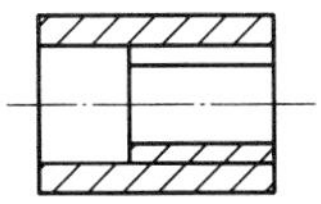	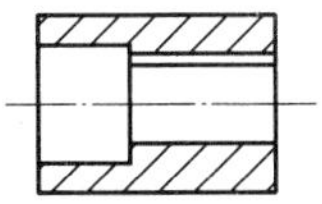	为便于加工，槽的底面不应与其他加工面重合
9	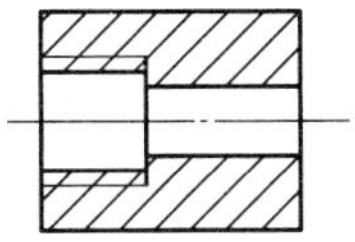	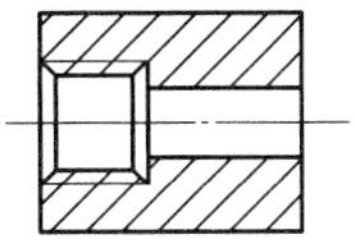	为便于加工，内螺纹根部应有退刀槽
10	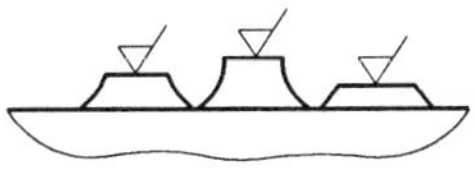	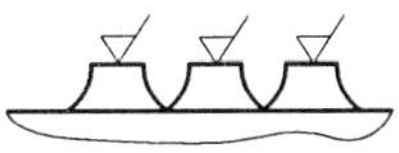	为便于一次加工，生产效率高，凸台表面应处于同一水平面

3.3 毛坯的选择

在制订零件机械加工工艺规程之前，还要对零件加工前的毛坯种类及其制造方法进行选择。由于毛坯的种类和质量对机械加工的质量、材料的节约、劳动生产率的提高和成本的降低都有密切的关系，故应对毛坯的种类进行选择。

3.3.1 毛坯的种类

机械加工常用的毛坯有铸件、锻件、焊接件、冲压件、型材、冷挤压件和粉末冶金件等形式。

1. 铸件

铸件适用于形状复杂的零件毛坯。根据铸造方法的不同，铸件又分为：

(1) 砂型铸造的铸件

这是应用最为广泛的一种铸件。它又有木模手工造型和金属模机器造型之分。木模手工造型铸件精度低，加工表面需留较大的加工余量；木模手工造型生产效率低，适用于单件小批生产或大型零件的铸造。金属模机器造型生产效率高，铸件精度也高，但设备费用高，铸件的质量也受限制，适用于大批量生产的中小型铸件。

(2) 金属型铸造铸件

将熔融的金属浇注到金属模具中，依靠金属自重充满金属铸型腔而获得的铸件。这种铸件比砂型铸造铸件精度高、表面质量和力学性能好，生产效率也较高，但需专用的金属型腔模，适用于大批量生产中的尺寸不大的有色金属铸件。

(3) 离心铸造铸件

将熔融金属注入高速旋转的铸型内，在离心力的作用下，金属液充满型腔而形成的铸件。这种铸件晶粒细，金属组织致密，零件的力学性能好，外圆精度及表面质量高，但内孔精度差，且需要专门的离心浇注机，适用于批量较大的黑色金属和有色金属的旋转体铸件。

(4) 压力铸造铸件

将熔融的金属在一定的压力作用下，以较高的速度注入金属型腔内而获得的铸件。这种铸件精度高，可达 IT11 ~ IT13；表面粗糙度值小，可达 $Ra0.4 \sim 3.2\ \mu m$；铸件力学性能好。可铸造各种结构较复杂的零件，铸件上各种孔眼、螺纹、文字及花纹图案均可铸出，但需要一套昂贵的设备和型腔模。压力铸件适用于批量较大的形状复杂、尺寸较小的有色金属铸件。

(5) 精密铸造铸件

将石蜡通过型腔模压制成与工件一样的蜡制件，再在蜡制工件周围黏上特殊型砂，凝固后将其烘干焙烧，蜡被蒸化而放出，留下工件形状的模壳，用来浇铸。精密铸造铸件精度高，表面质量好。一般用来铸造形状复杂的铸钢件，可节省材料，降低成本，是一项先进的毛坯制造工艺。

2. 锻件

锻件适用于强度要求高、形状比较简单的零件毛坯，其锻造方法有自由锻模锻和精锻。

(1)自由锻

自由锻造是在锻锤或压力机上用手工操作而成形的锻件。它的精度低，加工余量大，生产率也低，适用于单件小批生产及大型锻件。

(2)模锻模

模锻锻件是在锻锤或压力机上，通过专用锻模锻制成形的。它的精度和表面粗糙度均比自由锻的好，可以使毛坯形状更接近工件形状，加工余量小。同时，由于模锻件的材料纤维组织分布好，锻制件的机械强度高。模锻的生产效率高，但需要专用的模具，且锻锤的吨位也要比自由锻造的大。主要适用于批量较大的中小型零件。

(3)精锻

精锻锻件的尺寸精度高，可直接进行精加工。

3. 焊接件

焊接件是根据需要将型材或钢板焊接而成的毛坯件，它制作方便、简单，但需要经过热处理才能进行机械加工。适用于单件小批生产中制造大型毛坯，其优点是制造简便，加工周期短，毛坯质量轻；缺点是焊接件抗振动性差，机械加工前需经过时效处理以消除内应力。

4. 冲压件

冲压件是通过冲压设备对薄钢板进行冷冲压加工而得到的零件，它可以非常接近成品要求，冲压零件可以作为毛坯，有时还可以直接成为成品。冲压件的尺寸精度高，适用于批量较大而零件厚度较小的中小型零件。

5. 型材

型材主要通过热轧或冷拉而成。热轧的精度低，价格较冷拉的便宜，用于一般零件的毛坯。冷拉的尺寸小，精度高，易于实现自动送料，但价格贵，多用于批量较大且在自动机床上进行加工的情形。按其截面形状，型材可分为圆钢、方钢、六角钢、扁钢、角钢、槽钢以及其他特殊截面的型材。

6. 冷挤压件

冷挤压件是在压力机上通过挤压模挤压而成。其生产效率高，冷挤压毛坯精度高，表面粗糙度值小，可以不再进行机械加工，但要求材料塑性好，主要为有色金属和塑性好的钢材。适用于大批量生产中制造形状简单的小型零件。

7. 粉末冶金件

粉末冶金件是以金属粉末为原料，在压力机上通过模具压制成型后经高温烧结而成的。其生产效率高，零件的精度高，表面粗糙度值小，一般可不再进行精加工，但金属粉末成本较高，适用于大批大量生产中压制形状较简单的小型零件。

3.3.2 毛坯类型的选择

选择毛坯应全面考虑下列一些因素的影响：

(1)零件的材料及其力学性能

当零件的材料选定以后,毛坯的类型就大体确定了。例如,材料为铸铁的零件,自然应选择铸造毛坯;而对于重要的钢质零件,力学性能要求高时,可选择锻造毛坯。

(2)零件的结构形状与外形尺寸

例如轴类零件，如各台阶直径相差不大，可直接选用圆棒料；如各台阶直径相差较大，则宜选择锻件，对于一些非回转体的板条形钢质零件,一般选择锻件。零件的外形尺寸较大，通常采用砂型铸造和自由锻造的毛坯；中小型零件可选择模锻或特种铸造的毛坯。

(3)生产纲领的大小

当零件产量较高时，常采用精度和生产率较高的毛坯制造方法，如金属模砂型、精密铸造、模锻、冷冲压、粉末冶金等，以减少切削加工的工时，提高材料的利用率，降低机械加工的成本。单件小批量生产中，一般采用木模手工砂型铸造或自由锻造的毛坯。

(4)现有生产条件

选择毛坯时还应考虑现场毛坯制造的实际工艺水平、设备状况以及外协的可能性和经济性。

(5)充分考虑利用新技术、新工艺和新材料的可能性

为了节约材料和能源,减少机械加工余量,提高经济效益,只要有可能,就必须尽量采用精密铸造、精密锻造、冷挤压、粉末冶金和工程塑料等新工艺、新技术和新材料。

机械制造常用毛坯种类及其特点可参考表3.10。

3.3.3 毛坯的形状与尺寸的选择

现代机械制造发展的趋势之一是精化毛坯,使毛坯形状和尺寸尽量接近零件,从而实现少屑甚至无屑加工。但由于毛坯制造技术和设备投资的经济性等方面的原因,目前毛坯表面仍留有加工余量,并通过机械加工使零件达到质量要求。毛坯制造尺寸与零件相应尺寸的差值称为毛坯加工余量,毛坯制造尺寸的公差称为毛坯公差。毛坯加工余量和毛坯公差都与毛坯制造方法有关,生产中可参阅有关机械加工工艺手册选取。

毛坯的形状与尺寸可按如下步骤确定:首先选取毛坯加工余量和毛坯公差,其次将毛坯加工余量叠加在零件的相应加工表面上,从而计算出毛坯尺寸,最后标注毛坯的尺寸与公差。

在确定了毛坯加工余量以后,毛坯的形状和尺寸,除了将毛坯加工余量附加在零件相应的加工表面上外,还要考虑毛坯制造、机械加工和热处理等多方面工艺因素的影响。下面仅从机械加工工艺的角度,分析确定毛坯的形状和尺寸时应考虑的问题。

表3.10 机械制造业常用毛坯种类及其特点

<table>
<tr><th>毛坯种类</th><th>毛坯制造方法</th><th>材料</th><th>形状复杂性</th><th>公差等级(IT)</th><th colspan="2">特点及适应的生产类型</th></tr>
<tr><td rowspan="2">型材</td><td>热轧</td><td rowspan="2">钢、有色金属(棒、管、板、异形等)</td><td rowspan="2">简单</td><td>11～12</td><td colspan="2" rowspan="2">常用做轴、套类零件及焊接毛坯分件,冷轧坯尺寸精度高,但价格昂贵,多用于自动机</td></tr>
<tr><td>冷轧(拉)</td><td>9～10</td></tr>
<tr><td rowspan="7">铸件</td><td>木模手工造型</td><td rowspan="3">铸铁、铸钢和有色金属</td><td rowspan="3">复杂</td><td>12～14</td><td>单件小批生产</td><td rowspan="7">铸造毛坯可获得复杂形状,其中灰铸铁因其成本低廉、耐磨性和吸振性好而广泛用做机架、箱体类零件毛坯</td></tr>
<tr><td>木模机器造型</td><td>12</td><td>成批生产</td></tr>
<tr><td>金属模机器造型</td><td>12</td><td>大批大量生产</td></tr>
<tr><td>离心铸造</td><td>有色金属、部分黑色金属</td><td>回转体</td><td>12～14</td><td>成批或大批大量生产</td></tr>
<tr><td>压铸</td><td>锌、铝、镁、铜、铅各金属合金</td><td>可复杂</td><td>9～10</td><td>大批大量生产</td></tr>
<tr><td>熔模铸造</td><td>铸钢、铸铁</td><td rowspan="2">复杂</td><td>10～11</td><td>成批或大批大量生产</td></tr>
<tr><td>失蜡铸造</td><td>铸铁、有色金属</td><td>9～10</td><td>大批大量生产</td></tr>
<tr><td rowspan="3">锻件</td><td>自由锻</td><td rowspan="3">钢</td><td>简单</td><td>12～14</td><td>单件小批生产</td><td rowspan="3">金相组织纤维化且走向合理,零件机械强度高</td></tr>
<tr><td>模锻</td><td rowspan="2">较复杂</td><td>11～12</td><td rowspan="2">大批大量生产</td></tr>
<tr><td>精密模锻</td><td>10～11</td></tr>
<tr><td>冲压件</td><td>板料加压</td><td>钢、有色金属</td><td>较复杂</td><td>8～9</td><td colspan="2">适用于大批大量生产</td></tr>
<tr><td rowspan="2">粉末冶金件</td><td>粉末冶金</td><td rowspan="2">铁、钢、铝基材料</td><td rowspan="2">较复杂</td><td>7～8</td><td colspan="2" rowspan="2">机械加工余量极小或无机械加工余量,适用于大批大量生产</td></tr>
<tr><td>粉末冶金热模锻</td><td>6～7</td></tr>
<tr><td rowspan="2">焊接件</td><td>普通焊接</td><td rowspan="2">铁、钢、铝基材料</td><td rowspan="2">较复杂</td><td>12～13</td><td colspan="2" rowspan="2">用于单件小批或成批生产,因其生产周期短、不需准备模具、刚性好及材料省而常用以代替铸件</td></tr>
<tr><td>精密焊接</td><td>10～11</td></tr>
<tr><td rowspan="3">工程塑料件</td><td>注射成型</td><td rowspan="3">工程塑料</td><td rowspan="3">复杂</td><td rowspan="3">9～10</td><td colspan="2" rowspan="3">适用于大批大量生产</td></tr>
<tr><td>吹塑成型</td></tr>
<tr><td>精密模压</td></tr>
</table>

(1) 工艺搭子的设置

有些零件,由于结构的原因,加工时不易装夹稳定,为了装夹方便迅速,可在毛坯上制出凸台,即所谓的工艺搭子。工艺搭子只在装夹工件时用,零件加工完成后,一般都要切掉,但如果不影响零件的使用性能和外观质量时,可以保留。如图3.8(a)中的凸台B 。

(2) 整体毛坯的采用

在机械加工中,有时会遇到如发动机的连杆和车床的开合螺母等类零件。为了保证这类零件的加工质量和加工时方便,常做成整体毛坯,加工到一定阶段后再切开。如图

3.8(b)和(c)所示。

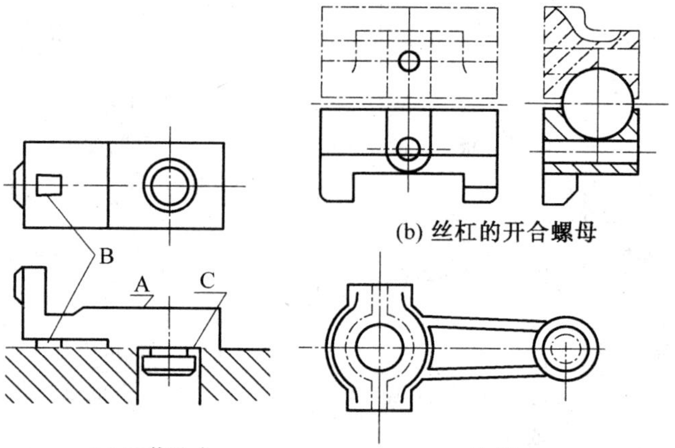

(a) 工艺凸台　(b) 丝杠的开合螺母　(c) 连杆

图 3.8　毛坯形状

（3）合件毛坯的采用

为了便于加工过程中的装夹，对于一些形状比较规则的小形零件，如垫圈、T 形键、扁螺母、小隔套等，应将多件合成一个毛坯，待加工到一定阶段后或者大多数表面加工完毕后，再加工成单件。

如图 3.9 所示，垫圈为较小零件，应将多件合成一个毛坯，先加工外圆和切槽，然后再钻孔切割成若干个零件。

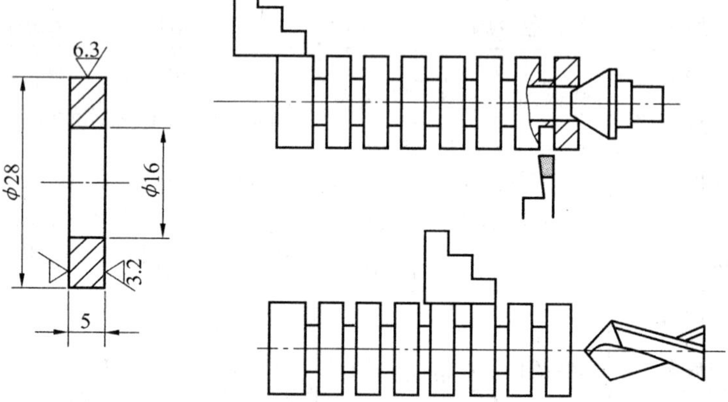

图 3.9　垫圈的整体毛坯及加工

在确定了毛坯种类、形状和尺寸后，还应绘制一张毛坯图，作为毛坯生产单位的产品图样。绘制毛坯图，是在零件图的基础上，在相应的加工表面上加上毛坯余量。但绘制时还要考虑毛坯的具体制造条件，如铸件上的孔、锻件上的孔和空当、法兰等的最小铸出和锻出条件；铸件和锻件表面的起模斜度（拔模斜度）和圆角；分型面和分模面的位置等。并用双点划线在毛坯图中表示出零件的表面，以区别加工表面和非加工表面。

3.4 定位基准的设计

制订机械加工工艺规程时,正确选择定位基准对保证零件表面间的位置要求(位置尺寸和位置精度)以及安排加工顺序都有很大的影响。用夹具装夹时，定位基准的选择还会影响到夹具的结构。因此,定位基准的选择是一个很重要的工艺问题。

3.4.1 基准的概念及其分类

1. 基准的概念

基准是确定零件上某些点、线、面位置时所依据的那些点、线、面(或者说是用来确定生产对象上几何要素间的几何关系所依据的那些点、线、面)。

2. 基准的分类

基准按其作用的不同,可分为设计基准和工艺基准两大类。

(1)设计基准

设计基准是指零件设计图上用来确定其他点、线、面位置关系所采用的基准,即标注尺寸(或角度)的起始位置。如图3.10所示的三个零件,图3.10(a)中对尺寸30 mm而言，B面是A面的设计基准，或者说A面是B面的设计基准,它们互为设计基准。图3.10(b)中,对同轴度ϕ0.03而言,ϕ50 mm的轴线是ϕ30 mm轴线的设计基准。对ϕ50 mm的圆柱面来说,ϕ50mm圆柱的轴线是它的设计基准;同样,ϕ30 mm圆柱面的设计基准是ϕ30 mm圆柱的轴线。不应笼统地说ϕ50 mm的圆柱面的基准是轴的中心线,因为实际零件的圆柱面的轴心线并非都是重合的。图3.10(c)中,对尺寸40 mm而言,圆柱面的下母线D是平面C的设计基准。

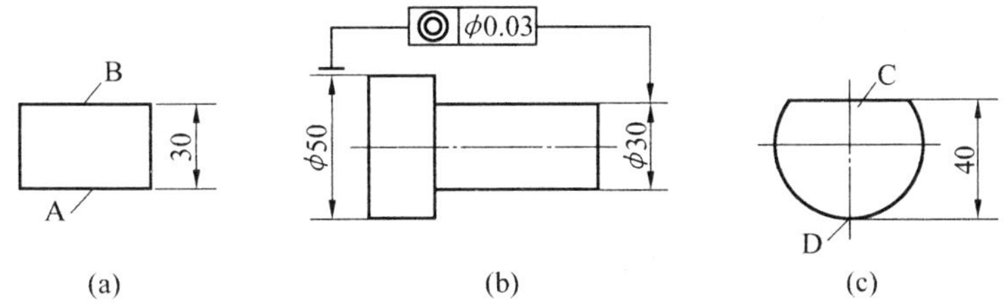

图3.10 设计基准的实例

(2)工艺基准

工艺基准是指在加工或装配过程中所使用的基准。工艺基准根据其使用场合的不同,又可分为工序基准、定位基准、测量基准和装配基准四种。

①工序基准。在工序图上,用来确定本工序所加工表面加工后的尺寸、形状、位置的基准,即工序图上的基准。如图3.11中工序图所示F平面是孔Ⅰ、Ⅱ的工序基准。

②测量基准。在测量零件已加工表面的尺寸和位置时所采用的基准。

图3.12所示,为零件的同一加工表面所采用的两种不同的测量基准,图3.12(a)中以内孔的上母线为测量基准,图3.12(b)则以大圆的下母线为测量基准。

③定位基准。在加工时用做定位的基准。它是工件上与夹具定位元件直接接触的

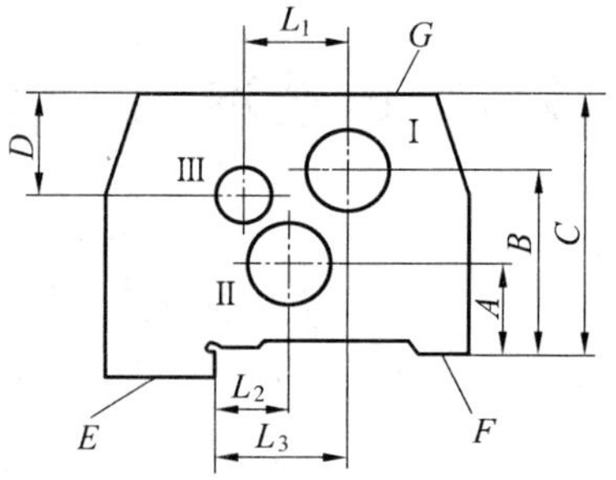

图 3.11　工序基准的实例

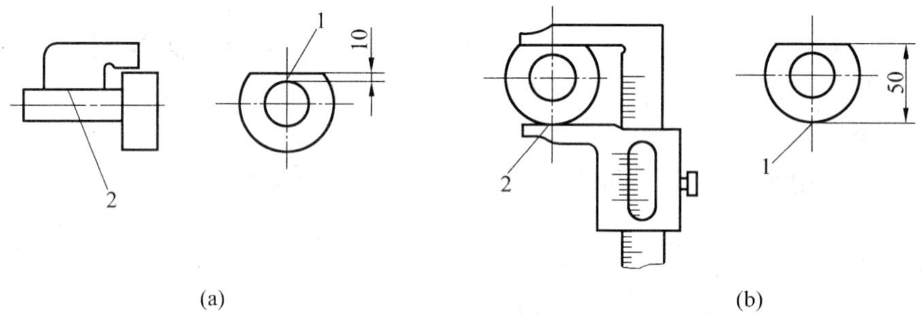

图 3.12　测量基准

点、线、面。它是由工件定位基面与夹具定位元件的工作表面相接触的线、面、点决定的。图 3.13(a) 所示的轴的中心孔 1、2 的锥孔面为定位基面，其定位基准为中心线。图 3.13(b)所示的工件的 1、2 表面既是工件的定位基面，又是它的定位基准。

选择定位基准时应符合两点要求：

a. 各加工表面应有足够的加工余量，非加工表面的尺寸、位置符合设计要求。

b. 定位基面应有足够大的接触面积和分布面积，以保证能承受大的切削力，保证定位稳定可靠。

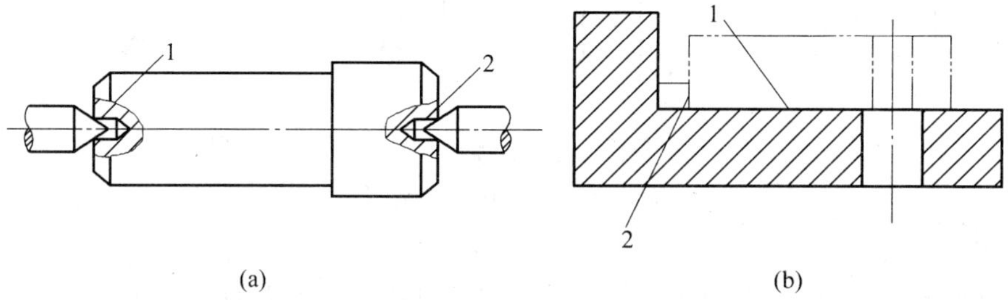

图 3.13　定位基准

④装配基准。装配时用来确定零件或部件在产品中的相对位置所采用的基准。

如图 3.14 所示，锥齿轮 1 的装配基准是内孔及端面；轴 2 的装配基准是中心线及端面；轴承 3 的装配基准是轴承中心线和端面。

分析基准时，必须注意以下几点：

① 基准是制订工艺的依据，必然是客观存在的。当作为基准的是轮廓要素，如平面、圆柱面等时，容易直接接触到，也比较直观。但是有些作为基准的是中心要素，如圆心、球

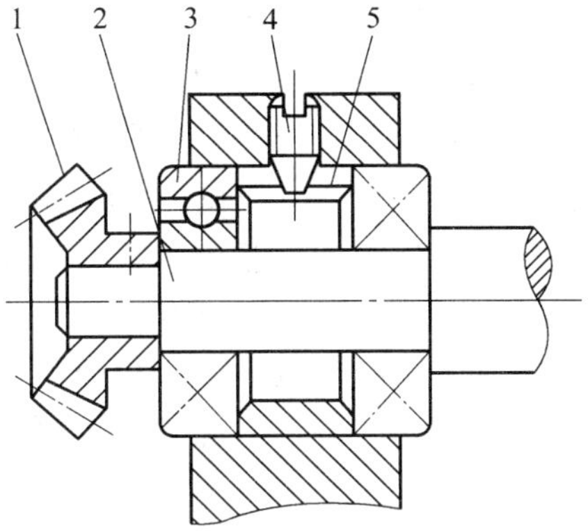

图 3.14 装配基准

1—锥齿轮；2—轴；3—轴承；4—螺钉；5—隔圈

心、对称轴线等时，则无法触及，然而它们却也是客观存在的。

② 当作为基准的要素无法触及时，通常由某些具体的表面来体现，这些表面称为基面。如轴的定位则可以外圆柱面为定位基面，这类定位基准的选择则转化为恰当地选择定位基面的问题。

③ 作为基准，可以是没有面积的点、线以及面积极小的面。但是工件上代表这种基准的基面总是有一定接触面积的。

④ 不仅表示尺寸关系的基准问题如上所述，表示位置精度的基准关系也是如此。

3.4.2 定位基准的选择

在机械加工中，正确地选择定位基准是设计工艺过程的一项重要内容，它直接影响到工件的加工精度、各加工表面的加工顺序以及工装夹具的复杂程度。因此，它是在制订工艺过程中要解决的首要问题。在初始工序中，只能选择工件上未加工的毛坯表面来定位，我们把这种用来作为定位用的未经加工的毛坯表面称为粗基准。而在中间工序和最终工序中，则选用已加工表面来定位，这种定位表面称为精基准。

如果工件上没有恰当的表面作为定位基准，那么就有必要在工件上专门设置或加工出定位表面，这种基面称为辅助基准，常用的有工艺孔和工艺凸台。辅助基准在零件上不起作用，纯粹是为了工艺上的需要。加工完毕后，若有需要（如有碍外观等）可予以去除。例如，轴加工过程中使用的中心孔定位，如图 3.8(a) 所示零件的工艺凸台。

由于粗基准和精基准的作用不同，两者的选择原则也不相同。

1. 粗基准选择的原则

选择粗基准时，应主要考虑各加工表面的余量分配以及加工表面和不加工表面之间的位置精度，而这两方面的要求往往又是相互矛盾的。因此，在选择粗基准时应先明确哪方面的要求是主要的，以便更经济合理地保证加工要求。一般情况下可遵循如下原则选择粗基准。

(1) 相互位置要求原则

如果必须首先保证工件上加工表面与不加工表面之间的位置要求，一般应选择不加工表面作为粗基面。如图 3.15 所示的零件,其毛坯在铸造(或锻造)时外圆 1 与内孔 2 有偏心。加工时,若选择不需加工的外圆表面 1 做粗基面定位(用三爪卡盘夹住外圆 1),此时虽然车孔时切去的余量不均匀,但却可以获得与外圆具有较高同轴度的内孔,使被加工的零件壁厚均匀、外形对称(见图 3.15(a))。相反,加工时若以内孔 2 作为粗基面定位(用四爪卡盘夹住外圆 1,然后按内孔 2 找正),虽然内孔 2 的加工余量均匀,但却不能保证加工表面与不加工表面同轴,即工件壁厚不均匀(见图 3.15(b))。

如果工件上有好几个不需要加工的表面,则应以其中与加工表面的位置精度要求较高的那个表面作为粗基面,以求壁厚均匀、外形对称等。如图 3.16 所示,如果 ΔA>ΔB,应选 B 面,否则选 A 面。

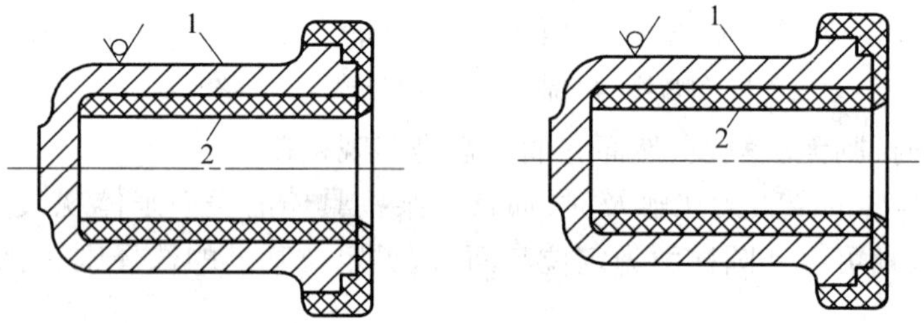

(a) 用不需加工的外圆作粗基准　　(b) 用需加工的内孔作粗基准

图 3.15　两种粗基准选择方案的对比

1—外圆;2—内孔

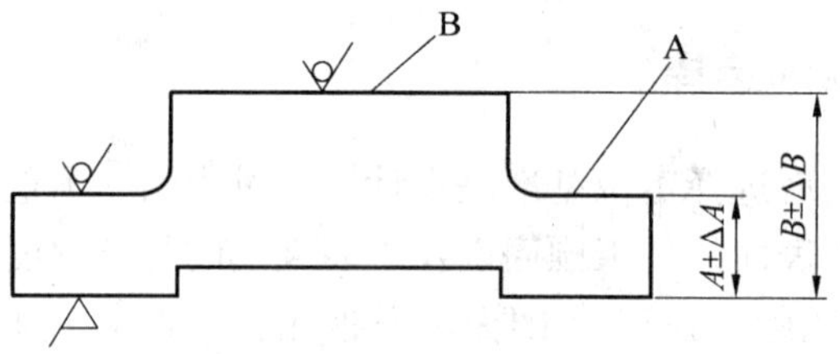

图 3.16　粗基准的选择实例

(2)余量均匀原则

如果必须首先保证工件某重要表面的余量均匀,就应该选择该表面作为粗基面。以图 3.17 所示的车床导轨面的加工为例。由于导轨面是车床床身的重要表面,要求精度高,耐磨性能好,并且在加工时要求加工余量小而均匀。所以,应该用图 3.17(a)所示的定位方法进行加工,首先应以导轨面做粗基准加工床脚,然后再以床脚为精基准加工导轨面,则导轨面的加工余量将比较均匀。反之采用图 3.17(b)所示的定位方法进行加工,将造成导轨面余量不均匀。

(3)余量足够原则

若零件上有多个表面要加工,则应该以加工余量最小的表面作为粗基面,以保证各个加工表面都有足够的加工余量。如图 3.18 所示,应选择毛坯余量较小的表面作为粗基准,即选择 $\phi55$ 的外圆做粗基准,若选外圆为 $\phi108$ 的表面做粗基准,则有可能因加工余量不足而产生废品。

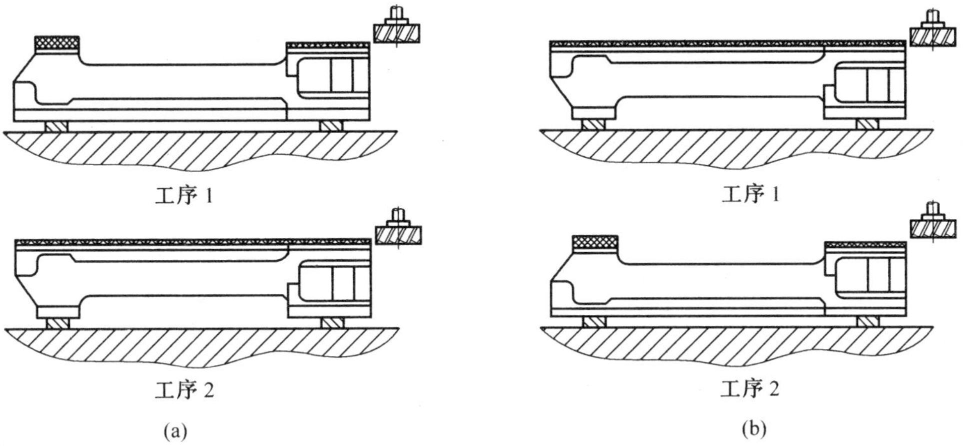

图 3.17　床身加工粗基准的选择

(4)粗基准不重复使用原则

在同一尺寸方向上，通常只允许使用一次。

粗基准是毛坯面，其精度和表面粗糙度都很差，如重复使用会造成工件与刀具的相对位置在两个工序中的不一致现象，从而影响加工精度。如图 3.19 所示阶梯轴的加工，毛坯面的定位精度较低，两次使用必然造成两端加工后的外圆较大的同轴度误差。

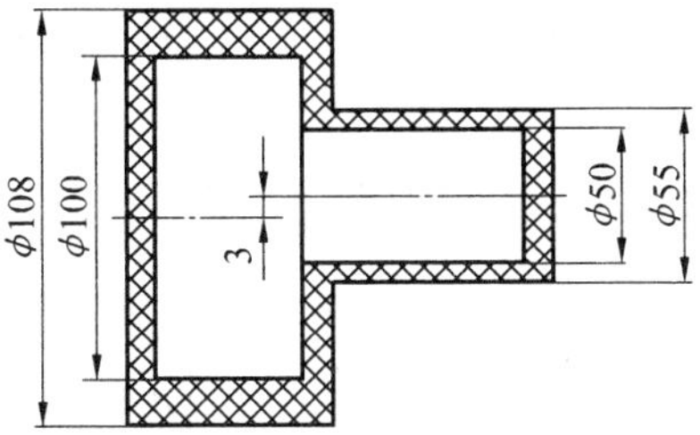

图 3.18　阶梯轴粗基准的选择

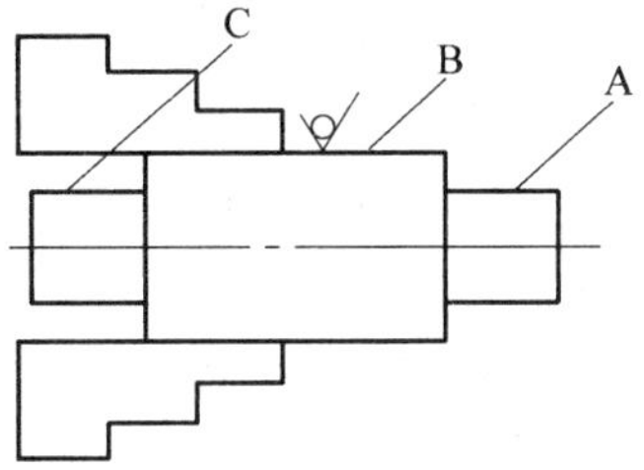

图 3.19　粗基准只能使用一次

(5)选作粗基准的表面，应尽可能平整和光洁，不能有飞边、浇口、冒口或其他缺陷，以便定位准确，夹紧可靠。

上述原则往往互相矛盾，甚至同一个原则内也存在彼此矛盾的情况，在生产中应根据具体的加工精度要求来选择定位基准。

2. 精基准选择原则

选择精基准时主要考虑的问题是如何保证加工精度和使装夹方便、准确，一般应遵循以下原则。

(1)基准重合原则

基准重合原则也就是加工时尽可能地选用零件上的设计基准作为精基准，这样可以减少因基准不重合而产生的定位误差。特别在最后精加工时，为保证零件的精度，更应该遵循这个原则。

图 3.20(a)所示零件，欲加工孔，设计尺寸为 $B \pm T_b/2$，其中面 M 和面 N 已加工。为保证设计尺寸 $B \pm T_b/2$，可以采用两种方案：

① 以设计基准 N 面为主要定位基准，如图 3.20(b) 所示，此时设计基准与定位基准重合，这样由于基准不重合而产生的误差为 0。则定位基准与设计基准重合，消除了基准不重合误差。

② 以 M 面为主要定位基准，如图 3.20(c) 所示，此时设计基准与定位基准不重合，这样由于基准不重合而产生的误差为 T_a。

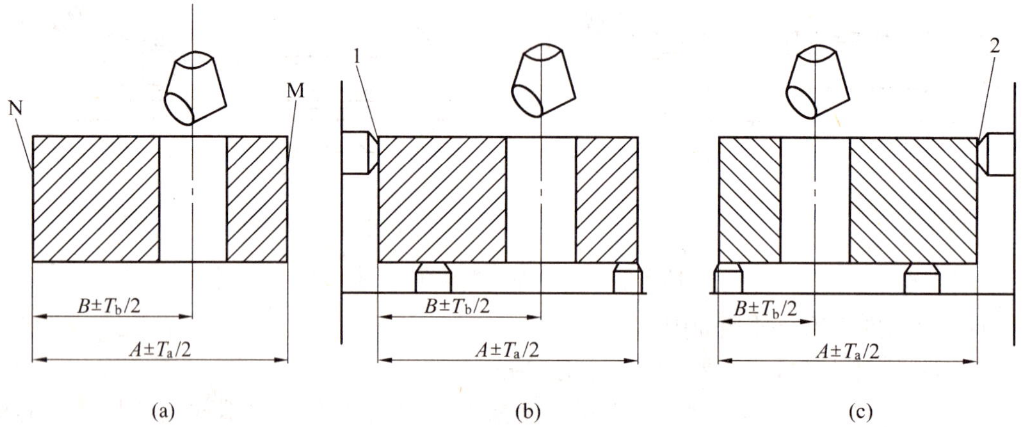

图 3.20　基准重合原则的示例

(2) 基准统一原则

基准统一原则就是尽可能地选用统一的定位基准作为精基准来加工各表面，以保证各表面间的相互位置精度。

例如图 3.21 所示活塞的加工，通常用止口作为统一的定位基准来精加工活塞的外圆、顶圆及横销孔等表面。

基准统一的好处：

① 有利于保证各加工表面的相互位置要求，避免基准转换带来的误差。

② 可简化夹具的设计与制造，缩短生产准备周期。避免因基准变换而产生的误差，并有利于简化夹具的设计和降低制造成本。

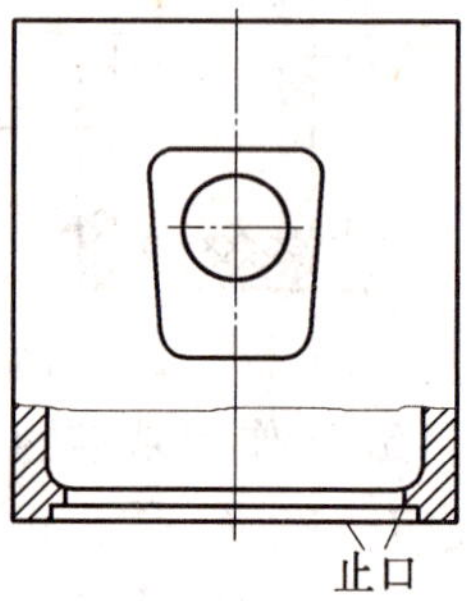

图 3.21　活塞精基准的选择

使用基准统一原则并不排斥在个别工序中采用其他基准，如果按照基准统一原则选用的定位基准与设计基准不重合就有可能因基准不重合而产生的误差因过大而超差，这时应直接选用设计基准作为定位基准。

(3) 互为基准、反复加工原则

当两个加工表面的加工精度和相互位置精度要求较高时，可以用一个表面作为精基准来加工另一个表面，然后再以后者为精基准加工前者，这种加工方法称为互为基准原则。

如图 3.22 所示，为了保证车床主轴前后支承轴颈与主轴锥孔间有严格的同轴度要求，常先以主轴锥孔为基准磨主轴前、后支承轴颈表面，然后再以前、后支承轴颈表面为基准磨主轴锥孔，最后达到图纸上规定的同轴度要求。

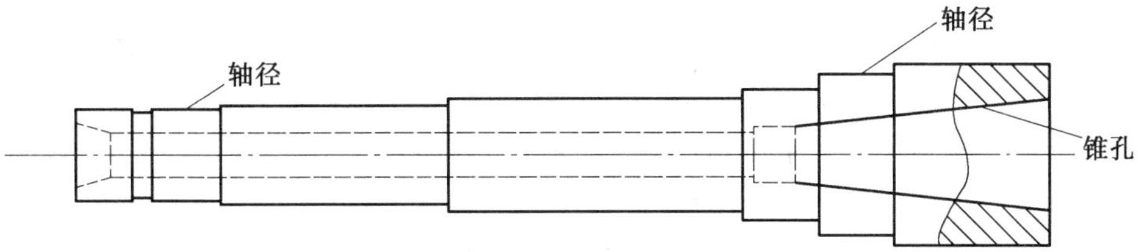

图3.22 主轴零件精基准选择

(4)自为基准原则

有些精加工或光整加工工序要求加工余量小而均匀,以保证质量和提高生产率,这时就以加工面本身作为精基面,即自为基准原则。

如图3.23所示,在导轨磨床上磨削机床床身导轨面时,就是以被磨削机床自身的导轨面作为精基准用百分表来找正定位的。

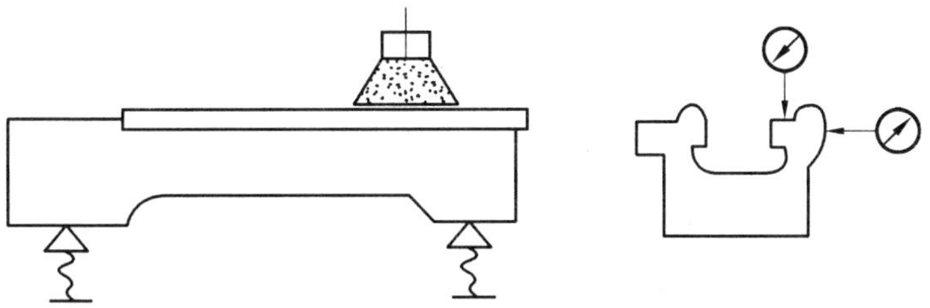

图3.23 床身导轨面自为基准磨削

总之,定位基准的选择原则是从生产实践中总结出来的。选择精基准时在保证加工精度的前提下,还应考虑便于安装、加工方便,并尽可能使定位简单、准确、夹紧可靠,夹具结构简单、便于制造。因此选择定位基准时必须结合生产企业的具体生产条件和零件的生产类型来综合分析和运用这些原则,以达到优质、高效和低成本的生产要求。

3.5 工艺路线的拟定

工艺路线是指从毛坯制造开始经机械加工、热处理、表面处理生产出产品、零件所经过的工艺流程。拟定工艺路线的主要内容,除了选择定位基准外,还应包括选择各种表面的加工方法、安排工序的先后顺序、确定工序的集中与分散程度以及选择设备和工艺装备等。它是制订工艺规程的关键阶段。工艺路线制订得是否合理,直接影响到工艺规程的合理性、科学性和经济性。

3.5.1 零件表面加工方法的选择

选择零件表面的加工方法,首先应取决于加工表面的技术要求。值得注意的是,这些技术要求有时可能由于工艺原因而在某些方面高于零件图上所规定的要求。例如,由于基准不重合而提高对某些表面的加工要求,或由于被作为精基准,而可能使对这些表面的加工提出更高的要求。其次加工方法的选择还应满足零件的加工质量、合理的加工经济性和高的劳动生产率方面的要求。

1. 各种加工方法所能达到的经济加工精度及表面粗糙度

为了正确选择表面加工方法，首先应了解各种加工方法的特点和掌握加工经济精度的概念。任何一种加工方法可以获得的加工精度和表面粗糙度均有一个较大的范围。例如，精细的操作、选择较小的切削用量，都可以获得较高的精度，但又会降低生产率，提高成本；反之，如增大切削用量提高生产率，虽然成本降低了，但精度也降低了。所以对一种加工方法，只有在一定的精度范围内才是经济的，这一定范围的精度是指在正常的加工条件下（采用符合质量的标准设备、工艺装备和标准技术等级的工人，不延长加工时间）所能保证的加工精度。这一定范围的精度称为经济加工精度。相应的粗糙度称为经济表面粗糙度。

各种加工方法所能达到的加工经济精度和表面粗糙度，以及各种典型表面的加工方案在机械加工手册中都能查到。这里要指出的是，加工经济精度的数值并不是一成不变的，随着科学技术的发展，工艺技术的改进，加工经济精度会逐步提高。

2. 选择表面加工方案时考虑的因素

选择表面加工方案，一般是根据经验或查表来确定，再结合实际情况或工艺试验进行修改。表面加工方案的选择，应同时满足加工质量、生产率和经济性等方面的要求，具体选择时应考虑以下几方面的因素：

（1）选择能获得经济加工精度的方法

如通过精细车削是可以达到要求的，但不如磨削经济。

（2）零件材料的可加工性能

例如淬火钢的精加工要用磨削，有色金属圆柱面的精加工为避免磨削时堵塞砂轮，则要用高速精细车或精细镗（金刚镗）。

（3）工件的结构形状和尺寸大小

例如对于加工精度要求为 IT7 的孔，采用镗削、铰削、拉削和磨削均可达到要求。但箱体上的孔，一般不宜选用拉孔或磨孔，而宜选择镗孔（大孔）或铰孔（小孔）。

（4）生产类型

大批量生产时，应采用高效率的先进工艺，例如用拉削方法加工孔和平面，用组合铣削或磨削同时加工几个表面，对于复杂的表面采用数控机床及加工中心等；单件小批生产时，宜采用刨削、铣削平面和钻、扩、铰孔等加工方法，避免盲目地采用高效加工方法和专用设备而造成经济损失。

（5）现有生产条件

充分利用现有设备和工艺手段，发挥工人的创造性，挖掘企业潜力，创造经济效益。

3. 各种表面的典型加工路线

在综合考虑各种因素而选择某种加工方法后，即可拟定它们的预加工方案，以及热处理工序的适当插入。下面介绍几种典型表面的加工路线。

（1）外圆表面的加工路线

①粗车—半精车—精车：常用材料，中等要求的工作表面。

②粗车—半精车—粗磨—精磨：需要淬硬的材料，要求较高的工作表面。

③粗车—半精车—精车—金刚石车:要求高的铜、铝等合金工件。

④粗车—半精车—粗磨—光整加工或(超)精密加工:黑色金属材料,表面精度、粗糙度要求质量高的表面。外圆表面加工路线如图 3.24 所示。

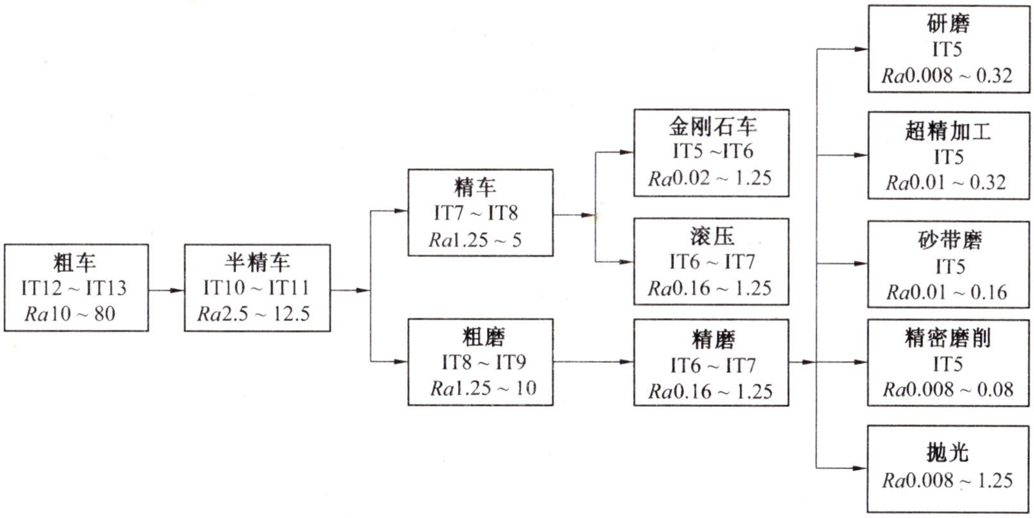

图 3.24 外圆表面的加工路线

(2) 孔加工路线

孔加工常用的加工路线如下:

①钻孔—扩孔—铰—精铰:主要用于中、小直径(d<50 mm)的精密孔。

②钻或扩(粗镗)—粗拉—精拉:用于大量生产中尺寸中等的孔、花键孔或带键槽的孔。

③钻或粗镗—半精镗—精镗—浮动镗—金刚镗:广泛用于箱体零件的孔系加工、有色金属零件的精密孔的加工,具有高的生产率。

④钻或粗镗—半精镗—粗磨—精磨—珩磨或研磨:主要用于淬硬零件或要求高的零件。

孔加工常用加工路线如图 3.25 所示。

(3)平面加工路线

平面加工方法主要是铣削、刨削和磨削,其加工路线如下:

①粗铣—半精铣—精铣—高速铣:用于精度和粗糙度要求高的平面加工,生产率高。

②粗刨—半精刨—精刨—刮或研磨:多用于单件、小批生产,生产率低。

③粗铣(刨)—半精铣(刨)—粗磨—精密磨、导轨磨、研磨、砂带磨:主要用于淬硬零件和精度要求高、表面粗糙度值要求小的平面加工。

④粗拉—精拉:用于大量生产,尤其适用于冷拉铸件。

平面加工路线如图 3.26 所示。

3.5.2 加工顺序的安排

零件表面的加工方法确定之后,为保证零件的加工精度和表面质量,还需要合理地确

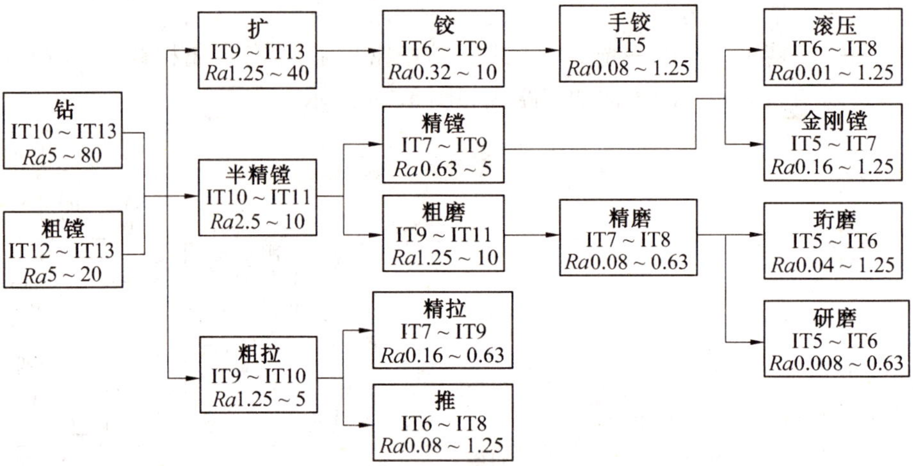

图 3.25 孔加工路线

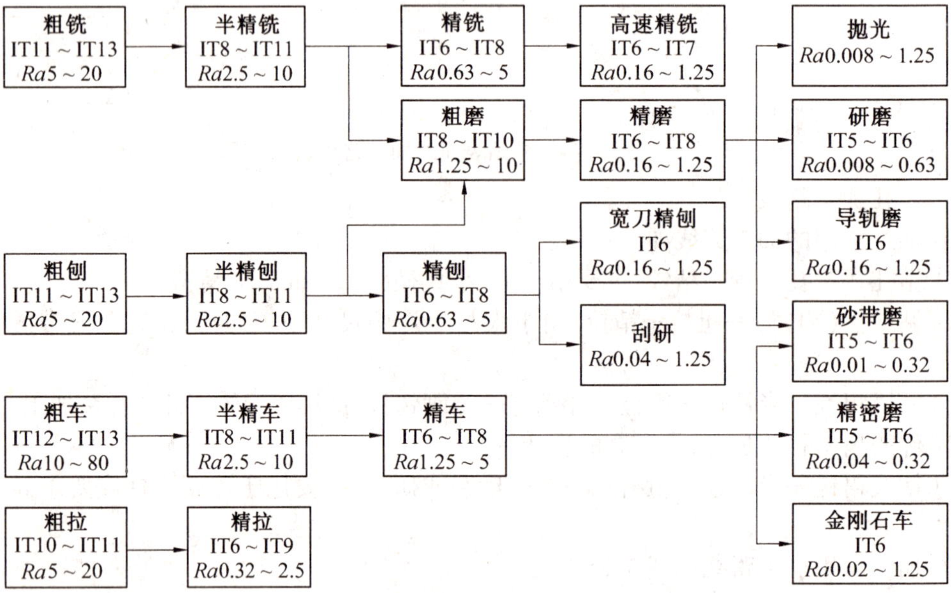

图 3.26 平面加工路线

定各加工表面间的形成阶段、加工的先后顺序和热处理及检验等在整个工艺过程中的位置。

1. 加工阶段的划分

在机械加工中，如果零件的加工质量要求较高，往往不可能在一个工序内完成全部的加工工作，而应根据需要把整个加工过程划分为几个不同的加工阶段，即粗加工阶段、半精加工阶段和精加工阶段。

(1)粗加工阶段

这个阶段的主要任务是切去大量的加工余量，为半精加工和精加工提供定位基准，因此这一阶段考虑的主要问题是如何获得较高的劳动生产率。

(2)半精加工阶段

这个阶段的主要任务是为零件主要表面的精加工做好准备,并完成一些次要表面的加工,一般应在热处理之前进行。

(3)精加工阶段

这个阶段的主要任务是保证零件上各主要加工表面达到图纸规定的加工精度和表面质量要求。

有时,由于毛坯余量特别大,表面特别粗糙,在粗加工前还要有去皮的荒加工阶段。为了及时发现毛坯缺陷,减少运输工作量,常把荒加工放在毛坯准备车间进行。对于加工精度要求很高、表面粗糙度参数值要求很小的零件,有时还要在精加工阶段之后进行光整加工。光整加工阶段以提高加工的尺寸精度和减小表面粗糙度为主,一般不用来纠正形状误差和位置误差。

划分加工阶段的目的是:

(1)保证加工质量

粗加工阶段中切除的金属余量较多,消耗的功率较多,产生的切削力和切削热都很大,所需的夹紧力也较大,在加工过程中整个工艺系统的受力变形、受热变形和工件的残余应力变形都很大,因而不可能得到高的加工精度和表面质量。为保证零件的加工质量,需要先完成各表面的粗加工,并通过半精加工逐步减小切削量、切削力和切削热,逐步修正工件的原有误差。同时,各加工阶段之间的时间间隔相当于自然时效,有利于消除工件的内应力,使工件有充分的变形时间,以便使这些误差在后后续工序中得以修正。

(2)合理使用机床设备

粗加工时一般采用大功率、低精度的高效率设备;精加工时则采用高精度机床。这样既充分利用了机床设备各自的性能特点,又有利于延长高精度机床的使用寿命。

(3)合理安排热处理工序

在机械加工工序中有时需要插入必要的热处理工序,这就自然地把机械加工工艺过程划分为几个不同的加工阶段。例如,在机床主轴加工中,在粗加工后安排消除残余应力的时效处理,半精加工后进行淬火,精加工后进行冰冷处理及低温回火,最后再进行光整加工。

(4)及早发现毛坯缺陷

粗加工各表面后可以及早发现毛坯的缺陷,及时报废或修补,以免继续进行精加工而造成工时增加和制造成本的浪费。

(5)减少表面损伤

精加工工序安排在最后,可避免或减少精加工后的表面损伤。

应当指出,上述阶段的划分并不是绝对的,应根据具体情况来确定。当加工质量要求不高,工件的刚性足够、毛坯质量高、加工余量小时,则可以不划分加工阶段,如在自动机床上加工的零件。另外有些重型零件,由于安装、运输费时又困难,常常不划分加工阶段,在一次装夹下完成全部粗加工和精加工,或在粗加工后松开夹紧,消除夹紧变形,然后再用较小的夹紧力重新夹紧,进行精加工,这样有利于保证重型零件的加工质量。但是对于精度要求高的重型零件,仍要划分阶段,并插入时效、去应力处理等。

2. 工序顺序的安排

每个零件上往往有多个表面需要加工,这些表面既有一定的精度要求,又有相互间的位置要求。为保证各表面的加工精度,加工时的工序顺序必须遵循以下原则:

(1)先粗后精原则

先安排粗加工,中间安排半精加工,最后安排精加工和光整加工。

(2)先主后次原则

先主要后次要。先加工主要表面,后加工次要表面。由于主要表面往往要求的加工精度都较高,也是较容易出废品的加工工序。先加工主要表面时,若发现主要表面不合格而报废,可以停止后面次要表面的加工,而不会浪费后面次要表面的加工工时。若先把次要表面加工好,但在后面加工主要表面时发生报废,则会浪费前面次要表面的加工工时。另外,在零件上,常是一些次要表面(如键槽、螺孔等)相对于主要表面有一定的位置精度要求,所以应先加工好主要表面。次要表面穿插在主要表面的加工中间或以后进行。

(3)先基准后其他

用做精基准的表面,总是优先安排加工,这是确定加工顺序的一个重要原则,以尽快为后续工序的加工提供精基准。例如,轴类零件总是先加工端面和顶尖孔;如在精磨前、淬火后应对两顶尖孔修研一次;盘套类零件则先把孔加工好。

(4)先面后孔

先加工平面后加工孔。如箱体、支架和连杆等工件,因先加工好的平面的轮廓平整,安放和定位比较稳定可靠,若以加工好的平面定位加工孔,可保证平面与孔的位置精度。另外,平面先加工好之后,可使钻头正确地钻入工件,不会引偏。

(5)为保证加工质量的要求

有时某些零件的最后精加工工序放在部件装配之后或在总装过程中进行。例如,车床主轴上连接三爪卡盘的法兰,它的止口及平面,一般待其安装在该车床主轴上以后再进行精加工。

3. 热处理工序的安排

热处理工序在工艺过程中的安排是否恰当,是影响零件加工质量和材料使用性能的重要因素。热处理的方法、次数和在工艺过程中的位置,应根据零件材料和热处理的目的而定。根据热处理的目的,一般可分为:

(1)预备热处理

预备热处理的目的是消除毛坯制造过程中产生的内应力、改善金属材料的切削加工性能、为最终热处理做准备。属于预备热处理的有调质、退火、正火等,一般安排在粗加工前、后。安排在粗加工前,可改善材料的切削加工性能;安排在粗加工后,有利于消除残余内应力。

(2)最终热处理

最终热处理的目的是提高金属材料的力学性能,如提高零件的硬度和耐磨性等。属于最终热处理的有淬火-回火、渗碳淬火-回火、渗氮等,对于仅仅要求改善力学性能的工件,有时正火、调质等也作为最终热处理。最终热处理一般应安排在粗加工、半精加工之后,精加工的前后。变形较大的热处理,如渗碳淬火、调质等,应安排在精加工前进行,以便在精加工时纠正热处理的变形；变形较小的热处理，如渗氮等，则可安排在精加工之后进行。

(3)时效处理

时效处理的目的是消除内应力、减少工件变形。时效处理分自然时效、人工时效和冰冷处理三大类。自然时效是指将铸件在露天放置几个月或几年；人工时效是指将铸件以50～100℃/h的速度加热到500～550℃，保温数小时或更久，然后以20～50℃/h的速度随炉冷却；冰冷处理是指将零件置于0～－80℃之间的某种气体中停留1～2小时。时效处理一般安排在粗加工之后、精加工之前；对于精度要求较高的零件可在半精加工之后再安排一次时效处理；冰冷处理一般安排在回火处理之后或者精加工之后或者工艺过程的最后。

(4)表面处理

为了表面防腐或表面装饰，有时需要对表面进行涂镀或发蓝等处理。涂镀是指在金属、非金属基体上沉积一层所需的金属或合金的过程。发蓝处理是一种钢铁的氧化处理，是指将钢件放入一定温度的碱性溶液中，使零件表面生成0.6～0.8 μm致密而牢固的Fe_3O_4氧化膜的过程，依处理条件的不同，该氧化膜呈现亮蓝色直至亮黑色，所以又称为煮黑处理。这种表面处理通常安排在工艺过程的最后。

4. 辅助工序的安排

辅助工序种类很多，主要包括检验、特种检验、洗涤、防锈和表面处理等。

(1)检验工序

为了确保工件的加工质量，应合理安排检验工序。通常在关键工序前后，各加工阶段之间及工艺过程的最后均应安排检验工序。

(2)划线工序

在单件、小批生产中，对一些形状复杂的铸件，为了在机械加工中安装方便，并使工序余量均匀，应安排划线工序。

(3)去毛刺和清洗

切削加工后在零件表层或内部有时会留下毛刺，它们将会影响装配质量甚至影响产品的性能，应专门安排去毛刺工序。工件在装配前，应安排清洗工序。清洗一方面要去掉黏附在工件表面上的砂粒；另一方面要清洗掉易使工件发生锈蚀的物质，例如切削液含有的硫、氯等物质。

(4)特殊需要的工序

如平衡应安排在零件或部件完成后。退磁工序则一般安排在精加工之后、终检之前。

3.5.3 工序的组合

加工顺序确定之后，就可以按照不同的加工阶段以及加工表面的精度和质量进行工序的组合，组合时可采用工序分散或工序集中的原则。

1. 工序分散原则

工序分散就是将零件各个表面的加工分得很细，工序多且工艺过程长，而每道工序所包含的加工内容却很少，有时每道工序内只有一个工步。

工序分散的特点是:① 所使用的机床设备和工艺装备容易调整,相对简单,对操作人员技术要求较低;② 有利于选用最合理的切削用量,减少机动工时;③ 机床设备数量多,生产面积大,工艺路线长。

2. 工序集中原则

工序集中就是将零件各个表面的加工集中在少数几道工序内完成,而每个工序的内容和工步都比较多。

工序集中的特点是:①有利于采用高效的专用设备和工艺装备,显著提高生产率;②有利于减少设备的数量,减少操作人员数量和生产面积;③有利于减少工序数目,简化了生产计划,缩短了生产周期;④有利于减少工件的装夹次数,易于保证各加工表面间的位置精度;⑤由于采用的专用设备和专用工艺装备生产初期投资大,生产准备工作量大而复杂,机床和工艺装备的调整、维修成本高,对操作人员技术要求高。

3.5.4 设备及工艺装备的选择

1. 设备的选择

根据零件加工的每一道工序选择机床时,应坚持下列几项原则。

①机床的加工规格范围应与零件的形状、尺寸相适应。

②机床的加工精度必须与被加工零件的精度等级相适应。尺寸精度高、表面粗糙度要求小的零件应选精度高的机床;反之,选精度低的机床。

③机床的生产率应与工件的生产类型相适应。单件小批生产以选用通用机床为宜,成批大量生产以选用专用机床、组合机床、自动机床、数控机床为宜。

④机床的选择应与现有生产条件相适应。除了新厂投产以外,一般应根据现有的生产条件,尽量发挥原有设备的作用。

⑤在多品种小批量且工件精度要求高的生产中,应优先选用数控机床和加工中心,这样一方面精度容易保证,另一方面会减少大量工艺装备的设计。

2. 工艺装备的选择

工艺装备的选择要考虑生产类型、具体加工条件、工件结构特点和技术要求等因素。

① 夹具的选择。单件小批生产应首先采用各种通用夹具和机床附件,如卡盘、虎钳、分度头等。有条件的可采用组合夹具。大批大量生产应采用高效专用夹具。多品种的中、小批量生产可采用可调夹具或成组夹具。

② 刀具的选择。优先采用标准刀具。在大批量生产中,应采用各种高效的专用刀具、复合刀具和多刃刀具等。刀具的类型、规格和精度等级应符合加工要求。

③ 量具的选择。单件小批生产应广泛采用通用量具,如游标卡尺、百分表和千分表等。大批大量生产应采用极限量规和高效专用检具和量仪等。量具的精度必须与加工精度相适应。

3.6 工序尺寸的分析与计算

3.6.1 加工余量的确定

零件的机械加工工艺路线拟订以后,就可以确定每道工序的加工余量、工序尺寸及其公差。

1. 加工余量的概念

加工余量是指在加工中被切去的金属层厚度。加工余量有工序余量、总余量之分。

(1)工序余量

该表面加工相邻两工序的工序尺寸之差称为工序余量。即后一道工序所切除的金属层厚度称之为工序余量。计算工序余量的基本尺寸(简称基本余量或公称余量)Z_b 时,根据加工表面结构又可分为以下两种。

① 单边余量。非对称结构的非对称表面的加工余量,称为单边余量,用 Z_b 表示。如图3.27所示。

对于外表面(见图3.27(a))

$$Z_b = a - b \tag{3.1}$$

对于内表面(见图3.27(b))

$$Z_b = b - a \tag{3.2}$$

式中 Z_b—— 本工序的工序余量;

a—— 前道工序的工序尺寸;

b—— 本工序的工序尺寸。

② 双边余量。对称结构的对称表面的加工余量,称为双边余量。用 $2Z_b$ 表示。

对于轴(见图3.27(c))

$$2Z_b = d_a - d_b \tag{3.3}$$

对于孔(见图3.27(d))

$$2Z_b = D_b - D_a \tag{3.4}$$

式中 $2Z_b$—— 直径上的加工余量;

d_a—— 前道工序的加工直径;

d_b—— 本工序的加工直径。

(2) 工序余量

工序余量分公称余量(简称基本余量)、最大余量 Z_{max}、最小余量 Z_{min}。由于各工序尺寸都有偏差,故实际切除的余量是变化的。所以工序余量又分为公称余量 Z_b、最大余量 Z_{max}、最小余量 Z_{min}。

如图3.28(a)所示,以被包容面外表面为例,采用试切法加工时:

本工序的公称余量

$$Z_b = l_a - l_b$$

本工序的最大余量

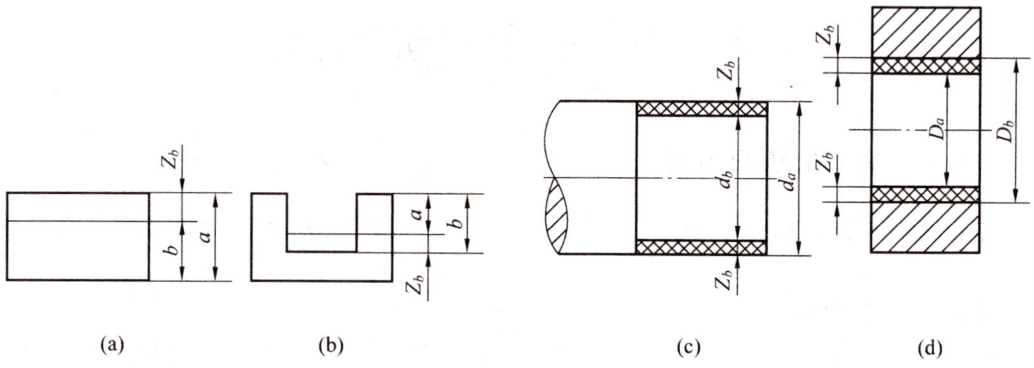

图 3.27 工序余量

$$Z_{\max} = l_{a\max} - l_{b\min} = l_a - (l_b - T_b) = Z_b + T_b$$

本工序的最小余量

$$Z_{\min} = l_{a\min} - l_{b\max} = (l_a - T_a) - l_b = Z_b - T_a$$

故工序余量变动范围即为余量公差,其值为

$$T_z = Z_{\max} - Z_{\min} = T_b + T_a \tag{3.5}$$

同理,对于如图 3.28(b) 所示的孔径或槽宽,其工序余量公差为

$$T_z = Z_{\max} - Z_{\min} = T_b + T_a$$

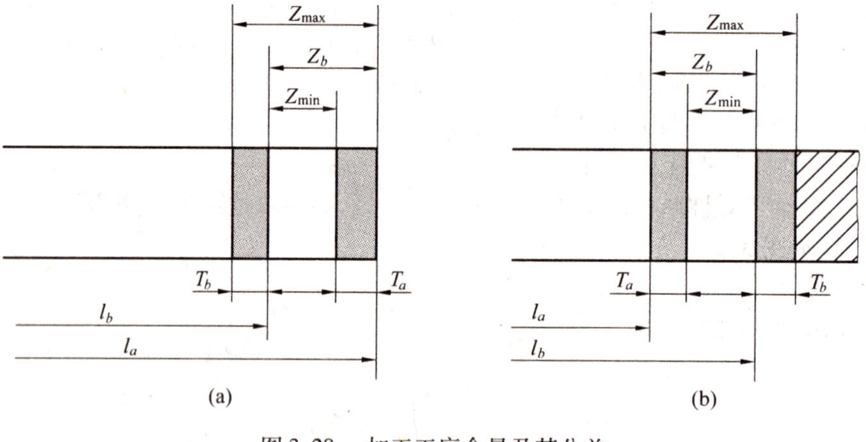

图 3.28 加工工序余量及其公差

(3) 工序总余量

工件由毛坯到成品的整个加工过程中某一表面被切除金属层的总厚度称为工序总余量。如图 3.29 所示,总加工余量与工序余量的关系如下

$$Z_{总} = Z_1 + Z_2 + \cdots + Z_n = \sum_{i=1}^{n} Z_i \tag{3.6}$$

式中 $Z_{总}$ —— 加工总余量;

$Z_1, Z_2, \cdots, Z_n$ —— 为各道工序余量,mm;

n—— 工序数。

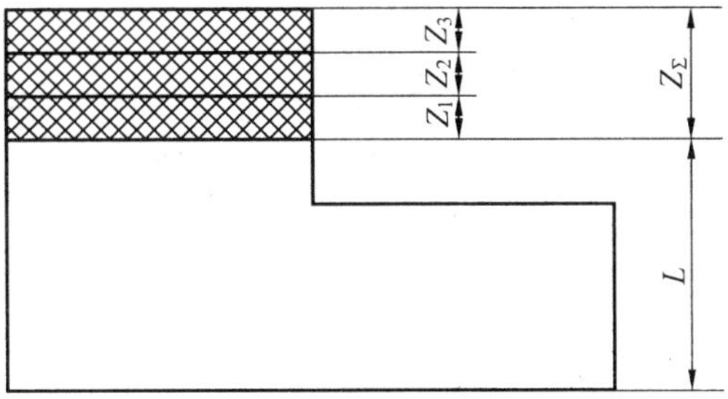

图3.29 加工余量与工序余量

2.加工余量的确定

加工余量的大小,对零件的加工质量和生产率以及经济性均有较大的影响。余量过大将增加材料、动力、刀具和劳动量的消耗,大的切削力将引起工件较大的变形。反之,余量过小则不能保证零件的加工质量。

(1)影响加工余量的因素

在确定工序余量时,应考虑下列几方面的因素:

① 上道工序的工序形成的表面粗糙度 R_y 和表面缺陷层深度 H_{i-1}(见图3.30)。这些加工误差应在本工序加工中切除。

② 上道工序尺寸的公差 T_{i-1}。如图3.28中加工余量及公差所示,上道工序尺寸公差的大小对本工序余量有直接的影响,也就是说,上道工序的公差越大,本工序余量变化就越大。

③ 上道工序留下的空间位置误差 ρ_{i-1}。当工件上有些形状和位置偏差不包括在尺寸公差的范围内时,这些误差就必须在本工序的加工中纠正,本工序加工余量中必须包括 e_a,否则加工后必然为废品,如图3.31所示。

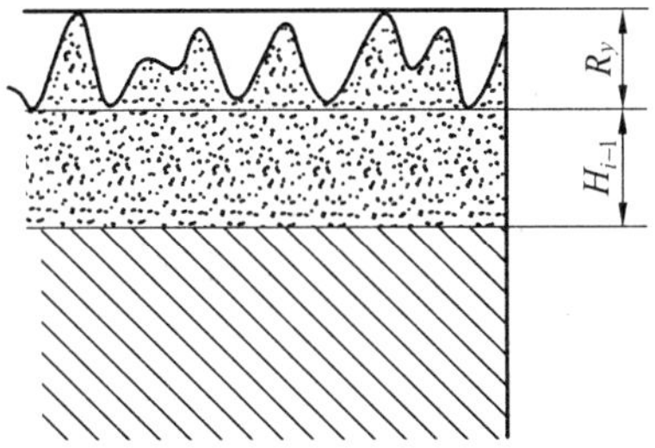

图3.30 工件的加工表面层

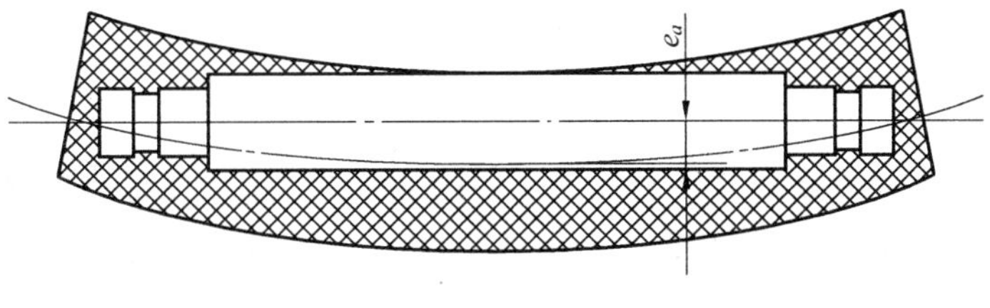

图3.31 轴线弯曲对加工余量的影响

④ 本工序的安装误差 ε_i。安装误差包括工件的定位误差与夹紧误差,由于这部分误

差要影响被加工表面和刀具的相对位置,依次也应计在工序余量内,如图 3.32 所示。

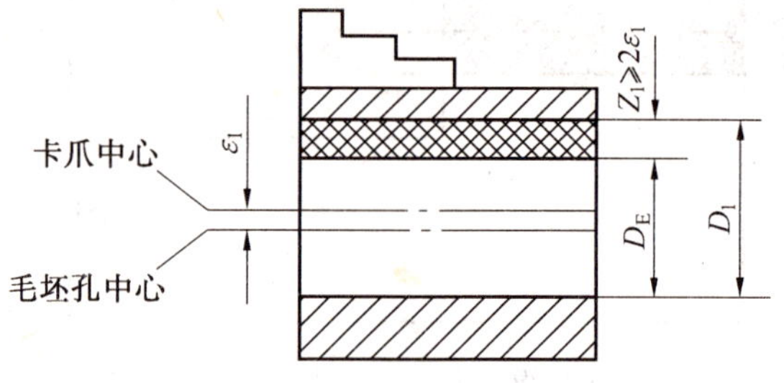

图 3.32 装夹误差对加工余量的影响

综上所述,加工余量 Z_b 的具体计算如下:

① 对于双边余量

$$2Z_b \geqslant T_{i-1} + 2(H_{i-1} + R_y) + 2|\rho_{i-1} + \varepsilon_i| \quad (3.7)$$

② 对于单边余量

$$Z_b \geqslant T_{i-1} + (H_{i-1} + R_y) + |\rho_{i-1} + \varepsilon_i| \quad (3.8)$$

具体计算时,因式中的 ρ_{i-1} 和 ε_i 的方向难以预先确定,故一般取

$$|\rho_{i-1} + \varepsilon_i| = \sqrt{\rho_{i-1}^2 + \varepsilon_i^2} \quad (3.9)$$

(2) 确定加工余量的方法

确定的加工余量的方法有经验估计法、查表修正法和分析计算法三种。

① 经验估计法。经验估计法是由工艺人员凭借经验,根据具体情况确定加工余量的方法,多用于单件小批生产,一般估计值总是偏大。

② 查表修正法。查表修正法是以工厂生产实践和工艺试验而积累的有关加工余量的资料数据为基础,并结合实际情况进行适当的修正来确定加工余量的方法,这种方法应用较为普遍,具体数值可查阅《金属机械加工工艺人员手册》。

③ 分析计算法。分析计算法是根据上述的加工余量计算公式和一定的试验资料,对影响加工余量的各项因素进行分析,并计算确定加工余量。这种方法比较合理,但必须有比较全面和可靠的试验资料,所以实际应用尚少。目前,只在材料十分贵重以及军工生产或少数大量生产的工厂中采用。

在确定加工余量时,要分别确定加工总余量(毛坯余量)和工序余量。加工总余量的大小与所选择的毛坯制造精度有关。用查表法确定工序余量时,粗加工工序余量不能用查表法得到,而是由总余量减去其他各工序余量得到。

3.6.2 工序尺寸计算

工件上的设计尺寸一般都要经过几道工序的加工才能得到,每道工序所应保证的尺寸称为工序尺寸。编制工艺规程的一个重要工作就是要确定每道工序的工序尺寸及公差。在确定工序尺寸及公差时,存在工序基准与设计基准重合和不重合两种情况。

1. 基准重合时工序尺寸的计算

当工序基准、定位基准或测量基准与设计基准重合,表面多次加工时,工序尺寸及其公差的计算相对来说比较简单。其计算顺序是：

① 按查表修正法确定各工序余量。

② 采用"逆推法" 推算各工序尺寸。即由零件图上的设计尺寸开始，一直推算到毛坯图上的尺寸。

③ 按各工序的经济精度确定各工序尺寸的公差，并按"入体原则" 标注各工序尺寸的上、下偏差。

【例 3.1】 加工某一钢制零件上的孔，其毛坯为模锻件（孔已锻出）。图纸要求达到 $\phi 72.5^{+0.03}_{0}$ mm，Ra 0.4 μm，孔的加工路线为粗镗 → 半精镗 → 精镗 → 粗磨 → 精磨，试确定各工序尺寸及其公差。

解 ① 据手册查得各工序的双边余量

精磨	0.2 mm
粗磨	0.3 mm
精镗	1.5 mm
半精镗	2.0 mm
粗镗	4.0 mm
总余量	8 mm

② 推算各工序的基本尺寸

精磨后	由零件图可知孔为 $\phi 72.5$ mm
粗磨后	$\phi 72.5 - 0.2 = \phi 72.3$ mm
精镗后	$\phi 72.3 - 0.3 = \phi 72$ mm
半精镗后	$\phi 72 - 1.5 = \phi 70.5$ mm
粗镗后	$\phi 70.5 - 2 = \phi 68.5$ mm
毛坯孔	$\phi 68.5 - 4 = \phi 64.5$ mm

③ 按各工序的经济精度确定各工序尺寸公差，并按"入体原则" 标注各工序尺寸的上、下偏差

精磨	达到零件图规定	$\phi 72.5^{+0.03}_{0}$ mm
粗磨	经济精度 IT8，公差值 0.045	$\phi 72.3^{+0.045}_{0}$ mm
精镗	经济精度 IT9，公差值 0.074	$\phi 72^{+0.074}_{0}$ mm
半精镗	经济精度 IT10，公差值 0.12	$\phi 70.5^{+0.12}_{0}$ mm
粗镗	经济精度 IT12，公差值 0.3	$\phi 68.5^{+0.3}_{0}$ mm
毛坯孔		$\phi 64.5 \pm 1$ mm

2. 基准不重合时工序尺寸及其公差的计算

加工过程中，工件的尺寸是不断变化的，由毛坯尺寸到工序尺寸，最后达到满足零件性能要求的设计尺寸。一方面，由于加工的需要，在工序图以及工艺卡上要标注一些专供加工用的工艺尺寸，工艺尺寸往往不是直接采用零件图上的尺寸，而是需要另行计算；另一方面，当零件加工时，有时需要多次转换基准，因而引起工序基准、定位基准或测量基准与设计基准不重合。这时，需要利用工艺尺寸链原理来进行工序尺寸及其公差的计算。

(1) 工艺尺寸链的基本概念

① 工艺尺寸链的定义。如图 3.33(a) 所示零件,如先以 L 面定位加工 C 面,得尺寸 L_1,然后再以 L 面定位用调整法加工台阶面 B,得尺寸 L_2,要求保证 B 面与 C 面间尺寸 L_0;L_1、L_2 和 L_0 这三个尺寸构成了一个封闭尺寸组,就成了一个尺寸链,如图 3.33(b) 所示。这种由相互联系的尺寸按一定顺序首尾相接排列成的尺寸封闭图形就称为尺寸链。由单个零件在工艺过程中的有关工艺尺寸所组成的尺寸链,称为工艺尺寸链。

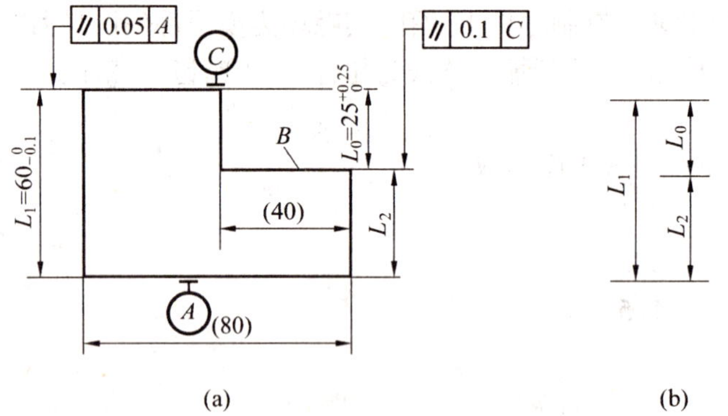

图 3.33 工艺尺寸链示意图

② 工艺尺寸链的组成。我们把组成工艺尺寸链的各个尺寸称为尺寸链的环,这些环可分为封闭环和组成环。

a. 封闭环。尺寸链中最终间接获得或间接保证精度的那个环。用 L_0 表示,在图 3.33(b) 中,L_0 是间接得到的尺寸,在该尺寸链中是封闭环。每个尺寸链中必有一个,且只有一个封闭环。

b. 组成环(L_i)。除封闭环以外的其他环都称为组成环。组成环又分为增环和减环。

(a) 增环。尺寸链中的组成环,在其他组成环不变时,此环增大或减小,封闭环也相应增大或减少。则该环为增环。用 $\overrightarrow{L_i}$ 表示,在图 3.33(b) 中,$\overrightarrow{L_1}$ 是增环。

(b) 减环。尺寸链中的组成环,在其他组成环不变时,此环增大或减小,却使封闭环反之减小或增大,则该环为减环。用 $\overleftarrow{L_i}$ 表示,在图 3.33(b) 中,$\overleftarrow{L_2}$ 是减环。

③ 建立工艺尺寸链的步骤

a. 确定封闭环。封闭环一般是间接得到的设计尺寸或工序加工余量,有时也可能是中间工序尺寸。

b. 查找组成环。从封闭环的某一端开始,按照尺寸之间的联系,首尾相接依次画出对封闭环有影响的尺寸,直到封闭环的另一端。所形成的封闭尺寸图形就构成一个工艺尺寸链,如图 3.34(a) 所示,由 $L_0 \to L_b \to L_a \to L_0$ 的另一端,或者由 $L_0 \to L_a \to L_b \to L_0$ 的另一端。

c. 确定增、减环。具体方法为,先给封闭环任画一个与其尺寸线平行的箭头,然后沿此方向,绕工艺尺寸链依次给各组成环画出箭头,凡与封闭环箭头方向相同的为减环;反之,为增环。如图 3.34(b) 所示,L_a 为增环,L_b 为减环。

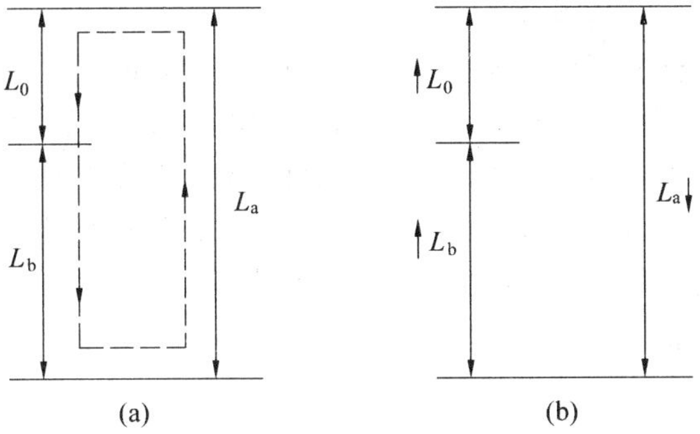

图3.34 尺寸链增、减环的确定

④ 工艺尺寸链的特性

通过上述分析可知,工艺尺寸链的主要特性是封闭性和关联性。

a. 关联性。组成工艺尺寸链的各尺寸之间存在内在关系,相互无关的尺寸不会组成尺寸链。在工艺尺寸链中每个组成环不是增环就是减环,其中任何一个尺寸发生变化时,均要引起封闭环尺寸的变化。对工艺尺寸链的封闭环没有影响的尺寸,就不是该工艺尺寸链的组成环。

b. 封闭性。尺寸链是一个首尾相接且封闭的尺寸图形,其中包含一个间接得到的尺寸。不构成封闭的尺寸图形就不是尺寸链。

(2) 工艺尺寸链的分类

按尺寸链各环尺寸的几何特征不同,工艺尺寸链可分为长度尺寸链和角度尺寸链。

① 长度尺寸链。组成尺寸链的各环均为长度尺寸的工艺尺寸链,如图3.33所示。

② 角度尺寸链。组成尺寸链的各环均为角度尺寸的工艺尺寸链,这种尺寸链多为形位公差构成的尺寸链,如图3.35所示。

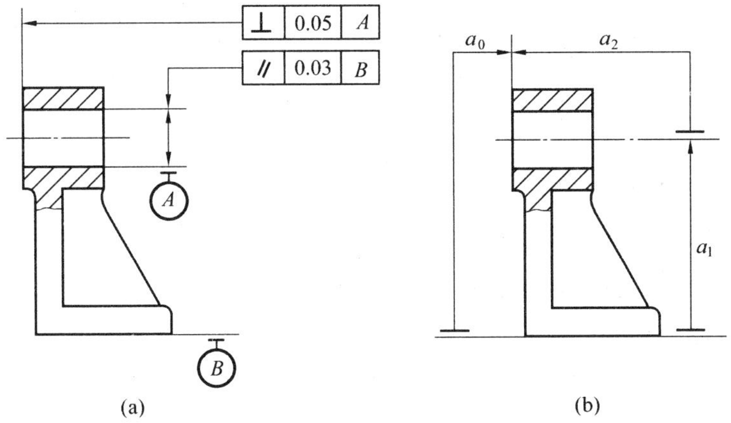

图3.35 角度尺寸链

按尺寸链各环的空间位置区分,工艺尺寸链又可分为直线尺寸链、平面尺寸链和空间尺寸链3种。其中直线尺寸链最为常见,后面的讨论均以直线尺寸链和长度尺寸链为例。

(3) 工艺尺寸链计算的基本公式

尺寸链的计算方法有极值法和概率法两种。极值法是从组成环可能出现最不利的情况出发,即当所有增环均为最大极限尺寸而所有减环均为最小极限尺寸,或所有增环均为最小极限尺寸而所有减环均为最大极限尺寸,来计算封闭环的极限尺寸和公差,一般应用于中、小批量生产和可靠性要求高的场合;概率法一般用于大批量生产中,或用于装配尺寸链。下面主要介绍极值法的计算公式。

① 尺寸链的极值解法

a. 封闭环的基本尺寸

封闭环的基本尺寸等于所有组成环基本尺寸的代数和,即

$$L_0 = \sum_{i=1}^{m} \overrightarrow{L}_i - \sum_{i=1}^{n} l\overleftarrow{L}_i \tag{3.10}$$

式中 m—— 增环数;

n—— 减环数。

b. 封闭环的极限尺寸

$$L_{0\max} = \sum_{i=1}^{m} \overrightarrow{L}_{i\max} - \sum_{i=1}^{n} \overleftarrow{L}_{i\min} \tag{3.11}$$

$$L_{0\min} = \sum_{i=1}^{m} \overrightarrow{L}_{i\min} - \sum_{i=1}^{n} \overleftarrow{L}_{i\max} \tag{3.12}$$

式中 $L_{0\max}$、$L_{0\min}$—— 封闭环的最大与最小极限尺寸;

$\overrightarrow{L}_{i\max}$、$\overrightarrow{L}_{i\min}$—— 增环的最大与最小极限尺寸;

$\overleftarrow{L}_{i\max}$、$\overleftarrow{L}_{i\min}$—— 减环的最大与最小极限尺寸。

c. 封闭环的上、下偏差

由封闭环的极限尺寸减去其基本尺寸即可得到封闭环的上、下偏差。

$$\mathrm{ES}(L_0) = \sum_{i=1}^{m} \mathrm{ES}(\overrightarrow{L}_i) - \sum_{i=1}^{n} \mathrm{EI}(\overleftarrow{L}_i) \tag{3.13}$$

$$\mathrm{EI}(L_0) = \sum_{i=1}^{m} \mathrm{EI}(\overrightarrow{L}_i) - \sum_{i=1}^{n} \mathrm{ES}(\overleftarrow{L}_i) \tag{3.14}$$

式中 $\mathrm{ES}(L_0)$、$\mathrm{EI}(L_0)$—— 封闭环的上、下偏差;

$\mathrm{ES}(\overrightarrow{L}_i)$、$\mathrm{EI}(\overrightarrow{L}_i)$—— 增环的上、下偏差;

$\mathrm{ES}(\overleftarrow{L}_i)$、$\mathrm{EI}(\overleftarrow{L}_i)$—— 减环的上、下偏差。

d. 封闭环的公差 T_0

封闭环的公差等于各组成环公差之和,即

$$T_o = \sum_{i=1}^{m+n} T_i \tag{3.15}$$

式中 T_o—— 封闭环公差;

T_i—— 组成环公差。

在用极值法计算时,封闭环的公差大于任一组成环的公差。当封闭环的公差一定时,组成环数目越多,其公差就越小,这就必然造成工序加工困难。因此在分析尺寸链时,应

使尺寸链的组成环数为最少,即应遵循尺寸链最短的原则。

② 尺寸链的概率解法

在大批量生产中,各组成环出现极限尺寸的可能性并不大,尤其当尺寸链中组成环数较多时,所有组成环均出现极限尺寸(如增环为最大尺寸,减环为最小尺寸)的可能性很小,因此用极值法计算显得过于保守。为此,在封闭环公差较小且组成环数较多的情况下,可采用概率法计算,其方法如下。

a. 将极限尺寸换算成平均尺寸

$$L_{\Delta}=\frac{L_{\max}+L_{\min}}{2} \tag{3.16}$$

式中 L_{Δ}—— 平均尺寸;

$L_{\max}$—— 最大极限尺寸;

$L_{\min}$—— 最小极限尺寸。

b. 将极限偏差换算成中间偏差

$$\Delta=\frac{\mathrm{ES}+\mathrm{EI}}{2} \tag{3.17}$$

式中 Δ—— 中间偏差;

ES、EI—— 上、下偏差。

c. 封闭环公差的平方等于各组成环公差平方之和

$$T_{o}=\sqrt{\sum_{i=1}^{n-1}T_{i}^{2}} \tag{3.18}$$

式中 T_{o}—— 封闭环的公差。

③ 工艺尺寸链的计算形式

a. 正计算形式。已知各组成环尺寸求封闭环尺寸。其计算结果是唯一的。产品设计的校验常用这种形式。

b. 反计算形式。已知封闭环尺寸求各组成环尺寸。由于组成环通常有若干个,所以反计算形式需将封闭环的公差值按照尺寸大小和精度要求合理地分配给各组成环。产品设计常用此形式。

c. 中间计算形式。已知封闭环尺寸和部分组成环尺寸求某一组成环尺寸。该方法应用最广,常用于加工过程中基准不重合时计算工序尺寸。

3.6.3 工艺尺寸链的分析与解算

1. 基准不重合时工序尺寸及其公差的确定

当定位基准与设计基准或工序基准不重合时,需按工序尺寸链进行分析计算。

(1) 测量基准与设计基准不重合时工序尺寸及其公差的计算

在工件加工过程中,有时会遇到一些表面加工之后,按设计尺寸不便直接测量的情况,因此需要在零件上另选一容易测量的表面作为测量基准进行测量,以间接保证设计尺寸的要求。这时就需要进行工艺尺寸的换算。

【例3.2】 如图3.36所示,加工时要保证尺寸6 ±0.1 mm,但该尺寸在加工时不便测量,只好通过测量尺寸 L 来间接保证。试求工序尺寸 L 及其上、下偏差。

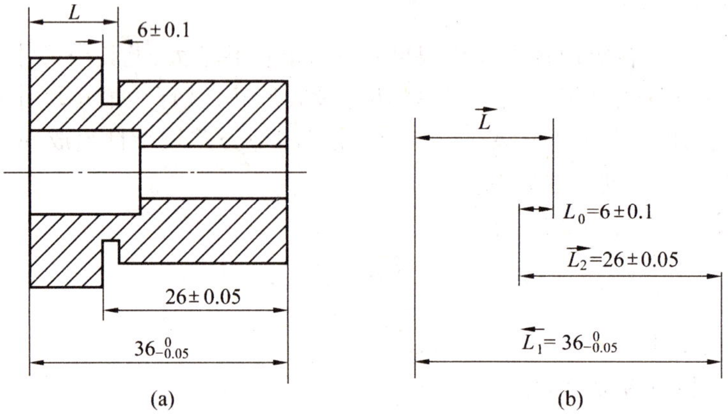

图 3.36 工艺尺寸链

解 (1) 确定封闭环

在图中,其他尺寸均为直接得到的,只有(6 ±0.1) mm 尺寸为间接保证的,故(6 ±0.1) mm 为封闭环,即 L_0 = (6 ±0.1) mm。

(2) 画工艺尺寸链图(见图 3.36(b)),并确定增、减环。从封闭环 L_0 一端开始,画首尾相接的尺寸图形,便得到工艺尺寸链图,如图 3.36(b) 所示。其中尺寸 L、L_2 = (26 ±0.05) mm 为增环,尺寸 $L_1 = 36_{-0.05}^{\ 0}$ mm 为减环。

由公式(3.10) 得

$$L_0 = L + L_2 - L_1$$

$$6 = L + 26 - 36$$

整理得

$$L = 16 \text{ mm}$$

由公式(3.13) 得

$$\text{ES}(L_0) = \text{ES}(\overrightarrow{L}) + \text{ES}(\overrightarrow{L_2}) - \text{EI}(\overleftarrow{L_1})$$

$$0.1 = \text{ES}(\overleftarrow{L}) + 0.05 - (-0.05)$$

整理得

$$\text{ES}(\overrightarrow{L}) = 0$$

由公式(3.14) 得

$$\text{EI}(L_0) = \text{EI}(\overrightarrow{L}) + \text{EI}(\overrightarrow{L_2}) - \text{ES}(\overleftarrow{L_1}) - 0.1 - 0.1 = \text{EI}(\overrightarrow{L}) - 0.05 - 0$$

整理得

$$\text{EI}(\overrightarrow{L}) = -0.05 \text{ mm}$$

所以有

$$L = 16_{-0.05}^{\ 0} \text{ mm}$$

(2) 定位基准与设计基准不重合时工序尺寸及其公差的计算

【例 3.3】 零件加工时,当加工表面的定位基准与设计基准不重合时,也需进行工艺尺寸链的换算。如图3.37 所示,孔的设计基准是表面 C 而不是定位表面 A。在镗孔前,表面 A、B、C 已加工好。镗孔时,为使工件装夹方便,选择表面 A 作为定位基准。显然,定位基准与设计基准不重合,此时设计尺寸(120 ±0.15) mm 为间接得到的,是封闭环。为保证设计尺寸(120 ±0.15) mm,必须将 L_3 控制在一定范围内,这就需要进行工艺尺寸链的计算。

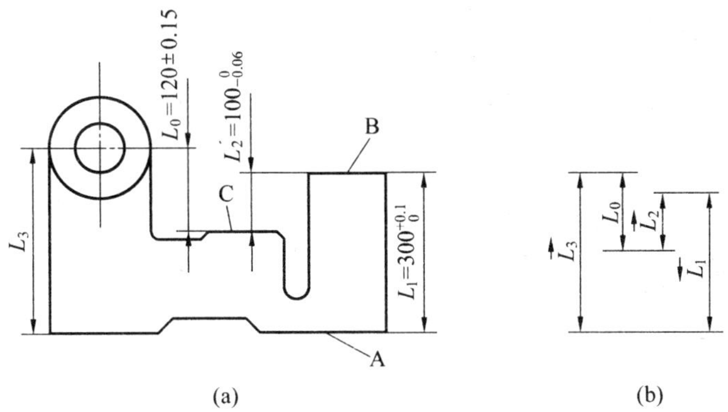

图 3.37 定位基准与设计基准不重合的尺寸换算

解 (1) 确定封闭环

设计尺寸 L_0 为间接得到,故 L_0 为封闭环。

(2) 画出工艺尺寸链图(见图 3.37(b)),并确定增、减环。由工艺尺寸链图可知,L_2、L_3 为增环,L_1 为减环。

(3) 确定 L_3 的基本尺寸及其上、下偏差

由公式(3.10)得

$$L_0 = L_3 + L_2 - L_1$$

$$120 = L_3 + 100 - 300$$

所以 $$L_3/\text{mm} = 120 + 300 - 100 = 320$$

由公式(3.13)得

$$ES(L_0) = ES(\overrightarrow{L_3}) + ES(\overrightarrow{L_2}) - EI(\overleftarrow{L_1})$$

$$0.15 = ES(\overrightarrow{L_3}) + 0 - 0$$

所以 $$ES(\overrightarrow{L_3}) = 0.15\ \text{mm}$$

由公式(3.14)得

$$EI(L_0) = EI(\overrightarrow{L_3}) + EI(\overrightarrow{L_2}) - ES(\overleftarrow{L_1})$$

$$-0.15 = EI(\overrightarrow{L_3}) - 0.06 - 0.1$$

$$EI(\overrightarrow{L_3}) = 0.01\ \text{mm}$$

求得 $$L_3 = 320_{+0.01}^{+0.15}\ \text{mm}$$

2. 中间工序的工序尺寸及其公差的计算

【例3.4】 在工件加工过程中,其他工序尺寸及偏差均已知,求某中间工序的尺寸及其偏差,称为中间尺寸计算。图3.38所示为一齿轮内孔的简图,内孔为 $\phi 40_{0}^{+0.05}$ mm,键槽尺寸深度为 $46_{0}^{+0.3}$ mm。内孔及键槽的加工顺序如下:① 精镗孔至 $\phi 39.6_{0}^{+0.1}$ mm;② 插键槽至尺寸 A;③ 热处理;④ 磨内孔至设计尺寸 $\varphi 40_{0}^{+0.05}$ mm,同时间接保证键槽深度 $46_{0}^{+0.3}$ mm。计算中间工序尺寸 A。

解 (1) 确定封闭环

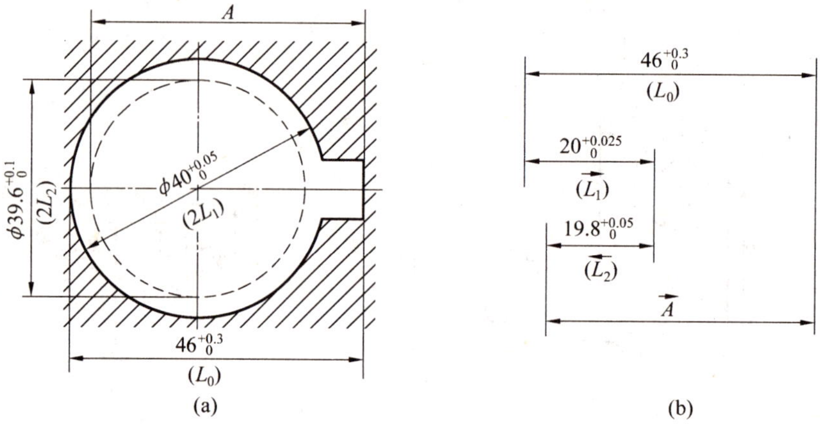

图 3.38 中间尺寸换算

由键槽加工顺序可知，其他尺寸都是直接得到的，而$46^{+0.3}_{0}$ 尺寸是间接保证的，所以该尺寸为封闭环。

（2）画出工艺尺寸链图（见图 3.38（b）），并确定增、减环。由工艺尺寸链图可知，A、L_1 为增环，L_2 为减环。

（3）计算中间工序的工序尺寸及其公差

由公式（3.10）得

$$46 = A + 20 - 19.8$$

整理得 $A = 45.8$ mm

由公式（3.13）得

$$0.3 = ES(\overrightarrow{L}) + 0.025 - 0$$

所以有 $ES(\overrightarrow{L}) = +0.275$ mm

由公式（3.14）得 $0 = EI(\overrightarrow{L}) + 0 - 0.05$

所以 $EI(\overrightarrow{L}) = +0.05$ mm

故中间工序尺寸 $A = 45.8^{+0.275}_{+0.05}$ mm

3. 保证渗碳或渗氮层厚度时工艺尺寸及公差的计算

工件渗碳或渗氮后，表面一般需经磨削才能保证尺寸精度，同时还需要保证在磨削后能获得图样要求的渗入层厚度。显然，这里渗碳层的厚度是封闭环。

【例 3.5】 图 3.39 所示为轴类零件，其加工过程为：车外圆至$\phi20.6^{0}_{-0.04}$ mm—渗碳淬火—磨外圆至$\phi20^{0}_{-0.02}$ mm。试计算保证渗碳层厚度为0.7 ~ 1.0 mm（$0.7^{+0.3}_{0}$ mm）时，渗碳工序的渗入厚度及其公差。

解 （1）确定封闭环

由题意可知，其他尺寸均是直接得到的，只有磨后要保证的渗碳层厚度 0.7 ~ 1.0 mm（$0.7^{+0.3}_{0}$ mm）为间接得到的，故该尺寸为封闭环。

（2）画工艺尺寸链图（见图 3.39（b）），并确定增、减环。由工艺尺寸链图可知，L_3、L_2 为增环，L_1 为减环。

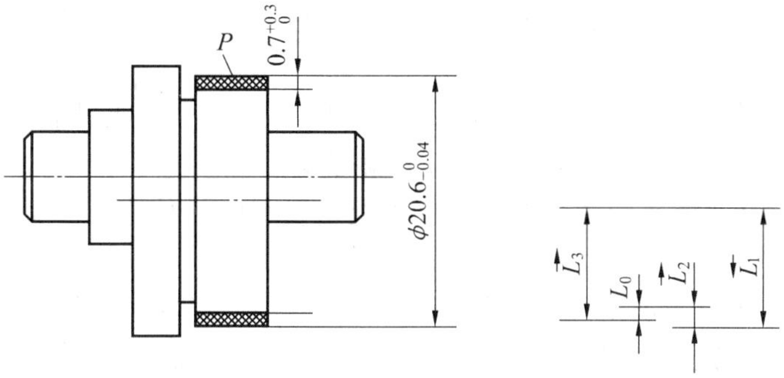

(a) (b)

图 3.39 偏心轴渗碳磨削工艺尺寸链

(3) 计算渗碳层尺寸及其公差

由公式(3.10) 得

$$0.7 = L_2 + 10 - 10.3$$

整理得

$$L_2 = 1 \text{ mm}$$

由公式(3.13) 得

$$0.3 = ES(\overrightarrow{L_2}) + 0 - (-0.02)$$

所以

$$ES(\overrightarrow{L_2}) = +0.28 \text{ mm}$$

由公式(3.14),得

$$0 = EI(\overrightarrow{L_2}) + (-0.01) - 0$$

所以

$$EI(\overrightarrow{L_2}) = 0.01 \text{ mm}$$

因此渗碳层深度尺寸

$$L_2 = 1^{+0.28}_{+0.01} \text{ mm}$$

3.7 机械加工生产率和技术经济分析

制订工艺规程的根本任务是在保证产品质量的前提下,提高劳动生产率和降低成本,即做到高产、优质、低消耗。要达到这一目的,制订工艺规程时,还必须对工艺过程认真开展技术经济分析,有效地采取提高机械加工生产率的工艺措施。

3.7.1 提高劳动生产率的途径

1. 时间定额

机械加工生产率是指工人在单位时间内生产的合格产品的数量,或者指制造单件产品所消耗的劳动时间。它是劳动生产率的指标。机械加工生产率通常通过时间定额来衡量。

时间定额是指在一定的生产条件下,规定每个工人完成单件合格产品或某项工作所必需的时间。时间定额是安排生产计划、核算生产成本的重要依据,也是设计、扩建工厂或车间时计算设备和工人数量的依据。

完成零件一道工序的时间定额称为单件时间。它由下列部分组成：

(1) 基本时间(T_b)

基本时间(T_b)指直接改变生产对象的尺寸、形状、相对位置与表面质量或材料性质等工艺过程所消耗的时间。对机械加工而言，就是切除金属所耗费的时间(包括刀具切入、切出的时间)。时间定额中的基本时间可以根据切削用量和行程长度来计算。

(2) 辅助时间(T_a)

辅助时间(T_a)指为实现工艺过程所必须进行的各种辅助动作消耗的时间。它包括装卸工件，开、停机床，改变切削用量，试切和测量工件，进刀和退刀具等所需的时间。

基本时间与辅助时间之和称为操作时间 T_B。它是直接用于制造产品或零、部件所消耗的时间。

(3) 布置工作场地时间(T_{sw})

布置工作场地时间(T_{sw})指为使加工正常进行，工人管理工作场地和调整机床等(如更换、调整刀具，润滑机床，清理切屑，收拾工具等)所需时间。一般按操作时间的 2% ~ 7%(以百分率 α 表示)计算。

(4) 生理和自然需要时间(T_r)

生理和自然需要时间(T_r)指工人在工作班内为恢复体力和满足生理需要等消耗的时间。一般按操作时间的 2% ~ 4%(以百分率 β 表示)计算。

以上四部分时间的总和称为单件时间 T_p，即

$$T_p = T_b + T_a + T_{sw} + T_r = T_B + T_{sw} + T_r = (1 + \alpha + \beta) T_B \tag{3.19}$$

(5) 准备与终结时间(T_e)

准备与终结时间(T_e)简称为准终时间，指工人在加工一批产品、零件进行准备和结束工作所消耗的时间。加工开始前，通常都要熟悉工艺文件，领取毛坯、材料、工艺装备，调整机床，安装工刀具和夹具，选定切削用量等；加工结束后，需送交产品，拆下、归还工艺装备等。准终时间对一批工件来说只消耗一次，零件批量越大，分摊到每个工件上的准终时间 T_e/n 就越小，其中 n 为批量。因此，单件或成批生产的单件计算时间 T_c 应为

$$T_c = T_p + T_e/n = T_b + T_a + T_{sw} + T_r + T_e/n \tag{3.20}$$

大批、大量生产中，由于 n 的数值很大，$T_e/n \approx 0$，即可忽略不计，所以大批、大量生产的单件计算时间 T_c 应为

$$T_c = T_p = T_b + T_a + T_{sw} + T_r \tag{3.21}$$

2. 提高机械加工生产率的工艺措施

劳动生产率是一个综合技术经济指标，它与产品设计、生产组织、生产管理和工艺设计都有密切关系。这里讨论提高机械加工生产率的问题，主要从工艺技术的角度，研究如何通过减少时间定额，寻求提高生产率的工艺途径。

(1) 缩短基本时间

① 提高切削用量。增大切削速度、进给量和背吃刀量都可以缩短基本时间，这是机械加工中广泛采用的提高生产率的有效方法。

② 减少或重合切削行程长度。利用几把刀具或复合刀具对工件的同一表面或几个表面同时进行加工，或者利用宽刃刀具、成形刀具做横向进给同时加工多个表面，实现复

合工步，都能减少每把刀的切削行程长度或使切削行程长度部分或全部重合，从而减少基本时间。

③ 采用多件加工。多件加工可根据加工设备和工件特点分顺序多件加工、平行多件加工和平行顺序多件加工。

(2) 缩短辅助时间

缩短辅助时间的方法通常是使辅助操作实现机械化和自动化，或使辅助时间与基本时间重合。

(3) 缩短布置工作场地时间

布置工作场地时间，主要消耗在更换刀具和调整刀具的工作上。因此，缩短布置工作场地时间主要是减少换刀次数、换刀时间和调整刀具的时间。

(4) 缩短与准备终结时间

缩短准备与终结时间的主要方法是扩大零件的批量和减少调整机床、刀具和夹具的时间。

3.7.2 工艺过程的技术经济分析

制订机械加工工艺规程时，通常应提出几种方案。这些方案应都能满足零件的设计要求，但成本则会有所不同。为了选取最佳方案，需要进行技术经济分析。

1. 生产成本和工艺成本

制造一个零件或一件产品所必需的一切费用的总和，称为该零件或产品的生产成本。生产成本实际上包括与工艺过程有关的费用和与工艺过程无关的费用两类。因此，对不同的工艺方案进行经济分析和评价时，只需分析、评价与工艺过程直接相关的生产费用，即所谓工艺成本。

在进行经济分析时，应首先统计出每一方案的工艺成本，再对各方案的工艺成本进行比较，以其中成本最低、见效最快的为最佳方案。

工艺成本由两部分构成，即可变成本(V) 和不变成本(S)。

可变成本(V) 是指与生产纲领 N 直接有关，并随生产纲领成正比例变化的费用。它包括工件材料(或毛坯) 费用、操作工人工资、机床电费、通用机床的折旧费和维修费、通用工艺装备的折旧费和维修费等。

不变成本(S) 是指与生产纲领 N 无直接关系，不随生产纲领的变化而变化的费用。它包括调整工人的工资、专用机床的折旧费和维修费、专用工艺装备的折旧费和维修费等。

零件加工的全年工艺成本(E) 为

$$E = VN + S \tag{3.22}$$

式(3.22) 为直线方程，其坐标关系如图3.40所示，可以看出，E 与 N 是线性关系，即全年工艺成本与生产纲领成正比，直线的斜率为工件的可变费用，直线的起点为工件的不变费用，当生产纲领产生 ΔN 的变化时，则年工艺成本的变化为 ΔE。

单件工艺成本 E_d 可由式(3.22) 变换得到，即

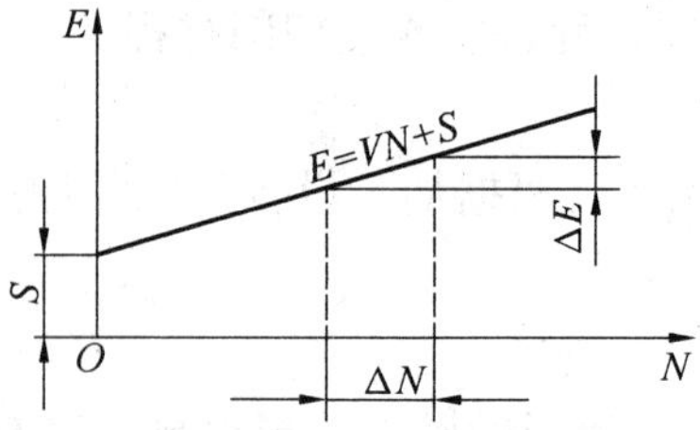

图 3.40　全年工艺成本与生产纲领的关系

$$E_d = V + S / N \tag{3.23}$$

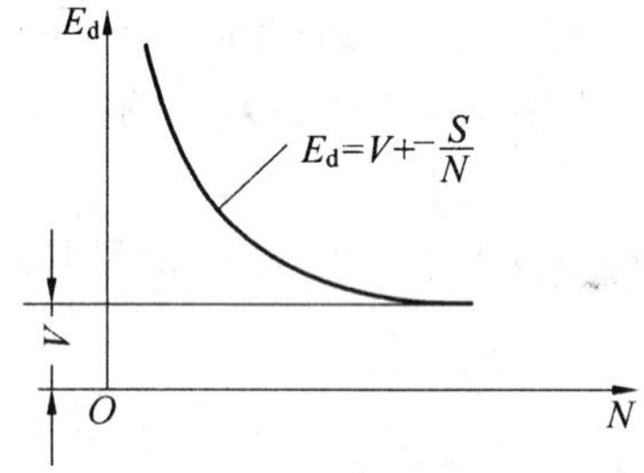

图 3.41　单件工艺成本与生产纲领的关系

由图 3.41 可知，E_d 与 N 呈双曲线关系，当 N 增大时，E_d 逐渐减小，极限值接近可变费用。

2. 不同工艺方案的经济性比较

在进行不同工艺方案的经济分析时，常对零件或产品的全年工艺成本进行比较，这是因为全年工艺成本与生产纲领呈线性关系，容易比较。设两种不同方案分别为 Ⅰ 和 Ⅱ，它们的全年工艺成本分别为

$$E_1 = V_1 N + S_1$$
$$E_2 = V_2 N + S_2$$

两种方案比较时，往往一种方案的可变费用较大时，另一种方案的不变费用就会较大。如果某种方案的可变费用和不变费用均较大，那么该方案在经济上是不可取的。

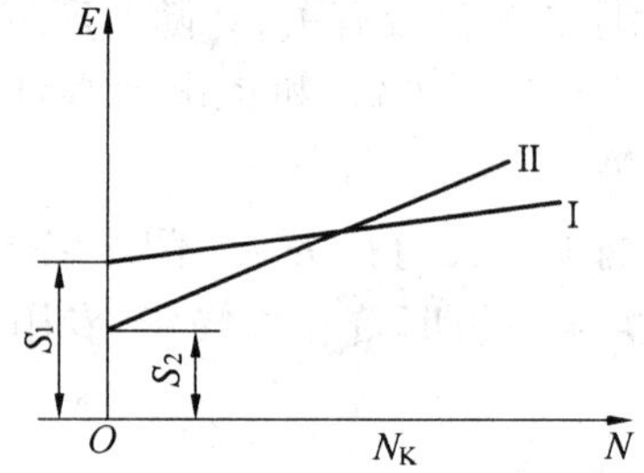

图 3.42　两种方案全年工艺成本的比较

现在同一坐标图上分别画出方案 Ⅰ 和 Ⅱ 全年的工艺成本与年产量的关系，如图3.42所示。由图可知，两条直线相交于 $N = N_K$ 处，N_K 称为临界产量，在此年产量时，两种工艺路线的全年工艺成本相等。由 $V_1 N_K + S_1 = V_2 N_K + S_2$ 可得

$$N_K = (S_1 - S_2)/(V_2 - V_1)$$

当$N < N_K$时,宜采用方案Ⅱ,即年产量小时,宜采用不变费用较少的方案;当$N > N_K$时,则宜采用方案Ⅰ,即年产量大时,宜采用可变费用较少的方案。

如果需要比较的工艺方案中基本投资差额较大,还应考虑不同方案的基本投资差额的回收期。投资回收期必须满足以下要求:

(1)小于采用设备和工艺装备的使用年限。

(2)小于该产品由于结构性能或市场需求等因素所决定的生产年限。

(3)小于国家规定的标准回收期,即新机床的回收期应小于4～6年,新夹具的回收期应小于2～3年。

第4章 机床夹具设计原理

4.1 概 述

夹具是机械制造中的一种工艺装备，如机床夹具、焊接夹具、装配夹具、检验夹具等。其中用得最为广泛的是机床夹具。机床夹具是在机床上将工件定位、夹紧,将刀具进行导向的一种装置,其作用是使工件相对于机床或刀具有一个正确的位置,并在加工过程中保持这个位置不变。

4.1.1 工件的装夹方法

将工件在机床上或夹具中的定位、夹紧的过程称为装夹。定位就是确定工件在机床上或夹具中具有正确的位置。这样,一个工件放到机床上或夹具中,占有某一相对刀具及切削成形运动的正确位置,且逐次加工的一批工件都应占有相同的正确位置,也就能够保证一个工件加工表面的精度,以及使一批工件的加工表面的精度一致。夹紧就是工件定位后将其压紧、夹牢,使其在加工过程中保持定位位置不便的操作,这样工件在切削力、重力、离心力和惯性力的作用下,能保持定位时已获得的正确位置不变。

工件的装夹,可根据工件加工的不同技术要求,采取先定位后夹紧或在夹紧过程中同时实现定位这两种方式,其目的都是为了保证工件在加工时相对刀具及成形运动具有正确的位置。机械加工中,由于生产批量、加工精度及工件尺寸的大小不同,装夹方法也不同,一般有如下三种装夹方法。

(1) 直接装夹

直接装夹是利用机床上的装夹面来对工件直接定位,工件的定位基准面只要靠紧在机床的装夹面上并密切贴合,不需找正即可完成定位。此后,夹紧工件,使其在整个加工过程中不脱离这一位置,就能得到工件相对刀具及成形运动的正确位置。

如图4.1所示,图(a)中工件的加工面A要求与工件的底面B平行,装夹时将工件的定位基准面B靠近并吸牢在磁力工作台上即可;图(b)中的工件为一夹具底座,加工面A要求与地面B垂直,并与底部已装好导向键的侧面平行,装夹时除将底面靠紧在工作台面上之外,还需使导向键侧面与工作台上的T形槽侧面靠紧。

(2) 找正装夹

这种装夹方法是利用可调垫块、千斤顶、四爪卡盘等工具,先将工件夹紧在机床上,将划针或百分表安置在机床的有关部件上,然后使机床作慢速运动。这时划针或百分表在工件上划过的轨迹即代表着切削成形运动的位置,根据这个轨迹调整工件,使工件处于正确位置。如图4.2所示,在车床上加工一个与外圆表面具有一个偏心量为 e 的内孔,可采用四爪卡盘和百分表调整工件的位置，使其外圆表面轴线与主轴回转轴线恰好相距一个偏心量 e，然后再夹紧工件加工。

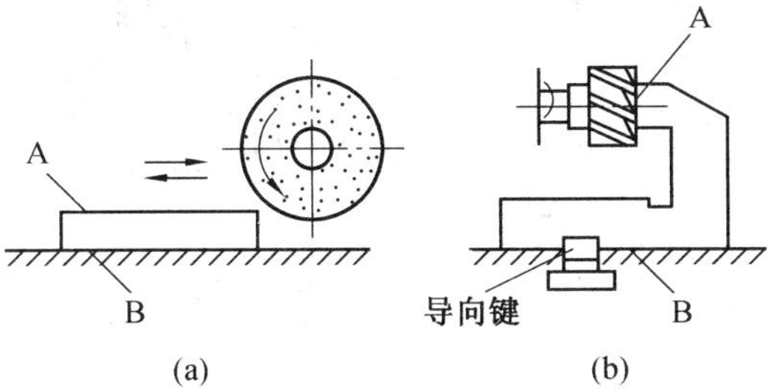

图 4.1　直接装夹方法

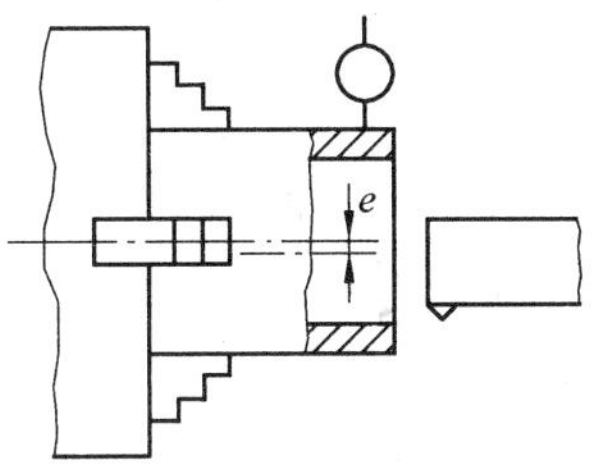

图 4.2　找正装夹方法

对于形状复杂，尺寸、质量均较大的铸、锻件毛坯，若其精度较低不能按其表面找正，则可预先在毛坯上将待加工面的轮廓线划出，然后再按所划的线找正其位置，亦属于找正装夹。这种找正装夹方法的缺点是费时间，生产效率低，所能达到的装夹精度与操作工人的技术水平和所使用的找正工具的精度有关，故主要适用于单件、小批生产。

(3) 夹具装夹

夹具是根据工件加工某一工序的具体加工要求设计的，其上备有专用的定位元件和夹紧装置，被加工工件可以迅速而准确地装夹在夹具中。采用夹具装夹，是在机床上先安装好夹具，使夹具上的安装面与机床上的装夹面靠紧并固定，然后在夹具中装夹工件，使工件的定位基准面与夹具上定位元件的定位面靠紧并固定，如图 4.3 所示。由于夹具上定位元件的定位面相对夹具的安装面有一定的位置精度要求，故利用夹具装夹就能保证工件相对刀具及成形运动的正确位置关系。

采用夹具装夹工件，易于保证加工精度、缩短辅助时间、提高生产率、减轻工人劳动强度和降低对工人的技术水平要求，故特别适用于成批和大量生产。

4.1.2　机床夹具及其组成

虽然机床夹具的种类繁多，但它们的工作原理基本上是相同的。将各类夹具中，作用相同的结构或元件加以概括，可得出夹具一般所共有的以下几个组成部分：

(1) 定位元件

定位元件是用来保证工件在夹具中占有正确位置的元件，是夹具的主要功能元件之一。如图 4.3 中的定位销 6。

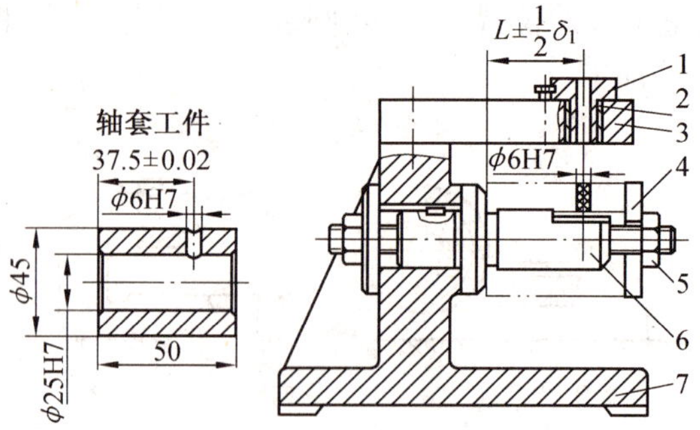

图 4.3　钻床夹具

1—快换钻套;2—衬套;3—钻模板;4—开口垫圈;5—螺母;6—定位销;7—夹具体

(2) 夹紧元件或装置

为了使工件在加工过程中不因切削力、冲击力和振动等力的作用而使位置发生变化,需要将工件夹紧的机构,如图 4.3 中的开口垫圈 4,螺母 5 等。

(3) 对刀及导向元件

对刀及导向元件是用于确定工件相对于刀具位置的元件,如图 4.3 中快换钻套 1。

(4) 夹具体

夹具体用以连接夹具各元件及装置,使之成为一个整体,并通过它将夹具安装在机床上,如图 4.3 中夹具底体 7。

(5) 连接元件

连接元件用以确定夹具在机床上的位置并与机床相连接,如定位键、紧固螺栓等。

(6) 其他元件和装置

除上述各部分以外还有其他元件或装置,根据加工需要,有些夹具上还设有分度装置、靠模装置、上下料装置、工件顶出机构等。

上述各组成部分中,定位元件、夹紧装置、夹具体是夹具的基本组成部分。虽然机床各组成部分并不是对每种机床夹具都是缺一不可的,但是基本组成部分一般是不可缺少的。

4.1.3　机床夹具的分类

1. 按使用范围分

按使用范围,夹具可分为通用夹具、专用夹具、可调夹具、组合夹具和自动线夹具。它反映夹具在不同生产类型中的通用特性,因此是选择夹具的主要依据。

(1)通用夹具

通用夹具是指结构、尺寸已规格化,且具有一定通用性的夹具,如三爪自定心卡盘、四爪单动卡盘、台虎钳、万能分度头、中心架、电磁吸盘等。其特点是适用性强、不需调整或稍加调整即可装夹一定形状范围内的各种工件,可缩短生产准备周期,减少夹具品种,从而降低生产成本。其缺点是夹具的加工精度不高,生产率也较低,且较难装夹形状复杂的工件,故适用于单件小批量生产中。

(2)专用夹具

专用夹具是针对某一工件的某一工序的加工要求而专门设计和制造的夹具。其特点是针对性极强,没有通用性。在产品相对稳定、批量较大的生产中,常用各种专用夹具,可获得较高的生产率和加工精度。专用夹具的设计制造周期较长,随着现代多品种及中、小批生产的发展,专用夹具在适应性和经济性等方面已产生许多问题。

(3)可调夹具

可调夹具是针对通用夹具和专用夹具的缺陷而发展起来的一类新型夹具。对不同类型和尺寸的工件,只需调整或更换原来夹具上的个别定位元件和夹紧元件便可使用。它一般又分为通用可调夹具和成组夹具两种。通用可调夹具的通用范围大,适用性广,加工对象不太固定。成组夹具是根据成组加工工艺的原则,针对一组形状相近的零件专门设计的,调整范围仅限于本组内的工件。可调夹具在多品种、小批量生产中得到广泛应用。

(4)组合夹具

组合夹具是一种模块化的夹具,并已商品化。标准的模块元件具有较高精度和耐磨性,可组装成各种夹具,夹具用毕即可拆卸,留待组装新的夹具。由于使用组合夹具可缩短生产准备周期,元件能重复多次使用,并具有可减少专用夹具数量等优点,因此组合夹具在单件、中小批多品种生产和数控加工中,是一种较经济的夹具。

(5)自动线夹具

自动线夹具一般分为两种:一种为固定式夹具,它与专用夹具相似;另一种为随行夹具,使用中夹具随着工件一起运动,并将工件沿着自动线从一个工位移至下一个工位进行加工。

2.按夹具使用的机床分类

这是专用夹具设计所用的分类方法。按使用的机床分类,可把夹具分为车床夹具、铣床夹具、钻床夹具、镗床夹具、磨床夹具、齿轮机床夹具、数控机床夹具等。

3.按夹具动力源来分类

按夹具夹紧动力源可将夹具分为手动夹具和机动夹具两大类。为减轻劳动强度和确保安全生产,手动夹具应有扩力机构与自锁性能。常用的机动夹具有气动夹具、液压夹具、气液夹具、电动夹具、电磁夹具、真空夹具和离心力夹具等。

4.1.4 机床夹具的功用

1.保证加工质量

机床夹具的首要任务是保证加工精度,特别是保证被加工工件的加工面与定位面之间以及被加工表面相互之间的位置精度。使用夹具后,这种精度主要靠夹具和机床来保证,不再依赖于工人的技术水平。

2.提高劳动生产率和降低生产成本

用夹具装夹工件,避免了工件逐件找正和对刀,缩短了安装工件的时间;用夹具容易实现多件、多工位加工,提高了劳动生产率;且还可以边加工边安装工件,使机动时间与辅助时间重合,进一步缩短辅助时间,从而降低了生产成本。

3. 扩大机床的工艺范围

在机床上安装夹具可以扩大其工艺范围,如在铣床上加一个转台或分度装置,可以加工有等分要求的零件;在车床上或钻床上安放镗模后,可以进行箱体孔系的镗削加工,使车床、钻床具有镗床的功能。

4. 减轻工人的劳动强度

可采用气动、液动、电动及电液等形式的夹紧机构,以降低工人的劳动强度。

4.2 工件定位的基本原理

工件在夹具中定位是使同一工序中的所有工件都能在夹具中占据正确的位置。一批工件逐个在夹具上定位时,各个工件在夹具中占据的位置不可能完全一致,也不必要求它们完全一致,但各个工件的位置变动量必须控制在加工要求所允许的范围之内。

4.2.1 工件定位的基本原理

1. 自由度的概念

由刚体运动学可知,一个自由刚体,在空间有且仅有六个自由度。图 4.4 所示的工件,它在空间的位置是任意的,即它既能沿 Ox、Oy、Oz 三个坐标轴移动,称为移动自由度,分别表示为 $\vec{x}$、$\vec{y}$、$\vec{z}$;又能绕 Ox、Oy、Oz 三个坐标轴转动,称为转动自由度,分别表示为 $\widehat{x}$、$\widehat{y}$、$\widehat{z}$。

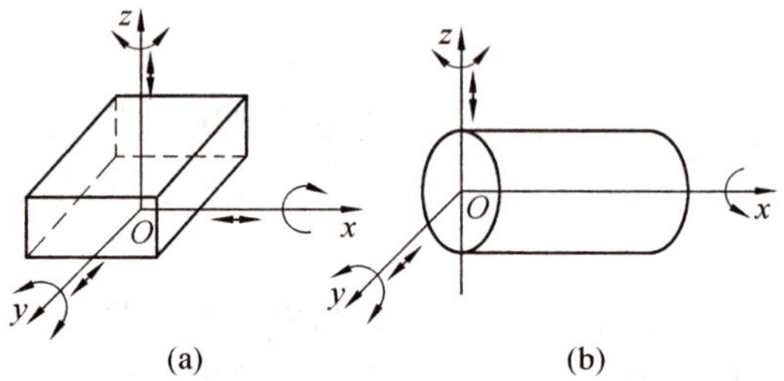

图 4.4 工件的自由度

2. 六点定位原理

由上可知,如果要使一个自由刚体在空间有一个确定的位置,就必须设置相应的六个约束,分别限制刚体的六个运动自由度。在讨论工件的定位时,工件就是我们所指的自由刚体。如果工件的六个自由度都加以限制了,工件在空间的位置也就完全被确定下来了。因此,定位实质上就是限制工件的自由度。

如何限制工件的六个自由度?在夹具中,限制工件的自由度用定位支承点来实现,一个定位支承点限制一个自由度。我们把用夹具上按一定要求布置的六个定位支承点与工件的定位基准相接触来限制工件的六个自由度作为六点定位原理。

例如,在如图 4.5(a) 所示的矩形工件上铣削半封闭式矩形槽时,为保证加工尺寸 A,可在工件的底面,即在 xOy 坐标平面内,设置三个不共线的支承点 1,2,3,如图 4.5(b) 所示,限制工件的三个自由度 $\vec{z}$, $\widehat{x}$, $\widehat{y}$,此面称为主定位面;为了保证 B 尺寸,在工件左侧面,

即在 yOz 平面内侧面设置两个支承点4,5,(两点连线平行于 Oy),如图4.5(b)所示,限制工件的两个自由度 $\overrightarrow{x}$,$\widehat{z}$,此面称为导向面;为了保证 C 尺寸,在工件后面,即 xOz 平面内设置一个支承点6,限制工件的一个自由度 $\overrightarrow{y}$,此面称为止推面。于是工件的六个自由度全部被限制了,实现了六点定位。在具体的夹具中,起支承点作用的是一定形状的几何体,这些用来限制工件自由度的几何体称为定位元件,如图4.5(c)所示,设置了六个支承钉。

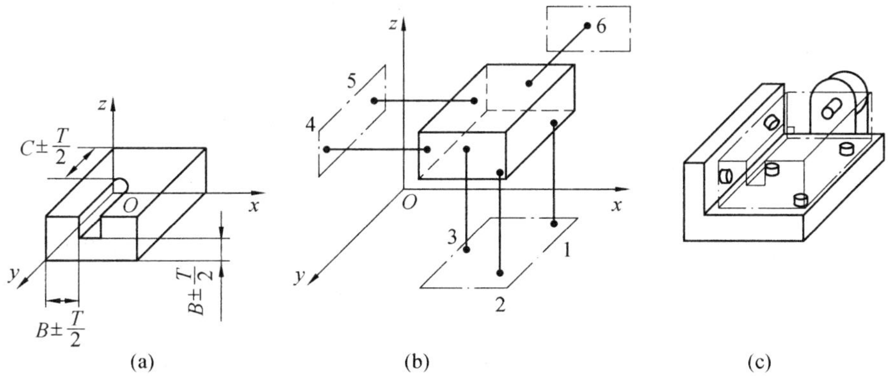

图4.5 工件在夹具中的定位

通过上述分析,说明了六点定位原理的几个主要问题:

① 机械加工中关于自由度的概念与力学中自由度的概念不完全相同。机械加工中的自由度实际上是指工件在空间位置的不确定性;六点定位原则中"点"的含义是限制自由度,不要机械地理解成接触点。例如把工件安放在工作台上限制了三个自由度,是三点定位。实际上,工件与工作台面接触点可能有多个。

② 定位支承点必须与工件的定位基准面始终保持紧贴接触,才能起到限制自由度的作用。

③ 分析定位支承点的定位作用时,不考虑力的影响;工件在某一坐标方向上的自由度被限制,是指工件定位后在该坐标方向上有确定的位置,而不是指工件在受到使工件脱离支承点的外力时不能运动。

④ 夹紧不等于定位,这里特别要注意将定位与夹紧的概念区分开来。工件一经夹紧,其空间位置就不能再改变,但这并不意味着其空间位置是确定的。例如把工件安放在平面磨床的磁性工作台上,扳动磁性开关后,工件即被夹紧,其位置就被固定。但工件放在工作台什么位置上并不确定。

⑤ 定位支承点是定位元件抽象而来的。六点定位原理对于任何形状工件的定位都是适用的,如果违背这个原理,工件在夹具中的位置就不能完全确定。然而,用工件六点定位原理进行定位时,必须根据具体加工要求灵活运用,工件形状不同,定位表面不同,定位点的布置情况会各不相同,宗旨是使用最简单的定位方法,使工件在夹具中迅速获得正确的位置。

4.2.2 定位原理的应用

在实际生产中，应用六点定位原理对工件定位分析时，常有以下几种情况：

1. 完全定位

合理选择并布置定位元件，使工件的六个自由度完全被限制而在夹具中占有完全确定的唯一位置，称为完全定位。当工件在 x、y、z 三个坐标方向均有尺寸要求或位置精度要求时，一般采用这种定位方式，如图 4.5 所示。

2. 不完全定位

没有完全限制工件的六个自由度，但已能满足加工要求的定位，称为不完全定位。在生产中有些加工工序，有时并不要求工件完全定位，即消除部分自由度。这里有两种情况：

① 由于工件的几何形状的特点，消除工件某些方面的自由度没有意义，也无法消除。如图 4.6 所示，在球面上钻孔、在光轴上车一段轴颈，都没有必要、也不可能限制绕它们自身回转轴线的自由度。因为回转轴线为工件的回转中心，工件绕回转轴线任意放置的结果都一样，并不影响一批工件在加工中位置的一致性。

② 由于加工的特点，工件某些方面的自由度存在并不影响加工要求。如图 4.7(a) 所示的工件，仅要求保证被加工的上平面与工件底面的高度尺寸 H 及平行度精度，因而在刨床工作台上定位时只需限制 $\vec{z}$，$\overset{\frown}{x}$，$\overset{\frown}{y}$ 三个自由度。又如图 4.7(b) 所示的工件，在立式铣床上用角度铣刀加工燕尾槽时，只需限制 $\vec{y}$，$\vec{z}$，$\overset{\frown}{x}$，$\overset{\frown}{y}$ 及 $\overset{\frown}{z}$ 五个自由度。从定位原理上分析，这一沿 x 轴的自由度可以不被限制。由此可知，工件在定位时应该限制的自由度数目应由工序的加工要求而定，不影响加工精度的自由度可以不加限制。采用不完全定位可简化定位装置，因此不完全定位在实际生产中也广泛应用。

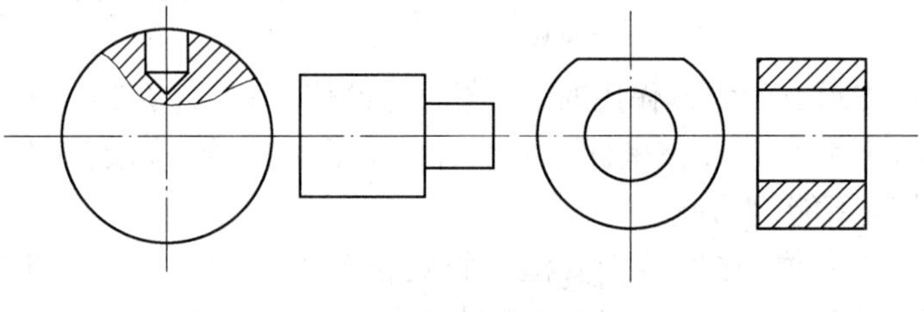

图 4.6 不必限制绕自身回转轴线的自由度

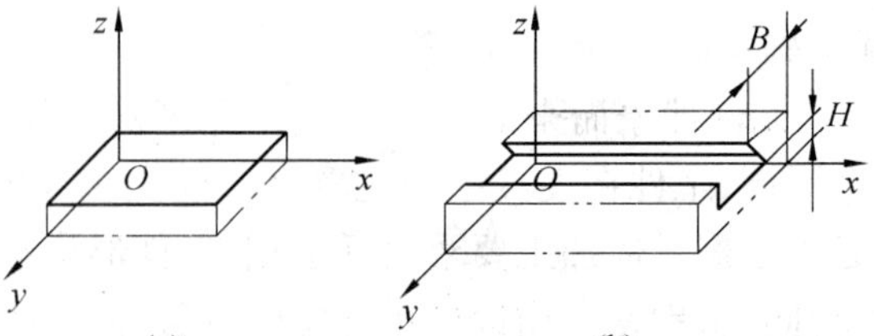

(a) (b)

图 4.7 不完全定位

3. 欠定位

工件实际定位时,所限制的自由度数少于按工序加工要求应予以限制的自由度数,则工件定位不足,称为欠定位。欠定位无法保证加工要求,因此,在确定工件在夹具中的定位方案时,决不允许有欠定位的现象产生。如在图4.5所示中不设端面支承6,则在一批工件上半封闭槽的长度就无法保证;若缺少侧面两个支承点4,5时,则工件上B的尺寸和槽与工件侧面的平行度均无法保证。

4. 过定位(重复定位)

几个定位支承点重复限制同一个或几个自由度,这样重复定位称为过定位(重复定位)。工件的定位是否允许重复定位应根据工件的不同情况进行分析。

① 一般来说,若工件定位面是毛坯面,或加工精度不高,则过定位不允许。因为这样可能造成定位不准、不稳或干涉等。

② 若工件定位面经机械加工,且尺寸和形位置精度较高,则允许过定位。合理过定位不仅不会影响加工精度,还可加强工艺系统刚度,提高定位稳定性。

如图4.8(a)所示为连杆加工大头孔时工件在夹具中定位的情况,连杆的定位基准为端面、小头孔及一侧面,夹具上的定位元件为支承板、长销及一挡销。根据工件定位原理,支承板与连杆端面接触相当于三点定位,限制$\vec{z}$, $\overset{\frown}{x}$, $\overset{\frown}{y}$三个自由度;长销与连杆小头孔配合相当于四点定位,限制$\vec{x}$, $\vec{y}$, $\overset{\frown}{x}$, $\overset{\frown}{y}$四个自由度;挡销与连杆侧面接触,限制一个自由度$\overset{\frown}{z}$。这样,有八个定位支承点,共同限制六个自由度,其中$\overset{\frown}{x}$及$\overset{\frown}{y}$被重复限制,属于过定位。若工件小头孔与端面有较大的垂直度误差,且长销与工件小头孔的配合间隙很小,则会产生连杆小头孔套入长销后,连杆端面与支承板不完全接触的情况(见图4.8(b))。当施加夹紧力W迫使它们相接触后,则会造成长销或连杆的弯曲变形(见图4.8(c)),进而降低了加工后大头孔与小头孔之间的平行度精度。

从上述工件定位实例可知,形成过定位的原因是由于夹具上的定位元件同时重复限制了工件的一个或几个自由度。重复定位的后果是使工件定位不稳定,破坏一批工件位置的一致性,使工件或定位元件在夹紧力作用下产生变形,甚至使部分工件不能进行装夹。因此,应如图4.8(d)所示,将长销改为短销,使其失去限制$\overset{\frown}{x}$, $\overset{\frown}{y}$的作用以保证加工大头孔与端面的垂直度,或将支承板改为小的支承环,使其只起限制$\vec{z}$的作用,以保证加工大头孔与小头孔的平行度。到底采用哪种定位方案,视工件的具体要求而定。

4.3 定位方式与定位元件

工件在机床上或夹具中定位时,除了运用六点定位原理和合理选择定位基面外,还要合理选用定位元件。各类元件结构虽然各不相同,但在设计时应满足以下共同的要求:定位工作面精度要求高,如尺寸精度为IT6～IT8级,表面粗糙度Ra一般为0.8～0.2 μm;要有足够的强度和刚度;定位工作面要有较好的耐磨性,以便长期保持定位精度。一般定位元件多采用低碳钢渗碳淬火或中碳钢淬火,淬火硬度为HRC58～62;结构工艺性要好,以便于制造、装配、更换及排屑。

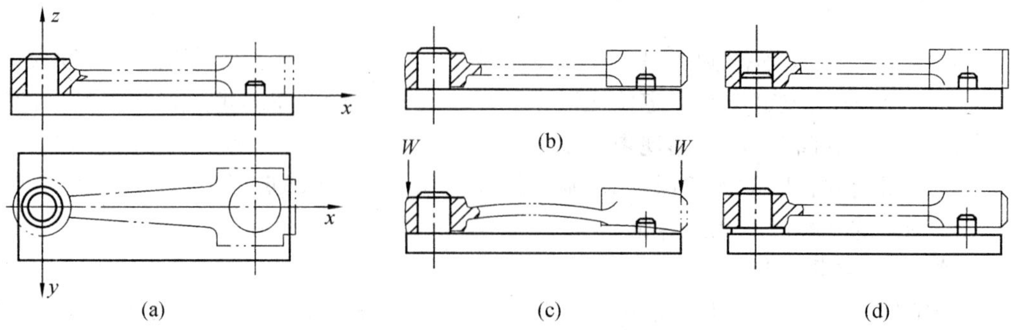

图 4.8 连杆的定位

工件的定位基面的形状通常是平面、外圆柱面、内孔、锥面及各种成形表面(如渐开线)。下面分析各种典型表面的定位方式及其所用的定位元件。

4.3.1 工件以平面定位

工件以平面定位所用的定位元件,根据是否起限制自由度的作用和能否调整可分为以下几种。

1. 主要支承

主要支承起限制自由度作用的支承。工件定位时起主要的支承定位作用,根据需要又可选用如下几种。

(1)固定支承

在夹具中定位支承点的位置固定不变的定位元件,称为固定支承。根据工件上平面的加工状况,可选取如图 4.9 所示的各种支承钉或如图 4.10 所示的支承板。

图 4.9(a)为平头支承钉,与工件接触面积大,主要用于工件上已加工过的平面的定位;图 4.9(b)为圆头支承钉,与工件接触面积小,主要用于工件上未经加工的毛坯表面的定位;图 4.9(c)为锯齿形的支承钉,能增大摩擦因数,防止工件受力后移动,常用于未加工侧平面的定位。以上三种支承钉与夹具体的连接配合常采用 H7/r6 或 H7/n6。

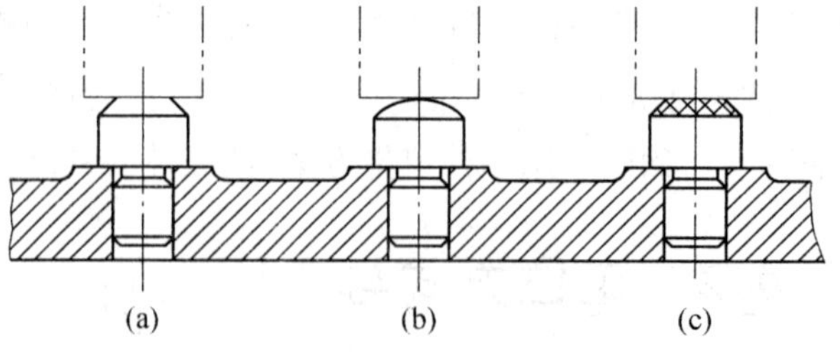

图 4.9 支承钉

图 4.10 所示为用于平面定位的各种固定支承板,主要用于工件上经过较精密加工过的平面定位。图中 A 型支承板,结构简单、制造方便,但于由埋头螺钉处积屑不易清除,一般多用于工件的侧平面定位;图中 B 型支承板,则易于清除切屑,广泛应用于工件上已加工过的平面定位。

平头支承钉或支承板一般固定在夹具体上后,须将工作表面最终磨平,以保证它们的

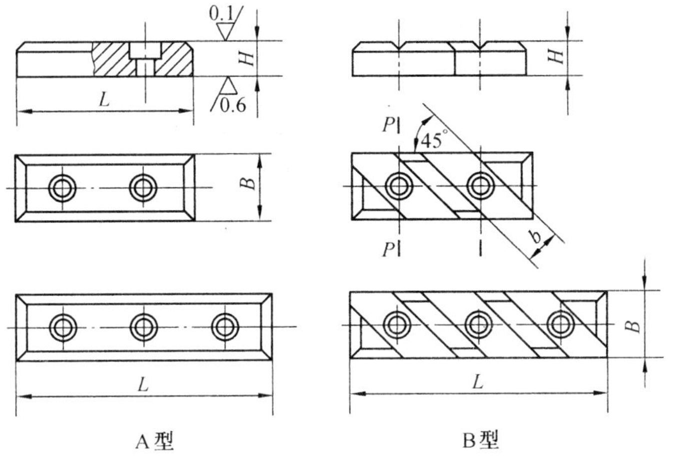

图4.10 支承板

在同一平面上,且与夹具体底面保持必要的位置精度。

(2)可调支承

在夹具中定位支承点的位置可调节的定位元件,称为可调支承。图4.11所示的即为常用的几种可调支承结构,这几种可调支承都是通过螺钉和螺母来实现定位支承点位置的调节。

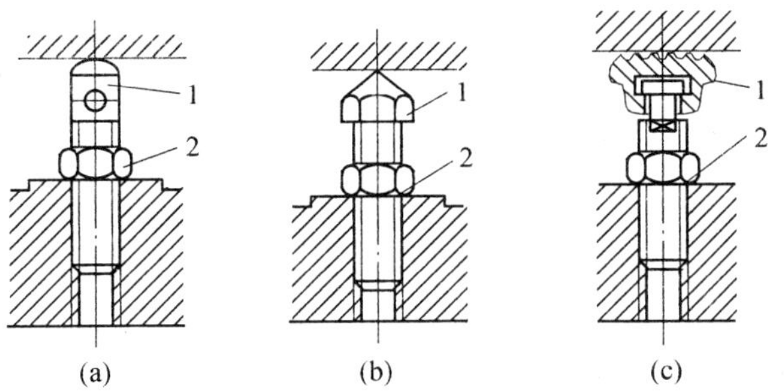

图4.11 可调支承结构

1—支承;2—螺母

可调支承主要用于工件的毛坯制造精度不高,而又以未加工过的毛坯表面作为定位基准的工序中。尤其在中批量生产条件下不同批的毛坯尺寸往往差别较大,若选用固定支承定位,在调整法加工的条件下,则由于各批毛坯尺寸的差异而引起后续工序有关加工表面位置的变化,从而影响其加工精度。为了避免发生上述情况,保证后续工序的加工精度,则需选用可调支承对不同批工件进行调节定位。调整后它的作用相当于一个固定支承。

(3)自位支承

自位支承是指定位支承点的位置在工件定位过程中,随工件定位基准位置的变化而自动与之适应的定位元件。图4.12所示即为经常采用的几种自位支承结构。其中,图(a)和图(b)所示为两点自位支承,图(c)所示为三点支承。

由于自位支承在结构上是活动或浮动的,虽然它们与工件定位表面可能是两点或三点接触,但实质上只能起到一个定位支承点的作用。这样,当以工件的毛坯表面定位,由于增加了与工件的接触点数,故可提高工件定位时的刚性和精度。有时,为了避免过定位常采用自位支承。

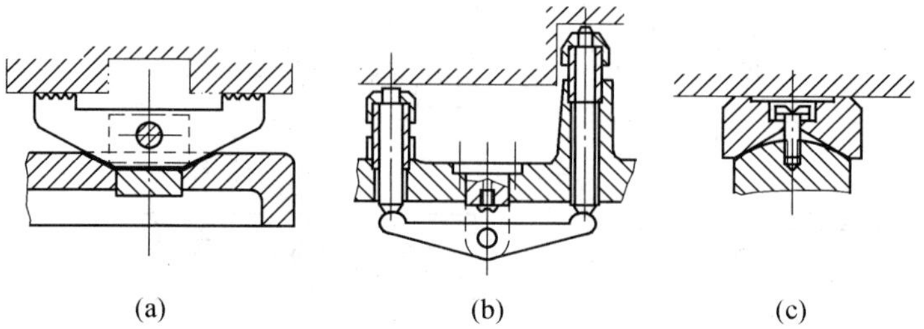

图 4.12 自位支承结构

2. 辅助支承

在工件定位时只起提高工件支承刚性不起定位作用的定位元件,称为辅助支承。在工件装夹中,为实现工件的预定位或提高工件的定位稳定性,常采用此种辅助支承。如图 4.13 所示,图(a)所示的结构最简单,但调节时要转动支承 1,这样可能会划伤工件定位面,甚至带动工件转动而破坏定位。图(b)所示的结构调节时转动螺母 2,支承 1 能做上下直线运动,避免了上述缺点。但这两种结构动作较慢,拧出时用力不当会破坏工件既定位置,适用于单件小批生产。图(c)所示为弹簧自位式辅助支承,靠弹簧 4 的弹力使支承 1 与工件表面接触,作用力稳定(弹簧力不应过大,以免顶起工件脱离支承),支承 1 通过转动手柄 3 推动锁紧销 5,利用斜面锁紧,适用于成批生产。

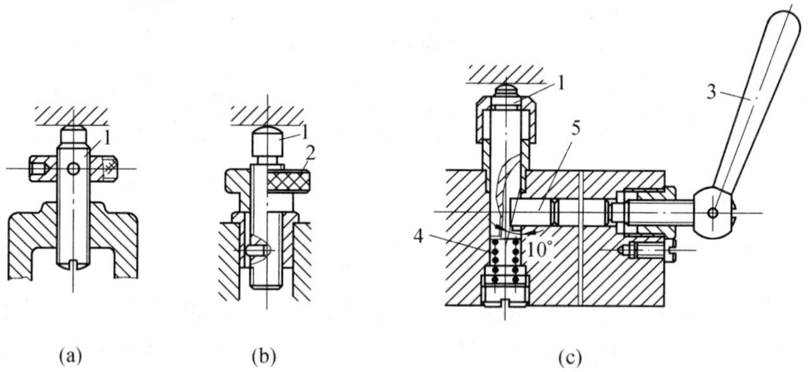

图 4.13 辅助支承

1—支承;2—螺母;3—手柄;4—弹簧;5—锁紧销

辅助支承在形式上与可调支承相似,但它们的作用不同,辅助支承对每个工件都需重新调整,它不起定位作用,必须在工件被放到主要支承上后才参与工作,多用于增加工件的刚度、夹具的刚度以及工件的预定位。有时也用来承受工件重力、夹紧力或切削力。

4.3.2 工件以圆柱孔定位

工件装夹中,常用于圆柱孔表面的定位元件有定位销、刚性心轴和小锥度心轴。

1. 定位销

(1)圆柱定位销

图4.14所示为常用的圆柱形定位销的几种典型结构。其中图(a)所示的用于直径小于10 mm的孔,为防止定位销受力折断,结构上采用了过渡圆角,这时夹具体上应有沉孔,使定位销圆角部分沉入孔内,而不妨碍定位。图(b)所示的定位销其肩部不起定位作用,做成带肩部结构是便于定位销压入夹具体时决定其轴向位置。图(a)、(b)和(c)所示均为固定式定位销。图(d)所示为便于定期更换的可换式定位销,在定位销与夹具体之间装有衬套,定位销与衬套之间用间隙配合,而衬套与夹具体则采用过渡或过盈配合。图(e)为可伸缩的定位销。为便于工件的顺利装入,上述定位销的定位端部均加工成15°的大倒角。各种类型定位销对工件圆孔定位限制的自由度,应视其与工件定位孔的接触长度而定,一般选用长定位销限制四个自由度,短定位销限制两个自由度。

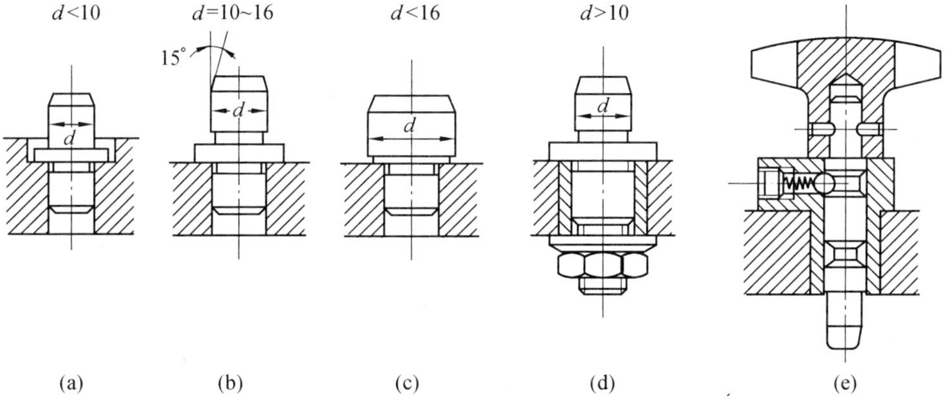

图4.14　圆柱形定位销

当要求孔销配合只在一个方向上限制工件的自由度时,可使用菱形销,如图4.15所示。

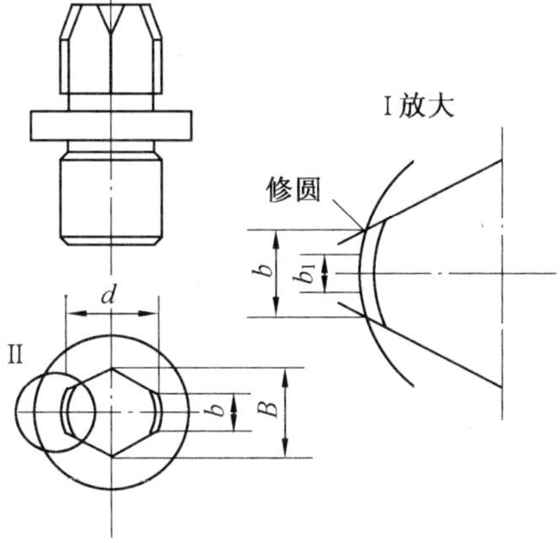

图4.15　菱形定位销

(2)圆锥定位销

如图 4.16 所示,当工件圆孔端边缘形状精度较差时,选用图(a)所示形式的圆锥定位销为粗基准;当工件圆孔端边缘形状较高精度时,选用图(b)所示形式的圆锥定位销为精基准;当工件需平面和圆孔端边缘同时定位时,选用图(c)所示形式的浮动锥销。工件在单个圆锥销上定位容易倾斜,所以圆锥销一般与其他定位元件组合定位。

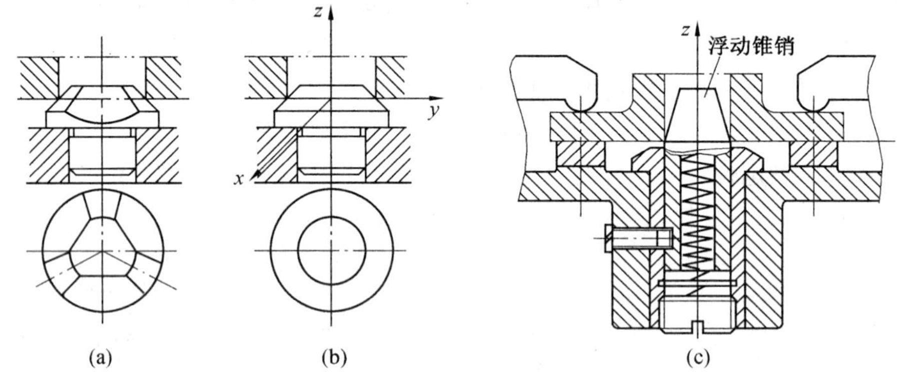

图 4.16 圆锥定位销

2. 刚性心轴

套类和盘类工件加工时,为保证外圆和端面与内孔轴心线间的位置精度,常以孔作为定位基准,在心轴上定位。常见的有圆柱心轴和圆锥心轴等。

(1)圆柱心轴

圆柱心轴的结构如图 4.17 所示,圆柱心轴由导向部分 3、定位部分 2 及传动部分 1 组成。导向部分的作用是使工件能迅速正确地套在心轴的定位部分上,其直径尺寸按间隙配合选取。心轴两端设有顶尖孔,其左端传动部分铣扁,以便能迅速放入车床主轴上带有长方槽孔的拨盘中。

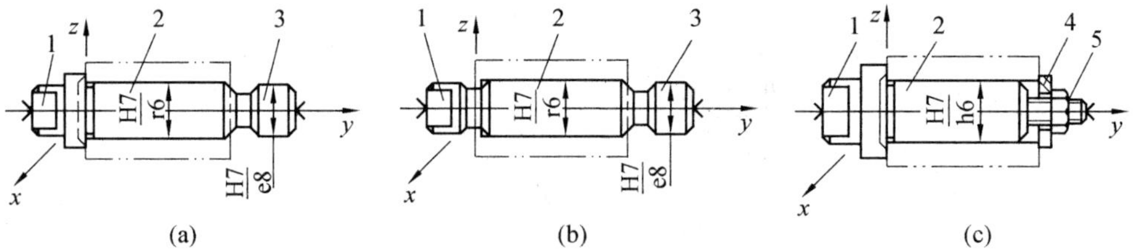

图 4.17 刚性定位心轴

1—传动部分;2—定位部分;3—导向部分;4—开口垫圈;5—螺母

图 4.17 所示的(a)和(b)是过盈配合心轴,要依靠过盈量产生的夹紧力来传递扭矩,心轴定位外圆和工件内孔配合常采用 H7/r6。图(a)所示为带有凸肩长心轴,限制了工件五个自由度。图(b)所示为不带凸肩的结构,只能限制工件的四个自由度,但同时加工工件的两个端面,在压入时需另外采取措施保证轴向位置。图(c)所示为间隙配合刚性心轴,靠螺母锁紧的摩擦力来抵抗切削力。限制了工件五个自由度。工件装卸方便,但必须有凸肩轴向定位,且定心精度差。

(2)小锥度心轴

为了消除工件与心轴的配合间隙,提高定心定位精度和便于装卸工件,还可选用如图 4.18 所示的小锥度心轴。为了防止工件在心轴上定位时倾斜,此类心轴的锥度 K 通常取

$$K=\frac{1}{5\ 000}\sim\frac{1}{1\ 000}\left(K=\frac{D_{大}-D_{小}}{l}\right)$$

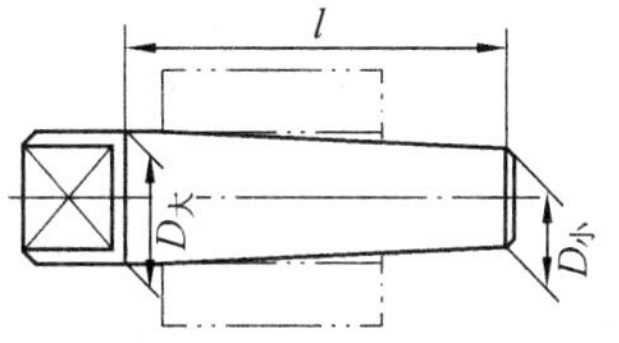

图 4.18 小锥度心轴

心轴的长度则根据被定位工件圆孔的长度、孔径尺寸公差和心轴锥度等参数确定。

定位时,工件楔紧在心轴的锥面上,楔紧后由于孔表面的局部弹性变形,使其与心轴在长度 L_K 上产生过盈配合,从而保证工件定位后不致倾斜。此外,加工时也靠其楔紧产生的过盈部分带动工件,而不需另外再进行夹紧。

4.3.3 工件以外圆柱面定位

工件以外圆柱面的定位元件有定位套、支承板和 V 形块等。各种定位套对元件外圆柱表面实现定心定位,支承板实现对外圆表面的支承定位,V 形块则实现对外圆表面的定心、对中定位。

1. 定位套

图 4.19 所示为各种类型定位套。图(a)所示为短定位套和长定位套,它们的内孔分别限制两个和四个自由度。图(b)所示为锥面定位套,它和锥面定位销一样限制三个定位度。图(c)所示为便于装取工件的半圆定位套,其限制自由度数需视其与工件定位表面接触长短而定,活动上半圆压板起压紧作用。

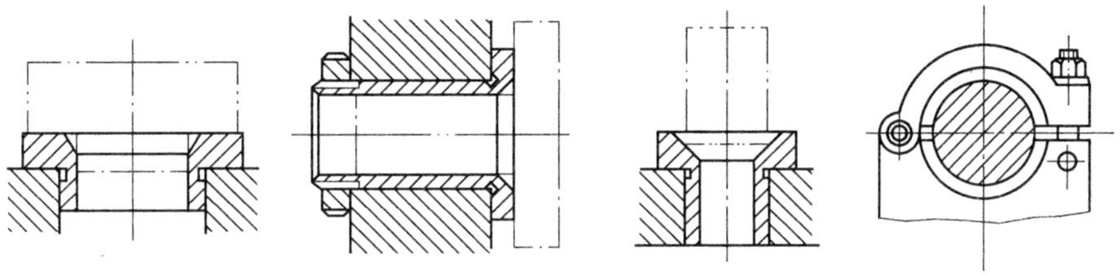

(a) (b) (c)

图 4.19 定位套

2. 支承板

在夹具中,工件以外圆表面的侧母线定位时,常采用平面定位元件——支承板。支承板对工件外圆表面的定位属于支承定位,定位时限制自由度数的多少将由其与工件外圆侧母线接触的长短而定。当两者接触较短,支承板对工件限制了一个自由度;当两者接触较长,则限制了两个自由度。图 4.20 所示为限制一个自由度的支承板。

3. V 形块

在夹具中,为了确定工件定位基准——外圆表面中心线的位置,也常采用两个支承平面组成的 V 形块定位。V 形块对工件外圆的定位,通过与工件外圆两侧母线的接触,可起对中作用,使工件上的外圆轴心线对中在 V 形块两支承面的对称面上。V 形块的结构

尺寸已经标准化，其两斜面的夹角 α 一般有 60°、90°和 120°三种，其中以 90°为最常用。用 V 形块做定位元件，还可对具有非完整外圆表面的工件进行定位。常见的 V 形块结构如图 4.21 所示，图(a)所示用于较短工件精基准定位；图(b)所示的用于较长工件粗基准定位；图(c)所示用于工件两端精基准相距较远的场合。

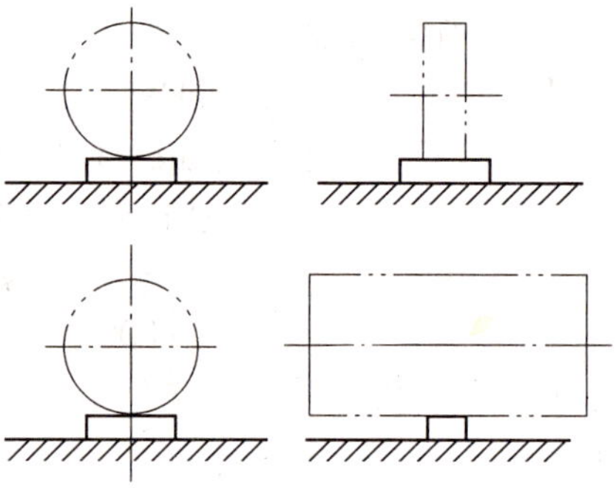

图 4.20 支承板定位

4.3.4 工件以圆锥孔定位

定位圆锥孔的定位元件主要有以下两种：

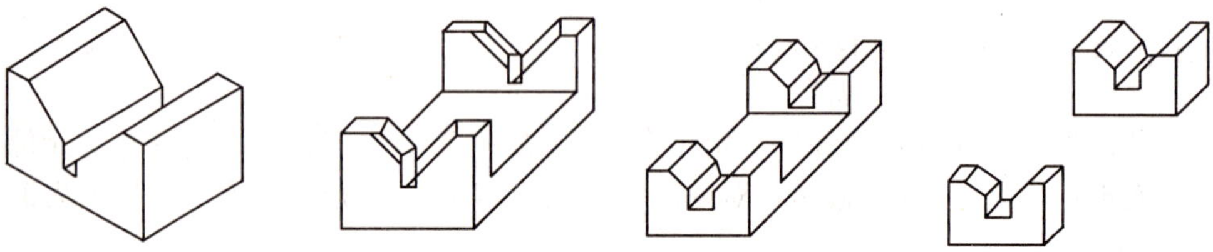

(a) (b) (c)

图 4.21 V 形块结构形式

(1)圆锥心轴

如图 4.22(a)所示，为采用工件的长圆锥孔在圆锥心轴定位，它限制工件五个方向自由度。

(2)顶尖

当工件以顶尖孔为基准时，可采用顶尖实现定位，固定顶尖限制工件的三个自由度，活动顶尖限制工件的两个自由度。图 4.22(b)所示为固定顶尖实现定位。

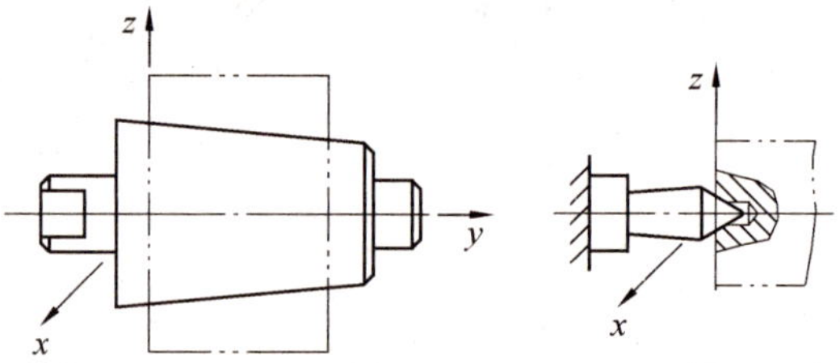

(a) (b)

图 4.22 锥度心轴和顶尖定位

4.3.5 组合定位

在实际生产中，通常都是以工件上的两个或两个以上的几何表面作为定位基准，称为组合表面定位。

在分析组合表面定位时,应注意以下两点:① 组合表面定位常把几个定位元件组合到一起,来定位一个工件相应的几个表面。该组合定位元件能限制工件的自由度总数,等于各个定位元件单独定位各自相应定位面所限制自由度的数目之和。它们限制哪些自由度会随着定位元件的不同组合而改变。② 分析组合定位时,应先分析限制工件自由度最多的定位元件所限制的自由度,再分析其他定位元件所限制的自由度。

下面介绍几种常见组合表面定位方式。

1."一面两孔"定位

在成批及大量生产中加工箱体、杠杆、盖板等零件时,常采用工件的一个平面和两个与平面垂直的孔做定位基准面,构成的组合表面定位称为"一面两孔"定位。采用"一面两孔"定位,易于做到工艺过程中的基准统一,保证工件的相互位置精度。工件采用"一面两孔"定位时,两孔可以是工件结构上原有的,也可以是为定位需要专门设计的工艺孔,相应的定位元件是支承板和两定位销,为了避免过定位,需在两个定位销中采用一个削边定位销,如图4.23所示。

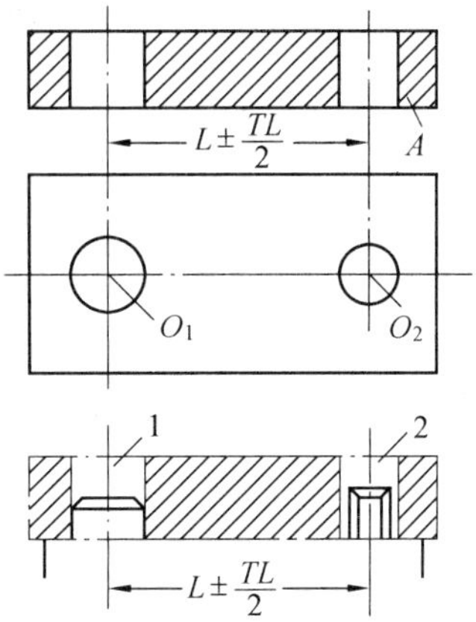

图4.23 "一面两孔"定位
1—短圆柱销;2—削边定位销

直径尺寸为3~50 mm的削边定位销都做成菱形,其标准结构如图4.15所示。圆柱部分的宽度 b 是为保证一定孔中心距偏差的补偿量而计算出来的,而 b_1 则是为了修圆菱形尖角所需要的削边部分宽度。

标准菱形定位销的结构尺寸可按表4.1所列数值直接选取。

表4.1 标准菱形定位销的结构尺寸 mm

d	>3~6	>6~8	>8~20	>20~25	>25~32	>32~40	>40~50
B	d-0.5	d-1	d-2	d-2	d-3	d-4	d-5
b	1	2	3	3	3	4	5
b_1	2	3	4	5	5	6	8

当被定位工件上的两个定位孔中心距尺寸精度及其与两个定位销的配合精度较高时,还需对表4.1选取的宽度 b 进行校验。为此,如图4.24所示,可按一批工件定位时的极端情况的几何关系,找出所需要菱形定位销的宽度 b'。

如图4.24所示,可知

$$\overline{CO_2^2} = \overline{AO_2^2} - \overline{AC^2} = \overline{BO_2^2} - \overline{BC^2}$$

$$\overline{AO^2} = \frac{1}{2}D_{2\min}$$

$$\overline{AC} = \overline{AB} + \overline{BC} = \frac{1}{2}(TL_{夹} + TL_{工}) + \frac{b'}{2}$$

$$\overline{BO^2} = \frac{1}{2}d_{2\max} = \frac{1}{2}(D_{2\min} - X_{2\min})$$

$$\overline{BC} = \frac{b'}{2}$$

代入上式,化简并略去二次微量$(TL_{夹}+TL_{工})^2$和$X_{2\min}^2$,得

$$b' \approx \frac{D_{2\min}X_{2\min}}{TL_{夹}+TL_{工}}$$

式中 $D_{2\min}$—— 工件定位孔 O_2 的最小直径尺寸;

$X_{2\min}$—— 工件定位孔 O_2 与菱形定位销的最小配合间隙;

$TL_{工}$—— 工件两定位孔 O_1 及 O_2 的中心距公差;

$TL_{夹}$—— 夹具上的两定位销的中心距公差,其值一般取 $TL_{工}$ 的$\frac{1}{3}\sim\frac{1}{5}$。

若 $b'<b$ 则按计算的 b' 最后确定菱形定位销修圆后的圆柱部分宽度。

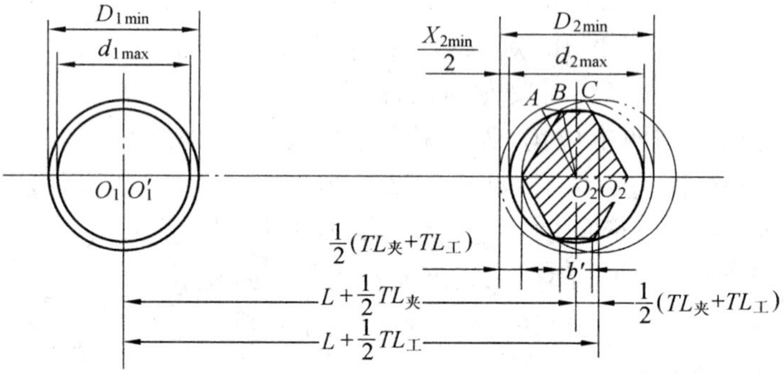

图 4.24 菱形定位销尺寸计算

2. 一个平面及与其垂直的孔的组合

如图 4.25 所示,这种情况大多用于带台阶的心轴定位,即一个定位销和一个与它垂直的环形平面组合。为了避免过定位,用长销小平面或短销大平面的方案,如图中(b)和(c)所示。如果工件的孔和端面不垂直,则要用球面垫圈,如图(d)所示,以保证长销和大端面的接触。如果工件的孔和端面的垂直度很好,夹具上定位销和环形平面垂直度很好,则可以允许用长销大平面,这时的过定位对加工精度无影响。

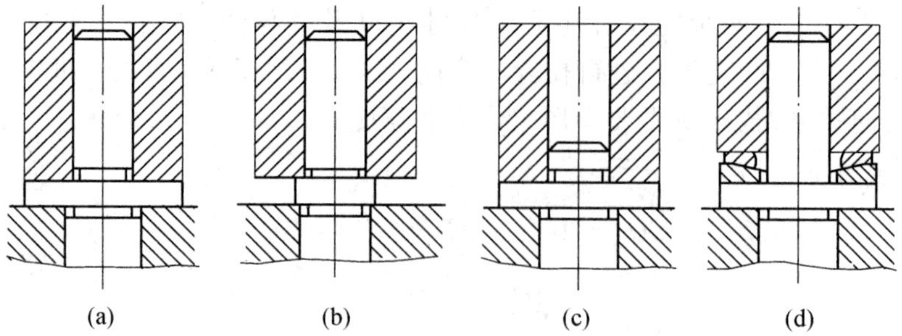

图 4.25 一个平面和一个与其垂直的孔的组合定位

表4.2列出了常用定位元件所能限制的自由度。

表4.2 常用定位元件所能限制的自由度

工件的定位面	夹具的定位元件				
平面	支承钉	定位情况	1个支承钉	2个支承钉	3个支承钉
		图示	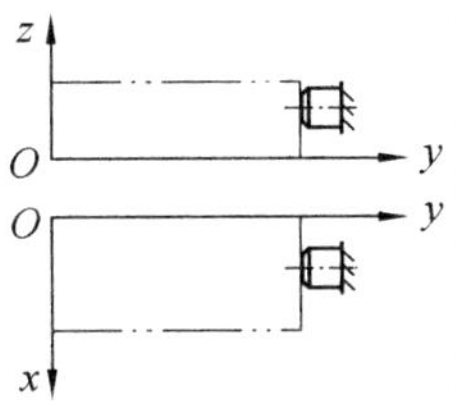	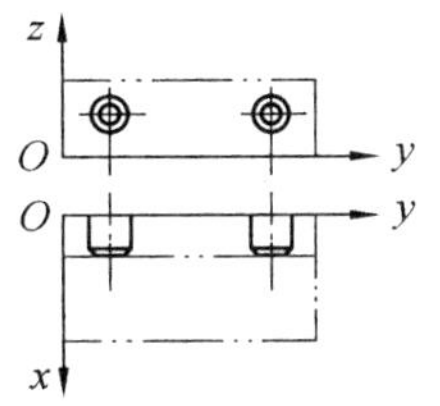	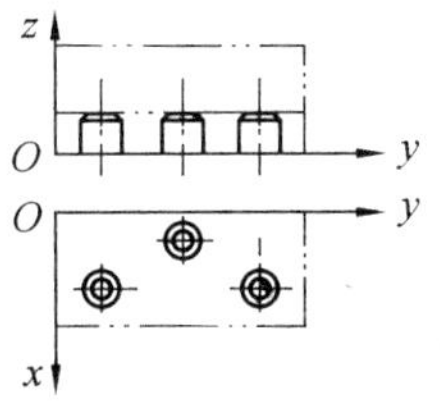
		限制自由度	$\vec{y}$	$\vec{x}$、$\overset{\frown}{z}$	$\vec{z}$、$\overset{\frown}{x}$、$\overset{\frown}{y}$
	支承板	定位情况	1块条形支承板	2块条形支承板	1块矩形支承板
		图示	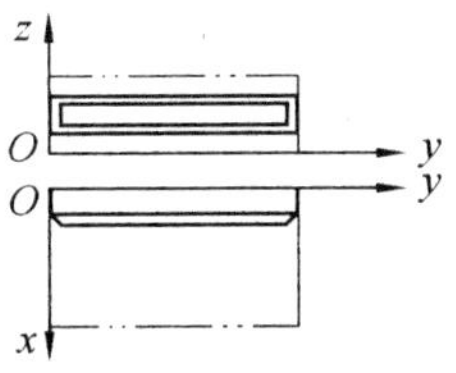	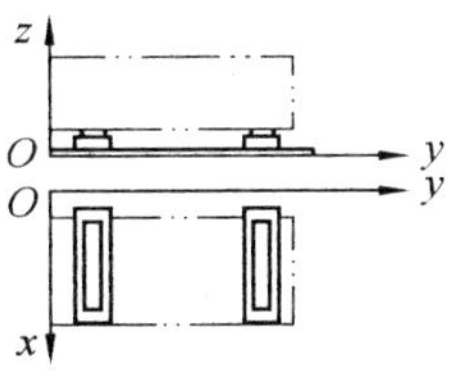	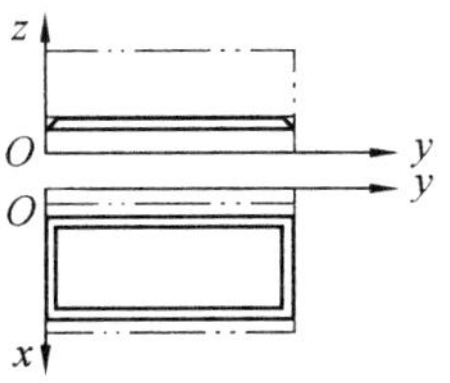
		限制自由度	$\vec{x}$、$\overset{\frown}{z}$	$\vec{z}$、$\overset{\frown}{x}$、$\overset{\frown}{y}$	$\vec{z}$、$\overset{\frown}{x}$、$\overset{\frown}{y}$
孔	圆柱销	定位情况	短圆柱销	长圆柱销	2段短圆柱销
		图示	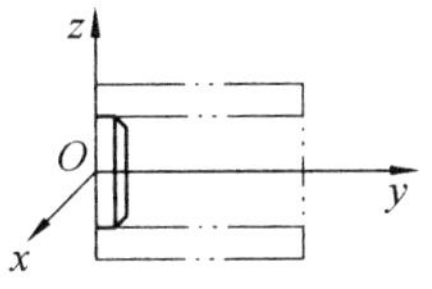	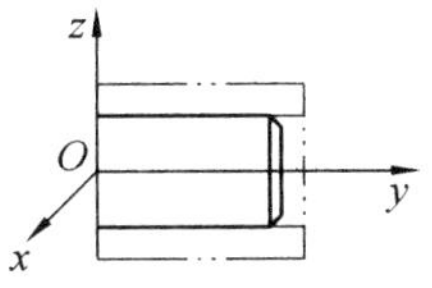	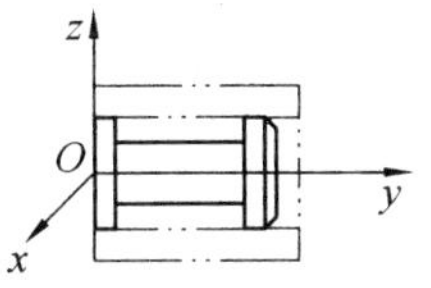
		限制自由度	$\vec{x}$、$\vec{z}$	$\vec{x}$、$\vec{z}$、$\overset{\frown}{x}$、$\overset{\frown}{z}$	$\vec{x}$、$\vec{z}$、$\overset{\frown}{x}$、$\overset{\frown}{z}$
	圆锥销	定位情况	固定锥销	浮动锥销	固定锥销与浮动锥销组合
		图示	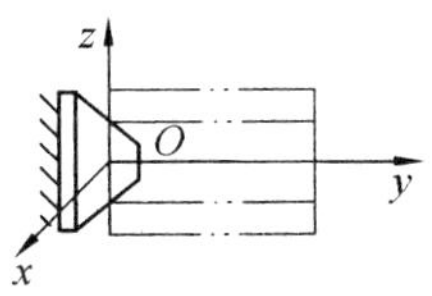	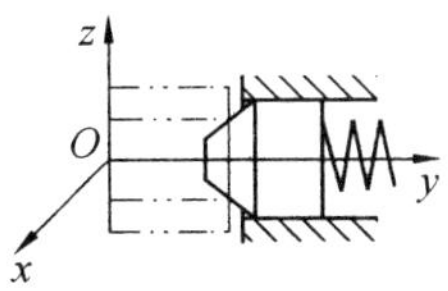	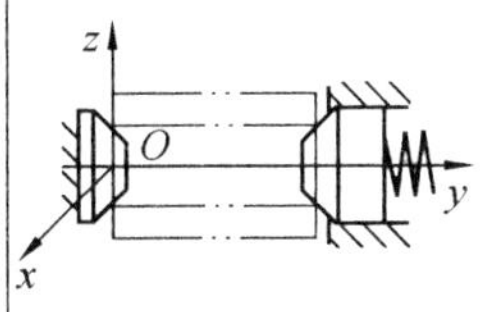
		限制自由度	$\vec{x}$、$\vec{y}$、$\vec{z}$	$\vec{x}$、$\vec{z}$	$\vec{x}$、$\vec{y}$、$\vec{z}$、$\overset{\frown}{x}$、$\overset{\frown}{z}$

续表 4.2

工件的定位面	夹具的定位元件				
孔	心轴	定位情况	长圆柱心轴	短圆柱心轴	小锥度心轴
		图示	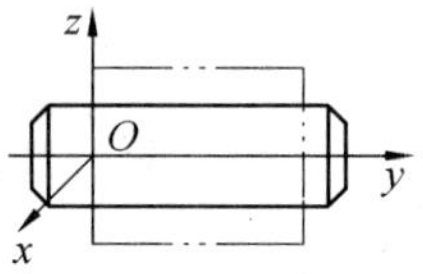	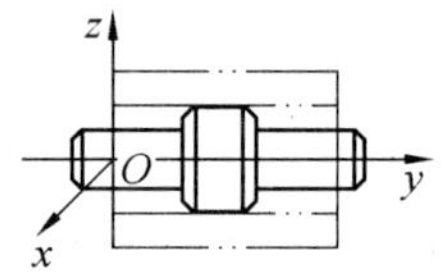	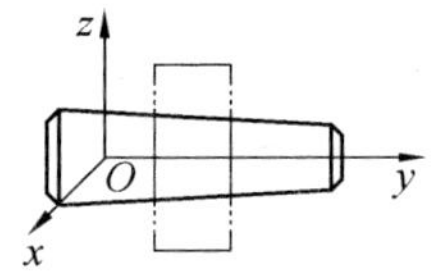
		限制自由度	$\vec{x}$、$\vec{z}$、$\overset{\frown}{x}$、$\overset{\frown}{z}$	$\vec{x}$、$\vec{z}$	$\vec{x}$、$\vec{z}$、$\vec{y}$、$\overset{\frown}{x}$、$\overset{\frown}{z}$
外圆柱面	V 形块	定位情况	1 块短 V 形块	2 块短 V 形块	1 块长 V 形块
		图示	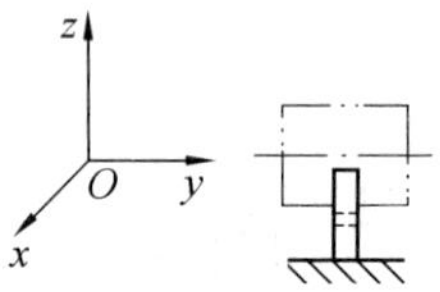	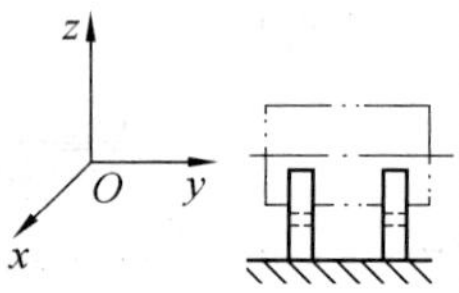	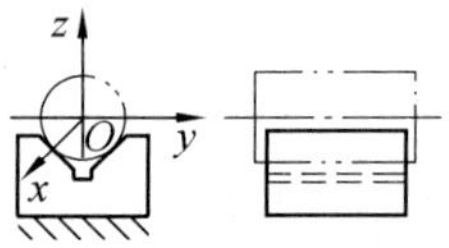
		限制自由度	$\vec{x}$、$\vec{z}$	$\vec{x}$、$\vec{z}$、$\overset{\frown}{x}$、$\overset{\frown}{z}$	$\vec{y}$、$\vec{z}$、$\overset{\frown}{y}$、$\overset{\frown}{z}$
	定位套	定位情况	1 个短定位套	2 个短定位套	1 个长定位套
		图示	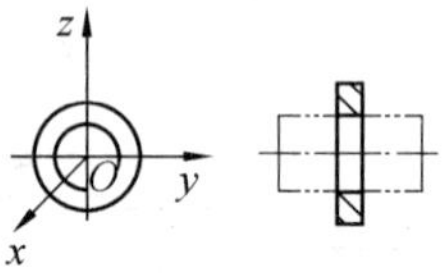	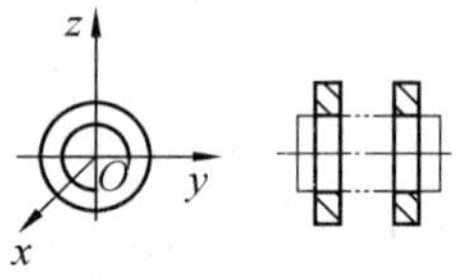	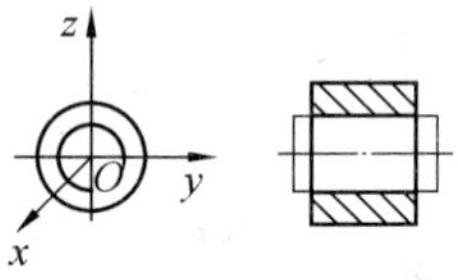
		限制自由度	$\vec{y}$、$\vec{z}$	$\vec{y}$、$\vec{z}$、$\overset{\frown}{y}$、$\overset{\frown}{z}$	$\vec{y}$、$\vec{z}$、$\overset{\frown}{y}$、$\overset{\frown}{z}$
圆锥面	锥顶尖及锥度心轴	定位情况	固定顶尖	浮动顶尖	锥度心轴
		图示	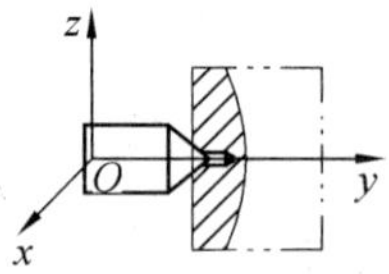	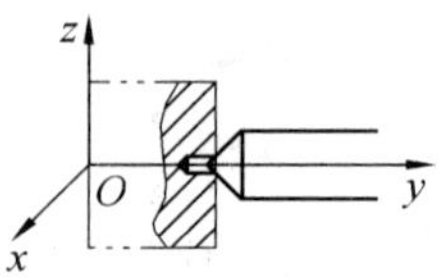	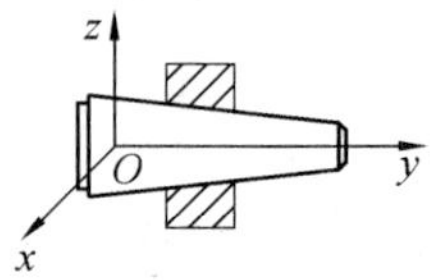
		限制自由度	$\vec{x}$、$\vec{y}$、$\vec{z}$	$\vec{x}$、$\vec{z}$	$\vec{x}$、$\vec{y}$、$\vec{z}$、$\overset{\frown}{x}$、$\overset{\frown}{z}$

4.4 定位误差的分析计算

工件在夹具中的定位,对保证工件的加工要求,特别是对保证本工序(本次安装)加工出来的表面相对于在此之前已经获得的表面间的位置要求非常重要。工件定位时应解决两个问题:首先要解决工件位置"定与不定"的问题,也就是使工件在宏观上得到定位,这个问题需要根据"六点定位原理",通过消除工件相应的"不定度"来解决。其次要解决工件位置定得"准与不准"的问题,也就是工件定位的精度问题,这个问题需要通过正确的定位误差的分析计算来判断定位是否能满足加工精度的要求。

六点定位原理解决了消除工件自由度的问题,即解决了工件在夹具中位置"定与不定"的问题。但是,由于一批工件逐个在夹具中定位时,各个工件所占据的位置不完全一致,即出现工件位置定得"准与不准"的问题。如果工件在夹具中所占据的位置不准确,加工后各工件的加工尺寸必然大小不一,形成误差。这种只与工件定位有关的误差称为定位误差,用 Δ_D 表示。

在工件的加工过程中,产生误差的因素很多,定位误差仅是加工误差的一部分,为了保证加工精度,一般限定定位误差不超过工件本道工序公差 T 的 1/5 ~ 1/3,即

$$\Delta_D \leqslant (1/5 \sim 1/3)T \tag{4.1}$$

式中 Δ_D—— 定位误差,mm;

T—— 工件本道工序公差,mm。

对某一定位方案,经分析计算其可能产生的定位误差,只要满足上式或前述夹具装夹中的加工误差不等式,即认为此定位方案能满足工序加工精度要求。

4.4.1 定位误差产生的原因

工件在夹具中的位置是由定位元件确定的,按六点定位原理,当工件上的定位基准一旦与夹具上的定位元件相接触或相配合,工件的位置也就确定了。但对一批工件来说,由于在各个工件的有关表面本身和它们之间在尺寸和位置上均存在着在公差范围内的差异,夹具定位元件本身和各定位元件之间也具有一定的尺寸和位置公差,这样,工件虽已定位,但每个被定位工件的某些表面都会存在自己的位置变动量,从而造成在工序尺寸和位置要求方面的加工误差。也就是说对一批工件来说,刀具经调整后位置是不动的,即被加工表面的位置相对于定位基准是不变的,所以定位误差就是工序基准在加工尺寸方向上的最大变动量。

4.4.2 定位误差的组成

工件逐个在夹具中定位时,各个工件的位置不一致的原因主要是基准不重合,而基准不重合又分为两种情况:一是定位基准与限位基准不重合,产生的基准位移误差;二是定位基准与工序基准不重合,产生的基准不重合误差。

1. *基准不重合误差*

定位基准与工序基准不一致所引起的定位误差,称基准不重合误差,即工序基准相对

定位基准在加工尺寸方向上的最大变动量,用 Δ_B 来表示。

计算基准不重合误差时,应注意判别定位基准和工序基准。当基准不重合误差受多个尺寸影响时,应将其在工序尺寸方向上合成。

基准不重合误差的一般计算式为

$$\Delta_B = \sum_{i=1}^{n} \delta_i \cos\alpha \tag{4.2}$$

式中 δ_i—— 定位基准与工序基准间的尺寸链组成环的公差,mm;

α——δ_i 的方向与加工尺寸方向间的夹角,(°)。

【例4.1】 如图4.26所示,以A面定位加工 ϕ20H8孔,分析加工尺寸(40 ±0.1) mm的基准不重合误差。

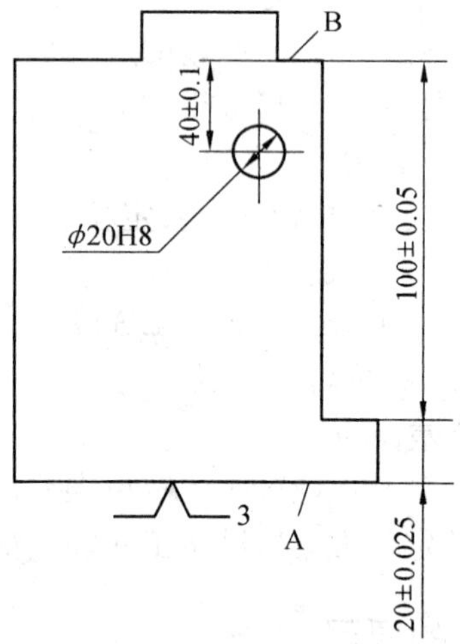

图4.26 定位基准和工序基准之间的尺寸是由几个工序尺寸组成示例

解 该定位方式存在基准不重合误差 Δ_B。工序基准为B,定位基准为A,故基准不重合。根据式(4.2)有

$$\Delta_B/\text{mm} = \sum_{i=1}^{n} \delta_i \cos\alpha = (0.05 + 0.1)\cos 0^\circ = 0.15$$

2. 基准位移误差

由于定位副的制造误差或定位副配合间所导致的定位基准在加工尺寸方向上最大位置变动量,称为基准位移误差,用 Δ_Y 表示。不同的定位方式,基准位移误差的计算方式也不同。

4.4.3 定位误差的分析计算

根据前面的分析可知,定位误差的大小由基准不重合误差 Δ_B 和基准位移误差 Δ_Y 两项因素决定。一般在计算时,先分别计算出基准不重合误差 Δ_B 和基准位移误差 Δ_Y,然后向工序尺寸方向上进行合成。

计算定位误差的通式为

$$\Delta_D = |\Delta_B \cos\theta \pm \Delta_Y \cos\gamma| \tag{4.3}$$

式中 θ—— 基准不重合方向与工序尺寸方向的夹角；

γ—— 基准位移误差方向与工序尺寸方向的夹角。

式(4.3) 中“ ±” 号的判断：

(1) 当若工序基准不在定位基面上，Δ_B 与 Δ_Y 不相关，则

$$\Delta_D = \Delta_B \cos\theta + \Delta_Y \cos\gamma$$

(2) 若工序基准在定位基面上，Δ_B 与 Δ_Y 相关，判断方向性：

① 若工序基准和定位接触点分别在定位基准的两侧，方向相同，则

$$\Delta_D = \Delta_B \cos\theta + \Delta_Y \cos\gamma$$

② 若工序基准和定位接触点分别在定位基准的同侧，方向相反，则

$$\Delta_D = |\Delta_B \cos\theta - \Delta_Y \cos\gamma|$$

需说明的是，定位接触点是指工件定位时，工件上与定位元件相接触的点。

4.4.4 几种典型表面定位时的定位误差分析

1. 工件以平面定位

在夹具设计中，平面定位的主要方式是支承定位，常用的定位元件为各种支承钉、支承板、自位支承和可调支承。

工件以平面定位时产生的定位误差主要是基准不重合误差，基准不重合误差的计算可根据其定义，即工序基准相对定位基准在工序尺寸方向上的最大位置变动范围。

【例4.2】 在图4.27所示工件上铣一缺口，尺寸要求见零件图。采用如下的定位方案，试分析它们的水平和垂直两个方向的定位误差，并判断能否满足加工要求（定位误差不大于加工尺寸公差的1/3）。

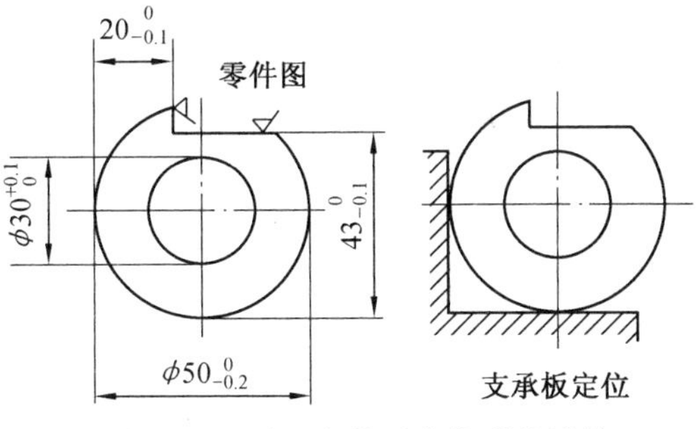

图4.27 平面定位时定位误差计算

解 已知：$H_1 = 20_{-0.1}^{0}$ mm，$H_2 = 43_{-0.1}^{0}$ mm，$d = \phi 50_{-0.2}^{0}$ mm，$D = \phi 30_{0}^{+0.1}$ mm

对于尺寸 H_1

$$\Delta_B(H_1) = 0, \quad \Delta_Y(H_1) = 0, \quad \Delta_D(H_1) = 0$$

对于尺寸 H_2

$$\Delta_B(H_2) = 0, \quad \Delta_Y(H_2) = 0, \quad \Delta_D(H_2) = 0$$

故 $$\Delta_D(H_1) < \frac{1}{3}T_{H_1}, \quad \Delta_D(H_2) < \frac{1}{3}T_{H_2}$$

所以用支承板定位能满足加工要求。

2. 工件以圆孔定位

在夹具设计中，圆孔表面定位的主要方式是定心定位，常用的定位元件为各种定位销及各种心轴。

一批工件在夹具中以圆孔表面作为定位基准定位时工件上圆孔与定位元件配合性质的不同而各具不同，下面分别进行分析和计算。

（1）工件上圆孔与刚性心轴或定位销过盈配合，定位元件水平或垂直放置

工件以圆孔定位，与刚性心轴或定位销过盈配合，所以定位副之间无径向间隙，也即这时不存在径向基准位置误差（$\Delta_Y=0$）。由此可见，过盈配合刚性心轴的定心精度是相当高的。

（2）工件上圆孔与刚性心轴或定位销间隙配合，定位元件水平放置

由于定位副间存在径向间隙，因此有径向基准位移误差。在重力作用下定位副只存在单边间隙，即工件始终以孔壁与心轴上母线接触，故此时的径向基准位置误差仅在 z 轴方向，且向下，如图 4.28 所示。工件孔尺寸为 $D_{0}^{+T_D}$，心轴尺寸为 $d_{-T_d}^{0}$。

因为 $$O_1O_{\max}=OA-O_1A=(D+T_D)/2-(d-T_d)/2$$

即 $$O_1O_{\min}=D/2-d/2$$

所以，工件孔中心最大变动量即为基准位移误差

$$\Delta_Y=O_1O_{\max}-O_1O_{\min}=[(D+T_D)/2-(d-T_d)/2]-[D/2-d/2]=\frac{T_D+T_d}{2} \tag{4.4}$$

式中 T_D—— 工件圆孔直径公差，mm；

T_d—— 心轴外圆直径公差，mm。

（3）工件上圆孔与刚性心轴或定位销间隙配合，定位元件垂直放置

由于定位副存在径向间隙，因此也必将引起径向基准位置误差。不过这时的定位误差不再只是单向的了，而是在水平面内任意方向上都有可能发生，如图 4.29 所示。

工件孔中心最大变动量即为基准位移误差

$$\Delta_Y=D_{\max}-d_{\min}=(D_{\min}+T_D)-(d_{\max}-T_d)=T_D+T_d+X_{\min} \tag{4.5}$$

式中 $X_{\min}$—— 定位副间的最小配合间隙，mm；

T_D—— 工件圆孔直径公差，mm；

T_d—— 心轴外圆直径公差，mm。

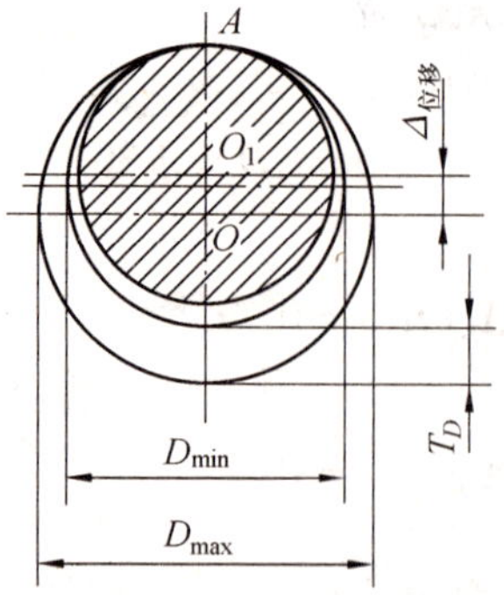

图 4.28 定位元件水平放置时的定位误差分析

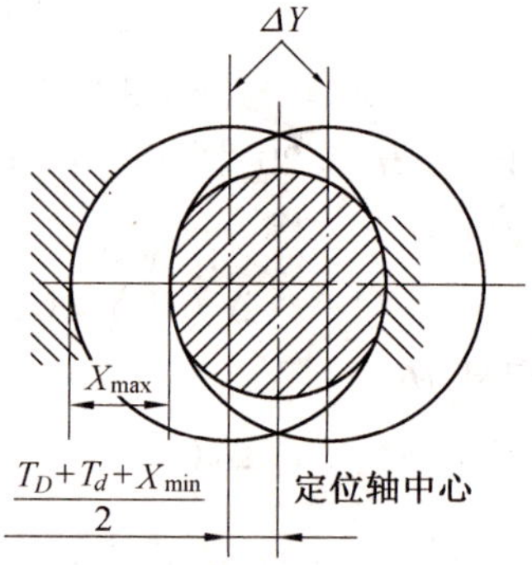

图 4.29 定位元件垂直放置时的定位误差分析

【例4.3】 欲在一批外径 $d=\phi 80_{-0.1}^{\ 0}$ mm的圆盘工件上采用组合铣刀铣削 $\alpha=30°$ 的对称平面，如图4.30所示，如工件利用水平放置定位心轴（$d_0=\phi 40_{-0.05}^{\ 0}$ mm）定位，工件内孔（$D=\phi 40_{\ 0}^{+0.05}$ mm）与定位心轴上母线单边接触。工序尺寸 $M=(70\pm 0.02)$ mm。试计算该方案定位误差。

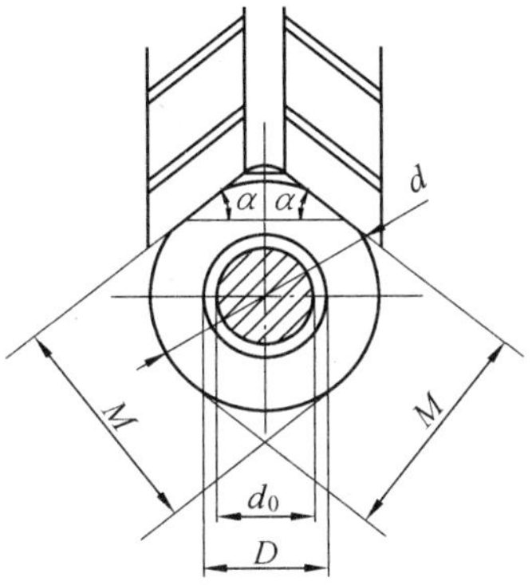

图4.29 工序基准不在定位基面上的示例

解 由题已知外径 $d=\phi 80_{-0.1}^{\ 0}$ mm，$T_d=0.1$ mm，工件内孔（$D=\phi 40_{\ 0}^{+0.05}$ mm，$T_D=0.05$ mm），水平放置定位心轴（$d_0=\phi 40_{-0.05}^{\ 0}$ mm，$T_{d_0}=0.05$ mm）。

① 基准不重合误差为外径半径尺寸的公差，即

$$\Delta_B=\frac{T_d}{2}=0.05\ \text{mm}$$

依题知 $\theta=0$。

② 由于工件水平放置，由公式知基准位移误差 $\Delta_Y=\frac{1}{2}(T_D+T_{d_0})=\frac{1}{2}(0.05+0.05)=0.05$ mm，这里 Δ_Y 的方向垂直方向向下，与工序尺寸 M 方向成30°，故 $\gamma=30°$。

③ 这里工序基准为工件外径侧母线，定位基面为工件内孔表面，故工序基准不在定位基面上，Δ_B 与 Δ_Y 不相关，故定位误差 $\Delta_D=\Delta_B\cos\theta+\Delta_Y\cos\gamma=0.05\cos 0°+0.05\cos 30°=0.093\,3$ mm。

3. 工件以外圆柱表面定位

在夹具设计中，外圆表面定位的方式是定心定位或支承板定位，定位误差的分析计算与前述圆孔定位和平面定位相同，现着重分析外圆表面在V形块上的定位。

由于工件在V形块中定位时，是以外圆柱面与平面接触，所以只要V形块工作表面对称，就可以保证定位基准中心在V形块的对称面上，即定位基准在水平方向上的位移为零。但在垂直方向上，由图4.31可以看出，因定位基准存在误差，致使定位基准相对于在夹具中的理想位置产生位移，其值为

$$\Delta_Y=O_1O_2=\frac{d}{2\sin\frac{\alpha}{2}}-\frac{d-T_d}{2\sin\frac{\alpha}{2}}=\frac{T_d}{2\sin\frac{\alpha}{2}} \tag{4.6}$$

【例4.4】 试分析计算如图4.32所示零件定位方案的定位误差。

解 已知：$H=54_{-0.14}^{\ 0}$ mm，$T_H=0.14$ mm，$d=60_{-0.1}^{\ 0}$ mm，$T_d=0.1$ mm，$\alpha=90°$。

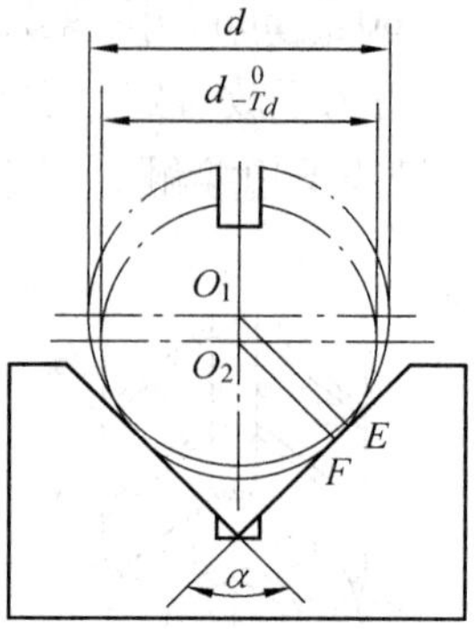

图 4.31 V形块基准位移误差计算

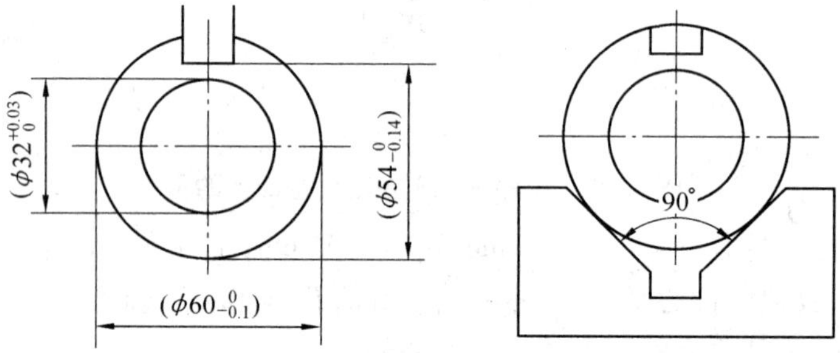

(a) (b)

图 4.32 工序基准在定位基面上的示例

① 由零件图知工序基准为工件外径的下母线，由定位示意图知定位基准为工件外径的轴线。

故 $\Delta_B = \dfrac{1}{2}T_d = 0.05$ mm，依题知 $\theta = 0°$。

② 采用V形块定位，故 $\Delta_Y = \dfrac{T_d}{2\sin\dfrac{\alpha}{2}} = \dfrac{0.1}{2 \times \sin 45°} = 0.070\ 7$ mm。这里 Δ_Y 的方向垂直向下，故，$\gamma = 0°$。

③ 这里工序基准为工件外径下母线，定位基面也为工件外径表面，故工序基准在定位基面上，Δ_B 与 Δ_Y 相关，且工件的工序基准与定位接触点都在工件定位基准的同侧，故

$$\Delta_D = |\ \Delta_B\cos\theta - \Delta_Y\cos\gamma\ | = |\ 0.05\cos 0° - 0.070\ 7\ \cos 0°\ | = 0.020\ 7\ \text{mm}$$

4. 工件以一面两孔组合定位

工件以“一面二孔”组合定位，采用一圆柱销和一菱形销为定位元件。由图 4.33 所示，圆柱销相当于垂直放置的心轴，它起到限制工件在水平面内移动自由度的作用，销、孔的直径误差及其配合间隙造成了定位的基准位移误差为

$$\Delta_Y = X_{1\min} + T_{D_1} + T_{d_1}$$

式中 T_{D_1}—— 与圆柱销配合的孔直径公差，mm；

T_{d_1}—— 圆柱销直径公差，mm；

X_{1min}—— 圆柱销与孔配合的最小间隙,mm。

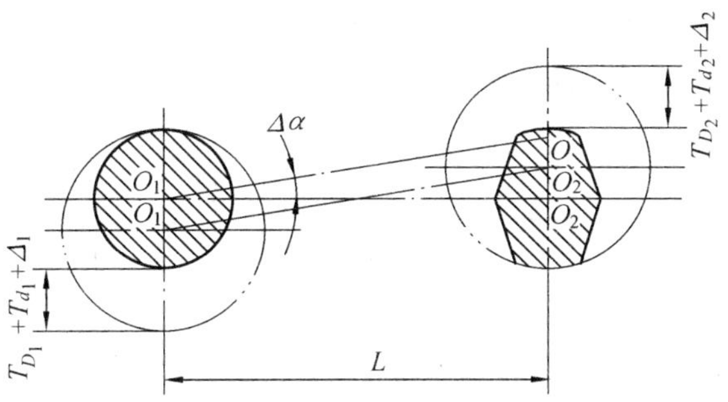

图 4.33 一面两孔定位误差分析

圆柱销与菱形销配合限制着工件绕 z 轴转动自由度,同样,由于销、孔的直径误差及其配合间隙造成了工件的转角误差

$$\Delta_\alpha = \pm\tan^{-1}\frac{O_1O_1' + O_2O_2'}{L} = \pm\tan^{-1}\frac{T_{D_1} + T_{d_1} + \Delta_1 + T_{D_2} + T_{d_2} + \Delta_2}{2L} \tag{4.7}$$

式中 T_{D_1}—— 与圆柱销配合的孔直径公差,mm;

T_{d_1}—— 圆柱销直径公差,mm;

X_{1min}—— 圆柱销与孔配合的最小间隙,mm;

T_{D_2}—— 与菱形销配合的孔直径公差,mm;

T_{d_2}—— 菱形销直径公差,mm;

X_{2min}—— 菱形销与孔配合的最小间隙,mm;

L—— 圆柱销与菱形销的中心距,mm。

计算定位误差时还应注意以下几点:

(1)与设计基准不重合时所产生的基准不重合误差,只有在采用调整法加工一批零件时才会产生,在试切法加工中不会产生。

(2)定位误差的性质是随机误差,即便计算出的定位误差是一个具体的值,应该理解为该值是一批工件按工序要求,仅由于定位而产生的工序基准在加工尺寸方向上的最大变动量,是一个倾向值。

4.5 工件在夹具中的夹紧

4.5.1 夹紧装置的组成及设计要求

工件在机床上或夹具中定位后还需进行夹紧。工件在定位元件上定位以后,必须用一机构将它压牢,以保证在加工过程中不产生位移和振动。这种将工件压紧夹牢的机构称为夹紧装置。采用直接装夹或找正装夹,工件由机床上的附件(如各种夹紧卡盘、虎钳等)或螺钉压板等进行夹紧,而采用夹具装夹,则需通过夹具中相应的夹紧装置来夹紧工件。

1. 夹紧装置的组成

夹具中的夹紧装置一般由下面两个部分组成,如图 4.34 所示。

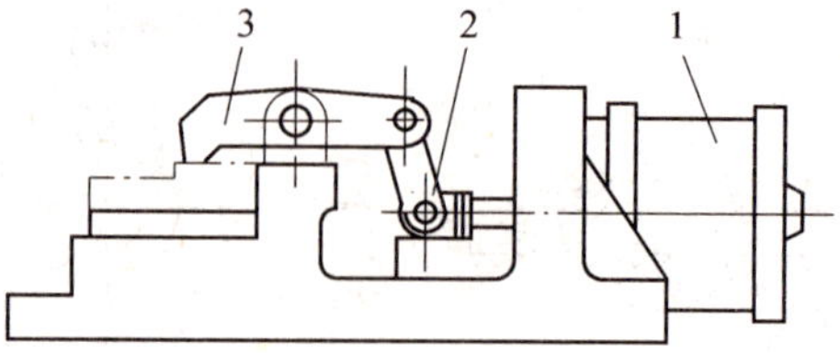

图 4.34 夹紧装置组成示意图

1— 汽缸;2— 杠杆;3— 压板

(1) 动力源装置

动力源装置是产生夹紧作用力的装置,分为手动夹紧和机动夹紧两种。手动夹紧的力源来自人力,用时比较费时费力。为了改善劳动条件和提高生产率,目前在大批量生产中均采用机动夹紧。机动夹紧的力源来自气动、液压、气液联动、电磁、真空等动力夹紧装置。图 4.33 所示的汽缸 1 就是一种动力源装置。

(2) 中间机构

中间机构是介于动力源和夹紧元件之间传递动力的机构。传力机构的作用是:改变作用力的方向;改变作用力的大小;具有一定的自锁性能,以便在夹紧力一旦消失后,仍能保证整个夹紧系统处于可靠的夹紧状态,这一点在手动夹紧时尤为重要。图 4.33 所示的杠杆 2 就是传力机构。

(3) 夹紧元件

夹紧元件是直接与工件接触完成夹紧作用的最终执行元件。图4.33 所示的压板3 就是夹紧元件。

2. 夹紧装置的设计要求

夹紧装置的设计和选用是否正确合理,对于保证加工精度,提高生产效率、减轻工人劳动强度有很大影响。为此,对夹紧装置设计提出如下基本要求:

① 在夹紧过程中应保持工件原有良好定位,而不应破坏定位。

② 夹紧力要可靠、适当。既要保证在加工过程中工件不发生位置变动和振动;又不因夹紧力过大而使工件表面损伤、变形。

③ 操作应安全、方便、迅速和省力。

④ 结构简单紧凑、便于制造,并有足够的强度和刚度。

设计和选用夹紧装置的关键问题是正确地施加夹紧力,然后选用和设计合适的夹紧机构来保证实现工件正确的夹紧。

4.5.2 夹紧力的确定

正确确定夹紧力,主要是正确确定夹紧力的方向、作用点和大小。

1. 夹紧力的方向

(1) 夹紧力的方向应垂直于主要定位基准面

如图4.35(a)所示,在角形支座工件上镗一与A面有垂直度要求的孔,根据基准重合的原则,应选择A面为主要定位基准,因而夹紧力应垂直于A面而不是B面。只有这样,不论A、B面之间的垂直度误差有多大,A面始终靠紧支承面,故易于保证垂直度要求。

若要求所镗之孔平行于B面,则夹紧力的方向应垂直于B面(见图4.35(b))。

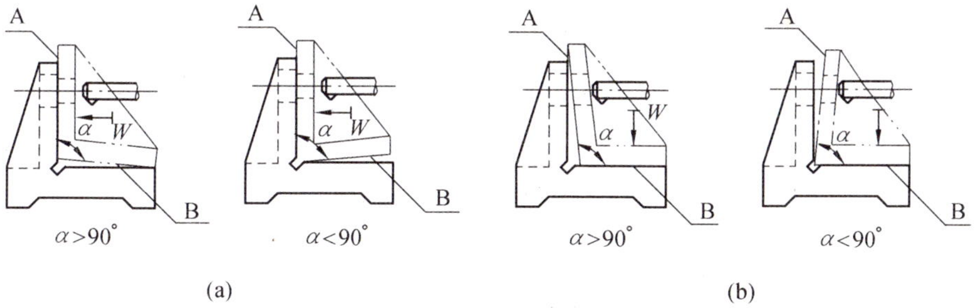

图4.35 夹紧力方向垂直于主要定位基准面

(2) 夹紧力的方向应使工件夹紧后变形最小

因为工件在不同方向上的刚性不同,受压表面的接触变形不同,故夹紧力的方向应使得受压表面最好是与定位元件接触较大的定位基准,或者沿工件刚性较大的方向将工件夹紧。如图4.36(a)所示,用三爪自定心卡盘夹持薄壁零件,工件因径向刚性不足引起畸变。若采用一个特制的螺母沿工件轴向夹紧,因轴向变形刚度大不易产生畸变,如图4.36(b)所示。

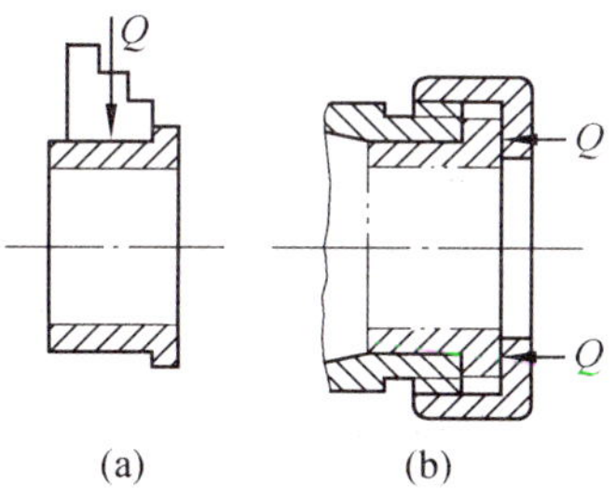

图4.36 夹紧力方向与刚度的关系

(3) 夹紧力的方向应有利于减小夹紧力,以减小工件的变形、减轻劳动强度

为此,夹紧力W的方向最好与切削力F、工件的重力G的方向重合。如图4.37所示为工件在夹具中加工时常见的几种受力情况。显然,图4.37(a)为最合理,图4.37(e)的情况为最差。

2. 夹紧力的作用点

夹紧力的作用点是指夹紧元件与工件相接触的一小块面积。选择夹紧力作用点的位置和数目,应考虑工件定位稳定可靠,防止夹紧变形,确保工序的加工精度。

(1) 夹紧力的作用点应能保持工件定位稳定,不致引起工件产生位移或偏转

如图4.38(a)所示,夹紧力虽垂直主要定位基准面,但作用点却在定位元件的支承范围以外,夹紧力与支反力构成力矩,工件将产生偏转使定位基准与支承元件脱离,从而破

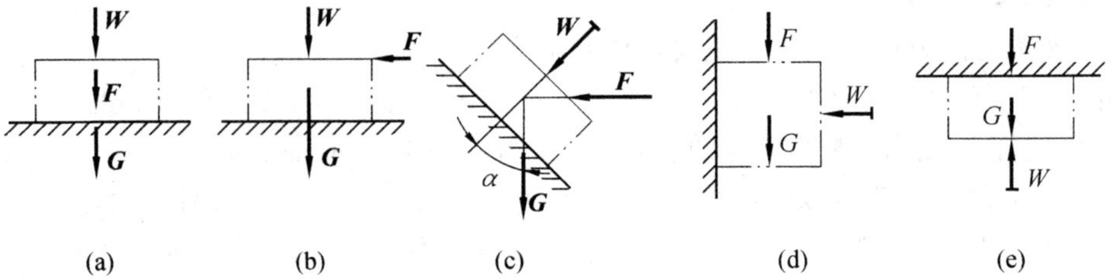

图 4.37　夹紧力方向和夹紧力大小的关系

坏原有定位，为此，应将夹紧力作用在如图 4.38(b) 所示的稳定区域内。

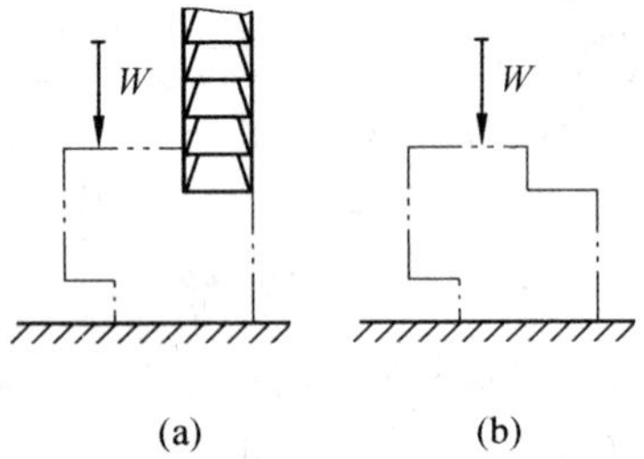

图 4.38　夹紧力作用点对工件定位稳定性的影响

(2) 夹紧力的作用点应使被夹紧工件夹紧变形尽可能小

设计夹具时，为尽量减少工件的夹紧变形，可采用增大工件受力面积和合理布置夹紧点位置等措施。如图 4.39(a) 所示，为采用具有较大弧面的卡爪，防止薄壁套筒的受力变形；图 4.39(b) 为在压板下增加垫圈，使夹紧力均匀地作用在薄壁上，以减少工件压陷变形；图 4.39(c) 为用球面支承代替固定支承夹压工件，以减少夹紧变形。

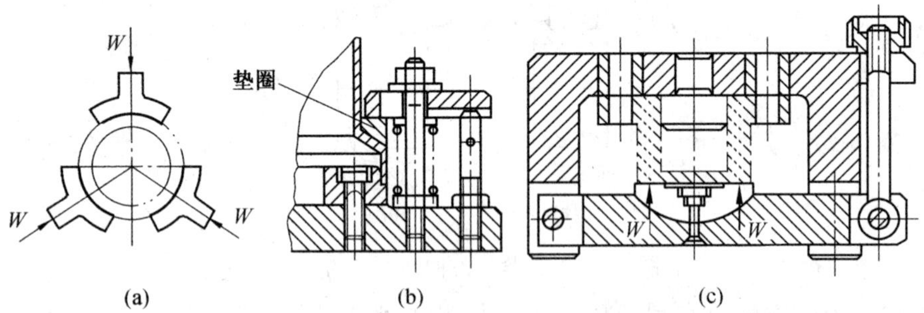

图 4.39　夹紧力作用点减少工件的夹紧变形

(3) 夹紧力作用点应尽量靠近切削部位，以提高夹紧的可靠性

若切削部位刚性不足可采用辅助支承，以防止工件产生振动和变形，提高定位的稳定性和可靠性。

如图 4.40 所示，在拨叉上铣槽，由于主要夹紧力的作用点距加工表面较远，故在靠近加工表面的地方设置了辅助支承，同时增加夹紧力。这样不仅提高了工件的装夹刚度，还可减少加工时工件的振动。

3. 夹紧力的大小

夹紧力的大小必须适当，夹紧力过小，工件在夹具中的位置可能在加工过程中产生变动，破坏原有的定位。夹紧力过大，工件在夹具中的位置可能在加工过程中产生过大的变形，对加工质量不利，而且还将造成人力、物力的浪费。

计算夹紧力，通常将夹具和工件看成一个刚性系统以简化计算。然后根据工件受切削力、夹紧力（大工件还应考虑重力，高速运动的工件应考虑惯性力等）后处于静力平衡条件，计算出理论夹紧力 Q，再乘以安全系数 K，作为实际所需的夹紧力 Q_0，即

$$Q_0 = KQ \tag{4.8}$$

根据生产经验，一般取 $K = 1.5 \sim 3$，粗加工取 $K = 2.5 \sim 3$，精加工取 $K = 1.5 \sim 2$。

夹紧工件所需夹紧力的大小，除与切削力的大小有关外，还与切削力对定位支承的作用方向有关。一般手动夹紧时不需计算夹紧力。

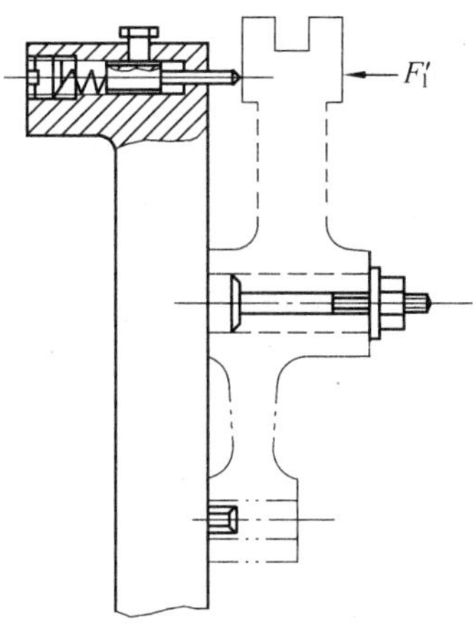

图 4.40　夹紧力作用点靠近加工表面

4.5.3　常见的夹紧机构

夹紧装置的结构形式是多种多样的。有典型的手动夹紧装置，也有利用气动、液压等作为动力源的机动夹紧装置。有单个夹紧装置，还有实现多点、多件同时夹紧的联动机构。夹具中常用的夹紧机构有斜楔夹紧机构、螺旋夹紧机构、圆偏心夹紧机构、定心对中夹紧机构及联动夹紧机构等。

1. 斜楔夹紧机构

斜楔夹紧机构是夹紧机构中最基本的形式之一，螺旋夹紧机构、圆偏心夹紧机构、定心对中夹紧机构等均是斜楔夹紧机构的变形。

（1）斜楔的工作原理

如图 4.41 所示，在工件 1 上钻一个 $\phi 8$ 的孔，工件放入夹具后，将斜楔 4 插入夹具体的导槽中，敲击其大头端即可将工件压紧。加工完毕后，敲击斜楔的小头端，便可拔出斜楔，取下工件。由此可见，斜楔主要是利用其斜面移动时所产生的压力夹紧工件的，也即是一般所说的楔紧作用。

（2）夹紧力的计算

斜楔受外加原始作用力 P 后所产生的夹紧力 Q，可按斜楔受力的平衡条件求得。斜楔受力如图 4.42(a) 所示，斜楔受到工件对它的反作用力 Q 和摩擦力 F_1，其合力为 R_1。夹具体的反作用力 N 和摩擦力 F_2 为合力为 R_2。将 R_2 分解成 R_x 和 R_y，根据力平衡方程式得

$$\sum X = 0,\quad P = Q \cdot \tan\varphi_1 + R_2 \cdot \sin(\alpha + \varphi_2)$$

$$\sum Y = 0,\quad Q = R_2\cos(\alpha + \varphi_2)$$

整理后得

$$Q = \frac{P}{\tan(a + \varphi_2) + \tan\varphi_1}$$

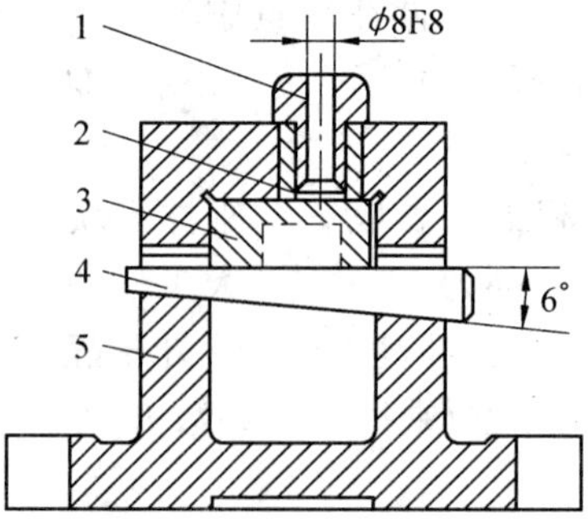

图 4.41 斜楔夹紧机构

1— 钻套;2— 衬套;3— 工件;4— 斜块;5— 夹具体

式中 α—— 斜楔的楔角,由自锁条件决定;

φ_1、φ_2—— 分别为斜楔与工件和夹具体间的摩擦角。

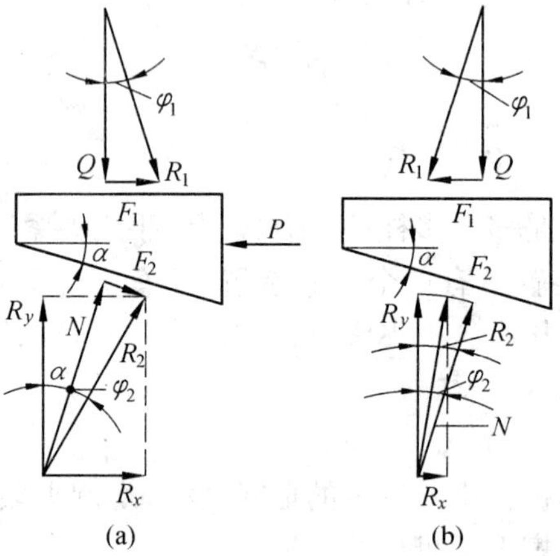

图 4.42 斜楔受力分析

(3) 斜楔夹紧的特点

① 自锁性。自锁是指当外加的原始作用力 P 一旦消失或撤除后,夹紧机构在摩擦力的作用下仍应保持其处于夹紧状态而不松开。对斜楔夹紧机构而言,这时摩擦力的方向应与斜楔企图松开退出的方向相反。如图 4.42(b) 所示,斜楔满足自锁要求,则必须是

$$Q \cdot \tan(\alpha - \varphi_2) \leqslant Q \cdot \tan \varphi_1$$

因为 φ_1、φ_2很小,故

$$\alpha - \varphi_2 \leqslant \varphi_1$$

$$\varphi_1 + \varphi_2 \geqslant a$$

$\varphi_1 + \varphi_2 > a$ 就是斜楔的自锁条件,即斜楔的斜角 α 必须小于或等于两摩擦角之和($\varphi_1 + \varphi_2$)。因为钢、铁的摩擦系数一般为 $f = 0.1 \sim 0.15$,所以 $\tan \varphi = 0.1 \sim 0.15$,即 $\varphi_1 \approx \varphi_2 \approx 5° \sim 8°$,由此得 $\alpha = 10° \sim 16°$。为了保证自锁性能,推荐手动夹紧时 $\alpha = 6° \sim 8°$;气动夹紧时常取 $\alpha = 15° \sim 30°$,因气动不用考虑自锁,由于斜楔夹紧行程 S 与轴向移动距离 L 与 α 的关系为 $S = L\tan \alpha$,可见,增大 α 可减小楔块移动行程,增大夹紧行程。

② 具有增力作用。由夹紧力公式可知，增力系数 i_p 为夹紧力 P 与 Q 力之比

$$i_p = \frac{P}{Q} = \frac{1}{\tan(\alpha + \varphi_2) + \tan \varphi_1}$$

当 $\varphi_1 = \varphi_2 = 6°, \alpha = 8°$ 时，$i_p = 2.8$，可见具有增力作用。

③ 夹紧行程小。由于斜楔夹紧行程 S 与轴向移动距离 L 的比值为

$$\frac{S}{L} = \tan \alpha$$

当 $\alpha = 60°$ 时，$S = L\tan \alpha = 0.1L$，说明工件的夹紧行程 S 是斜楔行程 L 的 1/10，可见夹紧行程 S 很小，所以工作效率很低。

④ 改变原始作用力的方向。如图 4.42 所示，当水平施加外力 P 时，则夹紧力 Q 为垂直方向。

实际生产中很少直接应用单斜楔夹紧，因其既费时又费力，通常与螺旋或偏心轮夹紧机构联合使用，并常与汽缸、油缸等联用，实现自动夹紧。

2. 螺旋夹紧机构

(1) 工作原理

螺旋夹紧机构中所用的螺杆，实际上相当于把斜楔绕在圆柱体上，因此其作用原理与斜楔是相同的。不过这里是通过转动螺杆，使相当于绕在圆柱体的斜楔高度发生变化来夹紧工件的。

螺旋夹紧机构包括螺钉和螺帽夹紧两类，图 4.43(a) 为最简单的螺旋夹紧机构，直接用螺杆压紧工件表面。图 4.43(b) 为典型的螺旋夹紧机构，旋转手柄使螺杆在螺母套筒 2 的内螺纹中转动，从而起夹紧或松开的作用。用止动螺钉防止螺母套筒松动。为了避免压坏工件表面和在拧动螺杆时可能带动工件偏转，在螺杆头部装有摆动的压块 4，图 4.43(c) 为螺帽压紧。

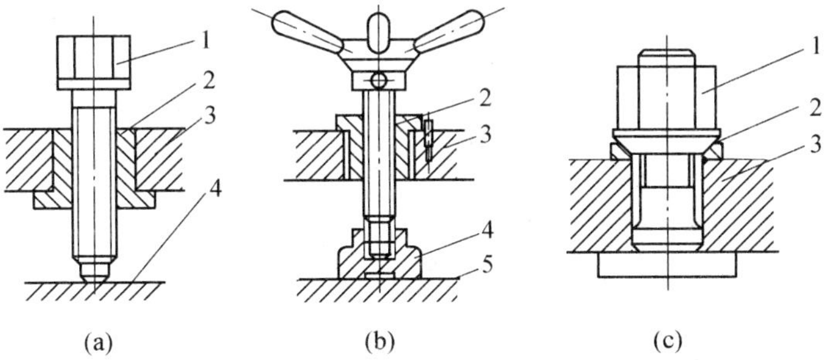

图 4.43 单螺旋夹紧

(a) 1— 螺钉；2— 套；3— 夹具体；4— 工件 (b) 1— 手柄；2— 套；3— 夹具体；4— 压块；5— 工件 (c) 1— 螺帽；2— 球面垫圈；3— 工件

在螺旋夹紧机构中，除了单个螺旋夹紧机构外，螺旋夹紧常和压板结合在一起形成复合夹紧机构，图 4.44(a) 和 4.44(b) 为两种移动压板式螺旋夹紧机构，图 4.44(c) 所示为铰链压板式螺旋夹紧机构。它们是利用杠杆原理来实现夹紧作用的，由于这三种夹紧机构的夹紧点、支点和原动力作用点之间的相对位置不同，因此杠杆比各异，其夹紧力也不同。以图 4.44(c) 增力倍数最大。

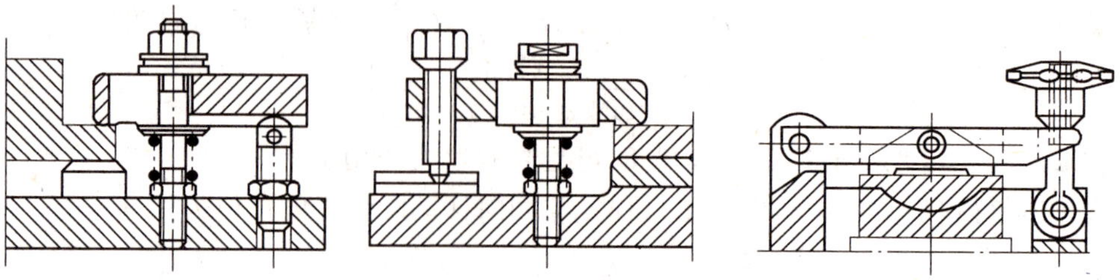

图 4.44　螺旋压板夹紧机构

(2) 螺旋夹紧的特点

① 螺旋夹紧自锁性好,夹紧可靠。

② 螺旋夹紧的增力比较大,可达 65 ~ 140 倍。一般夹具上所用螺纹为 M8 ~ M24。

③ 螺旋夹紧的夹紧行程不受限制,但由于一般多为手动,因此夹紧行程长时操作费时,效率低,故采用一些快速的螺旋夹紧机构。

④ 螺旋夹紧结构简单,应用广泛。

3. 圆偏心夹紧机构

偏心夹紧机构是一种由偏心夹紧元件或与其他元件组合夹紧工件的快速动作的夹紧机构。偏心夹紧元件有圆偏心和曲线偏心两种形式,下面仅讨论圆偏心夹紧机构。

(1) 圆偏心的夹紧原理

图 4.45(a) 所示的偏心圆,其几何中心为 O',直径为 D,回转中心为 O,偏心距为 e,最小回转半径为 OA。由图可知,圆周上各点到点 O 的距离是不断变化的,若以 O 为圆心,OA 为半径,可作出一个基圆来,图中阴影部分就好像绕在基圆上的一个曲线楔。当偏心轮绕轴中心 O 转动时,曲线楔就楔紧在工件和销轴之间,将工件夹紧。

如将图 4.45(a) 中阴影部分(即曲线楔) 以 AE 为横坐标,相应的回转半径升程为纵坐标展开,如图 4.45(b) 所示。可以看出 ACB 曲线各点斜率不同,即圆偏心上各点的升角是变化的。圆偏心上夹紧点 x 的升角是指夹紧点处圆切线与夹紧点处回转半径 OX 垂线的夹角 α_x。AB 两处的升角 α 角最小(等于0°),C 处的升角 α 最大。升角随转角而变化是圆偏心的一个重要特征。在设计偏心夹紧机构时,一般选用点 C 附近 ±(30° ~ 45°) 的一段圆弧面为工作区域。这一范围内,升角变化较小,夹紧力稳定,但是点 C 的自锁性能最差。

(2) 圆偏心夹紧机构的特点

① 动作迅速、生产率高且结构简单,制造容易,在夹具中广泛应用。

② 夹紧行程较小,自锁性能不稳定,一般仅适用于工件夹紧表面尺寸变化较小,加工时无振动的场合。

③ 偏心轮是增力机构。

圆偏心机构已标准化,设计时可参考有关的手册和资料。

4. 定心对中夹紧机构

定心对中夹紧机构是一种特殊的夹紧机构,工件在其上同时实现定位和夹紧。在这

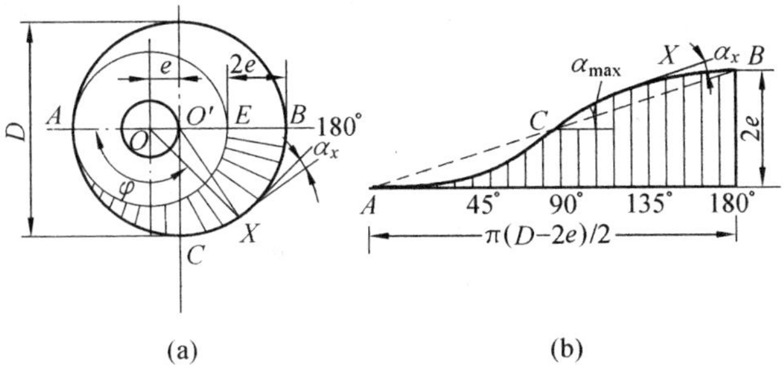

图 4.45 圆偏心工作原理图

种夹紧机构上与工件定位基准面相接触的元件，既是定位元件，又是夹紧元件。

定心夹紧机构按其工作原理可分为两大类：

(1) 刚性定心夹紧机构

刚性定心夹紧机构利用定位、夹紧元件的等速移动或转动原理实现定心或对中夹紧。这类机构的定位元件等速移动范围较大，能适应不同定位面尺寸的工件，有较大的通用性。

图 4.46 为螺旋式定心夹紧机构。螺杆 3 两端分别有旋向相反的螺纹，当转动螺杆 3 时，通过左右螺纹带动两个 V 形架 1 和 2 的对中位置正好处在所要求的对称轴线上。调整好后，用固定螺钉 6 固定。紧定螺钉 4 防止螺钉 5 松动。

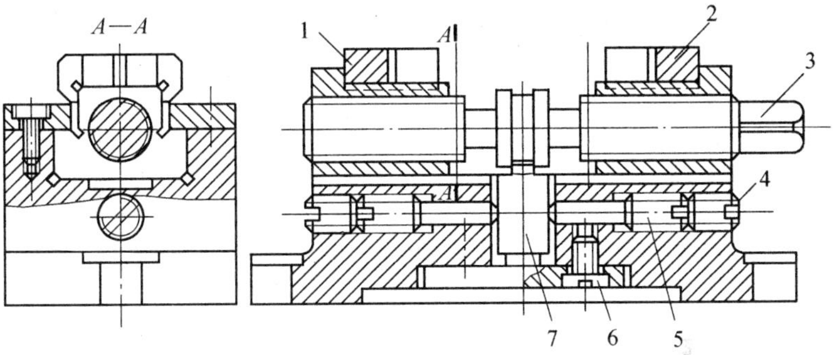

图 4.46 螺旋式定心夹紧机构

1,2— 移动 V 形架；3— 左、右螺纹的螺杆；4— 紧定螺钉；5— 调节螺钉；6— 固定螺钉；7— 拨叉

(2) 弹性定心夹紧机构

弹性定心夹紧机构利用定位、夹紧元件的均匀弹性变形原理实现定心夹紧。这种机构定心精度高，但变形量小，夹紧行程小，只适用于精加工中。根据弹性元件不同，有弹簧夹头、薄膜卡盘、液塑定心夹紧机构、碟形弹簧定心夹紧机构等。图 4.47 是一种常用的弹簧夹头结构。图中 3 为夹紧元件 —— 弹簧套筒，它是一个带锥面的薄臂弹性套，带锥面的一端开有三个或四个轴向槽。它有三个基本部分：一是卡爪 A；二是包括夹爪在内的弹性部分 B，称为簧瓣；三是导向部分 C。拧紧螺母 2，在斜面的作用下，夹爪收缩，将工件定心夹紧。松开螺母 2，卡爪弹性恢复，工件松开。弹簧夹头结构简单，定心精度可达 0.04 ~ 0.1 mm。

上面提到的定心对中夹紧机构，选用时可参考有关夹具设计的资料。

5. 联动夹紧机构

工件装夹所使用的夹具，有的需要同时有几个点对工件进行夹紧，而有的则需要同时

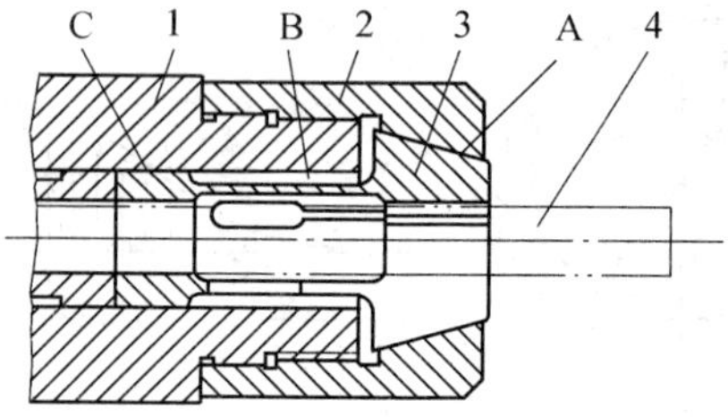

图 4.47 弹簧夹头

1— 夹具;2— 螺母;3— 弹簧套筒;4— 工件

夹紧几个工件。另外,除了夹紧作用外还需要松开或紧固辅助支承等。这时,为了提高生产率,减小工件装夹时间,可以采用各种联动夹紧机构。对于手动夹具来说,采用此种夹紧机构可以简化操作,减轻劳动强度。对于机动夹具来说,则可减少动力装置,简化结构,降低成本。

图 4.48(a) 所示的联动夹紧机构,夹紧力作用在两个相互垂直的方向上,称为双向联动夹紧;图 4.48(b) 所示的联动夹紧机构,两夹紧点的夹紧力方向相同,称为平行联动夹紧。两夹紧点上夹紧力的大小可通过改变杠杆臂 L_1 和 L_2 的长度来调整。

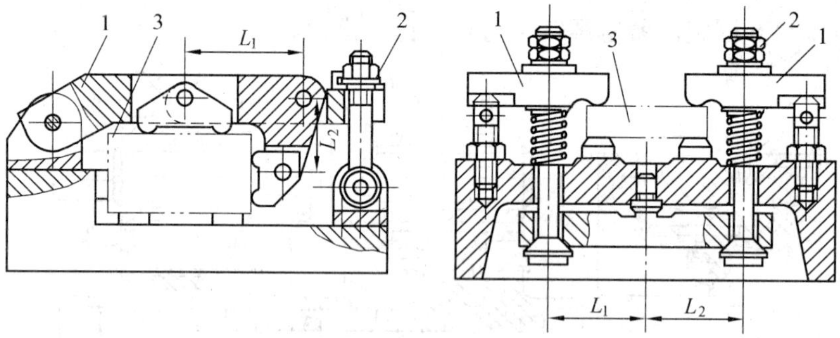

图 4.48 联动夹紧机构

1— 压板;2— 螺母;3— 工件

图 4.49 所示为多件联动夹紧机构。其中图(a) 所示为串联形式,称为连续式;图(b) 所示为并联形式,称为平行式。

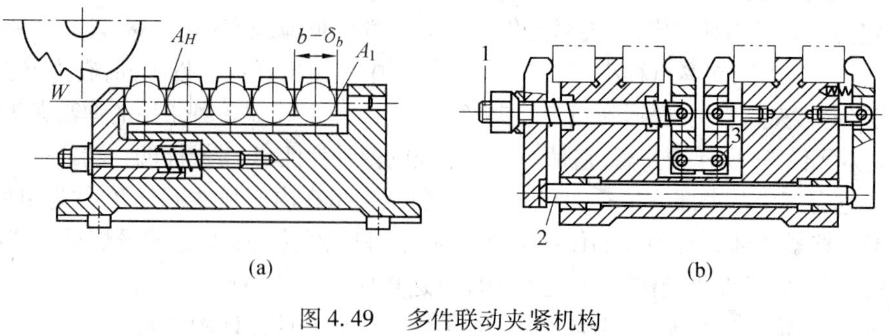

图 4.49 多件联动夹紧机构

4.5.4 夹紧机构的动力装置

夹紧机构的动力装置有气动、液压、电磁、电动、真空等装置。其中以气动和液动夹紧动力装置应用最为普遍,下面主要介绍气动夹紧和液压夹紧动力装置。

1. 气动夹紧装置

气动夹紧装置的工作介质是压缩空气。一般压缩空气由压缩空气站供应,经过管路损失后,到达夹紧装置中的压缩空气为0.4 ~ 0.6 MPa。典型的气动传动系统如图4.50所示。

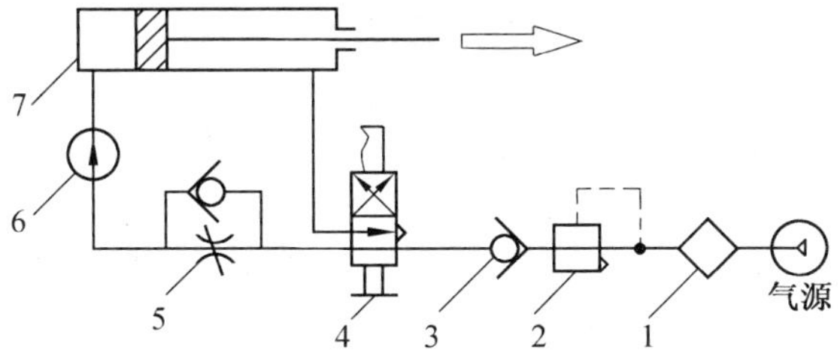

图4.50 气动传动系统

1—雾化器;2—减压阀;3—单向阀;4—分配阀;5—调速阀;6—压力表;7—汽缸

气动传动系统中的气压传动装置是汽缸。常用的汽缸有两种形式,即活塞式汽缸和薄膜式汽缸。

图4.51所示为一回转式汽缸,夹具8通过过渡盘7安装在车床主轴6的前端,汽缸3通过过渡盘4固定在主轴的尾部,汽缸另一头装有导气接头1。活塞2推动拉杆5,带动夹具上的夹紧元件运动,使工件夹紧或松开。

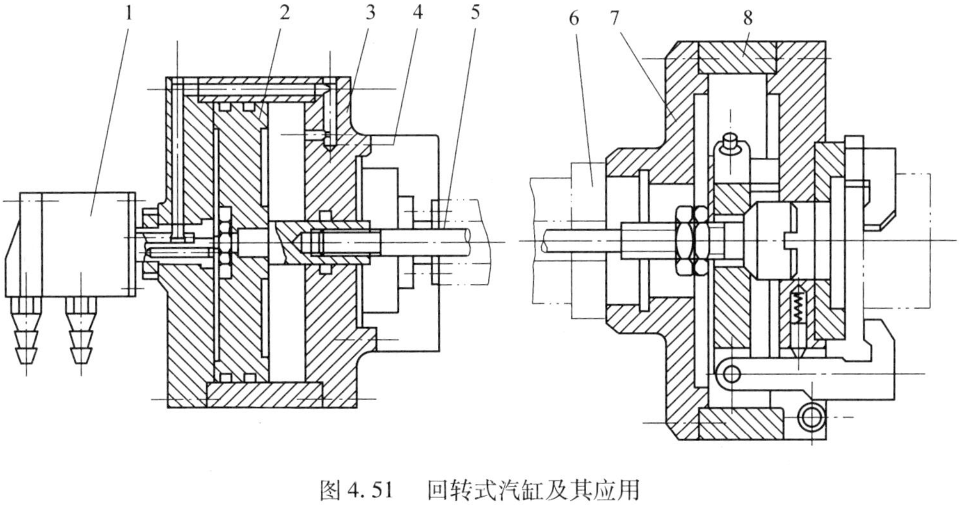

图4.51 回转式汽缸及其应用

1—导气接头;2—活塞;3—汽缸;4、7—过渡盘;5—拉杆;6—主轴;8—夹具

在高速回转时,使用回转式汽缸必须实现动平衡,否则会使主轴负荷增加。此时采用如图4.52所示的不动式汽缸为好。图中拉杆3随主轴一起转动,而汽缸不动。

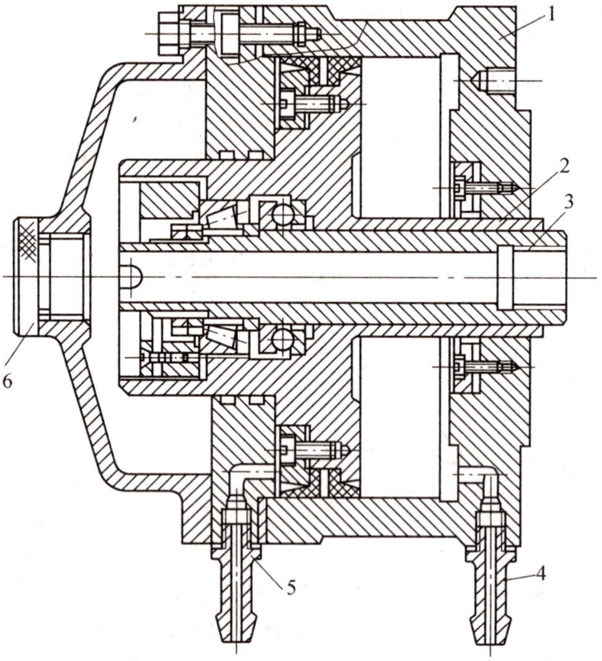

图 4.52 不动式汽缸

1—汽缸;2—活塞;3—拉杆;4、5—导气管接头;6—螺堵

图 4.53 所示为单向作用的薄膜式汽缸结构。橡皮膜 2 代替了活塞的作用,将气室分为左右两部分。当压缩空气经接头 1 进入左腔时,推动薄膜2 和推杆5 右移实现夹紧。当左腔由导气接头经分配放气时,弹簧作用力使推杆左移而复位,工件松开。与活塞汽缸相比,薄膜式汽缸具有密封性好、结构简单、寿命较长等优点;缺点是工作行程较短。

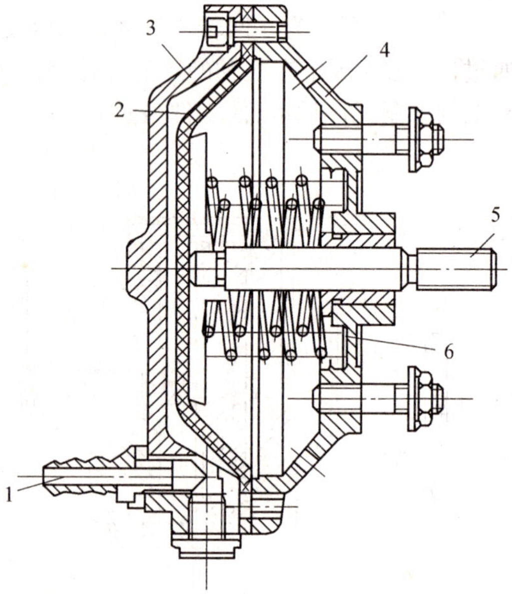

图 4.53 薄膜式汽缸

1—导气接头;2—橡皮膜;3—左盖;4—右盖;5—推杆;6—弹簧

2. 液压夹紧装置

液压夹紧装置利用压力油为夹紧动力。与气动夹紧装置相比,液压夹紧装置有以下优点:

① 工作压力可达到 6 MPa 以上,传动力大,可采用直接夹紧方式,结构尺寸小。

② 油液不可压缩,故夹紧刚性大,工作平稳、可靠。

③ 噪声小。

液压夹紧不如气动夹紧应用的广泛的主要原因是需要单独为液动夹紧装置配置专门的油泵站,成本高,因此,它大多应用在本身已具有液压传动系统装置的机床设备上。

3. 气-液增压夹紧装置

气-液增压夹紧装置以压缩空气为动力源,通过压力油来传力和增力。它集合了气动夹紧与液动夹紧的优点,又部分克服了它们的缺点,所以得到了发展和使用。

图4.54(a)所示为气-液增压装置工作原理图,图4.54(b)为增压装置结构图。压力为 p_1 的压缩空气由A进入增压器汽缸1的左腔,推动活塞右移,使油液压力增至 p_2,再进入直径为 D_1 的夹紧液压缸(单作用液压缸),推动夹紧机构。为补充液压油损耗,设有补充油箱2,单向阀可防止压油时向油箱倒流。系统中 p_1 和 p_2 的比值是增压器的重要性能指标,称为增压系数。

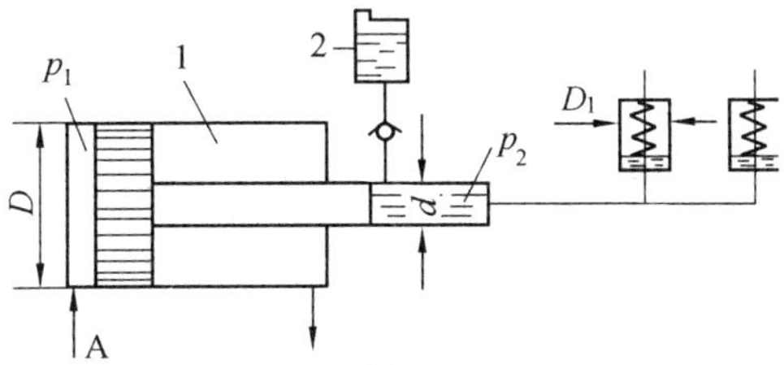

(a)

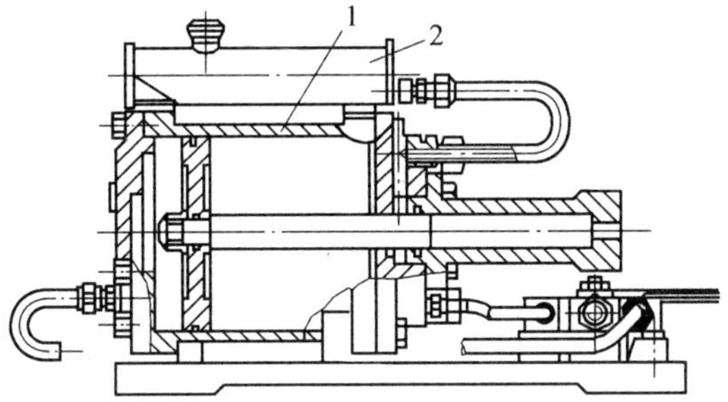

(b)

图4.54 气-液增压装置

1—汽缸;2—油箱

第5章 机械加工质量分析

任何机械加工所得到的零件表面,都不是绝对理想的表面。而这种理想表面与实际加工表面之间的差异恰恰是影响零件以至整台机器精度和寿命的重要因素之一。研究机械加工质量的目的,就是要了解在加工过程中各种工艺因素对零件的加工精度和表面质量的影响规律,以便利用这些规律控制加工过程,提高零件的机械加工质量,从而达到“优质、高效、低成本”。

5.1 机械加工概述

5.1.1 加工精度和表面质量的概念

机械加工质量主要包括零件的机械加工精度和表面质量两部分内容。

生产实践表明,任何一种加工方法,不论多么精密都不可能将零件做得绝对准确。即使加工条件完全相同,制造出零件的精度也各不相同。另外,从机器使用性能来看,也没有必要把零件做得绝对准确,只要存在的误差不影响机器的使用性能就可以。机械加工精度是指零件在加工后的实际几何参数(即形状、尺寸和表面间的相互位置)与理想零件几何参数相符合的程度。其符合程度越高,加工精度就越高,它们之间的差别称为加工误差。

表面质量是指零件表面的几何特征和表面层金属的力学物理性能和化学性能。它的内容主要包含以下两方面:

(1)表面粗糙度和波度

一般来说,任何加工后的表面,不论加工方法和条件如何,总存在不同程度的几何形状误差、表面粗糙度和表面波度,它们叠加在一起,形成了复杂的零件表面形状。当波距 L 与“峰”、“谷”之间的波高 H 之比小于 50 时称为微观几何形状误差,它又常称之为表面粗糙度,如图 5.1 中 A 曲线所示。表面粗糙度与加工过程中的残留面积、塑性变形、积屑瘤、鳞刺及工艺系统的高频振动有关。当波距 L 与“峰”、“谷”之间的波高 H 之比大于 1 000时称为宏观几何形状误差,如图 5.1 中 C 曲线所示。而波度是介于宏观几何形状误差与微观几何形状误差之间的周期性几何形状误差,如图 5.1 中 B 曲线所示。

(2)表面层金属的力学物理性能和化学性能

机械加工时,零件由于受切削力和切削热的作用,使表面层产生冷作硬化、表面层的金相组织变化和表面层存在残余应力,从而使表面层的力学物理性能和化学性能发生改变。

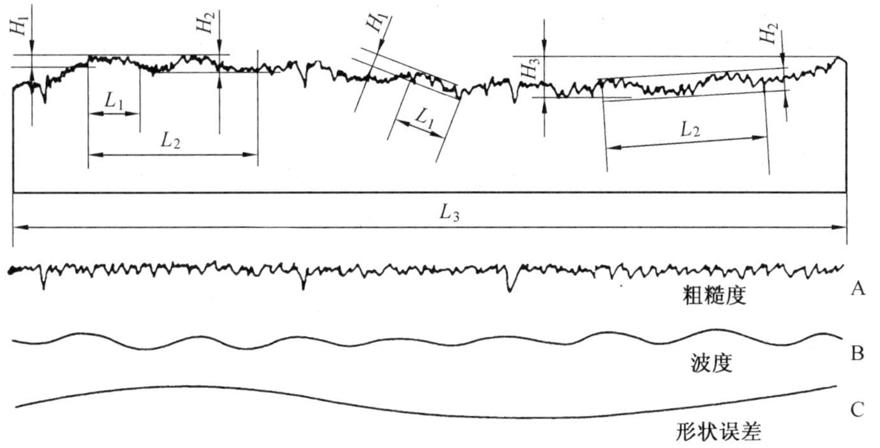

图5.1 表面粗糙度和波度

5.1.2 加工精度和表面质量对零件使用性能的影响

1. 对零件耐磨性的影响

零件的耐磨性主要与摩擦副的材料及润滑条件有关，但在这些条件已经确定的情况下，零件的表面质量就起了决定性的作用。由于零件表面存在一定的粗糙度，一对互相配合的零件表面实际上是两表面的凸峰顶部接触，也可能两表面的凸峰和凹谷互相交错。因此实际接触面积只是名义接触面积的一小部分，表面越粗糙，实际接触面积就越小。当两个零件相对运动时，接触的凸峰处将会产生弹性变形、塑性变形及剪切等现象，即产生表面磨损。

在一般情况下，工件表面在初始磨损阶段（如图5.2的第Ⅰ部分）磨损得很快。随着磨损的发展，实际接触面积逐渐增大，单位面积上的压力也逐渐降低，从而使磨损以较慢的速度进行。进入正常磨损阶段（图5.2的第Ⅱ部分），这个阶段一般时间较长。过了此阶段又将出现急剧磨损阶段（图5.2的第Ⅲ部分），这是因为磨损继续发展，实际接触面积越来越大，产生了金属分子间的亲和力，使表面容易出现机械咬合现象，此时即使有润滑油，也将被挤出而产生急剧的磨损，此时零件将不能使用。

在一定的工作条件下，一对摩擦表面通常只有一个最佳粗糙度。如图5.3所示，Ra_1 和 Ra_2 为最佳粗糙度。图中 W_0 为磨损量。

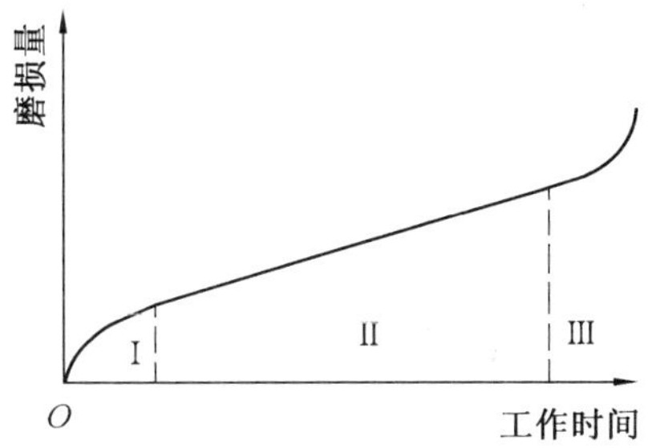

图5.2 零件表面的磨损曲线

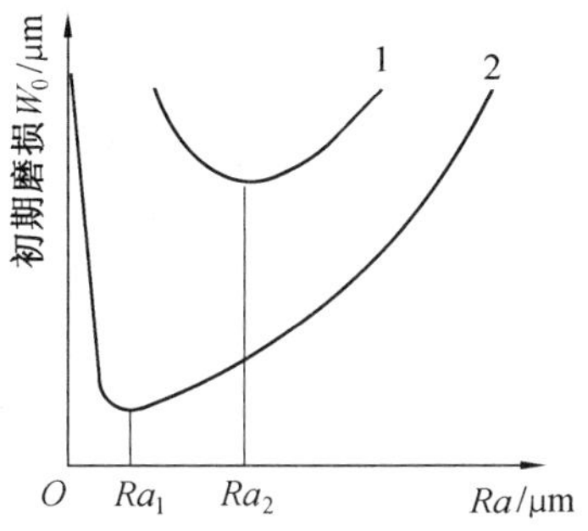

图5.3 表面粗糙度与初期磨损量的关系

1—重载；2—轻载

经机械加工后,由于加工硬化使加工表面层的显微硬度增加,表面耐磨性有所提高。但加工硬化达到一定程度时,磨损量降到最小值。如果再进一步提高硬化程度,金属组织会出现过度变形,使磨损加剧,甚至出现裂纹、剥落,反而使耐磨性下降。加工表面层的金相组织发生变化会改变硬度,从而影响其耐磨性。

从宏观来看,零件的几何形状精度和表面相互位置精度等对相互配合零件表面的实际接触面积也有较大影响,最终将导致零件表面耐磨性的变化。

2. 对配合性质的影响

对于配合零件,尺寸精度和形状精度对配合间隙和过盈量的大小有着直接的影响,对配合精度起着决定性的作用。另外,表面粗糙度太大,则必然影响到相配零件的实际配合性质。对于间隙配合来说,如果表面粗糙度太大,初期磨损量就会很大,配合间隙很快增大,从而改变原有配合性质,影响间隙配合的稳定性;对于过盈配合来讲,由于轴在压入孔时表面粗糙度的部分凸峰会被挤平,结果按测量得到的配合件尺寸经计算求得的过盈量与装配后实际过盈量相比,常常不一致,因而影响过盈配合的可靠性,使连接强度降低。

3. 对零件疲劳强度的影响

在交变载荷作用下,零件表面粗糙度、划痕以及裂纹等缺陷容易引起应力集中,产生疲劳裂纹,造成疲劳损坏。实验表明,对于承受交变载荷的零件,降低表面粗糙度可以提高疲劳强度。

表面层的残余压应力能够部分抵消工作载荷引起的拉应力,延缓疲劳裂纹扩展,提高零件的疲劳强度。而残余拉应力则容易使已加工表面产生裂纹,降低其疲劳强度。

因表面层冷作硬化能阻止已有的裂纹扩大并能防止疲劳裂纹的产生,故其能提高零件的疲劳强度。

4. 对零件耐腐蚀性能的影响

大气里所含的气体和液体与金属表面接触时,会凝结在金属表面上产生腐蚀作用,其程度大小与表面粗糙度有很大关系。如图 5.4 所示,腐蚀性介质一般存在于表面粗糙度的凹谷处。当腐蚀性介质作用于表面微裂纹时,它会通过微小裂纹向金属层内部侵蚀,直至侵蚀的裂纹相互交叉时,凸峰从表面上脱落而又形成新的凹凸面,此后侵蚀作用再重新进行。所以说表面粗糙度越大,耐腐蚀性能就越低。

当零件表面层有残余压应力时,有助于表面的显微裂纹封闭,阻碍腐蚀性介质对金属材料侵蚀作用的扩展,从而降低了表面层对腐蚀作用的敏感性。

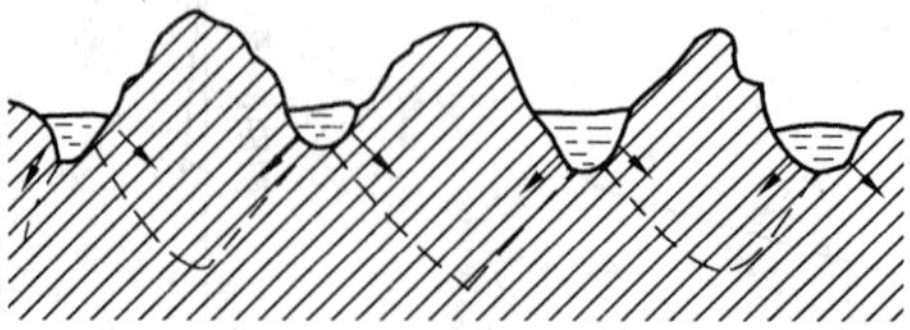

图 5.4 零件表面腐蚀过程示意图

5. 对工作精度的影响

轴的支承轴颈与配合轴颈相互位置精度直接影响齿轮或带轮的工作精度。

零件的表面粗糙度小,可使其表面摩擦系数降低,提高其动配合表面的运动灵活性和工件表面的接触刚度,从而提高零件的工作精度。当提高零件的形状精度时,配合件间的接触刚度也会提高,因而零件的工作精度也将得以提高。

零件表面层的残余应力一般处于平衡状态,经过一段时间后,由于受外界条件的影响,会引起应力重新分布而产生变形,甚至导致表面出现微小裂纹。所以,表面产生过大的残余应力,会降低零件的工作精度。

5.2 影响零件机械加工精度的因素及其控制措施

5.2.1 影响零件加工精度的主要因素

零件的加工精度主要包括尺寸精度、形状精度和位置精度三个方面。在机械加工中,由于零件生产类型和企业的生产条件不同,获得零件加工精度的方法也不同。获得尺寸精度的方法有试切法、调整法、定尺寸刀具法和自动控制法四种;获得形状精度的方法有成形运动法和非成形运动法两种,其中成形运动法又分为机床运动轨迹法、仿形法、成形法和展成法四种加工方法;获得位置精度的方法有一次装夹获得法和多次装夹获得法两种,其中多次装夹获得法又分为直接装夹法、找正装夹法和夹具装夹法三种。

无论采用哪种方法加工,由机床、夹具、刀具和工件组成的工艺系统在完成任何一个加工过程中,都将有许多原始误差影响零件的加工精度。这些误差有机床的几何误差,它包括微量进给误差、成形运动误差及磨损误差;工件的安装误差;测量误差以及加工中各种力和切削热所引起的误差等。按照误差的来源可将它们分为两部分:一部分与工艺系统本身的结构和状态有关;一部分与切削过程有关。按照这些误差的性质可将它们归纳为四个方面:

(1)工艺系统的几何误差。包括加工方法的原理误差、机床的几何误差、调整误差、刀具和夹具的制造误差、工件的安装误差以及工艺系统磨损所引起的误差。

(2)工艺系统受力变形所引起的误差。

(3)工艺系统热变形所引起的误差。

(4)工件内应力所引起的误差。它包括零件的毛坯制造和切削加工中的内应力所引起的误差。

1. 工艺系统的几何误差

(1)原理误差

因加工中采用了近似加工方法(如近似成形运动或近似切削刃廓形)所产生的加工误差,称为原理误差。例如,用插齿刀插齿时,因制造和保管等原因,只能按照齿轮模数和齿数的不同做出一系列刀具,对于加工模数相同、齿数相近的齿轮来说,其廓形就不是理想的渐开线,产生的这种误差就是原理误差。

(2)机床的几何误差

①主轴的回转误差。当主轴工作时,理论上其回转轴线在空间的位置是稳定不变的。但是,由于主轴部件的加工和安装误差以及受力、受热变形的影响,使主轴每一瞬间的回转轴线的空间位置都处于变动状态,相对于理想位置产生了偏移,这个偏移量就是主轴回

转误差。

如图 5.5 所示,主轴回转误差分为轴向窜动、纯径向跳动和纯角度摆动三种基本型式。

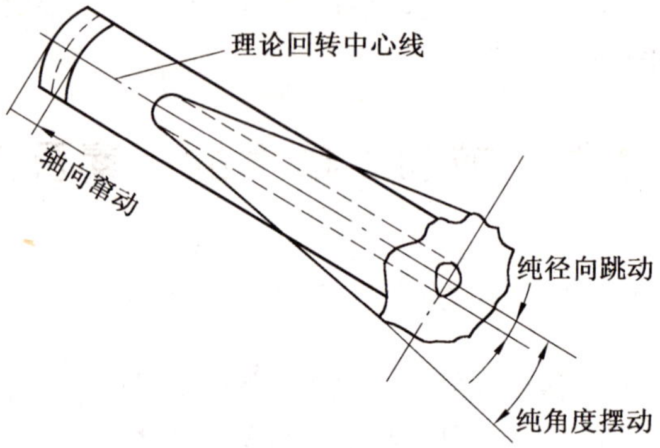

图 5.5 主轴回转误差的基本形式

机床主轴回转误差对加工精度的影响,可在切削表面的每个截面内,通过主轴瞬间回转中心与刀尖位置的变化量来分析。这种位置变化将造成工件表面的加工误差。从零件表面形状的形成过程看,回转误差沿刀具与工件接触点法线方向的分量 ΔY(见图 5.6(b))对精度影响最大,而切向分量 ΔZ(见图 5.6(a))对精度的影响极小。由图 5.6 可知,切向分量所产生的半径误差为

$$(R+\Delta R)^2=\Delta Z^2+R^2$$

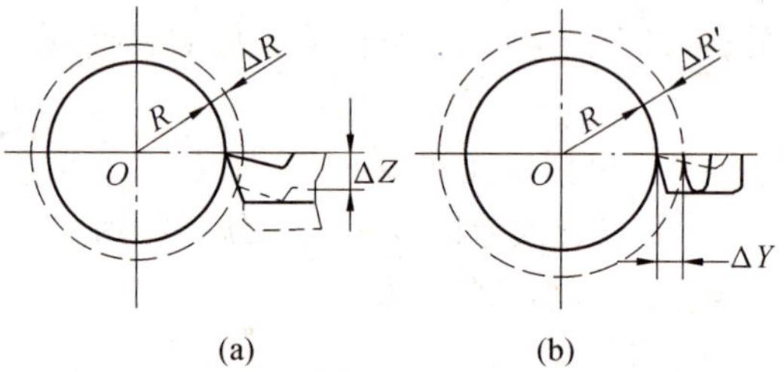

图 5.6 回转误差对加工精度的影响

整理并省去 ΔR^2(高阶微小量)项,得

$$\Delta R=\Delta Z^2/2R$$

设 $\Delta Z=10\ \mu m$,$R=50$ mm,则 $\Delta R=0.001\ \mu m$,此值完全可以忽略不计。因此,一般称法线方向为误差敏感方向,切线方向为误差非敏感方向。分析主轴回转误差对加工精度的影响时,应着重分析误差敏感方面的影响。主轴回转误差对加工精度的影响,随加工方法不同而不同。图 5.7 表示的是在镗床上镗孔后的误差情况。

假设由于主轴的纯径向跳动而使轴线在 y 坐标方向上做简谐直线运动,其频率与主轴转速相同,简谐幅值为 A;再设主轴中心偏移最大(等于 A)时,镗刀尖正好通过水平位置 1。当镗刀转过一个 φ 角时(位置 1′),刀尖轨迹的水平分量和垂直分量分别为

$$Y=A\cos\varphi+R\cos\varphi=(A+R)\cos\varphi$$

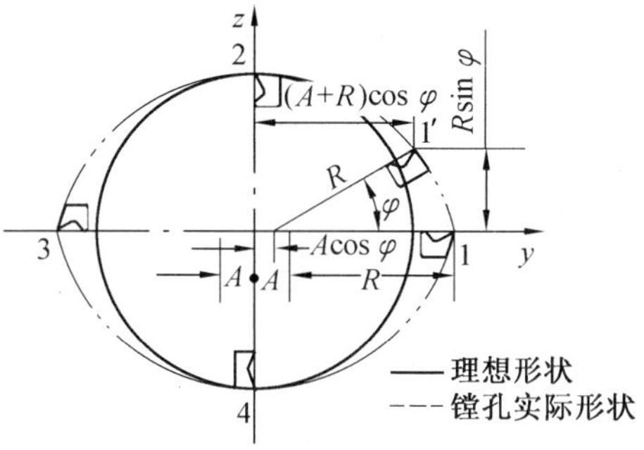

图 5.7　纯径向跳动对孔圆柱的影响

$$Z = R\sin\varphi$$

将上两式平方相加得

$$\frac{Y^2}{(R+A)^2}+\frac{Z^2}{R^2}=1$$

上式是个椭圆方程式，即镗出的孔呈椭圆形，如图 5.7 中的虚线所示。

车削时，主轴的纯径向跳动对工件的圆度的影响很小，可以用图 5.8 说明。

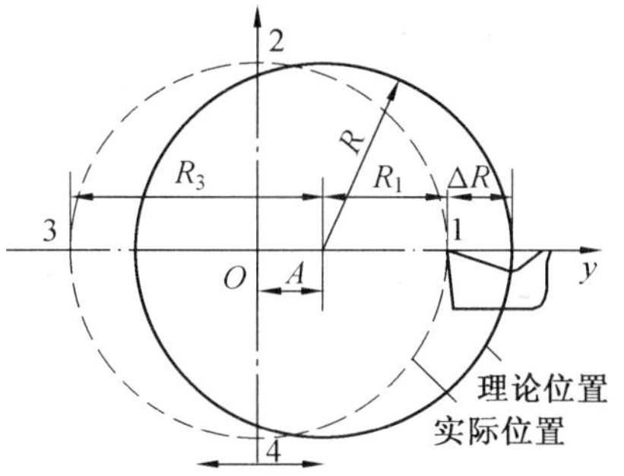

图 5.8　车削时纯径向跳动对圆柱的影响

仍假定主轴轴心沿着 y 坐标轴做简谐直线运动，在工件 1 处（主轴中心偏移最大之处）切出的半径比在2和4处切出的半径小一个幅值A；而在工件3处切出的半径则比2和4切出的半径大一个幅值A。这样，上述四点工件直径都相等，其他各点的直径误差很小，所以车削出的工件表面近似为圆。

主轴的纯轴向窜动对内、外圆加工没有影响，但所加工的端面却与内外圆不垂直。主轴每转一周，就要沿轴向窜动一次，向前窜动的半周中形成右螺旋面，向后窜动的半周中形成左螺旋面，最后切出如端面凸轮一样的形状。并在端面中心附近出现一个凸台，如图 5.9 所示。由于轴向窜动的存在，加工螺纹时必然会使螺距产生周期性的误差。

至于主轴的纯角度摆动引起的误差也因加工方法不同而不同。车削加工时，能够得到一个圆锥形的工件。镗孔时，由于主轴的纯角度摆动使回转轴线与工作台导轨不平行，镗出的孔将呈椭圆形，如图 5.10 所示。

② 直线运动误差。直线运动主要由机床的导轨来实现，因此机床床身导轨的制造误差、工作台与床身导轨之间的配合误差是影响直线运动精度的主要因素。导轨的各项误

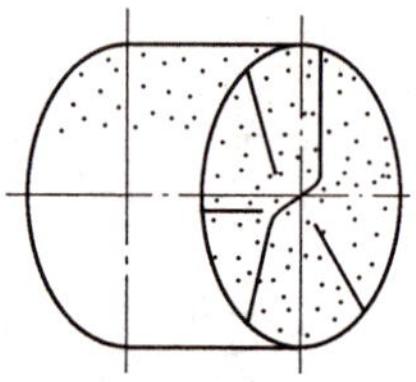
图 5.9　主轴轴向窜动对加工端面的影响

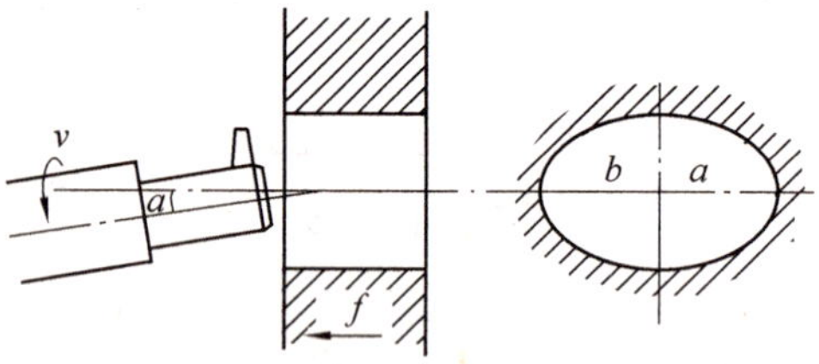

图 5.10　纯角度摆动对镗孔的影响

差将直接地反映到被加工表面的形状误差中。

磨床导轨在水平面内的直线度误差(见图 5.11)使工件在力方向产生位移 Δ,引起被加工零件在半径方向的误差 ΔR。当磨削长工件时,刚性较差的工作台在床身导轨上做往复运动,其运动轨迹受导轨直线度误差的影响,造成工件的圆柱度误差。

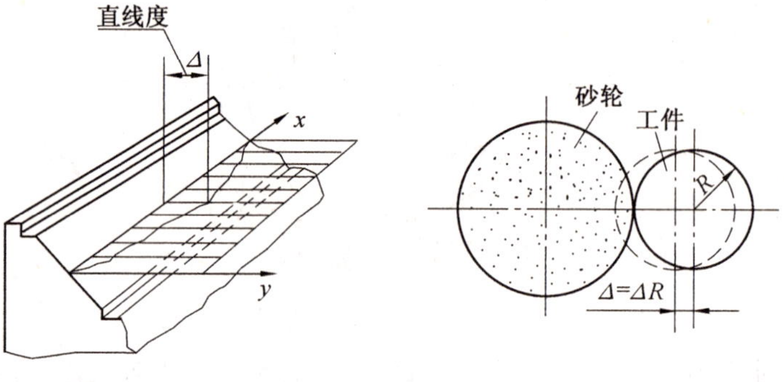

图 5.11　磨床导轨在水平面内的直线度误差

磨床导轨在垂直面内的直线度误差(见图 5.12)将引起工件相对砂轮的切向位移 h,造成工件半径方向的误差 $\Delta R = h^2/2R$。这个误差对平面磨床、龙门刨床及铣床来说,将引起工件相对刀具的法向位移,造成被加工零件的形状误差。

机床的安装对导轨的原有精度影响也很大,尤其对大型的龙门刨床等设备来说,因其床身较长、刚性差,在本身自重作用下容易产生变形。如果安装得不正确或不稳固,都会使床身产生较大的变形,从而将其误差反映到被加工的零件上。

③ 机床的传动误差。某些复杂表面是由复合成形运动加工形成的。传动误差直接影响复合成形运动的准确性,因而影响复杂表面的加工精度。传动误差的大小决定于机床传动系统中的制造精度和装配精度以及传动系统设计的合理性。

(3) 调整误差

机械加工中存在着很多工艺系统的调整问题,由于任何一次调整工作不可能绝对准

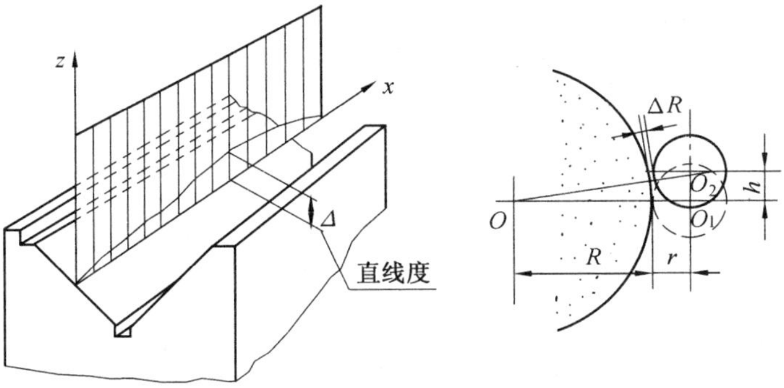

图5.12　磨床导轨在垂直面内的直线度误差

确,所以存在误差。这种误差称为调整误差。引起调整误差的因素很多,例如调整时所用的刻度盘、行程机构(如行程挡块装置、凸轮、靠模等)的精度,以及与它们配合使用的离合器、电器开关、控制阀等的灵敏度等都将影响被加工零件的加工精度。

(4)刀具、夹具的制造误差及工件的安装误差

机械加工中常用的刀具形式有:一般刀具、定尺寸刀具及成形刀具。一般刀具(如普通车刀、镗刀及铣刀等)的制造误差对加工精度没有直接的影响。定尺寸刀具(如钻头、铰刀、拉刀及槽铣刀等)的尺寸误差直接影响被加工零件的尺寸精度。同时刀具的工作条件,如机床主轴的跳动或因刀具安装不当引起的径向或端面圆跳动等都会使加工面的尺寸扩大。成形刀具(如成形车刀、成形铣刀以及齿轮滚刀等)的误差主要影响被加工面的形状精度。

夹具的制造误差一般是指定位元件、导向元件及夹具体等零件的制造和装配误差。这些对被加工零件的精度影响很大。所以在设计和制造夹具时,凡影响零件加工精度的尺寸都控制得比较严格。工件的安装误差,包括工件的定位误差和夹紧误差。

(5)工艺系统磨损所引起的误差

机床在长期使用中,由于各部件的结构、工作条件和维护情况等不同,各表面间的磨损程度也不同。这些磨损必将扩大机床的原始误差,影响被加工的零件各项精度指标。刀具的磨损,会直接影响刀具相对被加工表面的位置,造成一批零件的尺寸误差。对大型或长度较长的轴类零件,由于刀具的磨损还会造成形状误差。夹具和量具使用中的磨损,都将会引起工件大的定位误差和测量误差。

2. 工艺系统的受力变形

(1)工艺系统受力变形的现象

切削加工时,整个工艺系统受到切削力、夹紧力、拨动力、离心力以及重力等作用,产生变形,破坏了静态下调整好的工件与刀具间的相互位置,以及刀具与机床之间的准确切削成形运动。如图5.13(a)所示,用顶尖支承车削细长轴时,工件由于切削力的作用而发生弯曲变形,加工后则产生鼓形的圆柱度误差。在磨内孔时采用横向切入磨法,由于内圆磨头主轴弯曲变形,磨出的孔将产生带锥度的圆柱度误差,如图5.13(b)所示。从上述两例中可知,工艺系统的受力变形是机械加工精度中的一项很重要的原始误差。

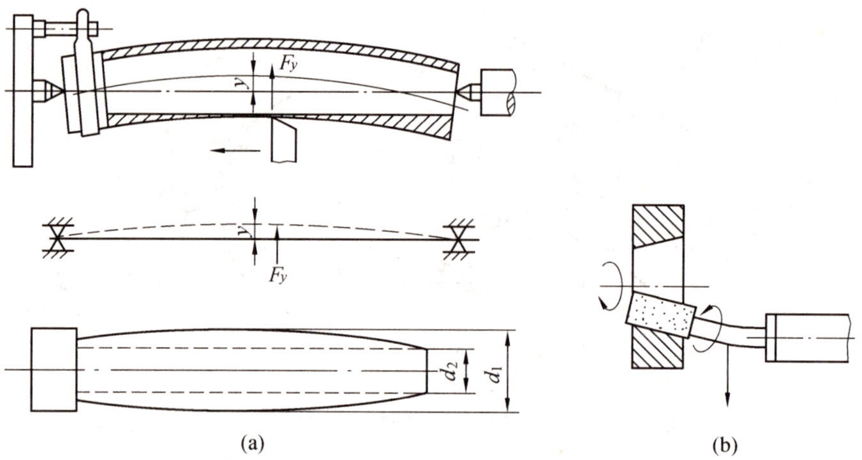

图 5.13　工艺系统受力变形引起的加工误差示例

（2）机床部件刚度

测定机床部件刚度的方法有静态测定法和工作状态测定法两种。静态测定法是机床在非工作状态下，对其施加静载荷来模拟切削状态，然后测出各部件在不同静载荷下的变形，由此可算出各部件的刚度并能绘制出其特性曲线。工作状态测定法是机床在实际加工条件下测定的，这种方法测定的部件刚度与实际接近。但它的缺点是不能得出完整的刚度特性曲线，且容易受切削过程中的一些不确定因素的影响，而给测定值带来一定的误差。

图 5.14 为用静态测定法测定某 CA6140 车床刀架刚度的实测曲线。实验进行了三次加载 - 卸载循环，从特性曲线图可以看出机床部件的刚度具有下列特点：

① 变形与作用力不是线性关系，这说明部件的变形不是单纯的弹性变形。

② 加载曲线与卸载曲线不重合，图中两曲线间包围的面积代表了在加载 - 卸载的循环中所损失的能量。

③ 加载曲线与卸载曲线不封闭，说明有残留变形。反复加载 - 卸载后，残留变形才接近于零。

④ 部件的实际刚度远比按实体估算的要小。

因为机床部件刚度曲线不是线性的，所以通常所说的部件刚度指的是它的平均刚度，即曲线两端点连线的斜率。本例中刀架的平均刚度为

$$k_{平均} = \frac{240\ \text{N}}{0.052\ \text{mm}} \approx 4\ 600\ \text{N/mm}$$

上述结果只相当于一根 30 mm × 30 mm × 200 mm 铸铁悬臂梁的刚度。这说明部件的受力变形和单个零件的受力变形是有区别的。后者是零件本身的弹性变形，而前者则除了零件本身的弹性变形外，还有其他影响因素。

根据研究，影响部件刚度的因素有以下几方面。

① 接触变形。由于每个零件表面都存在宏观几何形状误差和微观几何形状误差，所以两配合表面只有少部分凸峰真正接触，如图 5.15 所示。因此，接触点处的接触应力很大，会使零件产生较大的接触变形。这种接触变形中既有表层的弹性变形又有塑性变

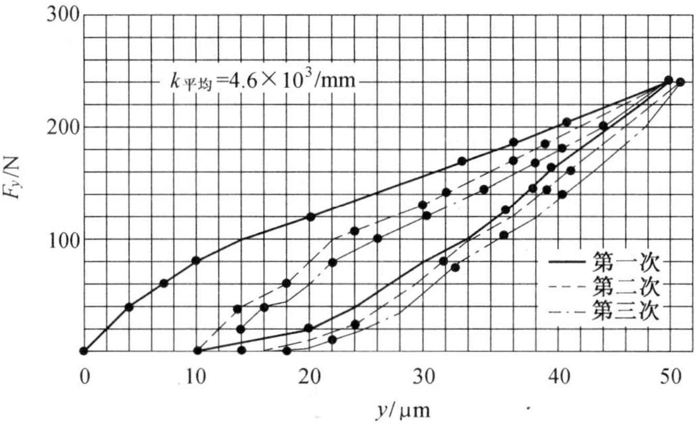

图 5.14　某车床刀架的刚性特性曲线

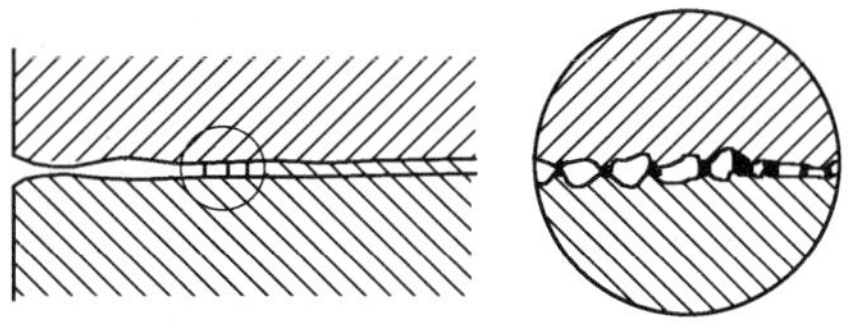

图 5.15　表面的接触情况

形。这就是部件刚度曲线不呈直线、加载 - 卸载曲线不重合、部件刚度低于同尺寸实体零件刚度的一个原因。

② 摩擦的影响。加载时，零件与零件的接触面间的摩擦力阻止变形的增加。卸载时，摩擦力又阻止变形的减少。故在图 5.14 中表现出加载曲线和卸载曲线不相重合。

③ 受力方向的影响。机床在工作时所受到的力是多方向的，其变形也是多方向的。如图 5.16 所示，刀刃在 y 方向的实际位移是三个切削分力 F_x，F_y，F_z 共同作用的结果，因此刚度也将发生变化。

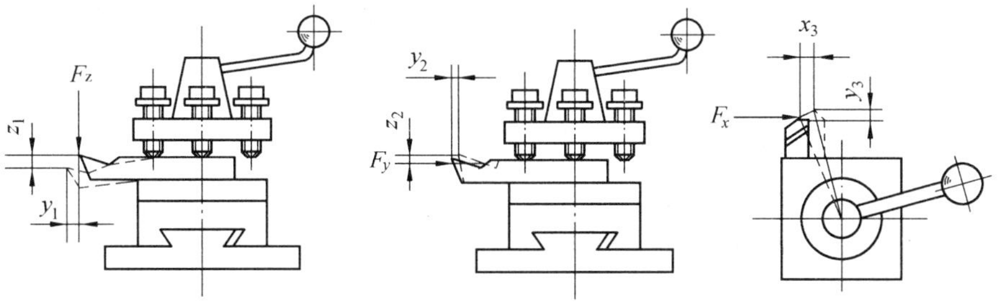

图 5.16　刀架在切削力作用下的变形

④ 间隙的影响。部件中各零件间存在间隙时，只要施加很小的力就能使零件相互错动。如图 5.17 所示，在刚度试验中如果在正反两个方向加载荷，就可以发现间隙对变形的影响。

⑤ 薄弱零件本身的变形。机床部件中，某些薄弱零件的刚度很低，因而对部件的刚

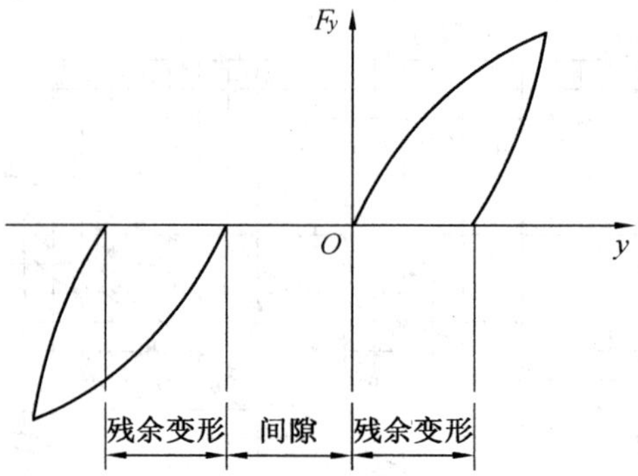

图 5.17 间隙对刚度曲线的影响

度影响较大,如图 5.18 所示。

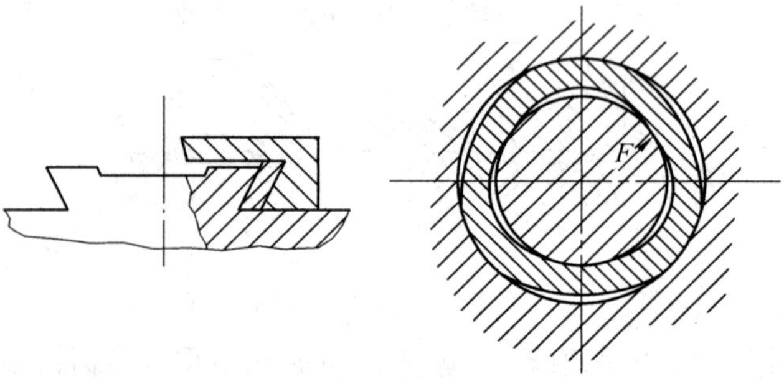

图 5.18 机床部件刚度的薄弱环节

(3) 工艺系统的受力变形

在受力情况下,工艺系统产生的变形 $y_{系统}$ 是由机床变形 $y_{机床}$、夹具变形 $y_{夹具}$、刀架变形 $y_{刀架}$ 和工件变形 $y_{工件}$ 叠加而成。即

$$y_{系统} = y_{机床} + y_{夹具} + y_{刀架} + y_{工件} \tag{5.1}$$

而

$$y_{系统} = \frac{F_y}{k_{系统}},\quad y_{机床} = \frac{F_y}{k_{机床}},\quad y_{夹具} = \frac{F_y}{k_{夹具}},\quad y_{刀架} = \frac{F_y}{k_{刀架}},\quad y_{工件} = \frac{F_y}{k_{工件}} \tag{5.2}$$

式中 $k_{系统}$—— 工艺系统的刚度;

$k_{机床}$—— 机床的刚度;

$k_{夹具}$—— 夹具的刚度;

$k_{刀架}$—— 刀架的刚度;

$k_{工件}$—— 工件的刚度。

所以工艺系统刚度的表达式为

$$\frac{1}{k_{系统}} = \frac{1}{k_{机床}} + \frac{1}{k_{夹具}} + \frac{1}{k_{刀架}} + \frac{1}{k_{工件}} \tag{5.3}$$

由式(5.3) 可知,当知道了工艺系统的各组成部分的刚度后,就可求出工艺系统刚度。

工艺系统刚度对零件的加工精度有如下影响:

① 由于受力点位置变化而产生的工件形状误差

工艺系统刚度除受各组成部分刚度影响外,还随切削力着力点位置的变化而变化。图5.19(a)所示为用两顶尖定位车削粗而短的光轴。此时,由于工件的刚度较大,在切削力作用下的变形相对于机床、夹具和刀具的变形要小得多,所以可以忽略不计。

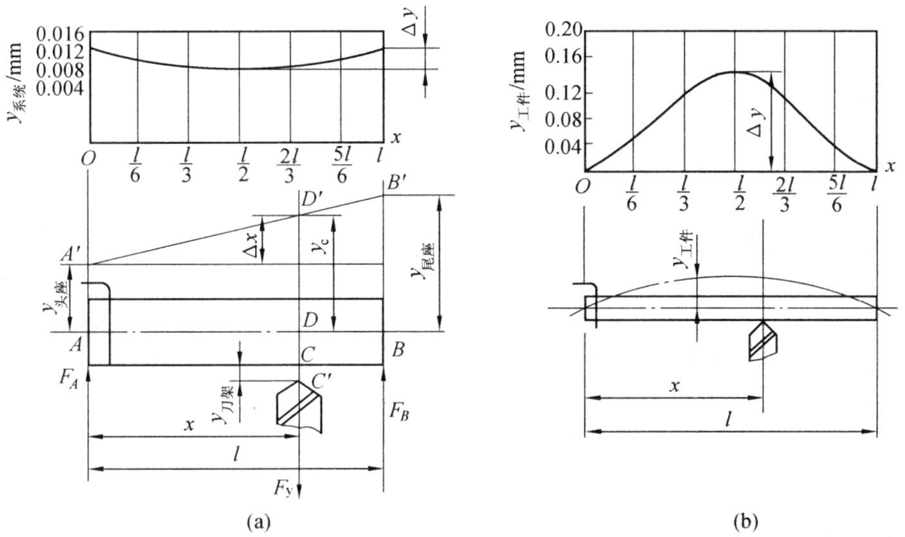

图5.19 工艺系统变形与受力点位置的关系

加工中,当车刀处于图示位置时,在切削分力的作用下,头架由点A位移至点A',尾架由点B位移至点B',刀架由点C位移至点C',它们的位置分量分别用$y_{头座}$、$y_{尾座}$及$y_{刀架}$表示。而工件轴心线AB位移至$A'B'$,则刀具切削点处于工件轴线的位移y_x为$y_x = y_{头座} + \Delta x$,即

$$y_x = y_{头座} + \frac{(y_{尾座} - y_{头座})x}{l} \tag{5.4}$$

设F_A,F_B为F_y所引起的头尾架处的作用力,则

$$y_{头座} = \frac{F_A}{k_{头座}} = \frac{F_y}{k_{头座}}\left(\frac{l-x}{l}\right), \quad y_{尾座} = \frac{F_B}{k_{尾座}} = \frac{F_y}{k_{尾座}}\frac{x}{l}$$

代入式(5.4)得

$$y_x = \frac{F_y}{k_{头座}}\left(\frac{l-x}{l}\right)^2 + \frac{F_y}{k_{尾座}}\left(\frac{x}{l}\right)^2 \tag{5.5}$$

则工艺系统的总位移为

$$y_{系统} = y_x + y_{刀架} = F_y\left[\frac{1}{k_{刀架}} + \frac{1}{k_{头架}}\left(\frac{l-x}{l}\right)^2 + \frac{1}{k_{尾座}}\left(\frac{x}{l}\right)^2\right] \tag{5.6}$$

工艺系统的刚度为

$$k_{系统} = \frac{F_y}{y_{系统}} = \frac{1}{\frac{1}{k_{刀架}} + \frac{1}{k_{头架}}\left(\frac{l-x}{l}\right)^2 + \frac{1}{k_{尾座}}\left(\frac{x}{l}\right)^2} \tag{5.7}$$

由式(5.7)看出,工艺系统刚度随着受力点位置的变化而变化。当按上述条件车削时,所求的工艺系统刚度就是机床的刚度。

设 $y_{头座}=6\times10^4$ N/mm,$y_{尾座}=5\times10^4$ N/mm,$y_{刀架}=4\times10^4$ N/mm,$F_y=300$ N,工件长 $l=600$ mm,按式(5.6)计算出系统几个特殊受力点的变形,变形结果见表5.1。

表5.1 沿工件长度方向上系统的变形

x	0(头架处)	$\frac{1}{6}l$	$\frac{1}{3}l$	$\frac{1}{2}l$	$\frac{2}{3}l$	$\frac{5}{6}l$	l(尾架处)
$y_{系统}$/mm	0.012 5	0.011 1	0.010 4	0.010 3	0.010 7	0.011 8	0.013 5

由表5.1中计算结果可得工件的圆柱度误差为

$$(0.013\,5-0.010\,3)\times2=0.006\,4\ \text{mm}$$

图5.19(b)是用两顶尖间车削细长轴的例子。由于工件刚度小,在切削力作用下,其变形大大超过机床、夹具和刀具所产生的变形。因此,机床、夹具和刀具所产生的变形可忽略不计,工艺系统的变形完全取决于工件的变形。

加工中,当车刀处于图5.19(b)所示位置时,工件的轴心线产生弯曲变形。根据材料力学,其切削点的变形量为

$$y_{工件}=\frac{F_y}{3EI}\frac{(l-x)^2x^2}{l}$$

设工件尺寸为 $\phi30\times600$ mm,材料的弹性模量 $E=2\times10^5$ N/mm^2,若考虑工件的刚度,则沿工件长度上的变形结果见表5.2。故工件的圆柱度误差为 $(0.17-0)\times2=0.34$ mm。由此可见,刚度较小的细长轴在车削时变形很大。

表5.2 沿工件长度方向上系统的变形(细长轴)

x	0(头架处)	$\frac{1}{6}l$	$\frac{1}{3}l$	$\frac{1}{2}l$	$\frac{2}{3}l$	$\frac{5}{6}l$	l(尾架处)
$y_{系统}$/mm	0	0.052	0.132	0.17	0.132	0.052	0

② 由于切削力大小的变化而引起的加工误差

在切削加工中,往往由于被加工表面的几何形状误差或材料的硬度不均匀引起切削力变化,从而造成工件的加工误差。如图5.20所示,工件由于毛坯的圆度误差,使车削时刀具的切削深度在 $a_{p1}\sim a_{p2}$ 之间变化。因此,切削分力 F_y 也随切削深度 a_p 的变化由 F_{ymax} 变到 F_{ymin}。工艺系统变形也由 y_1 变到 y_2。这样就使毛坯的圆度误差又反映到加工后的工件表面上,这种现象称为误差复映。误差复映的大小可通过刚度计算公式来求得

毛坯圆度的最大误差

$$\Delta_{毛坯}=a_{p1}-a_{p2}$$

车削后工件的圆度误差

$$\Delta_{工件} = y_1 - y_2$$

而$y_1 = \dfrac{F_{y\max}}{k_{系统}}$，$y_2 = \dfrac{F_{y\min}}{k_{系统}}$，$F_y = \lambda C_{F_y} a_p f^{0.75}$。其中$C_{F_y}$是与工件材料和刀具几何角度有关的系数，可通过手册查得，f为进给量，$\lambda = \dfrac{F_y}{F_z}$，一般取0.4。

所以有
$$y_1 = \frac{\lambda C_{F_y} a_{p1} f^{0.75}}{k_{系统}},\quad y_2 = \frac{\lambda C_{F_y} a_{p2} f^{0.75}}{k_{系统}}$$

代入得
$$\Delta_{工件} = y_1 - y_2 = \frac{\lambda C_{F_y} a_{p1} f^{0.75}}{k_{系统}}(a_{p1} - a_{p2}) = \frac{\lambda C_{F_y} f^{0.75}}{k_{系统}}\Delta_{毛坯} \tag{5.8}$$

令
$$\varepsilon = \frac{\Delta_{工件}}{\Delta_{毛坯}} = \frac{\lambda C_{F_y} f^{0.75}}{k_{系统}} \tag{5.9}$$

ε表示加工误差与毛坯误差之间的比例关系，说明了误差复映的规律，故称误差复映系数，它定量地反映了工件经加工后毛坯误差减小的程度。从上式看出，工艺系统刚度$k_{系统}$越高，ε就越小，复映到工件的误差也就越小。

当一次走刀不能满足加工要求时，可进行第二次或多次走刀，进一步消除因圆度误差而引起的误差复映。经过多次走刀，总的误差复映系数ε已降到很小，加工误差也就逐渐达到了图样所规定的误差范围。

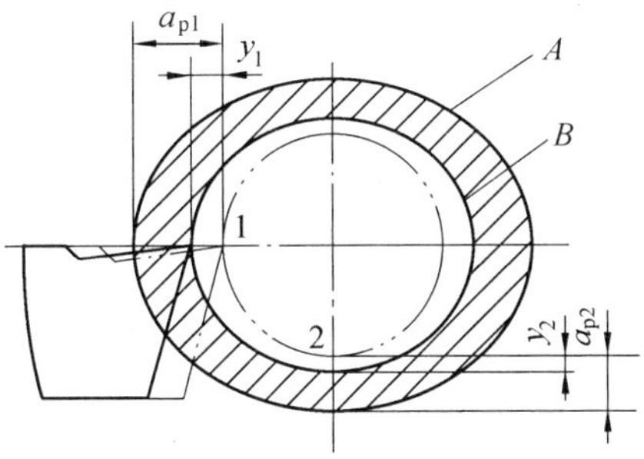

图5.20　毛坯形状误差复映

③ 由重力、惯性力、传动力及其他力作用而产生的加工误差

机械加工时，如果工艺系统中的零部件不平衡，高速旋转时将产生离心力，且离心力在工件旋转一周内不断地改变方向，从而引起工艺系统的受力变形。其结果导致工件出现圆度误差。工件在安装时，由于零件刚度不足，或夹紧力着力点不当，均会导致工件相应的变形，图5.21为连杆在夹紧力作用下产生误差的情况。另外，机床部件和工件本身质量及它们在移动中位置的变化也将引起加工误差。

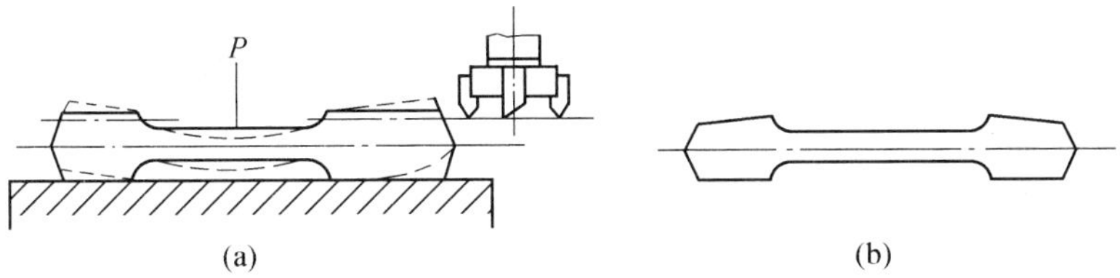

图5.21　连杆在夹紧时的弹性变形所引起的误差

(4) 减小工艺系统受力变形的措施

① 提高工艺系统的刚度。合理设计结构，提高接触刚度，采用合理的安装方法和加工方法、合理使用机床设备等，都有助于提高工艺系统刚度，减小系统受力变形。图5.22所示为主轴部件预加载荷后，提高其接触刚度的例子。图5.23为在铣床上加工角铁类零

件的两种装夹方法，显然图5.23(b)中的工艺系统刚度比图5.23(a)中的工艺系统刚度高很多，所以采用图5.23(b)方式装夹有助于提高切削用量和生产率。

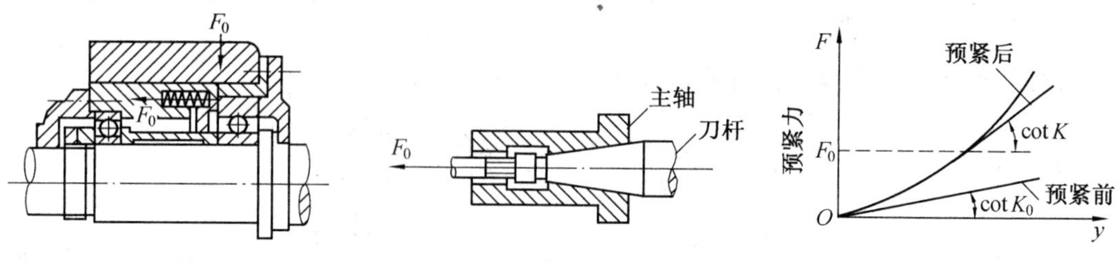

图5.22 预紧对机床刚度的影响

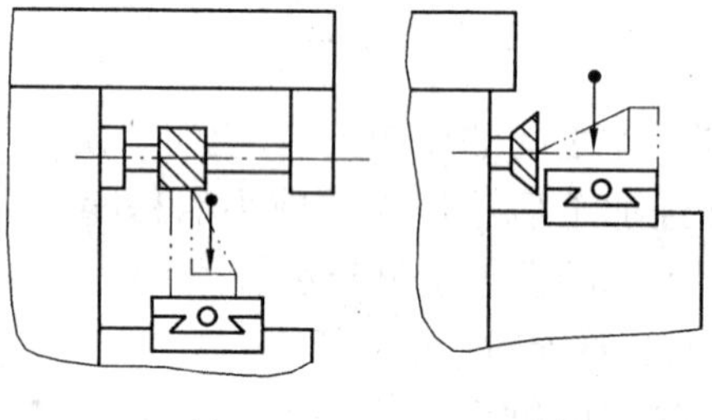

图5.23 不同安装方法对工件刚度的影响

② 提高零部件刚度。采取措施提高机床零件和部件刚度，能减小工艺系统受力变形。图5.24为通过设置辅助支承来提高转塔车床牌楼式刀架刚度的示例。

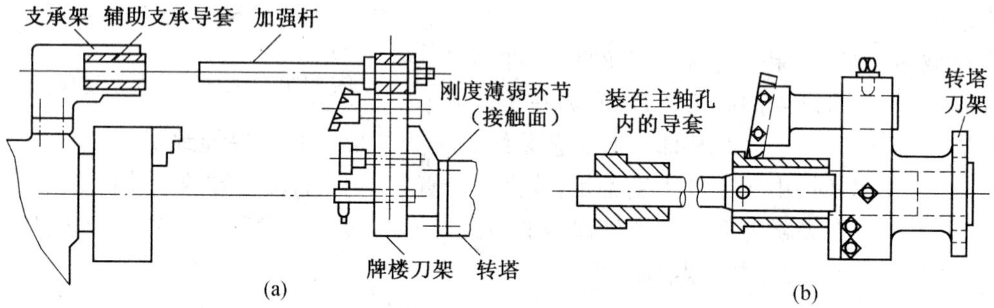

图5.24 提高转塔车床牌楼式刀架刚度的措施

3. 工艺系统的热变形

(1) 机床热变形对加工精度的影响

由于各种机床的结构和工作条件的差别很大，所以引起热变形的主要热源也大不相同。普通车床、铣床、卧式镗床的热源来自于机床的主传动系统；龙门刨床、立式车床的热源则来自于液压系统。图5.25为几种机床的热变形趋势，从图中可以看出对零件的加工精度影响很大。

(2) 刀具热变形对加工精度的影响

刀具产生热变形的主要热源是切削热。尽管切削热仅有一小部分传到刀具上，但因

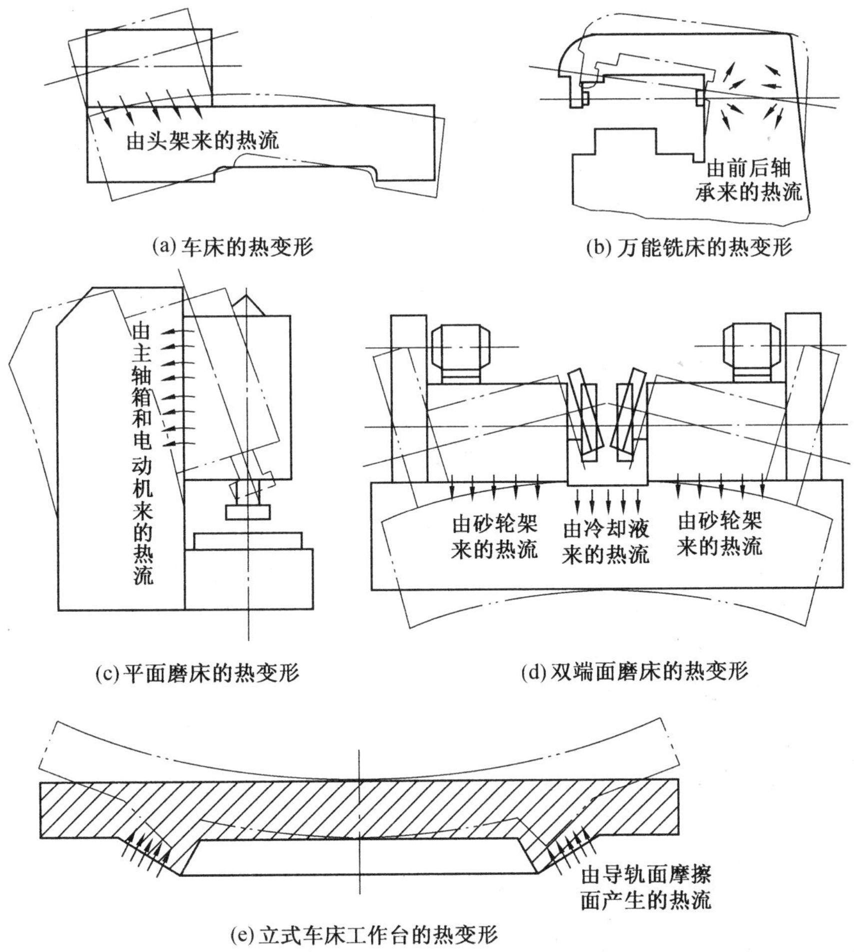

图 5.25　几种机床的热变形趋势

为刀具体积小，热惯性小，所以刀具工作表面的温度还是很高。一般情况下，刀具受热的伸长量可以达 0.03 ~ 0.05 mm。刀具伸长影响加工精度，对加工中小零件来说一般只影响其尺寸精度，而在加工大型零件时(如加工长轴外圆等)还会影响其形状精度。

刀具热变形在切削初期增长很快，然后变慢，不久即达到热平衡状态(即此时之后其变形不再增加)，而刀具的磨损量又能补偿其因受热伸长的部分，故刀具受热变形对加工精度的影响并不显著。图 5.26 是车刀的受热变形曲线。

(3) 工件热变形对加工精度的影响

切削加工中，工件的热变形主要是切削热引起的。对于加工一些形状简单的轴类、套类、盘类零件的内、外圆表面时，可将工件近似看做均匀受热。而在铣、刨、磨平面时，除沿进给方向有温差外，由于工件单面受热，上下表面间存在着很大的温差，此种情况工件属于不均匀受热。无论工件受热是否均匀，它的热变形都将影响到加工精度。例如，在车削或磨削轴类零件时，工件均匀受热，温度逐渐升高，其直径逐渐增大，增大的部分将被刀具切去，当工件冷却后，则形成圆柱度和尺寸误差。精磨丝杠时，工件的热伸长会引起螺距

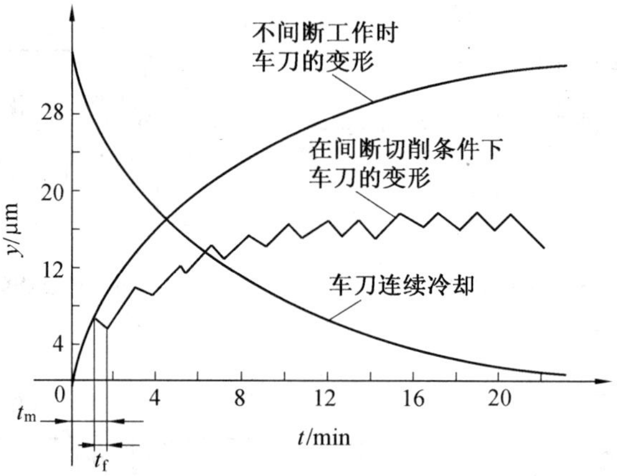

图 5.26　车刀的热变形曲线

1— 不间断工作时车刀的变形;2— 在间断切削条件下车刀的变形;3— 连续冷却条件下车刀的变形

累积误差。在平面磨床上磨削一定厚度的平面时,上下表面间的温差使工件向上拱起,加工时中间凸起部分被磨去,冷却后工件中部下凹,造成平面度误差。

有关工件均匀受热或不均匀受热时的热变形量可以从相关手册中查找。

(4) 减小工艺系统热变形的措施

① 结构设计上采取的措施。热对称结构设计有利于减少机床热变形。图 5.27 为“加工中心”机床立柱结构,采取双立柱结构对称设计,是有效减少变形的实例。

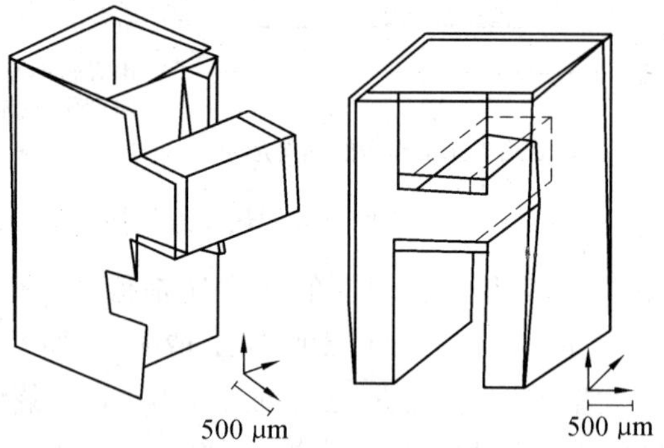

图 5.27　机床立柱结构

采用合理材料有利于减少机床热变形。图 5.28 为砂轮架合理选材减少热变形的实例,套为热膨胀系数较大材料制成,并且套内装有弹簧,砂轮轴被向后推,砂轮轴的热膨胀与套的热膨胀正好抵消。

合理布置支承位置,使产生热位移的有效部分缩短。图 5.29 为不同支承位置对变形的影响实例,图 5.29(a) 中的 L 值较大,产生大的热变形;而图 5.29(b) 中的 L 值较小,热变形也较小。

② 工艺上采取的措施。可以采取均衡温度场、减少热源的发热或隔绝热源等工艺措施来减小系统的热变形及其对加工精度的影响。

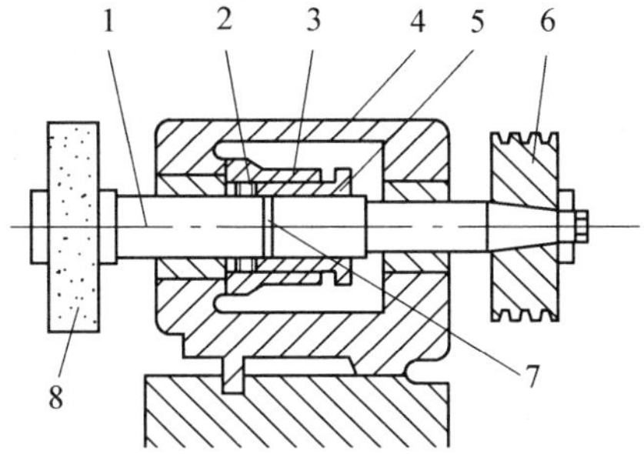

图5.28　防止砂轮轴热变形的措施

1—砂轮轴;2—弹簧;3—套;4—支架;5—调整螺母;
6—带轮;5—支承环;8—砂轮

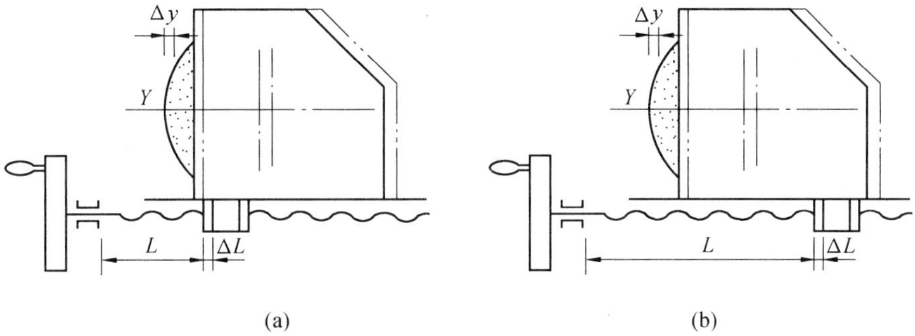

图5.29　支撑距离对热变形影响

4. 工件的内应力变形

(1) 热加工过程中产生的内应力引起的误差

在铸造、锻造、焊接和热处理等热加工工艺过程中,工件冷却时因温度降低而使金属收缩。由于工件各部分的冷却速度和收缩程度不一致,毛坯或工件内部会产生很大的内应力。同时,金属材料的金相组织也在发生变化,这种变化也将产生内应力。当切去一层金属后,就破坏了原有的应力平衡,内应力重新分布,工件就出现了明显的变形。

图5.30(a)表示一个内外截面厚薄不同的铸件。当铸件冷却时,由于壁1和2比较薄,冷却速度较快;壁3较厚,冷却速度较慢。当壁1和2从塑性状态冷却到弹性状态时,壁3的温度还很高,尚处于塑性状态,所以壁3对壁1和2的收缩不起牵制作用,铸件内部不产生内应力。但当壁3冷却到弹性状态时,壁1和2的温度已经降低很多,收缩速度变得很慢,而这时壁3收缩较快,受到了壁1和2的阻碍。因此,壁3受拉应力,壁1和2受压应力,在此应力下铸件处于平衡状态。

如果在铸件壁2上开一个缺口,如图5.30(b)所示,则壁2的压应力消失,壁3因受到的拉应力减少而收缩,壁1因受到的压应力增大而膨胀,铸件发生弯曲变形,直至内应力重新分布达到新的平衡为止。推广到一般情况,各种铸体都难免产生冷却不均匀而形成内应力。铸件的外表面总比中心部分冷却得快。特别是机床床身,为了提高导轨面的耐磨性,常采用局部激冷工艺使它冷却得更快一些,以获得较高的硬度,这样在床身内部所形成的内应力就更大,当粗加工刨去一层金属后,就像在图5.30(b)中的铸件壁2上开口一样,引起了内应力的重新分布而产生弯曲变形,如图 5.31 所示。由于这个新的平衡过程需要一段较长的时间才能完成,因此,尽管导轨经过粗加工去除了这个变形的大部分,但床身内部组织仍在继续转变,合格的导轨面就会逐渐失去原有的精度。

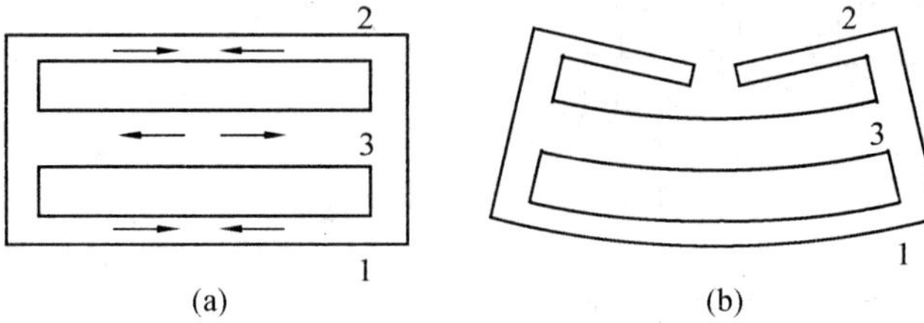

图 5.30　铸件内应力引起的变形

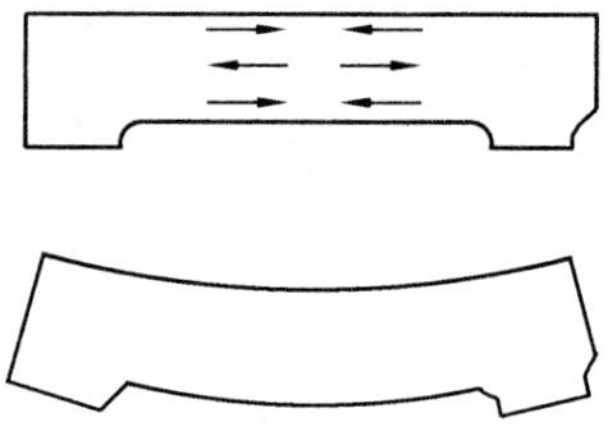

图 5.31　床身内应力引起的变形

(2) 切削加工中产生的内应力引起的误差

切削加工时,工件表面层在切削力和切削热作用下,由于工件各部分产生不同程度的塑性变形,以及金属组织等变化的影响也会产生内应力。这些内应力将引起工件的误差。另外,冷校直等工艺会使细长轴产生内应力,使工件产生误差,如图 5.32 所示。

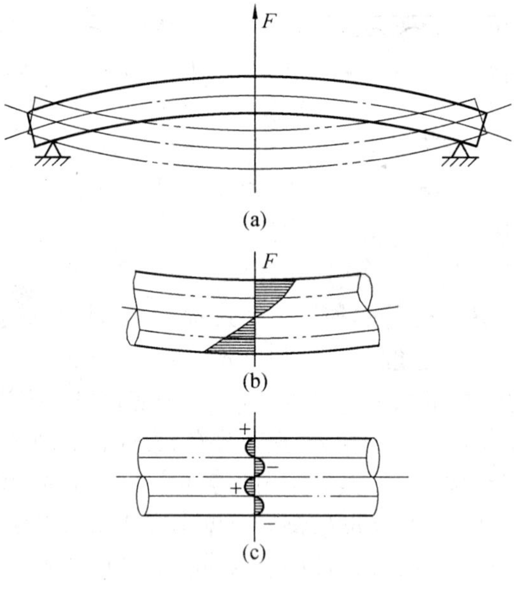

图 5.32　冷校直引起的内应力

(3) 减小或消除内应力的措施

① 合理设计零件结构。在零件结构设计中,应尽量缩小零件各部分厚度尺寸之间的差异,以减小铸件或锻件毛坯在制造中的内应力。

② 采取时效处理。对精密零件实施自然时效处理,其余类型零件可通过人工时效处理或振动时效处理来减小或消除内应力。

5.2.2 机械加工误差的统计分析

1. 加工误差的性质

零件在加工过程中,虽然有很多原始误差以不同形式反映到被加工零件上,产生加工误差。但从误差的性质上看,不外乎有系统误差和随机误差两种类型。

(1) 系统误差

在顺次加工一批工件时,所产生的大小和方向不变或按加工顺序作规律性变化的误差,称为系统误差。其中,机床、夹具、刀具和量具本身的制造误差所引起的加工误差称为常值系统误差。机床、夹具和刀具等在达到热平衡以前的热变形以及加工过程中刀具的磨损和工艺系统的受力变形等因素在加工过程中均随着时间的变化而作规律性的变化,故这些因素引起的加工误差被称为变值系统误差。

(2) 随机误差

在相同的工艺过程条件下,加工一批零件产生大小和方向不同且无变化规律的加工误差称为随机误差。毛坯的误差复映、工件的定位误差、夹紧误差、多次调整引起的误差、内应力引起的误差等都属于随机误差。

虽然引起随机误差的因素很多,它们的作用情况又很错综复杂,但可以用数理统计的方法找出随机误差的规律,并用来控制和掌握随机误差。

在排除变值系统误差的情况下加工一批轴,准确地测量并记录每个零件相同部位的轴颈尺寸。然后,按尺寸的大小把整批零件分成若干组,每一组零件的尺寸处在一定的尺寸间隔范围内。同一尺寸间隔内的零件数量称为频数,频数与这批零件的比值叫做频率。以频数或频率为纵坐标,零件尺寸为横坐标,可以得到若干点,用直线将这些点连接起来,就可得到图5.33(a)中所示的实折线。当加工零件数量增加、尺寸间隔线减到很小(即组数分得很多)时,这根折线就非常接近曲线,这类曲线叫实验分布曲线(见图5.33(a)中的虚线)。

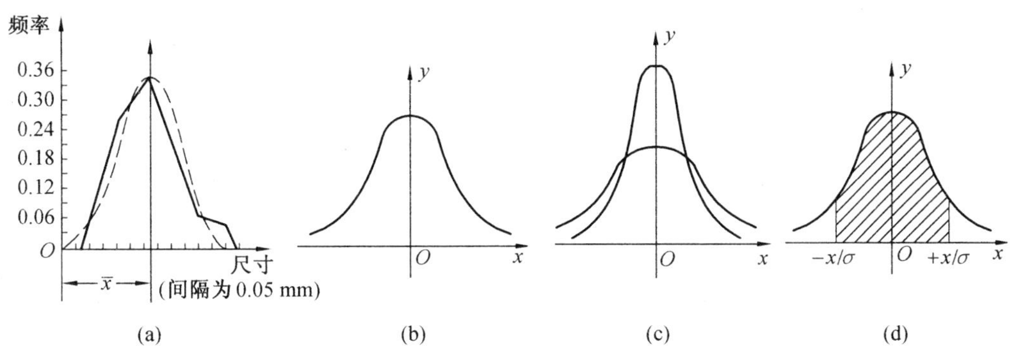

图5.33 误差分析曲线

图5.33中,曲线频率的最大值处于这批零件的算术平均值的位置。平均尺寸的横坐标位置就是这批零件的尺寸分布中心(或误差聚集中心)。整批零件中最大尺寸和最小尺寸之差,就是尺寸分散范围。

从实验分布曲线可以归纳出一些随机误差的规律：随机误差有大有小，它们对称分布在尺寸分布中心的左右；距尺寸分布中心越近的随机误差，出现的可能性越大，反之就越小；随机误差有一定的分散范围。

实践证明，在一般无某种优势因素影响的情况下，在机床上用调整法加工一批零件时得到的实验分布曲线符合正态分布曲线规律（见图5.33（b））。图中以尺寸分布中心为坐标原点，其方程式为

$$y = \frac{1}{\sigma\sqrt{2\pi}} e^{-\frac{x^2}{2\sigma^2}} \tag{5.10}$$

曲线方程的纵坐标 y 代表尺寸分布曲线的分布密度，分布密度等于以尺寸间隔值除以频数所得的商。横坐标 x 表示各零件实测尺寸相对于平均尺寸的偏差值。x 等于图5.33（a）中的 $x_i - \bar{x}$，σ 为均方根偏差，其值为

$$\sigma = \sqrt{\frac{\sum_{i=1}^{n} (x_i - \bar{x})^2}{n}} \tag{5.11}$$

其中 n——零件总数；

x_i——各零件的实测尺寸；

$\bar{x}$——工件尺寸的平均值。

从正态分布曲线方程可知：$x = 0$ 时，$y = \frac{1}{\sigma\sqrt{2\pi}}$ 是曲线的最大值；在 $\pm|x|$ 处，y 值相等，即曲线关于 y 轴对称；当 $x \to \pm\infty$ 时，$y \to 0$，即 x 轴是曲线的渐近线。

对曲线以下的面积进行积分可得

$$A = \frac{1}{\sigma\sqrt{2\pi}} \int_{-\infty}^{+\infty} e^{-\frac{x^2}{2\sigma^2}} dx = 1 \tag{5.12}$$

即曲线下的面积等于1，也就是所有各种尺寸之和占这批零件数的100%。

图5.33（c）所示为不同 σ 值的两条正态分布曲线，σ 越大，y_{max} 越小，曲线趋向平坦并向两端伸展。

欲求任意尺寸范围内的零件数占全部零件数的百分比（即频率），可通过相应的定积分求得。例如，在 $\pm x/\sigma$ 范围内的面积（见图5.33（d）），可求积分如下

$$A = \frac{1}{\sigma\sqrt{2\pi}} \int_{-\frac{x}{\sigma}}^{+\frac{x}{\sigma}} e^{-\frac{x^2}{2\sigma^2}} d\left(\frac{x}{\sigma}\right)$$

不同的 x/σ 值可由表5.3查得。

表5.3 不同 x/σ 值时 A 的部分数值

x/σ	A	x/σ	A	x/σ	A	x/σ	A
0	0.000 0	0.3	0.235 9	1.5	0.866 4	3	0.997 3
0.1	0.074 6	0.5	0.383 0	2.0	0.954 2	3.5	0.999 4
0.2	0.185 6	1.0	0.686 2	2.5	0.987 6	4	0.999 9

由上述部分定积分表中的数值可知，随机误差出现在 $x = \pm 3\sigma$ 以外的概率仅为 0.27%，这个数值很小，故可认为随机误差的实际分布范围就是 $\pm 3\sigma$。

2. 分布曲线法

分布曲线法就是通过测量一批零件加工后的实际尺寸，做出尺寸分布曲线，然后按此曲线来判断这种加工方法所产生的误差大小。

例如，在一批零件上铰一尺寸为 $\phi(20 \pm 0.01)$ mm 的孔。现使用 $\phi20$ mm 的铰刀在一定的切削用量下进行加工。铰孔后测定孔的直径分别为：20.060，20.085，20.065，20.062，20.100，20.084，20.070，… 初看起来，这些数据似乎无规律可循，如果用一定的方法进行整理，就会发现它们是有规律性的。

首先，可以进行最简单的统计分析，即按实测数据计算孔的平均尺寸 $\overline{D}$

$$\overline{D} = \frac{\sum_{i=1}^{n} D_i}{n}$$

式中 D_i—— 各实测尺寸；

n—— 实测零件的总数。

则 $\overline{D}/\mathrm{mm} = (20.060 + 20.085 + 20.065 + 20.062 + \cdots)/n = 20.080$

当再增加这批零件的数量时，测量后计算其平均尺寸几乎没有变化，这就说明在每个零件上，孔的直径都有 0.08 mm 的误差存在。而每个零件的实测尺寸之所以不是 20.08 mm，主要是因为除了这一项系统误差外，还有其他随机误差存在。如第一个零件除有0.08 mm 的误差外，还有 −0.02 mm 的随机误差；第二个零件除有 0.08 mm 的误差外，还有 +0.005 mm 的随机误差 …… 这样，每个零件上孔的实测尺寸可写为

$$D_1 = 20 + 0.08 - 0.020$$
$$D_2 = 20 + 0.08 + 0.005$$
$$D_3 = 20 + 0.08 - 0.015$$
$$D_4 = 20 + 0.08 - 0.018$$
$$D_5 = 20 + 0.08 + 0.004$$
$$D_7 = 20 + 0.08 - 0.010$$
$$\vdots$$

这些尺寸的第一项是零件所要求的基本尺寸 $D_{基}$，第二项则是加工每个零件都有的系统误差 $\Delta_{系}$，而第三项则是加工时事先很难预测其大小的随机误差 $\Delta_{随}$。

很显然，通过初步的统计分析发现，在每个零件上都有 0.08 mm 的误差这一规律，因而可以采取相应措施消除这一部分误差。譬如，可将铰刀直径磨小 0.08 mm，使其在铰孔时产生一个 −0.08 mm 的误差，这样加工后，各零件上孔的实际尺寸将变为：20.002，20.005，20.015，… 很明显，这些孔径更加接近零件图纸所要求的尺寸，即加工精度有了较大的提高。

当再进一步对随机误差进行统计分析时，又会发现这种随机误差虽然在一定范围内变化，但却以平均尺寸 $\overline{D}$ 为中心，呈对称分布（见图 5.34）。此外，还会发现距离平均尺寸

越远的随机误差,出现的可能性就越小。总之,它完全符合前面所讲的随机误差规律。这样就可根据实测尺寸的数据,经过统计和分析,求出系统误差的数值和随机误差的分布范围 6σ,即

$$\Delta_{系} = \overline{D} - D_{基} = 0.08\ \text{mm}$$

$$\Delta_{随} = 6\sigma = 6\sqrt{\frac{\sum_{i=1}^{n}(D_i - \overline{D})^2}{n}} = 0.04\ \text{mm}$$

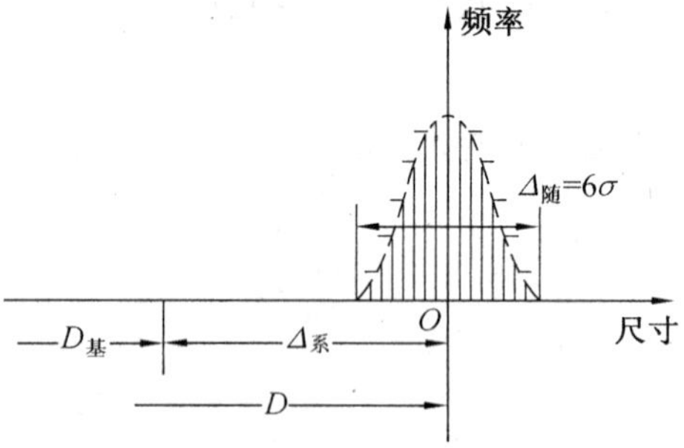

图 5.34 一批零件铰孔后的尺寸分布情况

通过分布曲线不仅可以掌握某道工序随机误差的分布范围,而且可以知道不同误差范围内出现的零件数占全部零件数的百分比。这样,在用调整法加工一批零件时,就可以预先估算出产生废品的可能性及其数量。此外,当废品不可避免时,则可通过调整刀具位置或改变刀具尺寸,变不可修废品为可修废品。

如果上例中孔的加工尺寸为 $\phi(20 \pm 0.01)$ mm,即公差为 $T = 0.02$ mm,铰孔这道工序的加工精度为 $6\sigma = 0.04$ mm,由于 $6\sigma > T$,因此必然会产生废品。

当尺寸分布中心调整到和孔的公差带中心重合时(见图 5.35 中实线),其过大或过小尺寸的废品率计算如下

$$\frac{x}{\sigma} = \frac{0.01}{\frac{0.04}{6}} = 1.5$$

查表 5.3 可知,$A = 0.866\ 4$,即两项废品率均为 $0.5 - 0.866\ 4/2 = 0.066\ 8$,即 6.68%。

当尺寸分布中心调整到比公差带中心小 0.01 mm(如图 5.35 中虚线)时,也就是将铰刀直径磨小 0.01 mm,就不会出现尺寸过大的不可修复废品,而只有过小的可修复废品,此时废品率为 50%。如果要避免任何废品产生,就需要采用加工精度更高的机床和加工方法,使其 6σ 不能超过 0.02 mm。

用分布曲线法分析研究加工误差时,不能反映出零件加工的先后顺序,因此就不能把按一定规律变化的系统误差和随机误差区分开;而且还需要在全部零件加工完之后才能绘制出分布曲线,不能在加工过程中提供控制工艺过程的资料。

3. *点图分析法*

点图分析法是在一批零件的加工过程中,依次测量每个零件的加工尺寸,并记入以顺

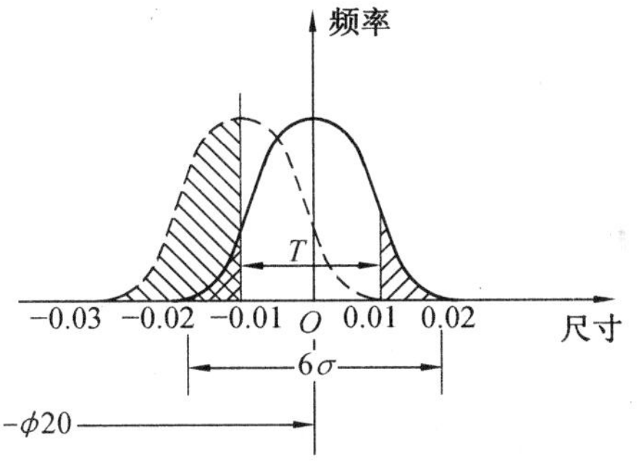

图 5.35　尺寸调整前后的废品率

次加工的零件号为横坐标、零件加工尺寸为纵坐标的图表中，这样便可将一批零件加工的结果绘成点图。

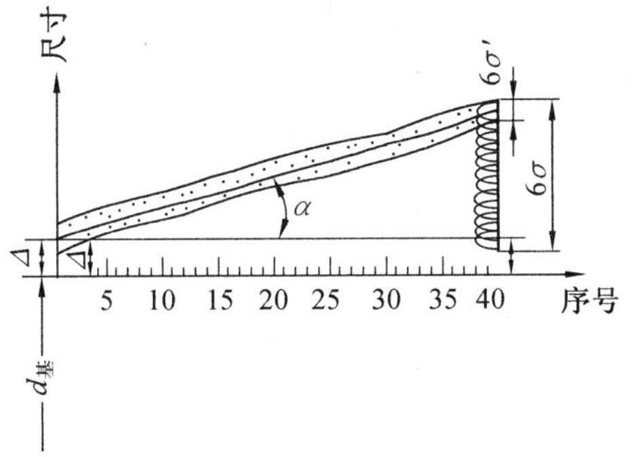

图 5.36　在车床上用调整法加工一批大尺寸轴颈的点图

现以外圆加工为例，说明点图法的具体应用。

在车床上采用调整法加工一批大尺寸的轴颈。如图 5.36 所示，由于所使用的刀具磨损比较显著，若采用分布曲线进行计算，会发现此工序的随机误差部分 6σ 值过大。

若采用点图法，即按零件加工的先后顺序逐个测量作出点图，则可明显地发现刀具磨损对加工精度的影响。实际上，其随机误差的分布宽度仅等于 $6\sigma'$，其数值远比 6σ 要小。

实际的随机误差分布宽度 $6\sigma'$ 的计算方法如下：

由于刀具磨损而产生的变值系统误差为 $\Delta_{变系} = n\tan\alpha$，则各个零件的系统误差为

$$\Delta_{系} = C + \Delta_{变系} = C + n\tan\alpha \tag{5.13}$$

其中　n—— 零件加工先后的序号；

C—— 常值系统误差。

每个零件实际的随机误差，为各零件加工后的实际误差（实测尺寸减去基本尺寸）减去各自的系统误差，即

$$\Delta_{1随} = \Delta_1 - (C + 1\tan\alpha)$$
$$\Delta_{2随} = \Delta_2 - (C + 2\tan\alpha)$$
$$\vdots$$
$$\Delta_{n随} = \Delta_n - (C + n\tan\alpha)$$

根据 $\Delta_{1随}, \Delta_{2随}, \cdots, \Delta_{n随}$ 可求出 σ'，从而得出 $6\sigma'$，即

$$\sigma' = \sqrt{\Delta_{1随}^2 + \Delta_{2随}^2 + \cdots + \Delta_{n随}^2} \tag{5.14}$$

由于刀具磨损而造成的变值系统误差，可通过点图掌握其规律，从而采取补偿措施以提高被加工零件的尺寸精度。

总之，采用点图法就有可能将所有系统误差与随机误差分开，因而有可能通过误差补偿的办法消除各种系统误差，加工精度就能得到提高。

5.2.3 提高加工精度的主要措施

1. 查明原因直接消除

这种方法是在查明产生加工误差的主要因素后，设法对这些因素进行直接消除或减小。例如，车削细长轴时虽使用跟刀架也很难加工出高精度的工件（图 5.37(a) 所示），故可以采用图5.37(b) 所示大进给反向切削的方法。采用大进给反向切削法加工细长轴时，为了使切削平稳以获得良好的加工效果，最好如图 5.37(c) 所示在靠近卡盘一端的工件上，先车出一个颈部（颈部直径约为工件坯料直径的一半），这个颈部可以消除因坯料本身弯曲而在卡盘强制夹持下引起的工件轴线歪斜，使其柔性增加，起到万向接头的作用，通过以上措施，基本上消除了轴向切削力引起的弯曲变形。如果在尾座使用弹簧顶尖，就可以进一步消除工件因热变形而引起的热伸长误差。

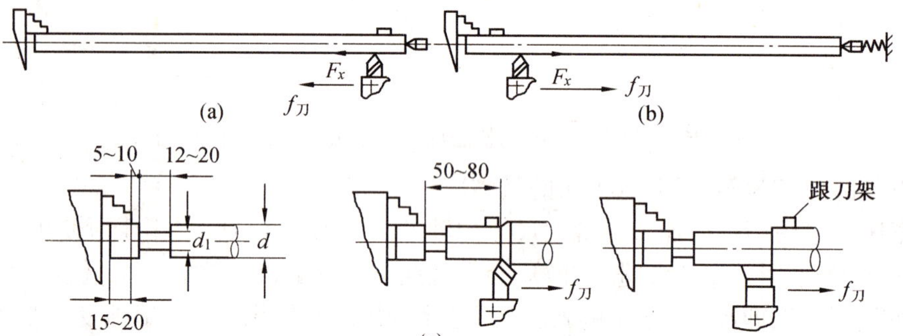

图 5.37 提高车削细长轴精度的措施

2. 误差补偿或抵消法

这种方法是人为地制造一个与原始误差大小相等、方向相反的误差，来抵消工艺系统中原来固有的原始误差，以补偿或抵消原始误差。

如图 5.38 所示，在双柱坐标镗床上，利用重锤和人为制造的横梁导轨直线度误差去补偿有关部件自重引起的横梁的变形误差。图 5.38(a) 为通过重锤、链环及滚轮等平衡主轴本身质量及主轴箱部件自重对横梁的扭曲变形。作用在横梁上的合力将主要使横梁在垂直方向产生弯曲变形，为此可将横梁上导轨刮研成相应的上凸形，如图 5.38(b) 所示，以补偿其受力变形量。至于横梁导轨需刮研的凸起量，可通过实测主轴箱部件在不同位置时横梁的变形值或对横梁进行受力变形计算加以确定。

对精密螺纹、精密齿轮及精密蜗轮加工机床中内传动链的传动误差，也多采用误差补

偿的办法以提高被加工丝杠、齿轮或蜗轮的加工精度。

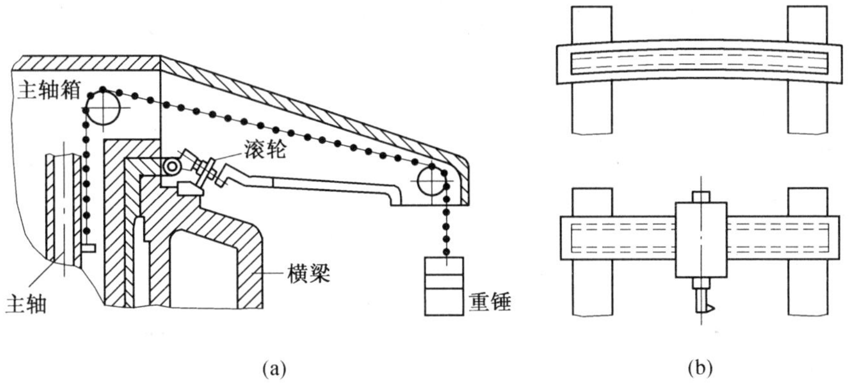

图5.38　双柱坐标镗床横梁变形的补偿

3. 误差转移法

此法实际上是转移工艺系统的几何误差、受力变形及受热变形所产生的误差。例如，在大型龙门式机床中，主轴箱等部件作用在较长的横梁上，使其产生弯曲和扭曲变形，这种变形将影响到零件的加工精度。为消除此项原始误差，通常在机床上再增加一根承受主轴箱等重力部件的附加梁，如图5.39所示。

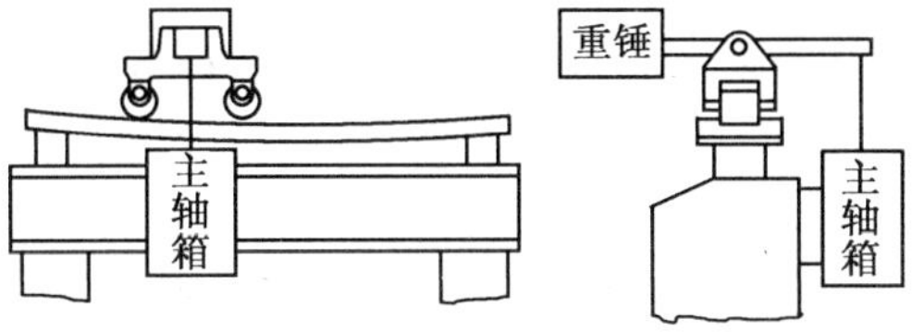

图5.39　误差转移法示例

4. 误差均化法

在生产中，常用研磨的方法来获得精度极高的零件。这种利用研具和工件表面相对研擦和磨损使误差不断地减少的过程，称为误差均化法。

利用误差均化法制造精密零件，在机械制造业中由来已久。利用这种方法，已经制造出号称原始平面的精密平板，平面度达到几个微米。这样高的精度，是利用“三块平板合研”的“误差均化法”刮研出来的。像平板一类的“基准”工具，如直尺、角度规、分度盘及标准丝杠等高精度量具和工具，今天还仍然采用“误差均化法”来制造。

5. 误差分组法

在加工中，由毛坯误差或定位误差所引起的工序误差，可通过分组配合来保证原有的精度。例如：某厂在制造Y7520W型磨齿机的交换齿轮时，产生了齿轮心轴与工件定位孔的配合间隙问题。当配合间隙过大时，剃齿后的工件将产生几何偏心，使齿圈径向跳动超差。同时，剃齿时容易产生振动，工作噪声增大，并使齿面产生波纹。为了限制配合间隙，保证工件孔和心轴有高的同轴度，采用了多挡尺寸的剃齿心轴，并对工件孔进行分组和心轴配对，减少了由间隙而产生的定位误差，提高了剃齿工序的加工精度。

加工完所有零件后，经过精密测量后对数据进行分组。工件孔径为 $\phi 25^{+0.013}_{0}$。从表 5.4 可以看出，工件的制造公差并未放大，只因对误差进行了分组，从而保证了装配精度，即保证了剃齿心轴和被剃齿轮间很高的同轴度，减少了齿圈跳动。

表 5.4 分组计量表

组别	心轴尺寸	孔径尺寸	配合间隙
第一组	ϕ25.002	ϕ25.000 ~ 25.004	±0.002
第二组	ϕ25.006	ϕ25.004 ~ 25.008	±0.002
第三组	ϕ25.011	ϕ25.008 ~ 25.013	+0.002 −0.003

6. *积极控制法*

积极控制法的特点是能在加工循环中利用测量装置连续地测出工件实际尺寸（或形状精度及位置精度），随时给刀具以附加的补偿量用以控制刀具和工件间的相对位置，直至实际值与调定值的差值不超过规定的公差为止。这是现代机械加工中的自动测量和自动补偿的一种形式。

图 5.40 为柴油机高压燃油泵柱塞副，是一对很精密的偶件。柱塞和柱塞套本身的几何形状精度在 0.000 5 mm 以内，而轴与孔的配合间隙在 0.001 5 ~ 0.003 mm 以内。工件在配磨前，先用标准偶件调整仪器进行调整，加工过程中用自动配磨装置进行控制加工。它以自动测量出的孔径为基准来控制轴的外径磨削，故称为“基孔配轴法”。该装置除了能够连续测量工件尺寸和自动操纵机床动作外，还能按照配件预先规定的间隙自动决定进给量，在粗磨到一定尺寸后，自动变换精磨，再自动停车。所以无论孔径的大小如何变化，磨出的轴颈都能随之发生相应的变化，使轴与孔始终保持设计的配合间隙量。这样，既提高了生产率，又保证了加工精度。

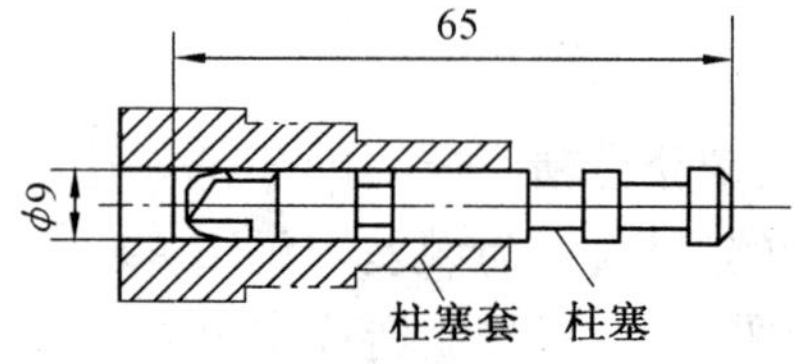

(a)

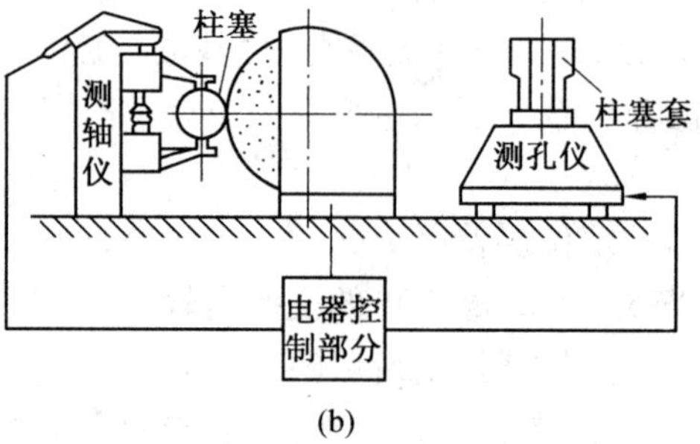

(b)

图 5.40 油泵柱塞副配磨示意图

7."就地加工"法

对于要求达到最终精度的零件,一般采用简捷的"就地加工"法。这种方法不但在机床的装配过程中用来保证最终精度,而且在零件的机械加工过程中也常常用来作为保证加工精度的有效措施。例如,在加工精密丝杠时,为了保证前后顶尖与跟刀架套内孔的同轴度,采用机床头架顶尖自磨、尾架垫板刮研、跟刀架导套自镗的"就地加工"法(见图5.41)。

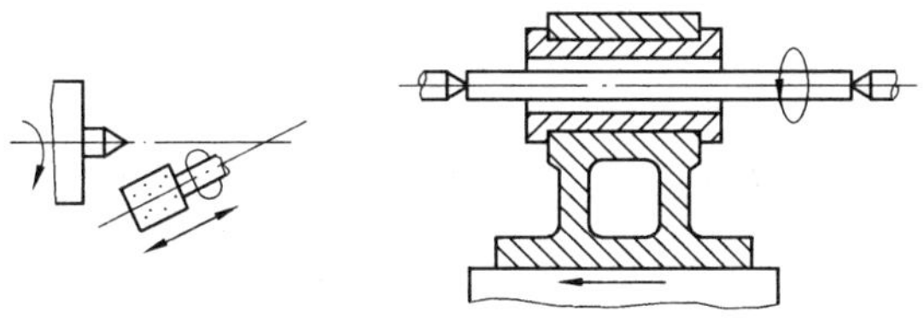

(a) (b)

图5.41 "就地加工"法的应用

5.3 影响零件表面质量的因素及其控制措施

5.3.1 影响表面质量的主要因素

1.影响表面粗糙度的因素

(1) 切削加工中影响表面粗糙度的因素

在切削加工中,影响表面粗糙度的几何因素主要是刀具相对工件做进给运动时,在已加工表面上留下的切削层残留面积(见图5.42)。此外,对于宽刃刀、定尺寸刀和成形刀,其刀刃本身的表面粗糙度,对零件表面粗糙度影响也很大。

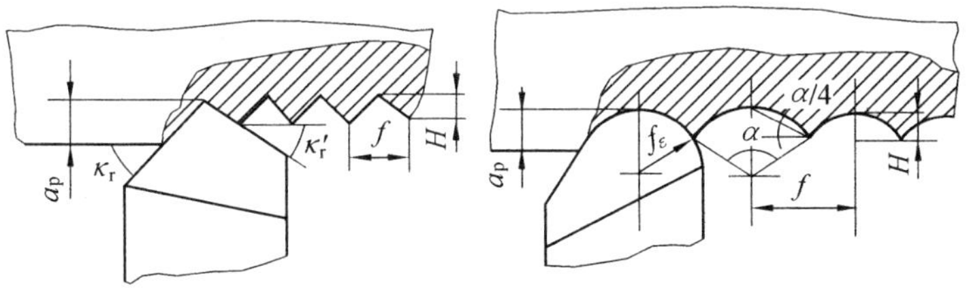

(a) (b)

图5.42 车削、刨削时的残留面积

工艺系统各种形式的振动、切削用量的变化以及工件材料和刀具材料的性能也是影响已加工表面粗糙度的物理因素。其主要表现如下:

① 切削过程中,刀具刃口圆角及后刀面对工件的挤压与摩擦使金属材料发生塑性变形,引起已有的残留面积扭曲或沟纹加深,促使表面粗糙度恶化。

② 当切削脆性材料时,切屑成碎粒状,加工表面往往出现微粒崩碎痕迹,留下许多麻点,使表面更为粗糙。

③ 当低速切削塑性材料时产生积屑瘤或鳞刺，加之切削分离时的挤压变形和撕裂作用，使加工表面的粗糙度变差。

④ 精加工时，由于切削厚度过薄，刀刃容易打滑，也影响表面粗糙度。

(2) 磨削加工中影响表面粗糙度的因素

① 砂轮的粒度。砂轮粒度越细，则表面粗糙度越低。粗粒度砂轮，如果经过仔细修整，也能磨削出较低的表面粗糙度。

② 砂轮的修整。用金刚石修整砂轮相当于在砂轮上车削螺纹，修整导程和径向进给量越小，修出的砂轮越光滑，因而磨出的表面粗糙度值也就越小。

③ 砂轮速度。提高砂轮速度，可以增加工件单位面积上的刻痕数，同时塑性变形造成的表面粗糙度将降低，其原因是在高速下塑性变形的传播速度小于磨削速度，材料来不及变形，因而表面粗糙度低。

④ 磨削深度与工件速度。若增大磨削深度和加工速度，将会使塑性变形加剧，因而使粗糙度变大。

2. 影响表面物理力学性能变化的因素

(1)加工表面的冷作硬化

加工过程中表面层产生的塑性变形使晶粒间产生剪切滑移，晶格严重扭曲，使晶粒拉长、破碎和纤维化，引起材料的强化，其强度和硬度均有所提高，这种变化使工件表面产生冷作硬化现象。

影响硬化的主要因素有：

① 刀具。刀具的刃口圆角和后刀面的磨损量对于硬化有很大的影响。刃口圆角和后刀面磨损量增加时，冷作层和硬度也随之增高。

② 切削用量。切削速度增大时，刀具与工件接触时间短，塑性变形不充分。另外，切削速度增大会使切削温度升高，有助于冷硬回复，故使加工硬化程度减轻。进给量增大时，切削力将增大，塑性变形随之增大，这必将引起冷硬程度的增加。切削深度对加工硬化的影响较小，一般说来，切削深度越大，加工硬化现象越严重。

③ 工件材料。工件材料的硬度越低、塑性越大时，切削后的冷作硬化现象就越严重。

(2)加工表面的金相组织变化

在机械加工过程中，加工区内由于加工时所消耗的能量绝大部分都转化为热能，因而使加工表面温度升高。当温度升高到超过金相组织变化的临界点时，就会产生金相组织变化。对一般切削加工来说，不一定严重到如此程度。但对单位切削面积上消耗功率特别大的磨削加工，就可能出现表面层的金相组织变化。

由于磨削加工时的单位切削面积上的切削力及切削速度比其他加工方法的大，所以磨削加工时单位切削面积的功率消耗远远超过其他加工方法。功率的消耗大部分转化为热量。这些热量部分被切屑带走，很小一部分传入砂轮，若冷却效果不好，则很大一部分将传入工件表面。因此，磨削加工是一种典型的易于出现加工表面金相组织变化的加工方法。

影响磨削加工时金相组织变化的因素主要有工件的材料、磨削的温度、温度梯度的变化和冷却速度等。当磨削淬火钢时,若磨削区温度超过马氏体转变温度而未超过其相变临界温度,则工件表面原来的马氏体组织产生回火现象,转化成硬度较低的回火组织(索氏体或屈氏体),这种现象称为回火烧伤;若磨削区温度超过相变临界速度,由于冷却液的急冷作用,使工件表面的最外层会出现二次淬火的马氏体组织,硬度较原来的回火马氏体高,在其下层因冷却速度较慢仍为硬度较低的回火组织,这种现象称为淬火烧伤;若不用冷却,进行干磨时超过相变的临界温度,由于工件冷却速度较慢,使磨削后表面硬度急剧下降,则产生了退火烧伤。

此外,对一些高合金钢,如轴承钢、高速钢、镍铬钢等,由于其热传导特别差,在不能得到充分冷却时,常易出现相当深度的金相组织变化,并伴随出现极大的表面残余应力,甚至产生裂纹。零件加工表面的烧伤和裂纹将使它的使用性能大幅度下降,甚至根本不能使用。

(3)表面的残余应力

在切削加工时,由于切削力的作用,工件表面层产生塑性变形,使表面金属比容积增大,体积膨胀,不可避免地受到临近里层金属的阻止。因而在工件表面层产生残余压应力,而在里层金属中产生残余拉应力,如图 5.43 所示。

在磨削加工的过程中,磨削后的温度很高,工件表面层在磨削热的作用下产生热膨胀。由于里层金属温度较低,表面层热膨胀受到里层的限制而产生压应力。当表面层的温度超过材料弹性变形范围时,就会产生热塑性变形。当磨削过程结束,表面层已产生热塑性变形,恢复时因受到里层金属的限制而使表面产生残余拉应力,如图 5.44 所示。

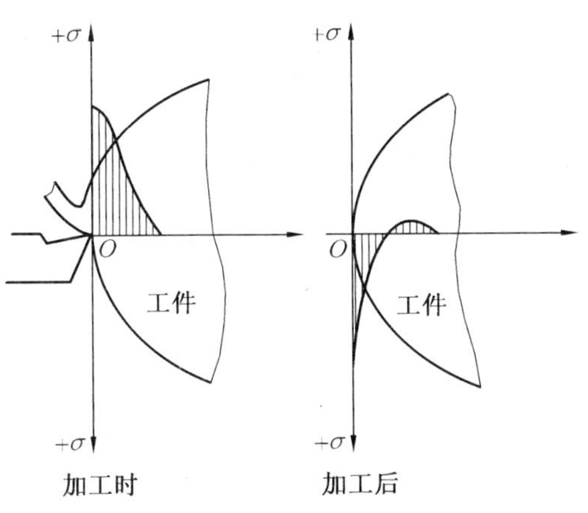

图 5.43 由冷却塑性变形产生的残余应力

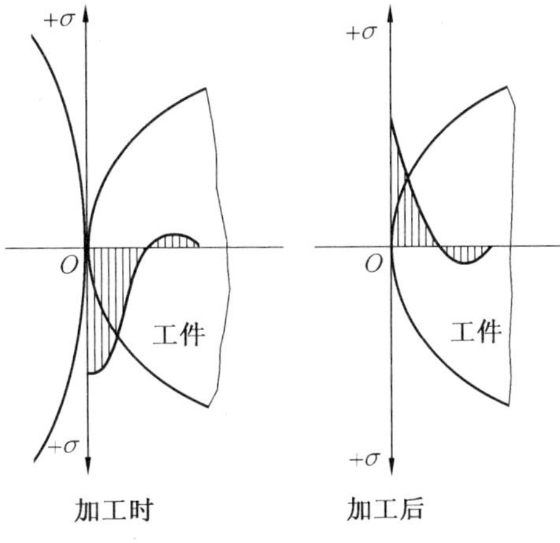

图 5.44 由热塑性变形产生的残余应力

另外,用其他方法加工出来的表面产生金相组织变化时,也会使该表面产生各种残余应力。

表面残余应力影响产品的精度。对高精度的机械产品,如精密量仪、块规、塞规、精密刀具等,如果表面有较大的残余应力,就会影响这些产品精度的稳定性。

表面残余应力影响零件的疲劳强度。一般情况下,表面残余拉应力会使零件疲劳强度降低;表面残余压应力会提高零件疲劳强度。因此,通常在工艺过程中有时会增加一道表面硬化工序,使零件表面产生残余压应力,以提高其疲劳强度。

3. 机械加工中的振动

在机械加工过程中,工艺系统会发生振动,即在刀具的刀刃和工件被切削表面之间,除了名义上的切削运动以外,还会出现一种周期性的相对运动。这种相对运动严重地破坏了工件和刀具之间的正常的运动轨迹。振动不但影响了加工表面质量,缩短了刀具和机床的使用寿命,而且严重时还会使生产无法进行。为了避免剧烈的振动,常常不得不降低切削用量,从而降低了劳动生产率。此外,强烈的振动还会产生很大的噪声,污染环境,危害操作者的健康。振动现象往往成为机械加工中限制生产率提高的主要障碍之一。

工艺系统的振动按其性质可分为自由振动、强迫振动和自激振动三种类型。

(1)自由振动

自由振动是一种最简单的振动。例如,把固定在板弹簧末端上的小球,从平衡位置移动到某一点,然后放手,小球便会在它自己的平衡位置附近做自由振动。

自由振动有如下特点:

① 自由振动频率(自然频率)是由系统的刚度和质量确定的。刚度系数越大,质量越小,则自然频率就越高。

② 由于在实际的振动系统中都存在阻尼作用,所以任何自由振动都是衰减的,即其振幅是不断减小的。

③ 振幅的大小决定于原始激发情况、系统刚度以及系统中的阻尼大小。当原始激发力的大小相等时,刚度越大,初始振幅就越小;阻尼系数越大,振幅减小的速度就越快。

在切削过程中,因材料硬度不均匀或表面层有缺陷而使切削力产生偶然的波动,或者工艺系统受到某个外力干扰时,工艺系统便会产生自由振动。由于系统总是存在着阻尼,所以这种振动往往会迅速衰减。因此,它对切削过程的影响不是很大。

(2)强迫振动

强迫振动是一种由外界周期性干扰力作用而引起的不衰减振动,如图 5.45 所示。

安装在简支架上的电动机,以 ω 的角速度旋转时,假如由于电动机转子不平衡而产生离心力 P_0,沿 x 方向的分力 P_x 就是该梁的周期性干扰力($P_x = P_0 \sin \omega t$,其中 t 是时间)。在这一干扰力作用下,简支梁将做不衰减的稳定振动,这种振动就是强迫振动。

① 强迫振动的主要特点

强迫振动是在外界周期性干扰力的作用下产生的,但振动本身并不能引起干扰力的变化;不管振动系统本身的自然频率如何,强迫振动的频率总是与外界干扰力的频率相同;强迫振动的振幅大小在很大程度上决定于干扰力的频率与系统自然频率的比值,当这一比值等于或接近于 1 时,振幅将达到最大值,这种现象通常称为共振;强迫振动的振幅大小还与干扰力、系统刚度及其阻尼系数有关,干扰力越大,刚度系数及阻尼系数越小,则振幅就越大。

② 减小强迫振动的途径

a. 提高机床的制造和装配精度,以消除工艺系统内部的振动源。机床中高速回转的零件(如磨床的砂轮、电动机的转子等)要进行静平衡和动平衡试验;提高齿轮的制造和装配精度,或采用对振动冲击不敏感的高阻尼材料做制造齿轮的材料,以减少齿轮啮合所引起的振动;调整刀具或工件的转速,使激振力频率偏离机床工艺系统的自然频率,以减

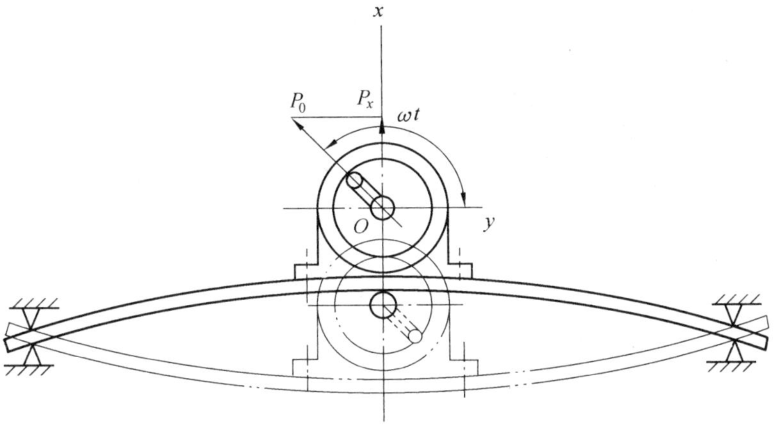

图5.45　强迫振动示例

少切削过程本身的不均匀所引起的强迫振动。

b. 增强机床或整个工艺系统的刚度和阻尼，提高其抗振能力。采用刮研接触面法，增加各种部件的连接刚度；利用跟刀架，缩短工件或刀具装夹时的悬伸长度等方法，增强工艺系统的刚度等。

c. 采取隔振措施，隔离外部或内部振源。对于某些动力源（如电动机、油泵等），最好与机床分开，用皮带或软管与机床本身相连，以达到隔振的目的。

d. 采用各种减振装置，如使用无阻尼消振器等。

(3) 自激振动

① 自激振动原理

在机械加工过程中，在没有周期性变化的外力作用下，由系统内部激发反馈使刀具和工件之间产生强烈的相对振动，并在加工表面上留下明显的振纹，这种现象称为自激振动。自激振动也是一种不衰减的振动。自激振动之所以能够维持不衰减，是由于振动过程本身能够引起某种力的周期性变化，而这种力的变化，反过来又使振动系统周期性地获得能量补充，从而弥补了振动时由于阻尼作用引起的能量消耗。下面以图5.46所示的范德波机械模型来说明其基本原理。

在两个皮带轮上套着一条无接头的皮带，在皮带上放着一个重物，重物左端有弹簧拉着。当皮带以 v_0 速度做匀速运动时，重物就会在点 A 附近做不衰减的振动，这就是自激振动。点 A 并不是重物在皮带上静止时的位置，而是当重物受到摩擦力 F_0 向右拉时，且 F_0 与弹簧拉力相平衡时重物中心所处的位置，其中 F_0 是当皮带与重物之间有相对滑动速度 v_0 时的摩擦力。

众所周知，由于系统中存在着如空气阻力等阻尼作用，重物为了维持其不衰减，必须从外界周期性地获得补充能量。实验证明，在这里重物是通过摩擦力的变化而获得能量补充的。下面简单分析一下能量的获得过程。

重物与皮带间的摩擦力 F_μ 不是一个常数，其大小与相对滑动速度 v 有关。在一定滑动速度范围内，F_μ 具有所谓的下降特性，即它随着 v 的增大而下降，如图5.46(c)所示。在重物振动过程中，v 的大小是变化的，因而 F_μ 的大小也是变化的。当重物自点 B 向点 C

运动时，由于重物的振动速度与皮带速度 v_0 的方向相同，瞬时滑动速度 $v_{B\to C}$ 应等于 v_0 减去瞬时振动速度，因此 $v_{B\to C} < v_0$。这样一来，瞬时摩擦力 $F_{B\to C} > F_0$。当重物由点 C 向点 B 运动时，情况正相反，重物振动速度与 v_0 的方向相反，因此，瞬时滑动速度 $v_{C\to B}$ 应等于 v_0 与瞬时值振动速度之和，因此 $v_{C\to B} > v_0$，$F_{C\to B} < F_0$。由此可见，在振动过程中，重物由点 B 向点 C 运动时的摩擦力总是大于由点 C 向点 B 运动时的摩擦力，即 $F_{B\to C} > F_{C\to B}$。

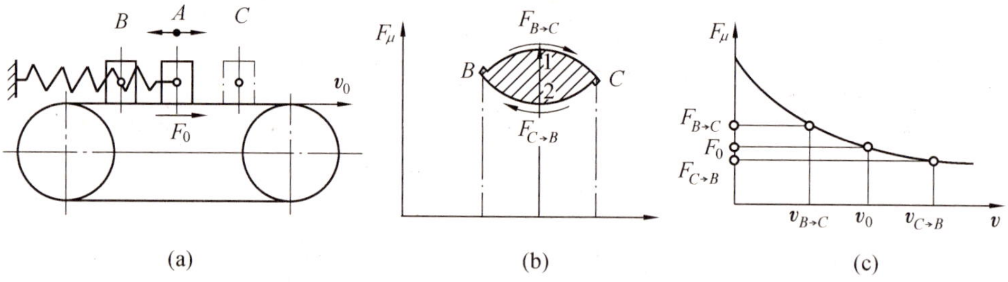

图 5.46 范德波模型

当重物由点 B 向点 C 运动时，皮带对重物的瞬时摩擦力 $F_{B\to C}$ 与运动方向相同。所以，它对重物所做之功 $\Delta W_{B\to C}$ 为正值（即振动系统获得能量）；当重物由点 C 向点 B 运动时，皮带对重物的瞬时摩擦力 $F_{C\to B}$ 与运动方向相反，所以它所做的功 $\Delta W_{C\to B}$ 为负值（即振动系统放出能量）。由于 $F_{B\to C} > F_{C\to B}$，所以在一个振动周期内摩擦力对重物所做的正功大于它所做的负功，即 $\sum \Delta W_{B\to C} > \sum \Delta W_{C\to B}$。如果以瞬时摩擦力 F_μ 为纵坐标，以重物的位移 y 为横坐标，可绘出图 5.46(a) 所示的曲线。很明显，图中曲线 $\widehat{B1C}$ 下的面积代表 $\sum \Delta W_{B\to C}$。而曲线 $\widehat{C2B}$ 下的面积代表 $\sum \Delta W_{C\to B}$，阴影部分即代表 $\sum \Delta W_{B\to C}$ 与 $\sum \Delta W_{C\to B}$ 的差值，这便是重物所获得维持其自激振动所需的能量。

因为重物在其平衡位置点 A 上是极不稳定的，只要有任何偶然的冲击，就会使它离开点 A，系统便会开始振动。虽然开始时振动很微弱，但由于振动本身引起了 F_μ 的变化，而 F_μ 的变化反过来又助长了振动，因而其振幅不断增大，直至输入振动系统的能量与由于阻尼作用所消耗的能量相平衡时，才会使系统稳定下来做不衰减的振动。因此，只要具备自激振动条件，实际上振动总会由于某些偶然的微小的激发而发展起来并维持下去。

上面介绍的范德波模型是负摩擦自振理论的一个例子。自激振动的理论除此之外还有再生自振理论和振型耦合自振理论，所有这些理论都不能充分解释各种状态下产生自激振动的原因，故都尚处于发展阶段。

② 激振动的主要特点

a. 自激振动是一种不衰减的振动。振动过程本身能引起某种不衰减的周期性变化，而振动系统能通过这种力的变化，从不具备交变特性的能源中周期性地获得能量补充，从而维持振动；运动一停止，则这种外力的周期性变化和能量的补充过程也随之立即停止。在范德波模型中，这种外力就是重物与皮带间的摩擦力，不具备交变特性的能源就是做匀速运动的皮带，或者说带动皮带运动的电动机。

b. 自激振动的频率等于或接近于系统的自然（固有）频率。

c. 自激振动的振幅大小以及振动本身能否产生,决定于在每一振动周期内,系统所获得的能量的对比情况。当振幅为某一数值时,如所获得的能量小于所消耗的能量,则振幅不断减小,振幅一直减小到所获得的能量等于所消耗的能量为止。如果振幅为任意数值时,所获得的能量小于所消耗的能量,则自激振动根本就不可能产生。由此可见,减弱或消除自激振动的根本途径是尽量减小振动系统获得的能量,增加它所消耗的能量。

③ 自激振动的诊断与防治

在消除机械加工中的振动之前,必须从外部特征上判断发生的振动到底是强迫振动还是自激振动。可以根据以下特征来判别:首先,自激振动一定和切削过程相联系,刀刃一旦退出工件(尽管机床还在空转),振动和交变的激振力就会停止。而强迫振动(除了由于切削过程的均匀性所激发的强迫振动以外)的振源一般都与切削过程无关,即使在机床空转时,其激振源和振动同样存在。其次,自激振动是否发生与切削宽度 b_D 或背吃刀量 a_p 有着密切关系。当 b_D 或 a_p 增加到一定值时,自激振动会突然产生;而 b_D 或 a_p 减小到一定值时,又突然消失。强迫振动则一般与 b_D 关系不大。再次,如前所述,强迫振动的频率应该等于某一个激振源的频率;而自激振动的频率接近而略高于工艺系统的某一阶自然频率,与内、外激振源的频率无关。

如果确定了所产生的振动是自激振动,可采取适当的措施来减小或消除这种振动。如采用减振装置、增加工艺系统刚度和阻尼等方法,可减小自激振动。另外,改变切削参数、加强切削冷却和润滑等也可减小或消除自激振动。

(4) 机械加工过程中的振动现象及其控制途径

① 车削和镗削时的振动现象及其控制途径

车削和镗削振动的主要类型是自激振动。车削时的自激振动有低频振动和高频振动两种。前者主要是工件的弯曲振动,后者是车刀的弯曲振动。镗削时镗杆的自激振动有低频的弯曲振动和高频的扭转振动。

低频(50 ~ 250 Hz) 振动时发出的噪声比较低沉;切削表面上留下的振动痕迹深而宽;振动比较剧烈,常常使机床部件(如尾座、刀架等) 松动或使硬质合金刀片碎裂。

高频(500 ~ 5 000 Hz) 振动噪声很高,很刺耳;切削表面上留下的痕迹细而密;只有刀具本身在振动,而工件及机床都不振动。

采取一定措施可以抑制振动。例如,刀具适当钝化有利消振(如图 5.47 所示,图(a)容易产生振动,图(b) 不易振动),刀具安装位置对振动也有影响(见图 5.48),镗孔时,采用削扁镗杆,适当调整周向位置,就可以减小或消除镗削自激振动(见图 5.49)。

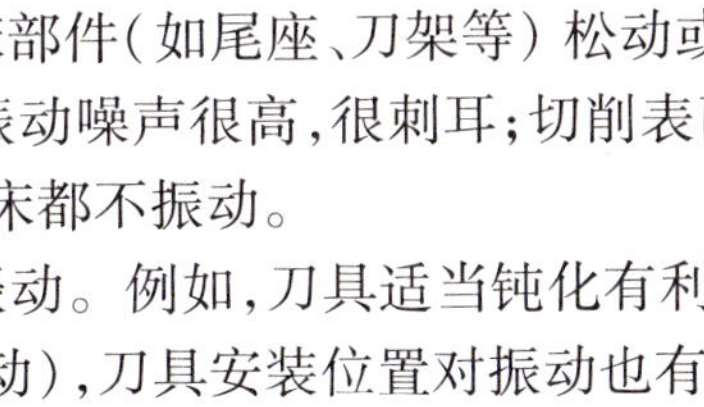

(a) (b)

图 5.47 车刀刀刃情况对振动的影响

② 磨削和铣削时的振动现象及消除措施

由于铣床的切削过程是不连续的,因此常常会出现强迫振动,其频率等于每秒切入工

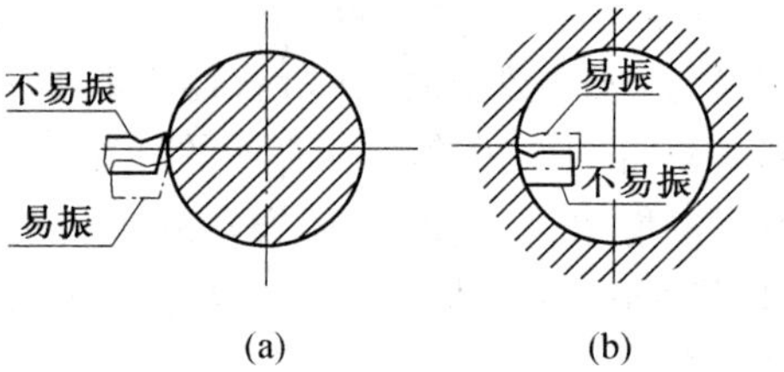

图 5.48　刀具安装位置对振动的影响

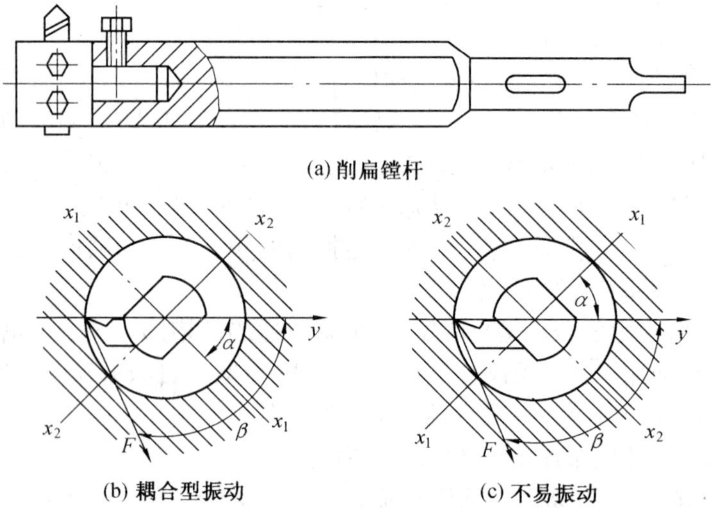

图 5.49　削扁镗杆产生负变形以消除振动

件的刀齿数。此外,在每个铣刀刀齿削切过程中,有时还伴随产生自激振动。

磨削时的振动一般都是既有强迫振动又有自激振动。其中,引起强迫振动的原因主要有:由于磨床本身机件的不平衡所引起的振动;磨削各种不连续表面时引起的振动;砂轮硬度不均匀或局部堵塞引起的振动;外界传来的振动。消除磨削产生的强迫振动的主要途径是:找出干扰力来源,予以消除或减小。

磨削时,在砂轮钝化、工件刚度不足等情况下,会出现自激振动,消除或减小磨削中的自激振动措施有:

a. 增加工艺系统的刚度和阻尼,特别是主要振动形态的刚度和阻尼对减少自激振动有很大的作用。尤其要注意加强前后顶尖的刚度,做好顶尖与工件顶尖孔的配合以及顶尖与套筒、套筒与尾架间的配合。工件刚度不足时,采用中心架。在保证砂轮架轴承的温升限度内,尽量减小轴承间隙,以提高轴承的油膜刚度。

b. 减小磨削宽度和砂轮切入速度,就可减小磨削力,从而减小自激振动。但是这种措施不利于提高磨削生产率。

c. 减小工件速度,增大砂轮速度,也就是提高砂轮与工件的速比,有助于减小自激振动。但要注意砂轮速度的提高会引起强迫振动。

d. 砂轮太硬或太软都不利于消振,因此要选择适当。砂轮修整锐利些可减小自激振动。

5.3.2 提高零件表面质量的主要措施

1. 控制磨削参数

磨削是一种提高工件表面质量的常用方法之一,它既可用于精密加工,又可用做高效加工。但它也是一种影响因素众多、对工件表面质量有很大影响的工艺方法。它既能细化工件表面粗糙度,又能引起工件表面烧伤。因此,只有合理控制磨削参数,才能得到高的表面质量。

砂轮粒度对加工表面粗糙度的影响,如图5.50所示,粒度号越大加工出的表面粗糙度值越小。但若粒度号过大,为防止工件表面烧伤,只能采用很小的磨削深度,还需时间很长的空走刀。为此,常用46 ~ 60号砂轮,一般磨削时粒度不超过80号。

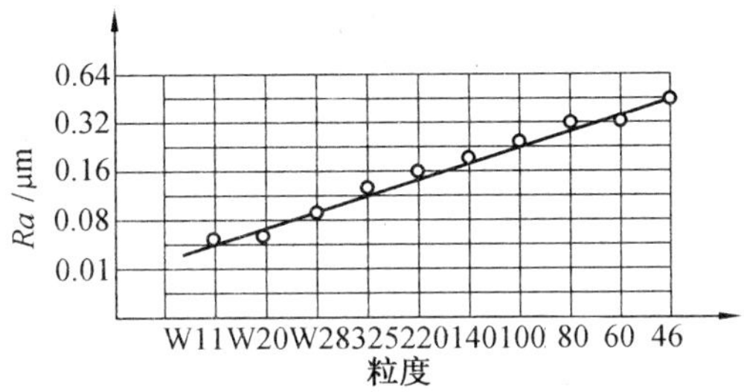

图5.50 砂轮粒度对表面粗糙度的影响

砂轮速度$v_{砂}$、工件速度$v_{工}$以及砂轮相对于工件的进给量f对加工表面的粗糙度的影响,可参见图5.51所示的实验曲线。

另外,磨削深度a_p对于表面粗糙度也有较大影响。因此,常用无进给磨削来完成精磨加工的最后几次走刀,以提高工件表面质量。

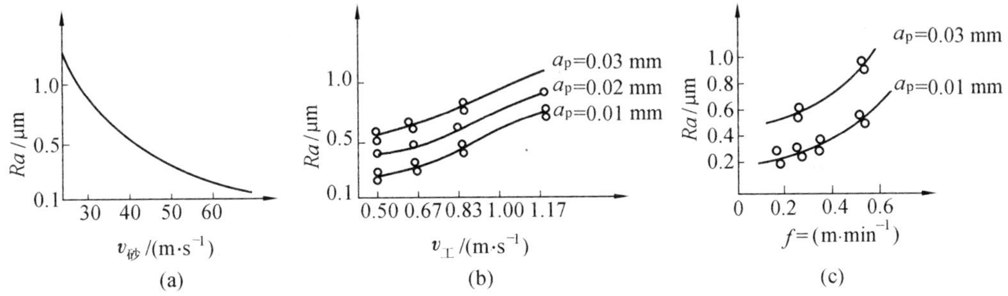

图5.51 $v_{砂}$,$v_{工}$,f与Ra的关系

2. 采用超精加工、珩磨等光整加工方法作为终加工工序

超精加工、珩磨等都是利用磨条以一定的压力压在工件的被加工表面上,并做相对运动以提高工件精度,是细化表面粗糙度的一种工艺方法。由于这种方法切削速度低、磨削压强小,所以加工时产生很少热量,不会产生热损伤,并具有残余压应力。图5.52为珩磨加工示意图,图5.53为研磨加工示意图,图5.54为超精加工原理图。

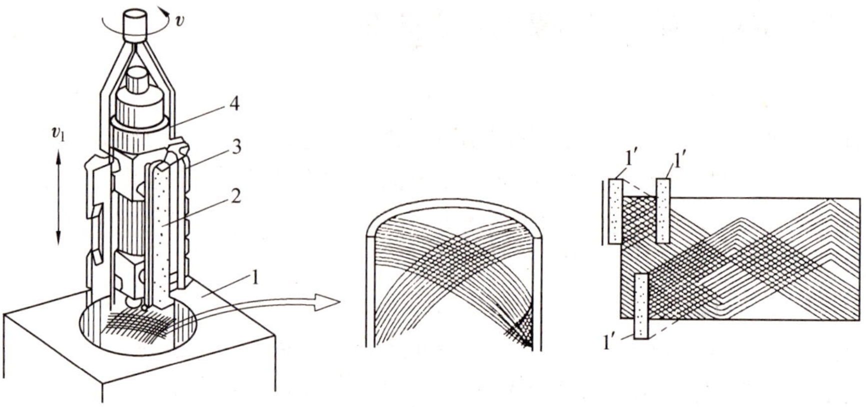

图 5.52 珩磨加工及其磨削轨迹

1— 工件;2— 磨条;3— 磨条座;4— 联轴器

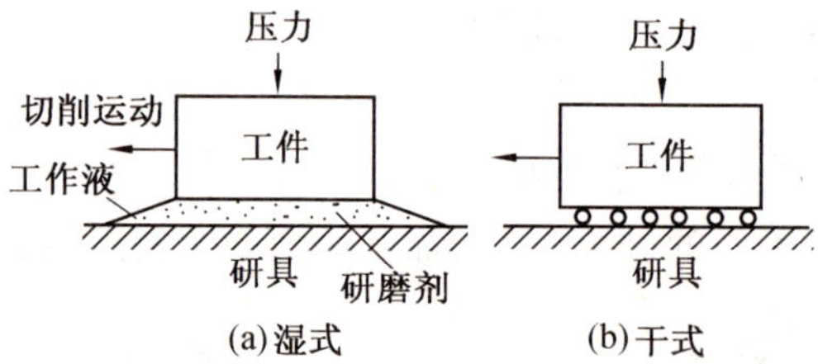

图 5.53 研磨加工示意图

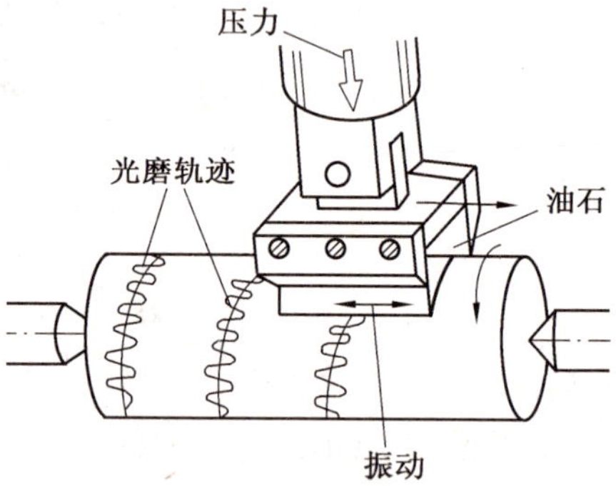

图 5.54 超精加工原理

3. 采用喷丸、滚压和辗光等强化工艺措施

对于承受高应力、交变载荷的零件,可采用喷丸、滚压和辗光等强化工艺,使表面层产生残余压应力和冷作硬化层且能细化表面粗糙度,同时也消除了磨削等工序的残余拉应力。因此,这些工艺措施可以大大提高零件的疲劳强度和抗应力腐蚀能力。借助强化工艺,还可以用一般材料代替优质材料,以节约贵重材料。但是采用强化工艺时应注意不要造成过度硬化现象,过度硬化容易引起显微裂纹和材料剥落,造成不良后果。因此,采用强化工艺时必须很好地控制工艺参数以获得所需要的强化表面。图 5.55 为喷丸强化处理示意图,图 5.56 为滚压加工示意图,图 5.57 为辗光加工示意图。

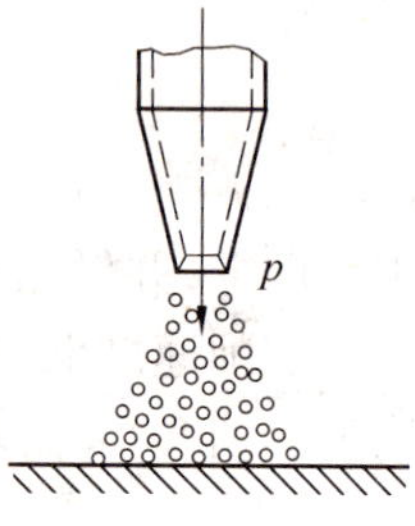

图 5.55 喷丸强化处理示意图

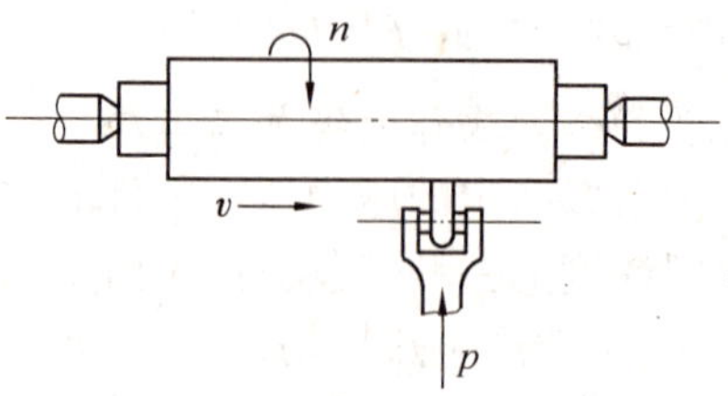

图 5.56 滚压加工示意图

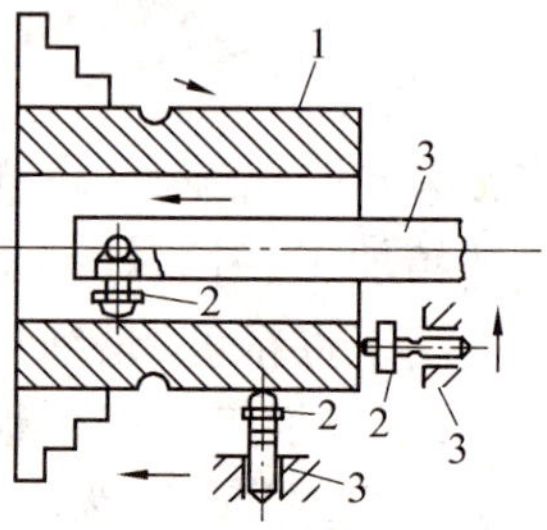

图 5.57 辗光加工示意图

1— 工件;2— 辗光头;3— 心轴

4. 表面质量的检查

(1) 表面粗糙度

用轮廓检查仪、双管显微镜或干涉显微镜等测定表面粗糙度,也可根据样块目测对比法确定表面粗糙度。

(2) 波度

一般在圆度仪上可测出零件的波度值。

(3) 裂纹等微观缺陷

用下列方法和显微镜配合进行检查:

① 磁粉探伤法。将零件磁化后,有裂纹等缺陷的地方就会产生漏磁,然后浇上磁铁粉悬浮液,铁粉即沿着缺陷所形成的磁场的磁力线分布,从而检验出裂纹位置。

② 荧光或着色检查。主要用于非磁性材料的探伤。

③ 酸蚀检查。裂纹等缺陷经腐蚀后可以显现得更为清晰。

(4) 金相组织变化

用酸腐蚀法检查。利用不同金相组织有不同的耐蚀性能来辨别。经酸腐蚀后,正常组织为灰色,回火烧伤组织为黑色或灰黑色,淬火烧伤组织为灰白色。

(5) 表面显微硬度变化

用维氏硬度计测定。若要测得表面层的硬度分布,则必须通过破坏工件来测定其横截面硬度。

(6) 残余应力测定

① 酸腐蚀法。表面有很大拉应力时,经酸腐蚀后即出现裂纹,可在生产中很方便地使用。

② X射线衍射法。X射线衍射法可较精确地无损测定表面残余应力,一般仅在工作条件极端苛刻的零件上使用该方法。

③ 逐层去除法。该方法可以测定表面层的应力分布情况。它是靠电解腐蚀层去除表面层,因内应力重新平衡而造成零件变形,测出其变形量即可计算出残余应力值。

第6章 典型零件加工工艺

生产实际中,零件的结构千差万别,但其基本几何构成不外是外圆、内孔、平面、螺纹、齿面、曲面等。很少有零件是由单一典型表面所构成,往往是由一些典型表面复合而成,其加工方法较单一典型表面加工复杂,是典型表面加工方法的综合应用。下面介绍轴类零件、箱体类和齿轮零件的典型加工工艺。

6.1 轴类零件加工

6.1.1 轴类零件结构特点及技术要求

1. 轴类零件的结构特点

轴类零件的功用为支承传动零件(齿轮、皮带轮等)、传递扭矩或运动、承受载荷,并保证装配在轴上的零件(或刀具)具有一定的回转精度。

轴类零件按其结构形状的特点,可分为光轴、阶梯轴、空心轴(如机床主轴)和异形轴(如曲轴、凸轮轴、偏心轴和花键轴等)四大类,图6.1为各种常见轴。轴类零件是回转体零件,其长度远大于其直径。按轴的长度与其直径的比例又可分为刚性轴($L/d \leqslant 12$)和挠性轴($L/d>12$)两类。轴主要由圆柱面、圆锥面、端面、沟槽、连接圆弧等组成,有时还带有螺纹、键槽、花键和其他表面等。

2. 轴类零件的技术要求

根据轴类零件的功用和工作条件,其技术要求主要有以下几方面:

(1)尺寸精度

轴类零件的主要表面常为两类:一类是与轴承的内圈配合的外圆轴颈,即支承轴颈,用于确定轴的位置并支承轴,尺寸精度要求较高,通常为IT5~IT7;另一类为与各类传动件配合的轴颈,即配合轴颈,其精度稍低,常为IT6~IT9。

(2)几何形状精度

主要指轴颈表面、外圆锥面、锥孔等重要表面的圆度、圆柱度。其误差一般应限制在直径公差范围内,对于精密轴,需在零件图上另行规定其几何形状精度。

(3)相互位置精度

包括内、外表面、重要轴面的同轴度、圆的径向跳动、重要端面对轴心线的垂直度、端面间的平行度等。

(4)表面粗糙度

轴的加工表面都有粗糙度的要求,一般根据加工的可能性和经济性来确定。根据零件的表面工作部位的不同,有不同的表面粗糙度要求。一般支承轴颈的表面粗糙度值为

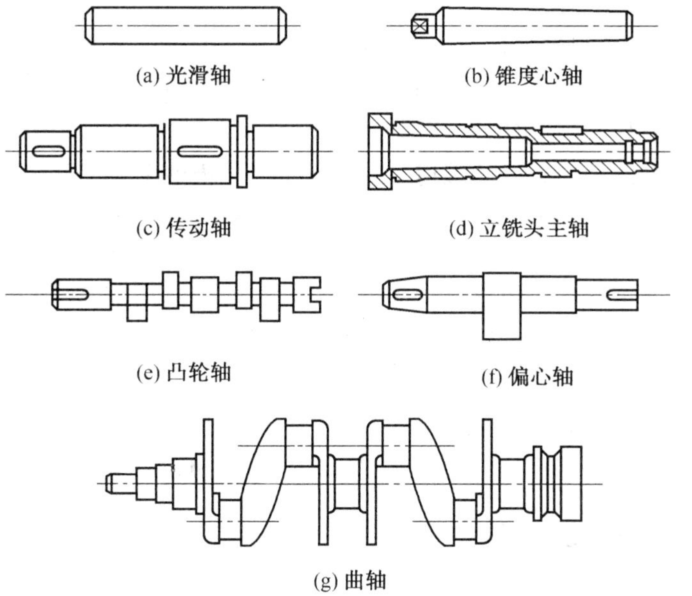

图 6.1　轴的种类

*Ra*0.16～0.63 μm,配合轴颈或工作表面的表面粗糙度值为 *Ra*0.63～2.5 μm。

(5)其他要求

热处理、倒角、倒棱及外观修饰等要求。

根据轴的强度和耐磨性需要,轴的支承轴颈、配合轴颈或工作表面还有热处理(表面淬火、渗碳淬火等)的要求。有些高转速的轴类零件有动平衡试验要求;有些特殊用途的轴类零件须经探伤检查等;一些轴类零件为了提高强度、避免或减少应力集中,在轴肩处还有过渡圆角要求。

3.轴类零件的材料、毛坯及热处理

(1)轴类零件材料与热处理

轴类零件选材时应满足其力学性能(包括材料强度、韧性和耐磨性等),同时,选择合理的热处理方法,使表面达到良好的强度、刚度和表面硬度。

一般轴类零件常选用45钢,通过正火、调质、淬火等不同的热处理工艺,获得一定的强度、韧性和耐磨性。

对于中等精度和转速较高的轴,可选用40Cr等合金结构钢,通过调质和表面淬火获得较好的综合力学性能。对于高精度轴,可选用轴承钢GCr15和弹簧钢65Mn等材料,通过调质和表面淬火获得更好的耐磨性和耐疲劳性能。

对于高转速和重载荷轴,可选用20CrMnTi、20Mn2B、20Cr等合金渗碳钢或38CrMoAl氮化钢。经过渗碳淬火或氮化处理获得高的表面硬度、耐磨性和心部强度。氮化钢的热处理变形很小。

结构复杂的轴类零件(如曲轴等)也可用高强度铸铁和球墨铸铁来制造。常用的铸铁材料有:HT400、QT600、QT450、QT400等。

(2) 轴类毛坯

常用的毛坯是圆棒料和锻件。光轴、直径相差不大的轴一般选用棒料;重要的轴大都采用锻件,以保证金属内部纤维组织的均匀连续分布,获得较高的抗拉、抗弯及抗扭强度;某些大型的或结构复杂的轴可采用铸件毛坯。

根据生产规模的不同,毛坯的锻造方式有自由锻和模锻两种。自由锻造设备简单,但毛坯精度较差,加工余量较大,而且形状复杂的毛坯不易锻造,多用于中、小批生产。模锻的毛坯制造精度高,加工余量小,生产率也高,可锻造形状复杂的毛坯。而且材料经模锻后,纤维组织的分布更有利于提高零件的强度。但模锻需要昂贵的设备,且需制造专用锻模,因而只适用于大批量生产。

精密模锻是锻造生产中的一项先进工艺。它能锻造一些形状复杂,精度要求高的零件。国内生产实践表明,精锻能减小毛坯公差,降低表面粗糙度,节省材料,降低加工工时,劳动生产率高。此外,还可以用无缝钢管作为轴件的毛坯。

6.1.2 轴类零件的安装方式

轴类零件的安装方式主要有以下三种。

1. 采用两中心孔定位装夹

一般以重要的外圆面作为粗基准定位,加工出中心孔,再以轴两端的中心孔为定位精基准;尽可能做到基准统一、基准重合、互为基准,并实现一次安装加工多个表面。中心孔是工件加工统一的定位基准和检验基准,它自身质量非常重要,其准备工作也相对复杂,常常以支承轴颈定位,车(钻)中心锥孔;再以中心孔定位,精车外圆;以外圆定位,粗磨锥孔;以中心孔定位,精磨外圆;最后以支承轴颈外圆定位,精磨(刮研或研磨)锥孔,使锥孔的各项精度达到要求。

2. 用外圆表面定位装夹

对于空心轴或短小轴等不可能用中心孔定位的情况,可用轴的外圆面定位、夹紧并传递扭矩。一般采用三爪卡盘、四爪卡盘等通用夹具,或各种高精度的自动定心专用夹具,如液性塑料薄壁定心夹具、膜片卡盘等。

3. 用各种堵头或拉杆心轴定位装夹

当轴为通孔零件时,在加工过程中,作为定位基面的中心孔因钻出通孔而消失。为了在通孔加工后还能用中心孔作为定位基面,工艺上常采用以下三种方法:

① 当中心通孔直径较小时,可直接在孔口倒出宽度不大于 2 mm 的 60°内锥面来代替中心孔。

② 当轴有圆柱孔时,可采用图 6.2(a)所示的锥堵,取 1∶500 锥度;当轴孔锥度较小时,取锥堵锥度与工件两端定位孔锥度相同。

③ 当轴通孔的锥度较大时,可采用带锥堵的心轴,简称锥堵心轴,如图 6.2(b)所示。使用锥堵或锥堵心轴时应注意,一般中途不得更换或拆卸,直到精加工完各处加工面,不再使用中心孔时方能拆卸。

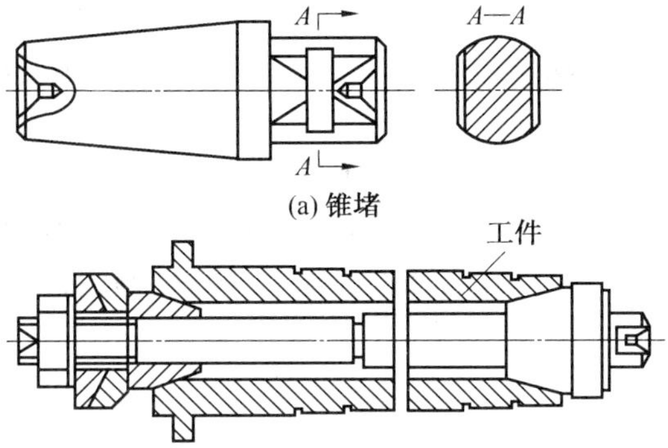

图6.2　锥堵和锥堵心轴

6.1.3　CA6140 车床主轴加工工艺过程示例

机床主轴是有代表性的轴类零件，现以普通精度 CA6140 车床主轴为例说明普通轴类零件加工的一般工艺过程。

1. 主轴的功用及其主要技术条件分析

在一般的金属切削机床中，主轴把旋转运动和扭矩通过端部的夹具传递给工件或刀具。在工作中，主轴不但承受扭转力矩，而且还承受弯曲力矩。由于对主轴的扭转变形和弯曲变形要求很严格（与其他类型的轴相比较而言），所以一般机床主轴的扭转刚度和弯曲刚度都很高。

机床主轴不但传递旋转运动和扭矩，而且要求装在上面的工件或刀具的回转精度（如径向圆跳动、端面圆跳动、回转轴线的稳定性等）很高。这就反过来要求主轴的回转精度更高。影响主轴回轴精度的因素有：主轴本身的结构尺寸及动态特性（如动态刚度、固有频率等）；主轴本身及轴承的制造精度；轴承的结构及润滑；装在主轴上的齿轮等的布置；主轴及主轴上固定件的动平衡等。

（1）支承轴径的技术要求

由图6.3 可知，主轴前、后支承轴径 A 和 B 的圆度公差为0.005 mm，径向跳动公差为0.005 mm，两个支承轴径的 1 : 12 锥面接触率不小于 70%，包括中间支承在内的支承轴径直径按 IT5 级精度制造，表面粗糙度为 $Ra0.4$ μm。

（2）螺纹的技术要求

主轴螺纹用于装配螺母，该螺母用来调整安装在轴颈上的滚动轴承间隙，如果螺母端面相对于轴颈轴线倾斜，会使轴承内圈因受力而倾斜，将影响主轴的回转精度。所以主轴螺纹的牙形要正，与螺母的间隙要小。必须控制螺母端面的跳动，使其在调整轴承间隙的微量移动中，对轴承内圈的压力方向正。

（3）锥孔的技术要求

主轴锥孔是用来安装顶尖或工具锥柄的。为了长期保持机床主轴的装配精度和工件的加工精度，要求主轴锥孔表面的硬度高、跳动小。锥孔轴心线要与两个支承轴径 A 和 B 的轴线同轴度小，以避免工件产生较大的同轴度误差。主轴锥孔（莫氏 6 号锥）对支承轴径 A 和 B 的径向跳动公差,靠近轴端附近为 0.005 mm,离轴端 300 mm 处为 0.01 mm;锥面接触率不小于 70%;表面粗糙度为 *Ra*0.4 μm,锥面淬硬至 HRC45 ~50。

(4)端面及短锥的技术要求

端面和短锥是卡盘底座的定位基准。短锥 C 对主轴支承轴径 A 和 B 的径向跳动公差为 0.008 mm;端面 D 对轴径 A 和 B 的端面跳动公差为 0.008 mm,表面粗糙度 *Ra* 为 0.8 μm;为保证安装卡盘的定位精度,其圆锥面必须与轴颈同轴,端面必须与主轴的回转轴线垂直。

(5)其他配合表面的技术要求

对轴上与齿轮装配表面的技术要求是:对 A、B 轴颈连线的圆跳动公差为 0.015 mm,以保证齿轮传动的平稳性,减少噪声。

上述第(1)、(2)项的技术要求影响主轴的回转精度,而第(3)、(4)项的技术要求影响主轴作为装配基准时的定位精度,而第(5)项技术要求影响工作噪声,这些表面的技术要求是主轴加工的关键技术问题。

综上所述,对轴类零件,可以从回转精度、定位精度、工作噪声这三个方面分析其技术要求。

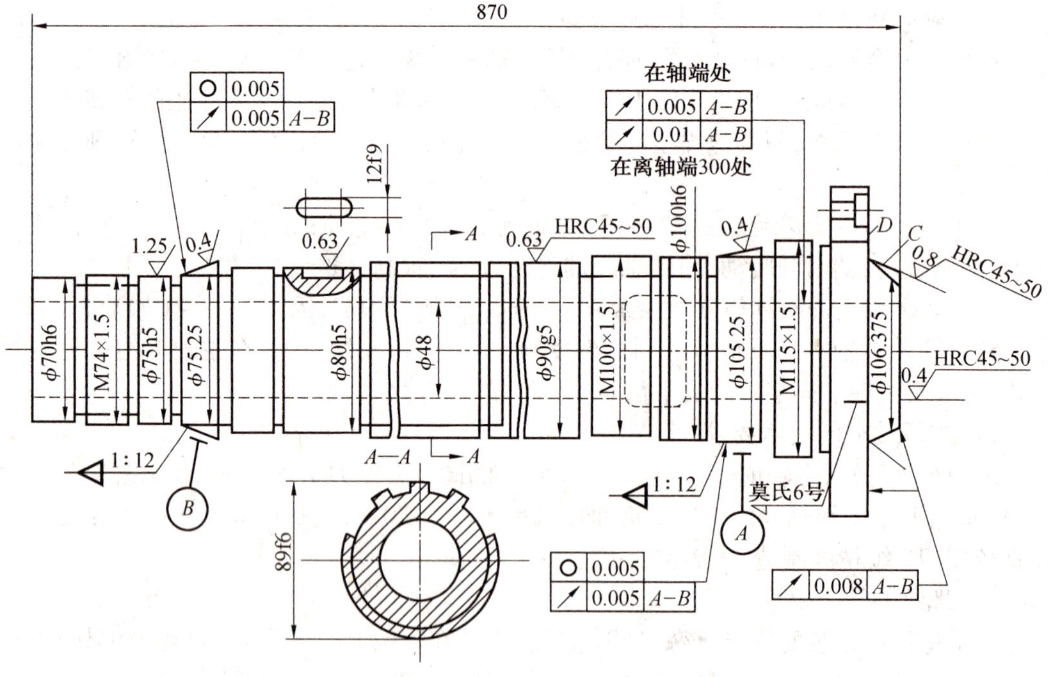

图 6.3　CA6140 型车床主轴零件简图

2. 主轴材料及热处理

车床主轴属一般轴类零件,材料选用 45 钢,预备热处理采用正火和调质,最后热处理采用局部高频淬火。

3. 毛坯的制造方法

主轴属于重要的且直径相差较大的零件,所以通常采用锻件毛坯。

4. 主轴的机械加工工艺过程分析

表6.1是CA6140车床主轴成批生产时的加工工艺过程，其制订的依据是主轴的结构、技术要求、生产批量和设备条件等。从CA6140车床主轴技术条件的上述分析可知：

①主轴两个支承轴径本身的精度和同轴度，主轴前端内、外锥面与主轴支承轴径的同轴度要求都很高。因此，必须正确选择定位基准；工序按粗、精加工分开；合理安排工序。

②主轴是一种多阶梯的空心轴，而主轴毛坯又是实心锻件，因此，需要从外圆和中心切除掉大量金属，进行深孔加工。

(1)主轴加工阶段的划分

由于主轴是多阶梯带通孔的零件，切除大量金属后，会引起残余应力重新分布而变形，故安排工序时，一定要粗精分开，先粗后精。如表6.1所列主轴的加工就是以重要表面（特别是支承轴颈）的粗加工、半精加工和精加工为主线，适当穿插其他表面的加工工序而组成的工艺路线。

表6.1 CA6140车床主轴加工工艺过程

序号	工序名称	工序简图	加工设备
1	备料		
2	精锻		
3	热处理	正火	
4	锯头		
5	铣端面、钻中心孔		专用机床
6	荒车	车各外圆面	卧式车床
7	热处理	调质 HBS220～240	
8	车大端部	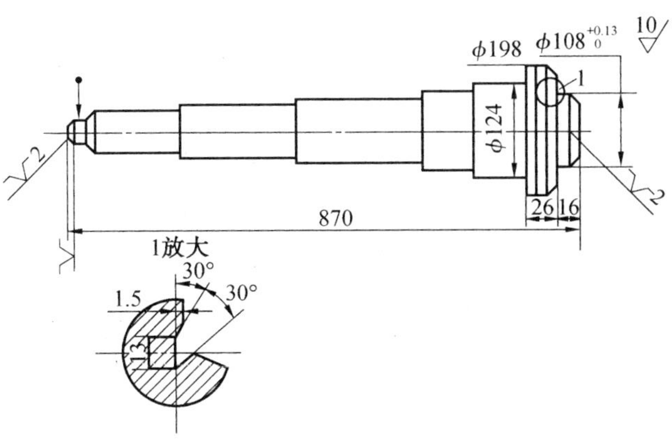	卧式车床 CA6140

续表 6.1

序号	工序名称	工序简图	加工设备
9	仿形车 小端各部	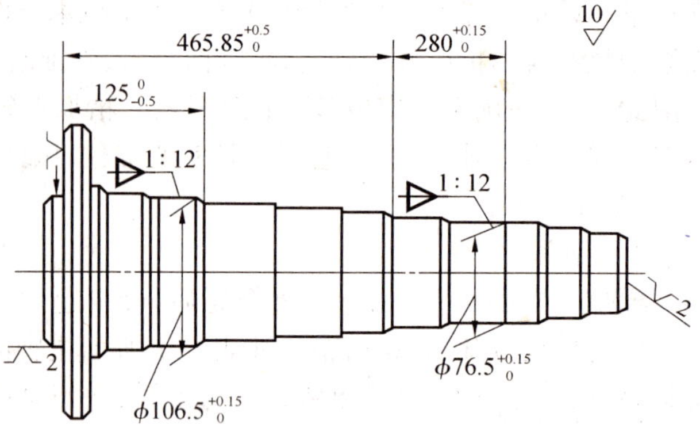	仿形车床 CE7120
10	钻深孔	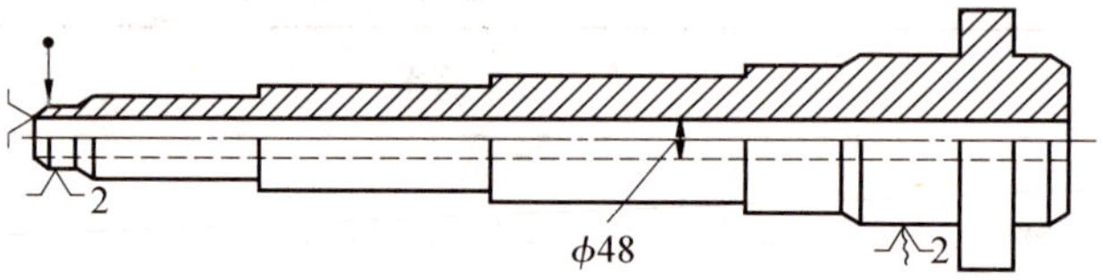	深孔钻床
11	车小端内锥 孔(配 1 : 20 锥堵)	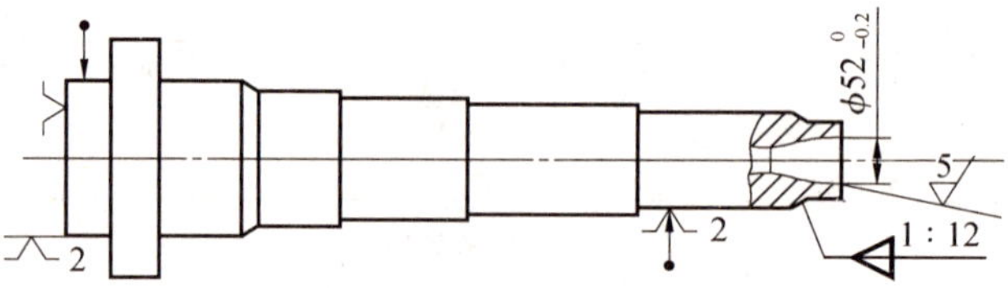	卧式车床 CA5140
12	车大端锥孔 (配莫氏 6 号 锥堵);车外 短锥及端面	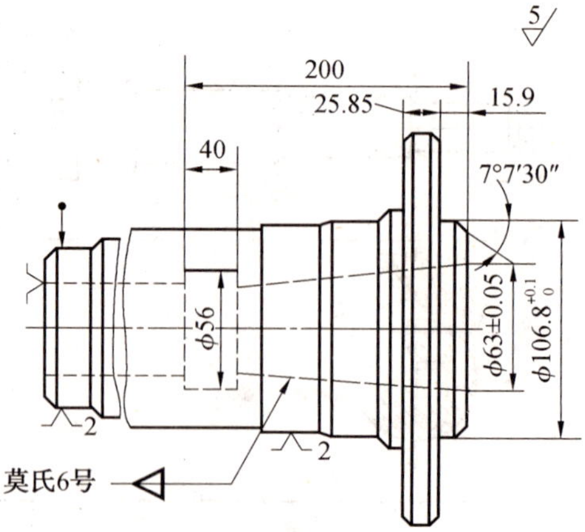	卧式车床 CA6140

续表 6.1

<table>
<tr><th>序号</th><th>工序名称</th><th>工序简图</th><th>加工设备</th></tr>
<tr><td>13</td><td>钻大端
锥面各孔</td><td>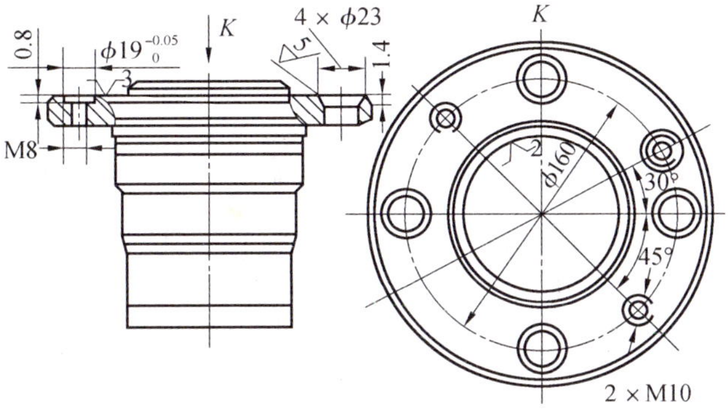</td><td>Z55 钻床</td></tr>
<tr><td>14</td><td>热处理</td><td>高频感应加热淬火 ϕ90g6,短锥及莫氏 6 号锥孔</td><td></td></tr>
<tr><td>15</td><td>精车各外
圆并车槽</td><td>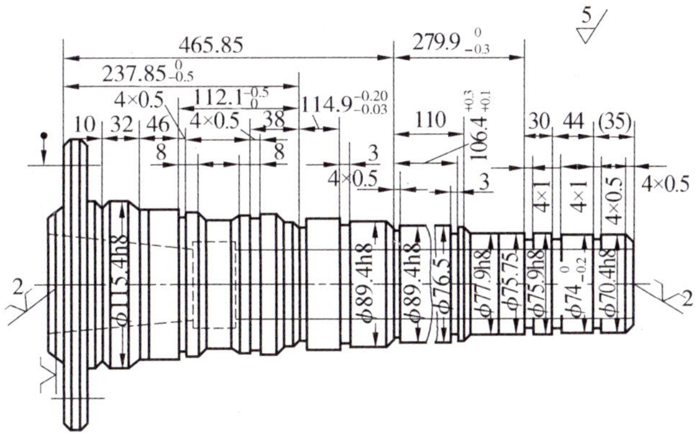</td><td>数控车床
CSK6163</td></tr>
<tr><td>16</td><td>粗磨外圆
二段</td><td>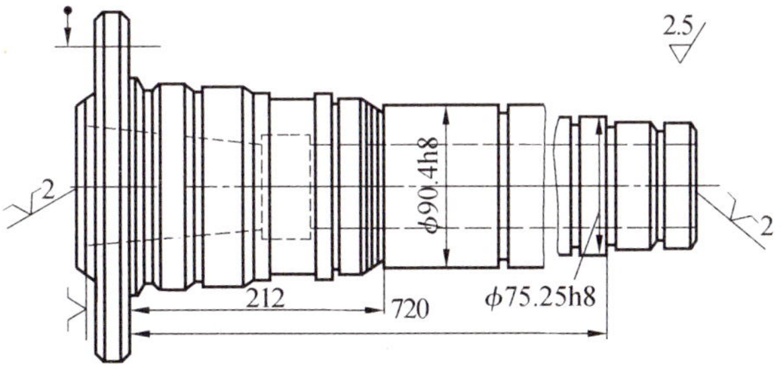</td><td>万能外圆磨床
M1432B</td></tr>
<tr><td>17</td><td>粗磨莫
氏锥孔</td><td>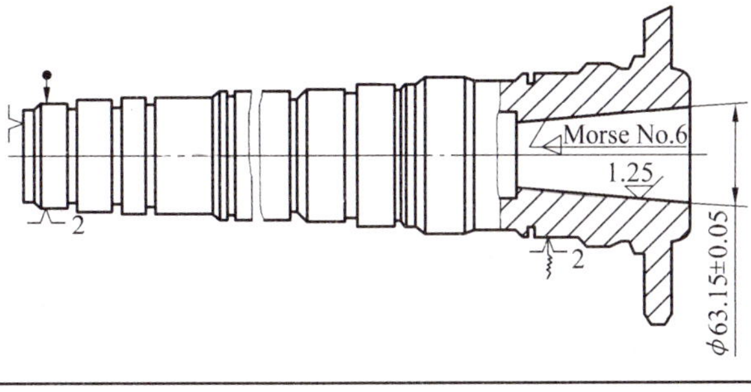</td><td>内圆磨床
M2120</td></tr>
</table>

续表 6.1

序号	工序名称	工序简图	加工设备
18	粗精 铣花键	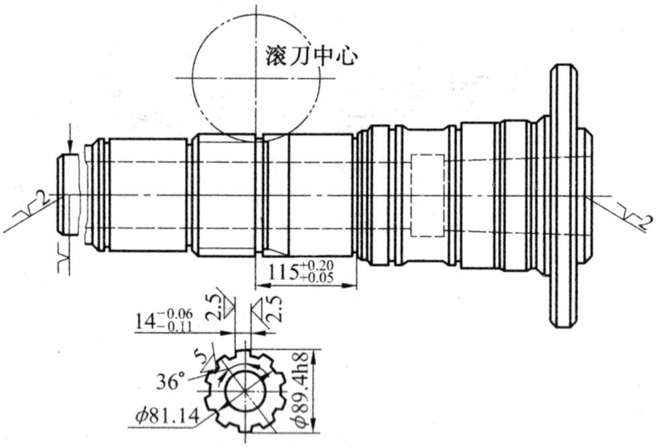	花键铣床 YB6016
19	铣键槽	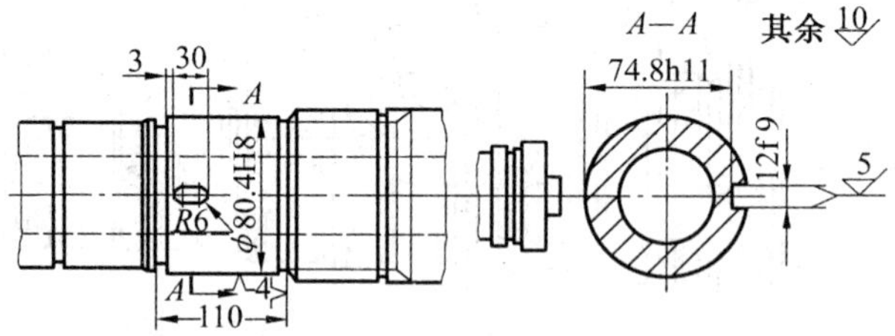	铣床 X52
20	车大端内侧面及三段螺纹(配螺母)	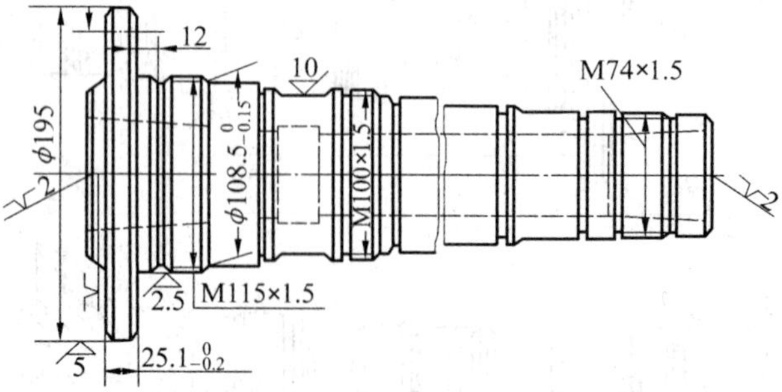	卧式车床 CA6140

续表 6.1

序号	工序名称	工序简图	加工设备
21	粗精磨各外圆及 E,F 两端面	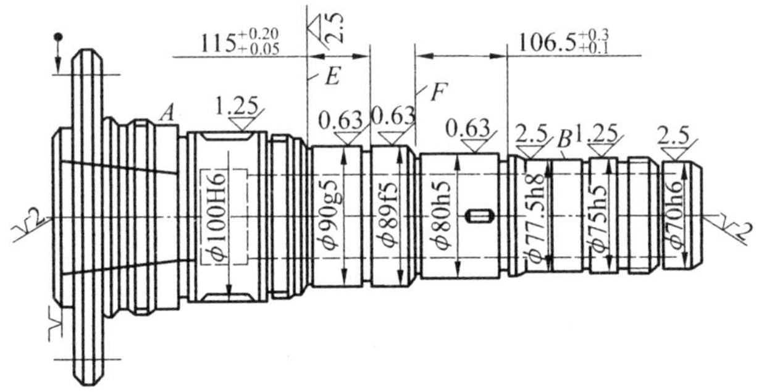	万能外圆磨床
22	粗精磨圆锥面	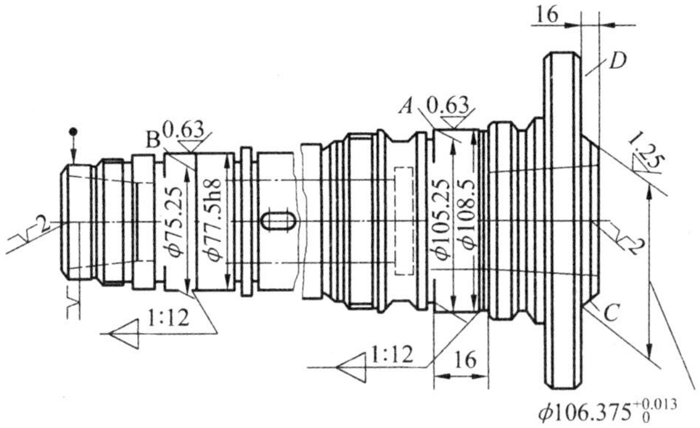	专用组合磨床
23	精磨莫氏 6 号内锥孔	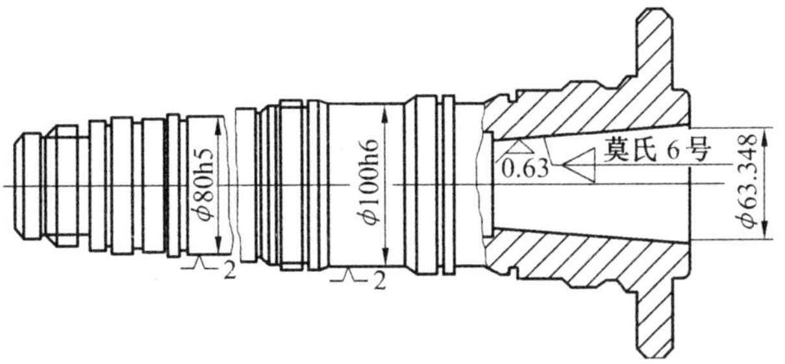	主轴锥孔磨床
24	检查	按图样技术要求项目检查	

粗加工开始前先准备毛坯并正火。粗加工阶段为切端面钻中心孔、粗车外圆等。半精加工阶段是半精车外圆、各辅助表面(键槽、花键、螺纹等)的加工与表面淬火。精加工阶段是主要表面(外圆表面与锥孔)的精加工。

(2)定位基准的选择

轴类零件的定位基准,尽量采用两中心孔。因为轴类零件各外圆表面、锥孔、螺纹等表面的设计基准都是轴线,采用两中心孔定位,既符合基准重合原则又符合基准统一原则。

但有些情况下却只能用其他表面作定位基准:如车削与磨削锥孔时,选择外圆表面为定位基准;外圆表面粗加工时,为提高零件的装夹刚度,选择一夹一顶(一头用卡盘夹紧外圆,一头用中心孔定位夹紧)的定位方式;磨锥孔时,一般多选择主轴的装配基准(前后支承轴颈)作为定位基准。这样,可消除基准不重合所引起的定位误差,使锥孔的径向圆跳动易于控制。

由于主轴轴线上有通孔,在钻通孔后原中心孔就不存在了,为仍能够用中心孔定位,一般常用的方法是采用锥堵或锥套心轴,即在主轴的后端加工一个 1∶20 锥度的工艺锥孔,在前端莫氏锥孔和后端工艺锥孔中配装带有中心孔的锥堵,如图 6.2(a)所示,这样锥堵上的中心孔就可作为工件的中心孔使用了。使用时在工序之间不许卸换锥堵,因为锥堵的再次安装会引起定位误差。当主轴锥孔的锥度较大时,可用锥套心轴,如图 6.2(b)所示。

从上面的分析可以看出,CA6140 主轴的工艺过程是这样选择定位基准的:开始时以外圆做粗基准铣端面钻中心孔,为粗车外圆准备好定位基准。粗车外圆又为深孔加工准备好定位基准,钻深孔时采用一夹(夹一头外圆)一托(托一头外圆)的装夹方式。之后即加工好前后锥孔,以便安装锥堵,为半精加工和精加工外圆准备好定位基准。终磨锥孔之后,必须磨好轴颈表面,以便用支承轴颈定位来磨锥孔,从而保证锥孔的精度。

(3)工序顺序的安排

安排主轴加工工序的顺序时应注意以下几点:

①基准先行。机械加工工艺安排时,总是先加工好定位基准面,即基准先行。主轴加工也总是首先安排铣端面钻中心孔,以便为后续工序准备好定位基准。

②深孔加工的安排。为了使中心孔能够在多道工序中使用,希望深孔加工安排在最后。但是,深孔加工属粗加工,余量大,发热多,变形也大,会使得加工精度难以保持,故不能放到最后。一般,深孔加工安排在外圆粗车之后,以便有一个较为精确的轴颈作定位基准用来搭中心架,这样加工出的孔容易保证主轴壁厚均匀。

③先外后内与先大后小。先加工外圆,再以外圆定位加工内孔。如上述主轴锥孔安排在轴颈精磨之后再进行精磨;加工阶梯外圆时,先加工直径较大的,后加工直径较小的,这样可避免过早地削弱工件的刚度。加工阶梯深孔时,先加工直径较大的,后加工直径较小的,这样便于使用刚度较大的孔加工工具。

④次要表面加工的安排。主轴上的花键、键槽、螺纹等次要表面加工,通常均安排在外圆精车或粗磨之后、精磨外圆之前进行。如果精车前就铣出键槽,精车时因断续切削而易产生振动,既影响加工质量,又容易损坏刀具,也难控制键槽的深度。这些加工也不能

放到主要表面精磨之后，否则会破坏主要表面已获得的精度。

⑤主轴各外圆表面的车削加工

车削是轴类零件机械加工的一种主要方法。外圆表面的余量加工占整个切削加工的大部分，因此提高外圆车削的生产率就成为一个很重要的问题。特别是对于多阶梯的轴，这个问题就更为突出。

提高外圆表面车削生产率，可采用多种措施。例如，选用新材料的刀片（如钨、钛、钴等硬质合金或立方氮化硼刀片等）进行高速切削；使用机械夹固车刀的可换位刀片，以充分发挥硬质合金的作用，缩短更换和刃磨刀具的时间；设计先进的强力切削车刀，以加大切削深度和进给量，进行强力车削；采用先进工艺以车代磨等。在不同生产条件下车削主轴，既要保证效率又要考虑生产成本，所以有：对于单件小批量生产可采用普通车床；对于成批生产常采用带液压仿形刀架的车床或液压仿形车床；对于大批量生产一般使用液压仿形车床或多刀半自动车床。

⑥主轴外圆表面的磨削加工

主轴的精加工一般内都是用磨削的方法，安排在热处理之后进行，用以纠正在热处理中产生的变形，并最后达到所要求的精度和粗糙度。主轴磨削根据情况不同，可分为半精磨和精磨两道工序，或是在单件小批生产中把半精磨和精磨合并在一道工序进行。工件表面的粗糙度可用光整加工的方法来降低。而尺寸精度、形状精度和位置精度则在精磨工序中达到设计要求。

⑦深孔加工

孔的深度与其直径之比（L/d）大于5时该孔称为深孔。CA6140主轴孔径比$L/d\approx 18$，故属于深孔。深孔加工时，由于孔较深，刀具伸出较长，刚性较差，易产生偏斜和振动；又由于冷却液不易进入切削区，使切削区温度过高，加剧了刀具磨损；切屑难以排出，造成堵塞。因此，对于深孔加工应设计合理的钻头结构，采用适当的加工方法，来解决加工中的定向、导向、冷却、断屑和排屑等问题，以确保深孔加工精度。对于单件小批生产可用接长柄麻花钻在通用机床上加工，对于大批量生产可设计专用深孔钻床，对于大孔径的深孔加工一般用套料刀加工（见图6.4）。

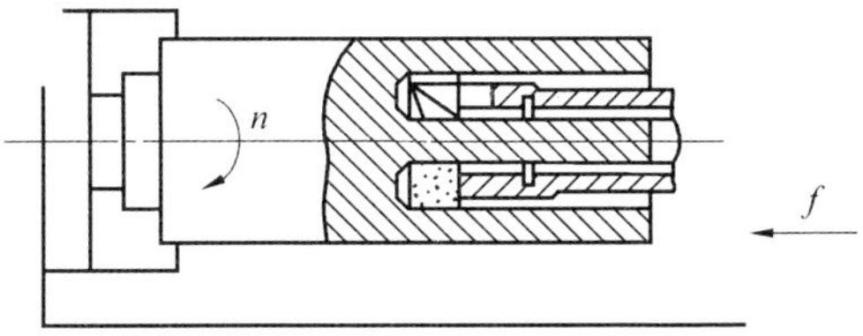

图6.4　主轴深孔套料加工示意图

⑧主轴锥孔的加工

主轴前端锥孔是安装顶尖的定位面。它和主轴支承轴径及主轴前端短锥的同轴度要求很高，因此磨削主轴的前端锥孔是机床主轴加工的关键工序。磨削主轴前端锥孔时，一般以支承轴径作为定位基准，有以下三种安装方式：

a. 前支承轴径被安装在中心架上，（图6.5（a）为中心架示意图），后轴颈夹在磨床床头的卡盘上。磨削前严格校正两个支承轴径,前端可调整中心架,后端在卡爪和轴颈之间用垫薄片来调整。此法调整费时,生产率低,而且磨床床头的误差会影响到工件,但设备简单,适用于单件小批量生产。

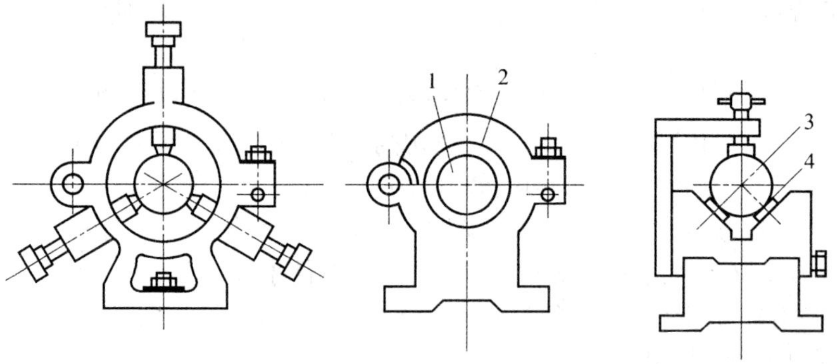

(a) 中心架　(b) 部分轴承式夹具　(c) V形架磨夹具

图 6.5　磨主轴锥孔的各种夹具

1、3—工件;2—铜瓦;4—垫块

b. 将前、后支承轴径分别安装在两个中心架上,用千分表校正好中心架位置。工件通过弹性联轴器或万向接头与磨床主轴连接。此法可保证主轴轴颈的定位精度,而又不受磨床主轴误差的影响,但调整中心架很费时,质量也不稳定,适用于单件小批量生产。

c. 成批生产时,大多数采用专用夹具进行加工。图 6.6 为磨主轴锥孔的一种专用夹具。夹具由底座、支承架及浮动卡头三部分组成。前、后两支架与底座连成一体。其定位元件选用镶有硬质合金的 V 形块固定在支架上,以提高耐磨性,如图 6.5(c)所示。有的把定位元件做成锥轴瓦,以便与主轴上的锥轴颈配合,如图 6.5(b)所示。工件的中心高要调整到正好与磨头砂轮轴的中心高相等。后端的浮动卡头装在磨床主轴的锥孔内,工件尾端插于弹性套内。用弹簧把浮动卡头外壳连同工件向后拉,通过钢球压向镶有硬质合金的锥柄端面,于是通过压缩弹簧的张力就限制了工件的轴向窜动。采用这种连接方式,可以保证主轴支承轴径的定位精度不受磨床床头误差的影响,也减少了机床本身的振动对加工质量的影响;可将所加工的锥孔在 300 mm 长度上对支承轴径的跳动量控制在 0.003 ~ 0.005 mm 以内,粗糙度 Ra 不大于 0.4 μm。

⑨主轴的精度检验

检验是测量和监控主轴加工质量的一个重要环节。除了工序间检验外,在全部工序完成后,还应对主轴的尺寸精度、表面几何形状精度、表面位置精度、表面粗糙度和表面硬度进行检验。

轴类零件的精度检验常按一定顺序进行。一般先检验几何形状精度,然后检验尺寸精度,最后检验各表面之间的相互位置精度。这样可以判明和排除不同性质误差之间对测量精度的影响。

用外观比较法检验各表面的粗糙度及表面缺陷。检验前、后支承轴径 A 和 B 对公共基准的同轴度误差,通常采用如图 6.7 所示的方法。用轴的两顶尖孔或两个工艺锥堵顶尖孔作为定位基准,在支承轴径上分别装千分表 1 和 2,然后使轴慢慢转动一周,分别读

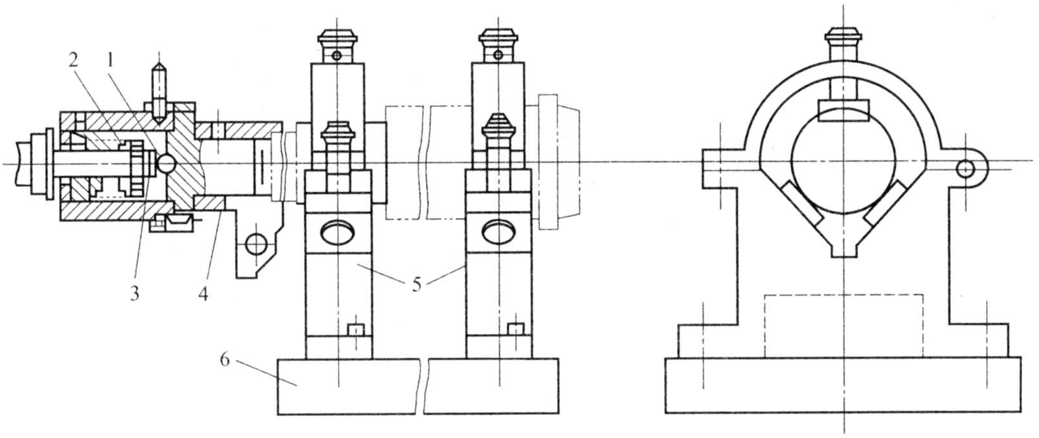

图6.6　磨主轴锥孔的专用夹具

1—钢球;2—弹簧;3—硬质合金锥柄;4—弹性套;5—V形架磨夹具;6—底座

出表1和表2的读数。这两个读数分别代表了这两个支承轴径相对于轴心线的径向圆跳动。径向圆跳动综合反映了轴的同轴度误差和圆度误差。如果几何形状误差很小,可以不考虑其影响时,则千分表1和2的读数值即分别为这两个支承轴径相对于轴心线的同轴度误差。

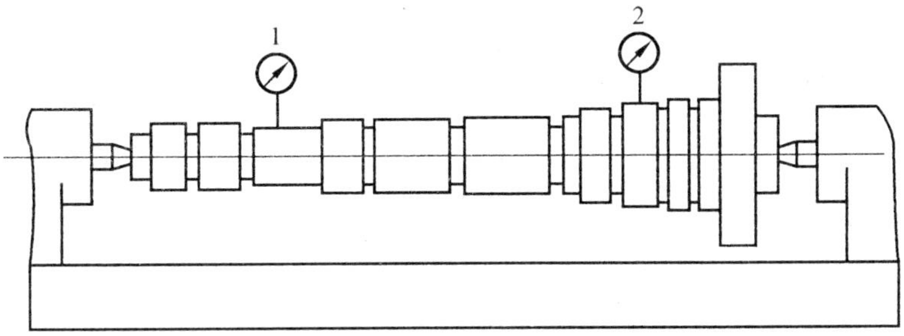

图6.7　支承轴径同轴度的检验

轴的其他表面对支承轴径的相互位置精度的检查方法如图6.8所示。将轴的两支承轴径放在同一平面的两个V形架上,并将轴的一端用挡铁、钢球和工艺锥堵挡住,限制其轴向移动。其中一个V形架的高度是可以调节的。测量时先用千分表1和2调整轴的中心线,使其与测量平板平行。平板通常要有15°的倾斜角度,使工件因自重而压向钢球并紧密接触。

测量相互位置精度时,均匀地转动轴,分别以千分表3、4、5、6、7、8、9测量各轴颈及锥孔中心相对于支承轴径的径向圆跳动,千分表11、12和13分别检查端面F、E和D的端面圆跳动,千分表10用来测量轴的轴向窜动。前端锥孔的形状和尺寸精度,应以专用锥度量规检验,并用涂色法检查锥孔表面的接触情况。这项检查应在相互位置精度的检验之前进行。对于CA6140主轴要在轴的前锥孔中插入检验棒,用检验棒的轴心线代替锥孔的轴心线。

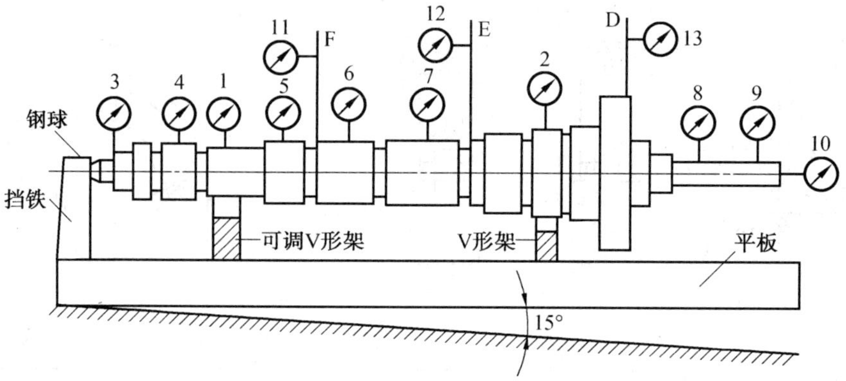

图 6.8　轴的位置精度检验

6.1.4　导柱零件工艺过程示例

导柱是轴类零件的一种,广泛应用于模具结构中,其主要结构是表面为不同直径的同轴圆柱表面。因此,可根据导柱的结构尺寸和材料要求,直接选用适当尺寸的热轧圆钢为毛坯料。

在机械加工过程中,除保证导柱配合表面的尺寸和形状精度外,还要保证各配合表面之间的同轴度要求。导柱的配合表面是容易磨损的表面,应有一定的硬度要求,在精加工之前要安排热处理工序,以达到要求的硬度。

下面以塑料注射模具中滑动式标准导柱为例(见图 6.9),介绍导柱的加工工艺。

1. 导柱加工方案的选择

导柱的加工表面主要是外圆柱面,外圆柱面的机械加工方法很多。图 6.9 所示导柱的制造过程为:备料→粗加工→半精加工→热处理→精加工→光整加工。

2. 导柱的制造工艺过程

图 6.9 所示导柱的零件图的加工工艺过程见表 6.2。

导柱加工过程中的工序划分、工艺方法和设备选用是根据生产类型、零件的形状、尺寸、结构及工厂设备技术状况等条件决定的。

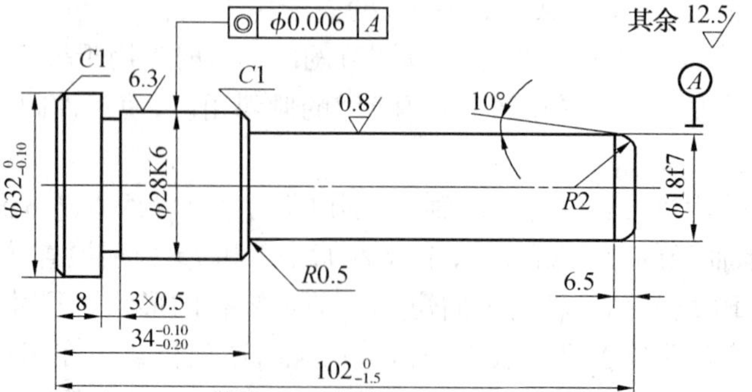

图 6.9　导柱

表6.2 导柱的加工工艺过程

工序号	工序名称	工序内容	工序简图	设备
1	下料	按图纸尺寸 $\phi35\times105$	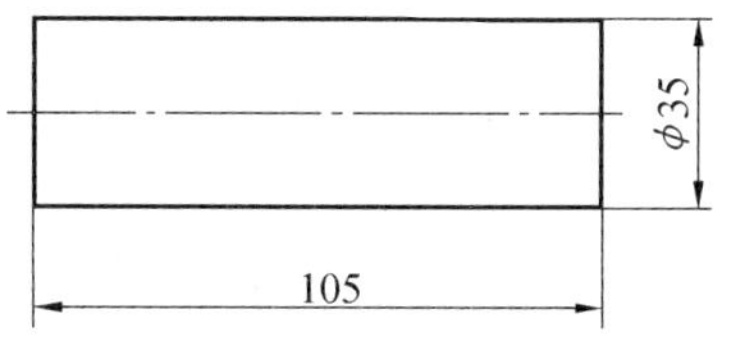	锯床
2	车端面，打中心孔	车端面保持长度103.5，打中心孔。调头车端面至尺寸102，打中心孔	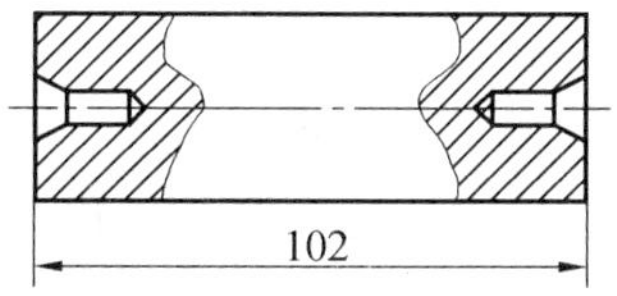	车床
3	车外圆	粗车外圆柱面至尺寸 $\phi20.4\times68$，$\phi28.4\times26$，并倒角。调头车外圆 $\phi32$ 至尺寸并倒角。切槽 3×0.5 至尺寸	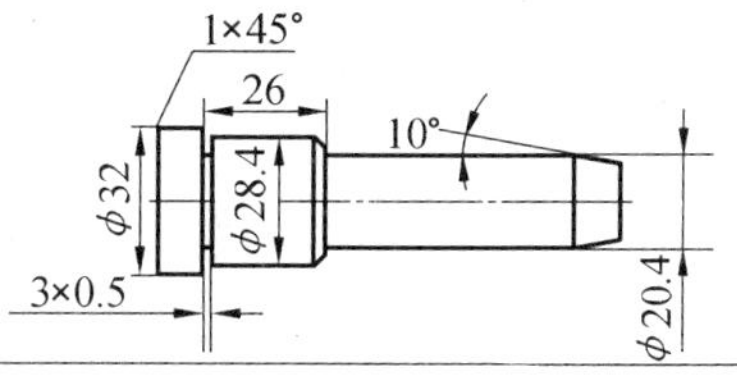	车床
4	检验			
5	热处理	按热处理工艺对导柱进行处理，保证表面硬度HRC50～55		
6	研中心孔	研中心孔，调头研另一端中心孔	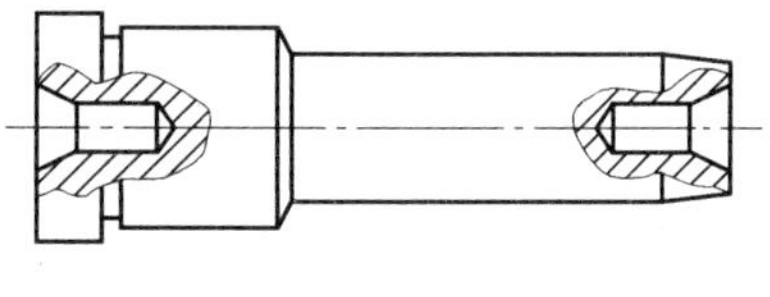	车床
7	磨外圆	磨 $\phi28k6$，$\phi20f7$ 外圆柱面，留研磨余量0.01，并磨10°角	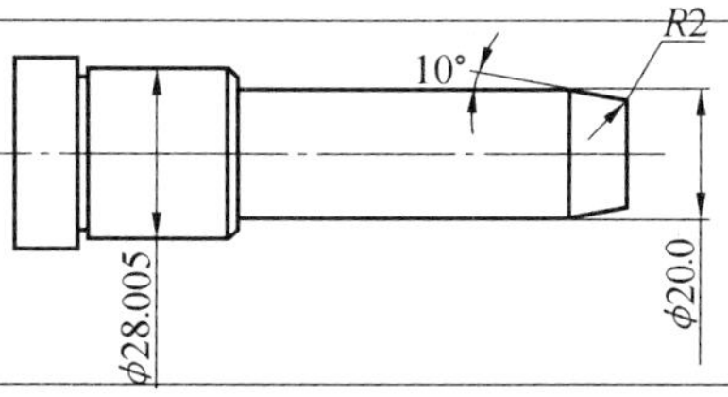	磨床
8	研磨	研磨外圆 $\phi28k6$，$\phi20f7$ 至尺寸，抛光R28和10°角	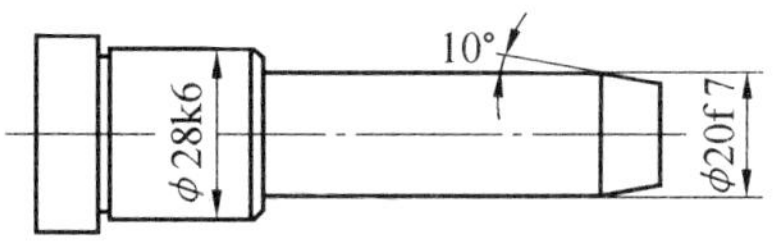	磨床
9	检验			

3. 导柱加工过程中的定位

导柱加工过程中为了保证各外圆柱面之间的位置精度和均匀的磨削余量，对外圆柱面的车削和磨削一般采用设计基准和工艺基准重合的两端中心孔定位。因此，在车削和磨削之前先加工中心孔，为后继工序提供可靠的定位基准。中心孔加工的形状精度对导柱的加工质量有着直接影响，特别是加工精度要求高的轴类零件。另外保证中心孔与顶尖之间的良好配合也是非常重要的。导柱中心孔在热处理后需要修正，以消除热处理变形和其他缺陷，使磨削外圆柱面时能获得精确定位，保证外圆柱面的形状和位置精度。

4. 导柱的研磨

研磨导柱是为了进一步提高表面精度和降低表面粗糙度，以达到设计的要求。为保证图 6.9 所示导柱表面的精度和表面粗糙度 $Ra=0.63\sim0.16$ μm，增加了研磨加工。

6.2 套筒类零件加工

6.2.1 套筒类零件结构特点及技术要求

1. 套筒类零件的结构特点

套筒类零件是指在回转体零件中的空心薄壁件，是机械加工中常见的一种零件，在各类机器中应用很广，主要起支承或导向作用。由于功用不同，其形状结构和尺寸有很大的差异，常见的有支承回转轴的各种形式的轴承圈、轴套；夹具上的钻套和导向套；内燃机上的汽缸套和液压系统中的液压缸以及一般用途的套筒等都属于套类零件。其大致的结构形式如图 6.10 所示。

各种套筒类零件由于功用不同，其结构和尺寸差别很大，但却具有以下共同特点：

①外圆直径 D 一般小于其长度 L，通常长径比(L/D)小于 5。

②内孔与外圆直径之差较小，即零件壁厚较小，易变形。

③内外圆回转表面的同轴度公差很小。

④结构比较简单。

2. 套筒类零件的技术要求

①内孔起支承、导向作用，尺寸精度一般为 IT7 ~ IT6，Ra3.2 ~ 0.8 μm；油缸内孔尺寸精度一般要求较低，为 IT10 ~ IT9，粗糙度值则较低，Ra0.4 ~ 0.2 μm。内孔形状精度一般控制在尺寸公差以内，为防止泄漏，除对孔有圆度要求外，还有圆柱度、直线度等形状公差的要求。

②外圆一般是套类零件的支承表面，与机体上的孔相配合。尺寸精度为 IT7 ~ IT6，粗糙度值为 Ra6.3 ~ 0.8 μm，有的达 0.2 μm。

③内外圆的同轴度一般为 0.05 ~ 1 mm，同轴度要求高的为 0.06 mm。

④内孔轴线对端面的垂直度，如在使用或加工过程中承受轴向力，其垂直度一般为 0.01 ~ 0.04 mm。

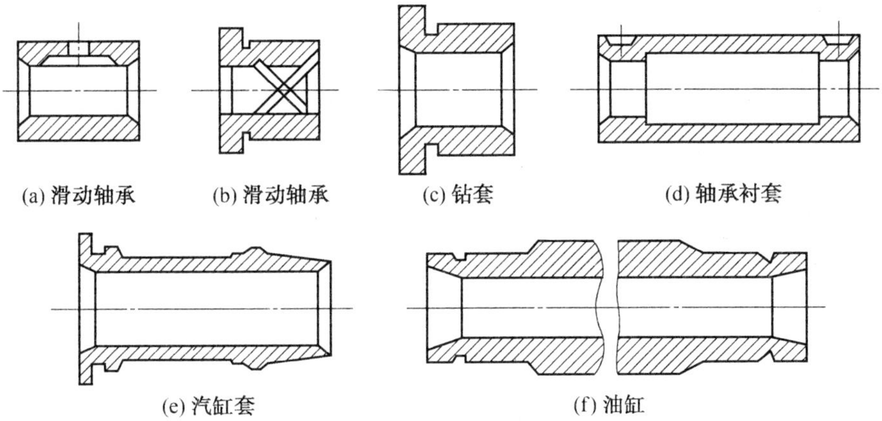

图6.10 套筒类零件

3. 套筒类零件的材料及毛坯

套筒类零件所用的材料取决于工作条件，一般有钢、铸铁、粉末冶金、铜及其合金、尼龙和工程塑料等。有些滑动轴承采用双金属结构，在钢或铸铁套的内壁上浇铸巴氏合金等轴承合金材料，既可节省贵重金属，又能提高轴承的寿命。

套筒类零件的毛坯选择与其材料、结构、尺寸及生产批量等因素有关。孔径较小的套筒，一般选择热轧或冷拉棒料，也可采用实心铸件。孔径较大时，常采用无缝钢管或带孔的空心铸件和锻件。大量生产时可采用冷挤压和粉末冶金等先进的毛坯制造工艺，既提高生产效率，又节约材料。

6.2.2 典型套筒类零件的加工工艺分析

套筒类零件由于功用、结构形状、材料以及尺寸不同，其工艺差别很大。按结构形状来分，大体分为短套筒与长套筒两种。它们的加工方法及工件装夹方式有很大的差别。以下将分析这两类套筒的加工工艺。

1. 长套筒类零件的加工工艺

液压系统中的油缸体如图6.11所示，是比较典型的长套筒零件，一般结构简单，薄壁容易变形，加工面比较少，加工方法变化不多。

(1)油缸体零件的技术要求

主要的加工表面为内孔及两端口内外表面。内孔作为油缸零件导向表面，要求有较高的尺寸精度及较低的表面粗糙度，对形状精度要求更严。内孔 $\phi70$ 作为活塞运动的导向元件，尺寸精度为IT11，不算太高，但表面粗糙度为 $Ra0.4$ μm，要求较严，圆柱度要求在1 685 mm内为0.04 mm，有较大的加工难度，两端口处通常与支承件相配合有较高的位置精度要求，两孔口端面对轴线的垂直度为 $\phi0.04$ mm。材料为中碳钢无缝钢管，生产批量为小批。

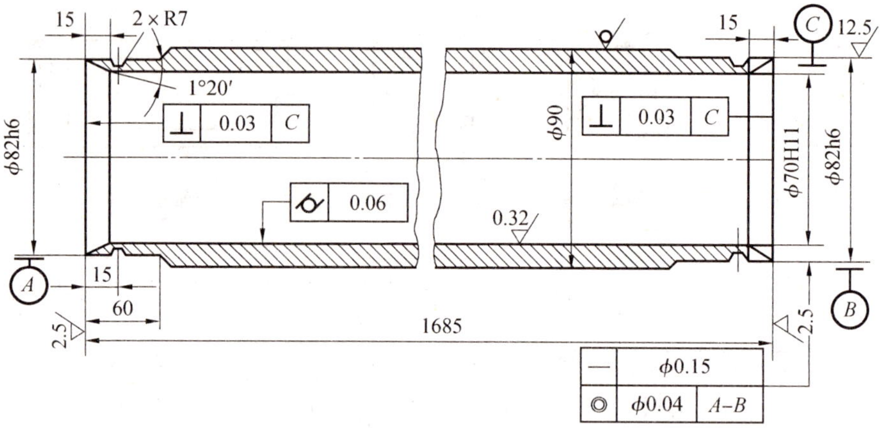

图 6.11　液压缸筒图

(2)加工方法的选择

内孔 ϕ70H7 为深孔(深径比 L/D=1 685/70≈24.1),其加工方案有以下几种。

①粗镗→精镗→珩磨(或滚压),符合粗、精分开的原则。有利于清洗缸筒及时发现和排除废品次品,刀具简单,易于调整,能保证加工质量,生产率低,适用于生产批量不大的场合。

②半精镗→精镗→精铰→滚压,同样也符合粗精分开的原则,有利于清洗缸筒及时发现和排除废品次品,刀具简单,易于调整,能保证加工质量,生产率低,适用于毛坯精度高(如热轧或冷拔无缝钢管)的场合。

③粗镗→复合滚镗(精镗滚压合一),使用组合刀具,减少了一道工序,生产率高,但需要复杂的组合刀具,并进行精细调整,多用于大批大量生产。

④复合滚镗(粗镗、精镗、滚压三道工序合一),一次走刀完成粗、精、光整加工,生产率高,但刀具复杂,不易发现加工过程中的质量问题,多用于加工低碳制造的缸筒。

⑤粗镗→精镗→珩磨,是目前常用的一种加工方法,砂条的寿命低,比滚压生产率低,但质量稳定,多用于大批大量生产。

⑥强力珩磨,生产效率高,钢材利用率高,加工质量高,但需要专用强力珩磨设备,工艺条件要求高,投资费用高,主要用于大批大量生产,广泛应用受到限制。

经以上六种加工方案对比分析,对液缸缸体在小批量生产条件下,采用方案②是比较经济合理。

(3)拟定工艺路线

按照基准先行的原则作为定位精准面,应首先安排加工。液压缸体为一个薄壁深孔零件,为防止夹紧力过大或不均匀而引起缸孔径向变形,影响加工精度,应按照基准重合,基准统一,互为基准原则,选择定位精基准。对于套筒类零件,一般以轴线部位的孔或外圆作为精基准,这符合上述定位基准的选择原则,由于为深孔加工,在机床上的安装方式有以下几种:

①如图6.12(a)所示,缸筒以一端止口定位,用弹性夹头夹紧;另一端以架窝支承在中心架上。这种方法装卸工件比较麻烦,定位精度低,但不需要专用设备,适用于单件小批生产。

②如图6.12(b)所示,缸筒以一端止口定位,用弹性夹头夹紧;另一端以30°~60°外圆锥面与压力头上的专用内锥套定位和夹紧。这种方法装卸工件比较方便,定位精度高,须有压力头,适用于中、小批生产。

③如图6.12(c)所示,缸筒以一端止口定位,用螺纹与连接盘连接在机床主轴上;另一端以架窝支承在中心架上。这种方法用螺纹传递扭矩,缸体基本不受径向夹紧力作用,能保证加工精度,但加工完毕后,须切除螺纹部分,增加了工序材料的浪费,适用于无专用设备,小批量,试制新产品时采用。

④如图6.12(d)所示,缸筒两端均采用加工出的30°~60°的外锥面定位,一端锥面与专用卡盘的内锥面配合定位;另一端与压力头的内锥面配合定位,并轴向夹紧。这种方法工件装卸方便,定位精度高,在大批大量生产中应用广泛。

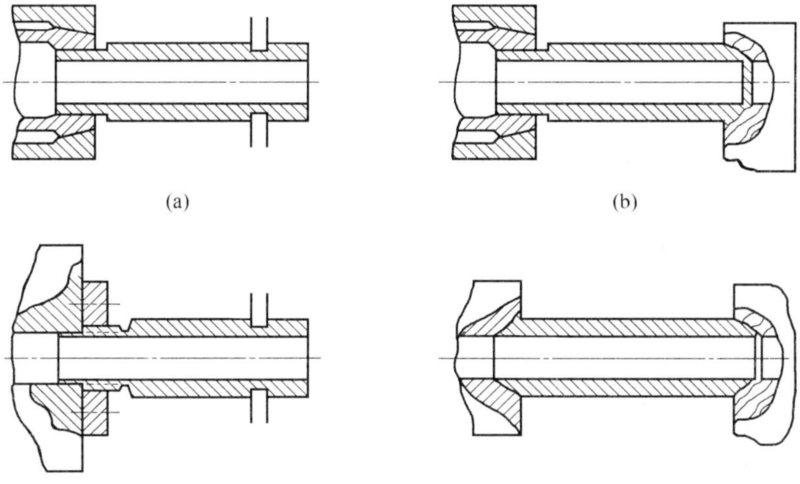

(a) (b) (c) (d)

图6.12 液压缸在机床上的安装方式

本例则采用6.12(c)图方案定位装夹,液缸体的主要表面为内孔和孔口端面、外圆,且为深孔(深径比$L/D=1\ 685/70\approx24.1$),须在深孔车床上加工,因此,加工内孔的定位精基准应为一端孔口处的外圆面与在另一端制出连接螺纹。为获得准确的定位精基准,应以毛坯的一端的外圆与另一端的内孔为粗基准,采用"一夹、一顶"的方法加工孔口处的外圆与连接螺纹;再以加工过的外圆与连接螺纹为基准采用"一连接、一托"的方法加工内孔。

由于液压缸缸体为薄壁深孔套,钢材的淬透性好,调质可安排在下料后,并对全长弯曲度提出限制,弯曲度允差小于2.5 mm。滚压加工前安排低温回火,以改善工件材料的加工性能,保证加工精度。为防腐耐磨,缸体内孔加工完毕后,表面镀铬并抛光。

深孔加工完毕后,作为重要工序应安排一次检验,最后安排终检。由于液压缸缸体为小批量生产,应采用工序集中的原则安排加工顺序。液压缸缸体加工工艺过程见表6.3。

表6.3 液压缸的加工工艺过程

序号	工序名称	工 序 内 容	工序简图	设备
1	备料	无缝钢管切断 $\phi90\times1\ 700$		圆片锯床
2	热处理	调质处理 HB241 ~ 285,全长弯曲度<2.5 mm		
3	粗、精车	软卡爪夹一端,大头顶尖顶另一端,车 $\phi82$ mm 外圆到 $\phi88$ mm 及 $\phi88$ mm×1.5 工艺螺纹(工艺用);搭中心架托 $\phi88$ mm 处,车端面及倒角;三爪卡盘夹一端,大头顶尖顶另一端,调头车 $\phi82$ mm 外圆到 $\phi84$ mm;搭中心架托 $\phi88$ mm 处,车另一端面及倒角取总长 1 686 mm	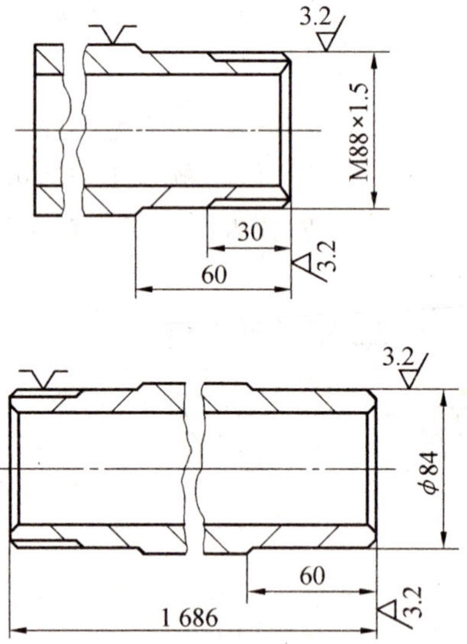	车床
4	精镗内孔	镗深孔 一端用 M88×1.5 mm 螺纹固定在夹具中,另一端搭中心架,半精推镗孔到 $\phi68$ mm 精推镗孔到 $\phi69.85$ mm; 浮动镗刀镗孔到 $\phi70\pm0.02$ mm,$Ra0.32$ μm	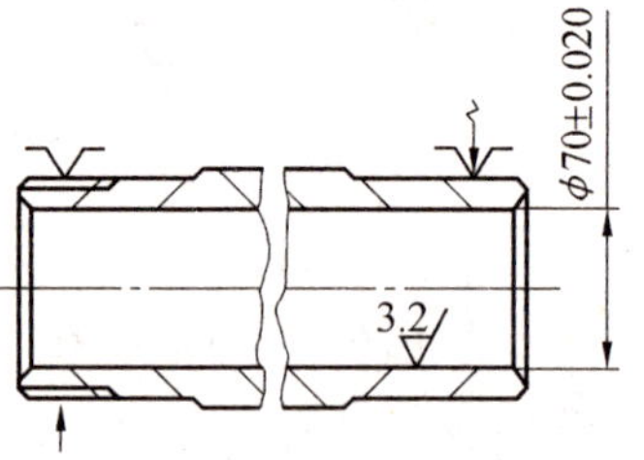	改装的车床
5	滚压	滚压孔,用深孔滚压头滚压孔至 $\phi70^{+0.20}_{0}$ mm,$Ra0.32$ μm	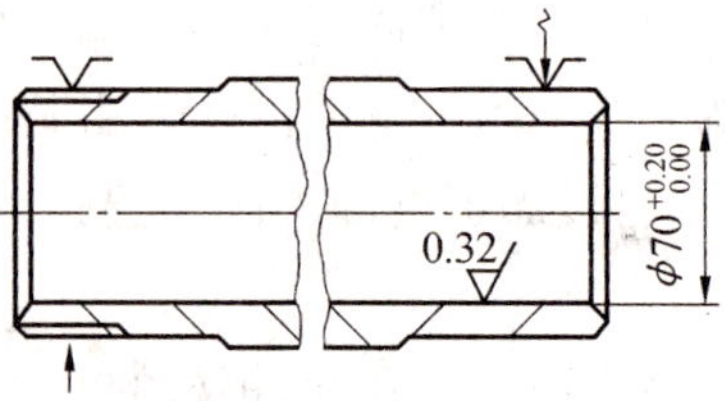	车床

续表 6.3

序号	工序名称	工　序　内　容	工序简图	设备
6	精车	中心架托另一端，镗内锥孔 1°30′及车端面调头，软卡爪夹一端，顶车另一端；车 ϕ82h6 到尺寸；软卡爪夹一端，中心架托另一端；切 *R*7 槽镗内锥孔 1°30′及车端面取总长 1 685 mm	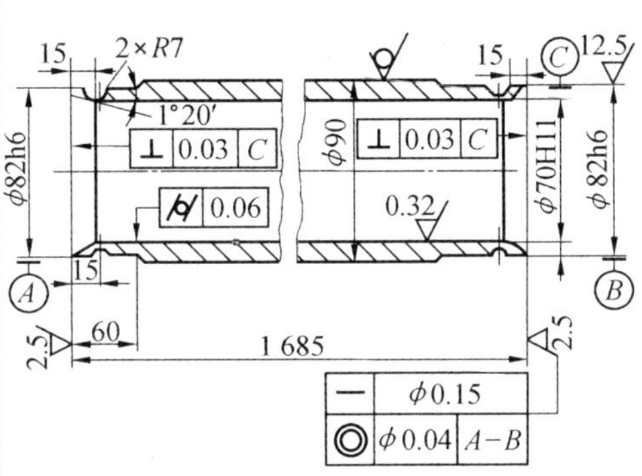	车床
7	检验	按图纸检验所有尺寸		

2. 短套筒类零件的加工工艺

短套，如轴承套、钻套、各类导向套等，这类短套一般孔与端面、孔与外圆之间均具有较高的位置精度，结构上有光套也有台阶套，由于长度较短，最常用的加工方法是车削，表面淬火或精度高的采用磨削。

(1)保证短套零件加工精度的方法

为保证这类短套的加工精度一般常采用以下方法：

从短套零件的技术要求可知，其主要位置精度是内、外圆表面的同轴度及端面与轴线之间的垂直度要求。在加工过程中一般常采用下述方法。

①在一次装夹过程中完成内外表面及端面的全面加工，这种加工方法消除了工件的装夹误差，可获得很高的相对位置精度。但是，这种加工方法的工序比较集中，对于尺寸较大的套筒零件也不便于装夹。

②套筒主要表面的加工分在几次装夹中完成，先加工孔，然后再以孔为精基准，最终加工外圆及端面。这种方法需采用心轴为夹具，夹具的结构简单，定心精度高，能保证各表面间的位置精度。

③套筒主要表面的加工分在几次装夹中完成，先加工外圆，然后以外圆为精基准最后加工孔，采用这种方法加工时，工件装夹迅速可靠，其夹具较复杂，加工精度略差。欲获得较高的同轴度，则须采用定心精度高的夹具，如弹性膜片卡盘、液性塑料夹具及经修磨过的三爪卡盘和软爪等夹具。

(2)导套的加工

导套是模具中应用最广泛的导向零件。尽管其结构形状因应用部位不同而各异，但构成导套的主要表面是内、外圆柱表面，可根据其结构形状、尺寸和材料的要求，直接选用适当尺寸的热轧圆钢为毛坯。

①导套的技术要求

导套在机械加工过程中，除保证导套配合表面的尺寸和形状精度外，还要保证内外圆柱配合表面的同轴度要求。导套的内表面和导柱的外圆柱面为配合面，使用过程中运动频繁,为保证其耐磨性,需有一定的硬度要求。因此,在精加工之前要安排热处理,以提高其硬度。

在不同的生产条件下,导套的制造所采用的加工方法和设备不同,制造工艺也不同。现以图 6.13 所示的冲压模滑动式导套为例,介绍导套的制造过程。

②导套加工方案的选择

根据图 6.13 所示导套的精度和表面粗糙度要求,其加工方案可选择为:备料→粗加工→半精加工→热处理→精加工→光整加工。

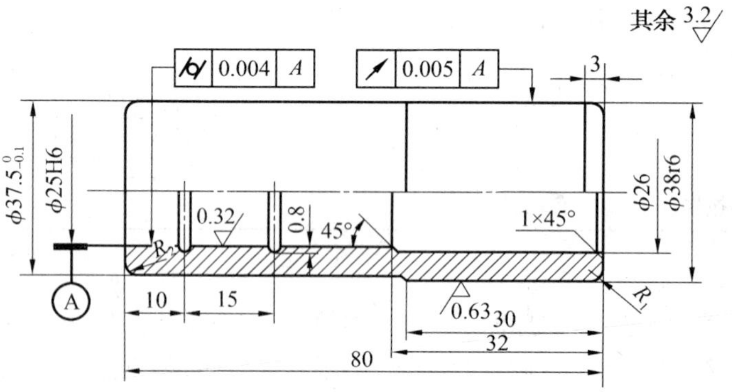

材料20钢，表面渗碳深度处理0.8~1.2mm；HRC58~62

图 6.13 冲压模滑动式导套

③导套的加工工艺过程

图 6.15 冲压模导套的加工工艺过程见表 6.4。

表 6.4 导套的加工工艺过程

工序号	工序名称	工序内容	工序简图	设备
1	下料	按尺寸 ϕ42×85 切断	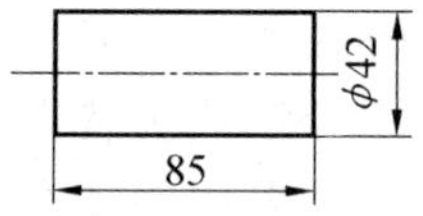	锯床
2	车外圆及内孔	车端面保证长度82.5; 钻 ϕ25 内孔至 ϕ23; 车 ϕ38 外圆至 ϕ38.4 并倒角; 镗 ϕ25 内孔至 ϕ24.6 和油槽至尺寸; 镗 ϕ26 内孔至尺寸并倒角	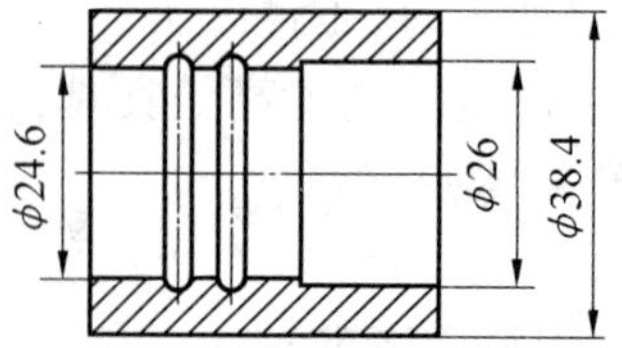	车床

续表 6.4

工序号	工序名称	工序内容	工序简图	设备
3	车外圆倒角	车 ϕ37.5 外圆至尺寸，车端面至尺寸	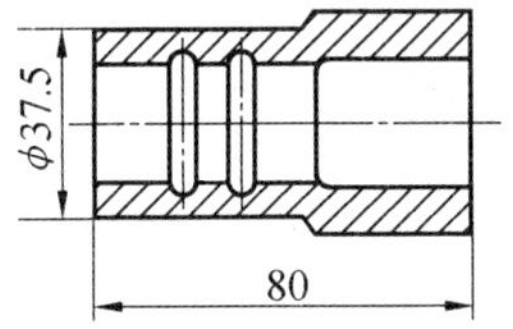	车床
4	检验			
5	热处理	按热处理工艺进行，保证渗碳层深度为 0.8～1.2 mm；硬度为 HRC58～62		
6	磨削内、外圆	磨 ϕ38 外圆达图纸要求；磨内孔 ϕ25 留研磨余量 0.01	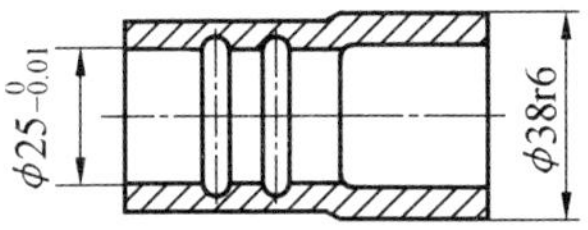	万能磨床
7	研磨内孔	研磨 ϕ25 内孔达图纸要求 研磨 $R2$ 圆弧	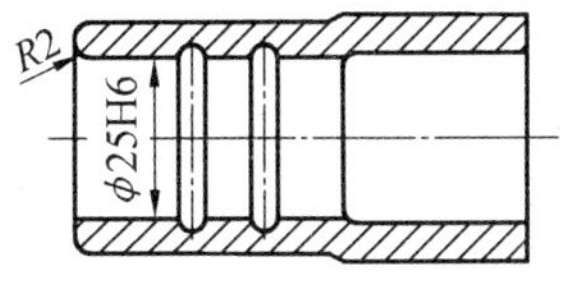	车床
8	检验			

在磨削导套时正确选择定位基准，对保证内、外圆柱面的同轴度要求非常重要的。对单件或小批量生产，工件热处理后在万能外圆磨床上利用三爪卡盘夹持 ϕ37.5 外圆柱面，一次装夹后磨出 ϕ38 外圆和 ϕ25 内孔。这样可以避免多次装夹造成的误差，能保证内外圆柱配合表面的同轴度要求。对于大批量生产同一尺寸的套孔，可先磨好内孔，再将导套装在专用小锥度磨削心轴上。以芯轴两端中心孔定位，使定位基准和设计基准重合。借助心轴和导套内表面之间的摩擦力带动工件旋转，磨削导套的外圆柱面，能获得较高的同轴度。这种方法操作简便、生产率高，但需制造专用高精度心轴。

导套内孔的精度和表面粗糙度要求要高。对导套内孔配合表面进行研磨可进一步提高表面的精度和降低表面粗糙度，达到加工表面的质量和设计要求。

6.3 箱体类零件加工

6.3.1 箱体零件结构特点及技术要求

箱体类零件通常作为箱体部件装配时的基准零件。它将一些轴、套、轴承和齿轮等零件装配起来，使其保持正确的相互位置关系，以传递转矩或改变转速来完成规定的运动。因此，箱体类零件的加工质量对机器的工作精度、使用性能和寿命都有直接的影响。

1. 箱体零件的功用与结构特点

箱体零件是机器的基础件之一。由它将一些轴、套和齿轮等零件组装在一起，保持正确的相互位置关系，并且能按照一定的传动要求传递动力和运动，构成机器的一个重要部件。

箱体零件的特点：箱体的结构一般比较复杂，箱体外面都有许多平面和孔，内部呈腔形，壁薄且不均匀，刚度较低，加工精度要求较高，特别是主轴承孔和基准平面的精度。因此，一般来说，箱体不仅需要加工的部位较多，且加工的难度也较大。图6.14是几种箱体的结构简图。

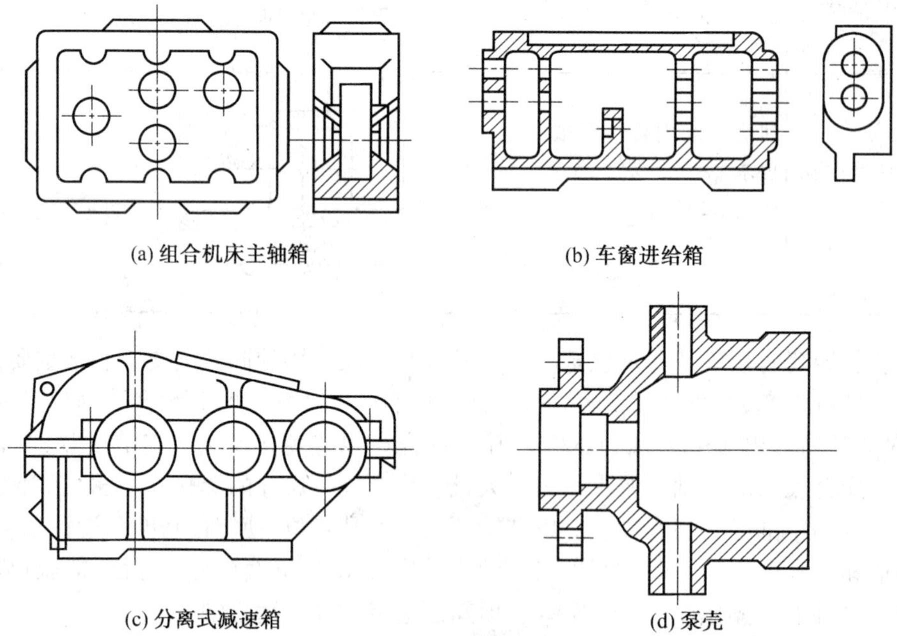

(a) 组合机床主轴箱　(b) 车窗进给箱

(c) 分离式减速箱　(d) 泵壳

图6.14　几种箱体的结构简图

2. 箱体零件的主要技术要求

箱体零件的技术要求是根据其用途、工作条件等因素制定的，其主要技术要求是对孔和平面的精度和表面粗糙度。箱体轴承支承孔的尺寸精度、形状精度、位置精度与表面粗糙度对轴承的工作质量影响很大，它们直接影响机器的回转精度、传动平稳性、噪声和寿命。

(1)支承孔的尺寸精度一般为IT6～IT7级,形状精度不超过其孔径尺寸公差的一半,表面粗糙度值为$Ra1.6$～0.4 μm;同轴线上支承孔的同轴度一般为$\phi0.01$～0.03 mm,各支承孔之间的平行度为0.03～0.06 mm,中心距公差一般为±0.02～0.08 mm。

(2)箱体装配基面、定位基面的平面精度与表面粗糙度直接影响箱体安装时的位置精度及加工中的定位精度,影响机器的接触精度和有关的使用性能。其平面度一般为0.02～0.1 mm,表面粗糙度值为$Ra3.2$～0.8 μm。主要平面间的平行度、垂直度为300:(0.02～0.1) mm。

(3)各支承孔与装配基面间的距离尺寸及相互位置精度(平行度、垂直度)也是影响机器与设备的使用性能和工作精度的重要因素。一般支承孔与装配基面间的平行度为0.03～0.1 mm。

3. 箱体零件的材料毛坯

箱体零件的材料常用铸铁,这是因为铸铁容易成形,切削性能好,价格低,且吸振性和耐磨性较好。根据需要可选用HT150～350,常用HT200。在单件小批生产情况下,为了缩短生产周期,可采用钢板焊接结构。某些大负荷的箱体有时采用铸钢件。在特定条件下,可采用铝镁合金或其他铝合金材料。

铸铁毛坯在单件小批生产时,一般采用木模手工造型,毛坯精度较低,余量大;在大批量生产时,通常采用金属模机器造型,毛坯精度较高,加工余量可适当减小。单件小批生产直径大于50 mm的孔,成批生产大于30 mm的孔,一般都铸出预孔,以减少加工余量。铝合金箱体常用压铸制造,毛坯精度很高,余量很小,一些表面不必经切削加工即可使用。

6.3.2 拟定箱体零件机械加工工艺规程的原则

在拟定箱体零件机械加工工艺规程时,有一些基本原则应该遵循。

(1)先面后孔

先加工平面,后加工孔是箱体加工的一般规律。平面面积大,用其定位稳定可靠;支承孔大多分布在箱体外壁平面上,先加工外壁平面可切去铸件表面的凹凸不平及夹砂等缺陷,这样可减少钻头引偏,防止刀具崩刃等,对孔加工有利。

(2)粗精分开、先粗后精

箱体的结构形状复杂,主要平面及孔系加工精度高,一般应将粗、精加工工序分阶段进行,先进行粗加工,后进行精加工。

(3)基准的选择

箱体零件的粗基准一般都用它上面的重要孔和另一个相距较远的孔做粗基准,以保证孔加工时余量均匀。精基准选择一般采用基准统一的方案,常以箱体零件的装配基准或专门加工的一面两孔为定位基准,使整个加工工艺过程基准统一,夹具结构简单,基准不重合误差降至最小甚至为零(当基准重合时)。

(4)工序集中,先主后次

箱体零件上相互位置要求较高的孔系和平面,一般尽量集中在同一工序中加工,以保证其相互位置要求和减少装夹次数。紧固螺纹孔、油孔等次要工序的安排,一般在平面和支承孔等主要加工表面精加工之后再进行加工。

(5)工序间合理安排热处理

箱体零件的结构复杂,壁厚也不均匀,因此,在铸造时会产生较大的残余应力。为了消除残余应力,减少加工后的变形和保证精度的稳定,在铸造之后必须安排人工时效处理。人工时效的工艺规范为:加热到 500 ~ 550℃,保温 4 ~ 6 h,冷却速度小于或等于 30℃/h,出炉温度小于或等于 200℃。

普通精度的箱体零件,一般在铸造之后安排一次人工时效处理。对一些高精度或形状特别复杂的箱体零件,在粗加工之后还要安排一次人工时效处理,以消除粗加工所造成的残余应力。有些精度要求不高的箱体零件毛坯,有时不安排时效处理,而是利用粗、精加工工序间的停放和运输时间,使之得到自然时效。箱体零件人工时效的方法,除了加热保温法外,也可采用振动时效来达到消除残余应力的目的。

6.3.3 箱体零件的一般加工工艺路线

箱体零件的主要加工表面是轴承支承孔和装配基准平面,这些支承孔有相互位置精度要求,称为孔系。如何保证这些表面的加工精度和表面粗糙度,孔系之间以及孔与装配基准面之间的距离尺寸精度和相互位置精度,是箱体零件加工的主要工艺问题。箱体零件的工艺路线的拟定按生产类型而不同。

(1)中小批生产

箱体零件加工工艺路线一般为:铸造毛坯→时效→油漆→划线→粗、精加工基准面→粗、精加工各平面→粗、半精加工各主要孔→精加工主要孔→粗、精加工各次要孔→加工各螺孔、紧固孔、油孔等→去毛刺→清洗→检验。

(2)大批量生产

工艺路线一般为:毛坯铸造→时效→油漆→粗、半精加工精基准→粗、半精加工各平面→精加工精基准→粗、半精加工主要孔→精加工主要孔→粗、精加工各次要孔(螺纹孔、紧固孔、油孔、过孔等)→精加工各平面→去毛刺→清洗→检验。

6.3.4 箱体零件的孔系加工

箱体上若干有相互位置精度要求的孔的组合,称为孔系。孔系可分为平行孔系、同轴孔系和交叉孔系,如图 6.15 所示。孔系加工是箱体加工的关键,根据箱体加工批量的不同和孔系精度要求的不同,孔系加工所用的方法也不同。对于平行孔系可采用划线找正法、镗模法和坐标法加工;对于同轴孔系,用镗模加工孔系时其同轴度精度由镗模来保证,采用精密刚性主轴组合机床从两边同时加工同一轴线各孔时其同轴度精度由机床来保证。如果箱体两孔间距离较大,则可采用调头镗孔法。

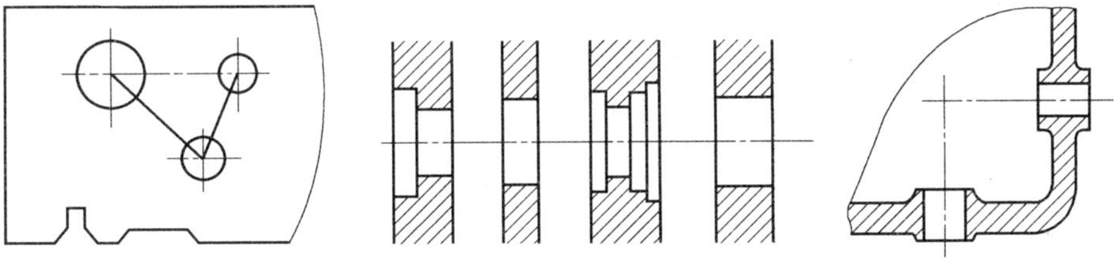

(a) 平行孔系　(b) 同轴孔系　(c) 交叉孔系

图6.15　孔系分类

6.3.5　箱体零件的检验

表面粗糙度检验通常用目测或样板比较法，只有当 Ra 值很小时，才考虑使用光学量仪或使用粗糙度仪。

(1)孔的尺寸精度

一般用塞规检验；单件小批生产时可用内径千分尺或内径千分表检验；若精度要求很高可用气动量仪检验。

(2)平面的直线度

可用平尺和厚薄规或水平仪与桥板检验。

(3)平面的平面度

可用自准直仪或水平仪与桥板检验，也可用涂色检验。

(4)同轴度检验

一般工厂常用检验棒检验同轴度。

(5)孔间距和孔轴线平行度检验

根据孔距精度的高低，可分别使用游标卡尺或千分尺，也可用块规测量。

三坐标测量机可同时对零件的尺寸、形状和位置等进行高精度的测量。

6.3.6　CA6140车床主轴箱箱体零件工艺过程示例

箱体零件的主要加工表面是轴承支承孔和装配基准平面，这些支承孔有相互位置精度要求，称为孔系。如何保证这些表面的加工精度和表面粗糙度，孔系之间以及孔与装配基准面之间的距离尺寸精度和相互位置精度，是箱体零件加工的主要工艺问题。

1. 车床主轴箱箱体的主要技术条件

由图6.16可知，车床主轴箱结构复杂，箱壁薄，加工表面多，主要为平面和孔系。主轴箱是车床的主要部件，是用来安装主轴和传动轴的。因此它的主要技术要求即为了保证主轴的回转精度、主轴中心线与床身导轨的平行度以及主轴箱部件的正常工作条件。车床主轴箱的主要技术要求有：支承孔、装配基面的尺寸精度、形状精度和表面粗糙度；孔系之间、孔系与装配基面之间的相互位置精度。

2. 车床主轴箱箱体零件的加工工艺过程

表6.5和表6.6为图6.16所示某车床主轴箱中、小批生产和大批生产时的加工工艺过程。

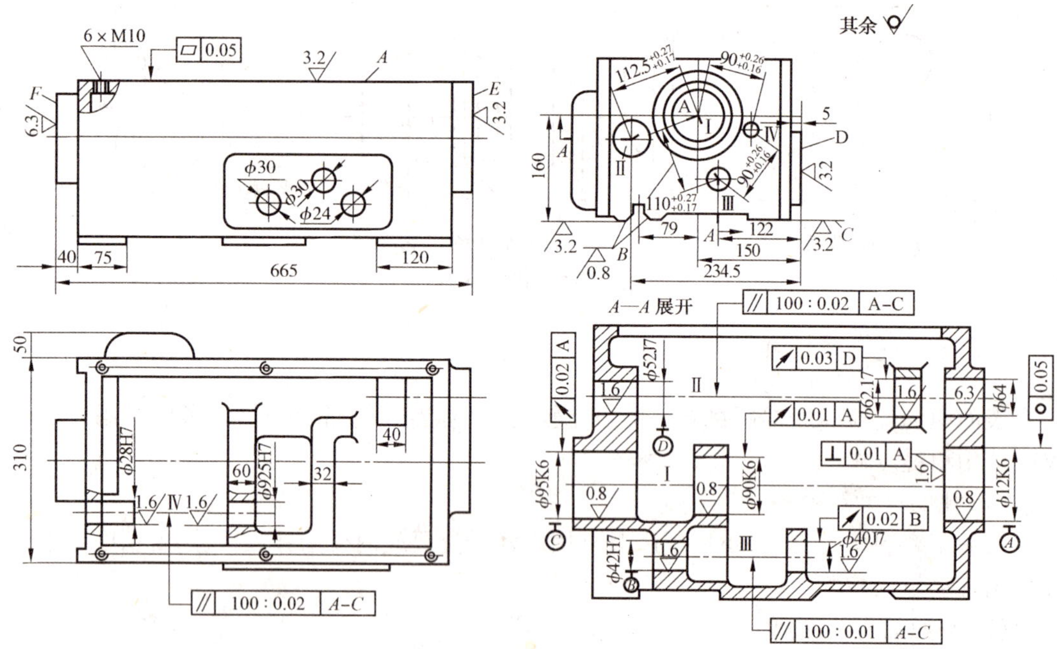

图 6.16 某车床主轴箱简图

表 6.5 车床主轴箱中、小批生产时的加工工艺过程

序号	工序内容	定位基准
1	铸造	
2	时效	
3	漆底漆	
4	划线(主轴孔应留有加工余量,并应尽量均匀),划面 C、A 及面 E、D 加工线	
5	粗、精加工顶面 A	按线找正
6	粗、精加工面 B、C 及侧面 D	顶面 A
7	粗、精加工两端面 E、F	面 B、C
8	粗、半精加工各纵向孔	面 B、C
9	精加工各纵向孔	面 B、C
10	粗、精加工横向孔	面 B、C
11	加工螺纹孔及各次要孔	
12	清洗、去毛刺	
13	检验	

表6.6 车床主轴箱大批生产工艺过程

序号	工序内容	定位基准
1	铸造	
2	时效	
3	漆底漆	
4	铣顶面 A	I 孔与 II 孔
5	钻、扩、绞 2×ϕ8H7 工艺孔	顶面 A 及一侧面
6	铣两端面 E、F 及前面 D	顶面 A 及两工艺孔
7	铣导轨面 B、C	顶面 A 及两工艺孔
8	磨顶面 A	导轨面 B、C
9	粗镗各纵向孔	顶面 A 及两工艺孔
10	精镗各纵向孔	顶面 A 及两工艺孔
11	精镗主轴孔	顶面 A 及两工艺孔
12	加工横向孔及各面上的次要孔	
13	磨 B、C 导轨面及前面 D	顶面 A 及两工艺孔
14	将 2×ϕ8H7 及 4×ϕ7.8 mm 均扩钻至 ϕ8.5 mm，攻 6×M10mm	
15	清洗、去毛刺，倒角	
16	检验	

中、小批量箱体加工，大多采用通用设备、专用夹具组织生产，必要时增添一点专用设备，其工艺过程特点如下：

（1）粗精分开

粗精分开，先粗后精这条原则对所有情况都是适用的。但中、小批量箱体零件加工如果从工序上全部安排粗、精分开，则机床、夹具数量要增加，工件转运也费时费力，所以实际生产中并不都这样做。不少情况下是将粗、精加工放在一道工序内完成。但是从工步上讲，粗、精加工还是分开的，如粗加工后将工件松开一点，然后再用较小的夹紧力夹紧工件，使工件因夹紧力而产生的弹性变形在精加工时得以消除。龙门刨床刨削主轴箱基准面时，粗刨后将工件放松一点，然后再精刨基准面就是这个道理。又如导轨磨床磨主轴箱基准面时，粗磨后进行充分冷却，然后再进行精磨。

（2）粗基准的选择

一般来说，中、小批生产箱体类零件仍然选择重要孔（如主轴孔）为粗基准，但实现以主轴孔为粗基准时大多采用划线装夹的方式。划线过程大体上是：先划出主轴孔，其次划出距主轴孔较远的另一孔位置，然后划出其他各孔、各平面。

虽然箱体类零件一般都选择重要孔（如主轴孔）为粗基准，但随着生产类型不同，实现以主轴孔为粗基准的工件装夹方式是不同的。对于中小批生产时，由于毛坯精度较低，一般采用划线装夹;对于大批大量生产时,由于毛坯精度较高,可直接以主轴孔在夹具上定位。

(3)精基准的选择

中、小批生产时,箱体零件多用装配基准做精基准来加工孔系。加工图 6.16 所示主轴箱孔系时,选择箱体底面 B、C 作为定位基准,面 B、C 既是主轴箱的装配基准,又是主轴孔的设计基准,并与箱体的端面、侧面以及各主要纵向孔在相互位置上有着直接的关系,故选择面 B、C 做定位基准。这样,不仅消除了主轴孔加工时的基准不重合误差,而且,用面 B、C 定位稳定可靠,装夹误差小。加工各孔时,由于箱口朝上,所以更换导向套、安装调整刀具、测量孔径尺寸、观察加工情况等都很方便。

采用上述的 B、C 面做定位基准的方式也有它的不足之处。加工箱体中间壁上的孔时,为了提高刀具系统的刚度,应当在箱体内部相应的部位设置刀杆的支承。由于箱体底部是封闭的,中间支承只能用如图 6.17 所示的吊架从箱体顶面的开口处伸入箱体内,每加工一件需装卸一次,吊架与镗模之间虽有定位销定位,但吊架刚性差,制造安装精度较低,经常装卸也容易产生误差,且使加工的辅助时间增加,因此这种定位方式只适用于中小批生产的箱体零件加工。批量大时常采用顶面及两个销孔做定位基准,如图 6.18 所示。这种定位方式,中间导向支架可以紧固在夹具体上,提高了夹具刚度,工件装卸方便;但这种夹具不易观察各加工表面的情况且会出现基准不重合误差,同时增加了两个定位销孔的加工工序。

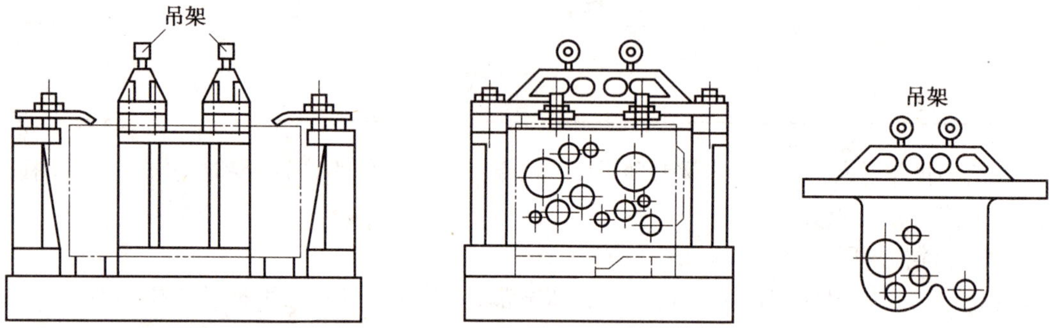

图 6.17 吊架式镗模夹具

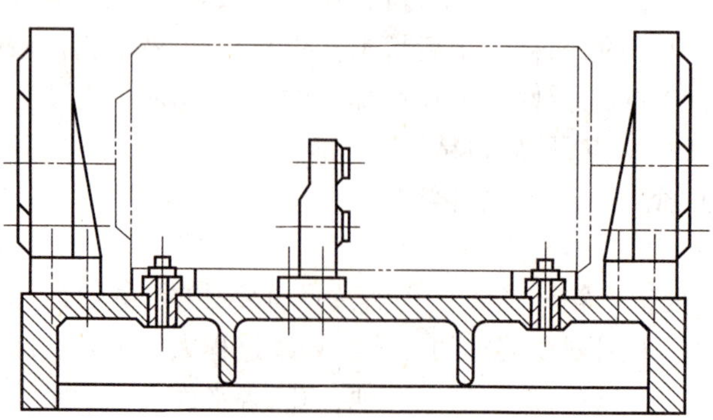

图 6.18 用箱体顶面及两个销孔定位的镗模

6.4 圆柱齿轮加工

齿轮传动广泛应用于汽车、飞机、船舶、机床及精密仪器等行业，因此，在机械制造中，齿轮生产占有极其重要的地位。随着科学技术的不断发展，齿轮的制造技术也不断向前发展，制造质量日渐提高，劳动生产率也有了很大的提高。例如，采用精密铸造、精密锻造、粉末冶金、热轧、冷挤及冷轧成型等工艺，减少了切削加工量，大大地节约了材料，提高了劳动生产率，降低了生产成本。

6.4.1 齿轮的结构特点和技术要求

1. 圆柱齿轮的结构特点

齿轮传动在现代机器和仪器中的应用极为广泛，其功用是按规定的速比传递运动和动力。

齿轮的结构由于使用要求不同而具有各种不同的形状，但从工艺角度可将齿轮看成是由齿圈和轮体两部分构成。按照齿圈上轮齿的分布形式，可分为直齿、斜齿、人字齿等；按照轮体的结构特点，齿轮大致分为盘形齿轮、套筒齿轮、轴齿轮、扇形齿轮和齿条等，如图6.19所示。

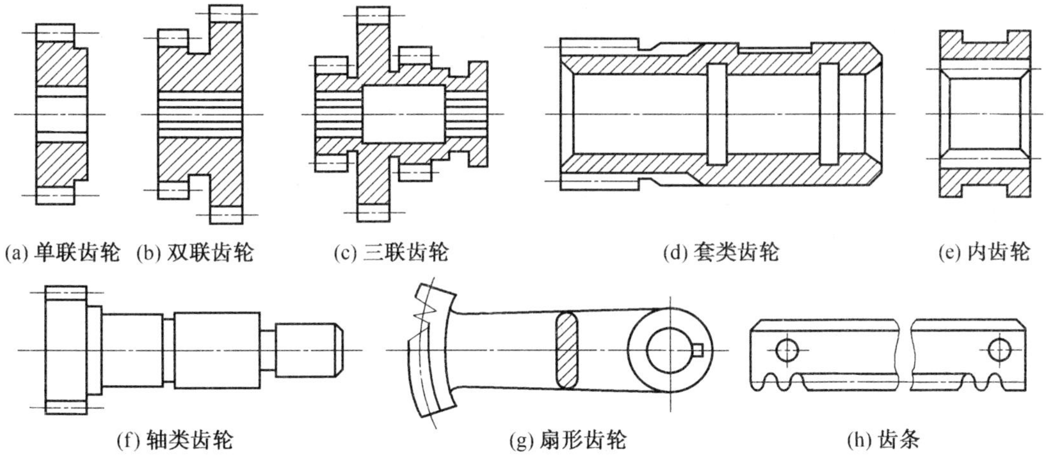

(a) 单联齿轮 (b) 双联齿轮 (c) 三联齿轮 (d) 套类齿轮 (e) 内齿轮

(f) 轴类齿轮 (g) 扇形齿轮 (h) 齿条

图6.19 圆柱齿轮的结构形式

2. 齿轮的技术要求

(1) 圆柱齿轮的传动精度要求

①传递运动准确性。要求齿轮较准确地传递运动，传动比恒定。即要求齿轮在一转中的转角误差不超过一定范围。

②传递运动平稳性。要求齿轮传递运动平稳，以减小冲击、振动和噪声。即要求限制齿轮转动时瞬时速比的变化。

③载荷分布均匀性。要求齿轮工作时，齿面接触要均匀，以使齿轮在传递动力时不致因载荷分布不匀而使接触应力过大，引起齿面过早磨损。接触精度除了包括齿面接触均

匀性以外，还包括接触面积和接触位置。

④传动侧隙的合理性。要求齿轮工作时，非工作齿面间留有一定的间隙，以贮存润滑油，补偿因温度、弹性变形所引起的尺寸变化和加工、装配时的一些误差。

国家标准规定，渐开线圆柱齿轮及其齿轮副有12个精度等级。通常认为1、2级为待开发的精度等级，3、4级为超精密级，5、6级为精密级，7、8级为普通级，9至12级为低精度级。影响齿轮及齿轮副精度的误差有多种，根据齿轮各项误差对其传动性能的主要影响，将齿轮的各项公差和极限偏差分为Ⅰ、Ⅱ、Ⅲ三个公差组，见表6.7。它们分别影响齿轮传动的准确性、运动的平稳性和载荷分布的均匀性。根据齿轮精度的不同，可从三个公差组中选取1~2项来检验齿轮的传动精度，见表6.8。而齿侧间隙的大小是通过控制中心距变动和齿厚偏差来实现的。

表6.7 齿轮精度的公差组

公差组	公差或极限偏差	对传动性能的主要影响
Ⅰ	F'_i、F''_i、F_p、F_{pk}、F_r、F_W	传递运动的准确性
Ⅱ	f'_i、f''_i、f_f、f_{pt}、f_{pb}、$f_{f\beta}$	传动的平稳性、噪声、振动
Ⅲ	F_β、F_b、F_{px}	载荷分布的均匀性

表6.8 不同制造部门生产的圆柱齿轮的检验组合

	测量、分度齿轮	汽轮机齿轮	航空、汽车、机床、牵引齿轮		拖拉机、起重机、一般机器齿轮	
精度等级	3~5	3~6	4~6	6~8	6~9	9~11
Ⅰ公差组	F'_i (F_r)	F''_i F_p	F_r F''_i	F_r，F_W F''_i，F_W	F''_i，F_W F_r，F_W	F_r
Ⅱ公差组	f'_i f_{pb}，f_f	f'_i $f_{f\beta}$	f_{pb}，f_f f_{pt}，f_f	f''_i f_{pb}，f_f	f''_i f_{pb}，f_f	f_{pt}
Ⅲ公差组	F_β	F_{px}	接触斑点 F_β	接触斑点 F_β	接触斑点 F_β	接触斑点

(2)齿坯基准面精度

齿坯的内孔、端面和外圆表面通常是齿轮加工、测量和装配的基准，它们精度的高低直接影响齿轮的加工和传动精度。为此，国家标准中对齿坯的精度给出如表6.9和表6.10所示的规定。

表 6.9　齿坯的精度等级

<table>
<tr><td colspan="2">齿轮精度等级①</td><td>1</td><td>2</td><td>3</td><td>4</td><td>5</td><td>6</td><td>7</td><td>8</td><td>9</td><td>10</td><td>11</td><td>12</td></tr>
<tr><td rowspan="2">孔</td><td>尺寸公差</td><td>IT4</td><td>IT4</td><td>IT4</td><td rowspan="2">IT4</td><td rowspan="2">IT5</td><td rowspan="2">IT6</td><td rowspan="2" colspan="2">IT7</td><td rowspan="2" colspan="2">IT8</td><td rowspan="2" colspan="2">IT8</td></tr>
<tr><td>形状公差</td><td>IT1</td><td>IT2</td><td>IT3</td></tr>
<tr><td rowspan="2">轴</td><td>尺寸公差</td><td>IT4</td><td>IT4</td><td>IT4</td><td rowspan="2">IT4</td><td rowspan="2" colspan="2">IT5</td><td rowspan="2" colspan="2">IT6</td><td rowspan="2" colspan="2">IT7</td><td rowspan="2" colspan="2">IT8</td></tr>
<tr><td>形状公差</td><td>IT1</td><td>IT2</td><td>IT3</td></tr>
<tr><td>顶圆直径②</td><td></td><td colspan="2">IT6</td><td colspan="3">IT7</td><td colspan="3">IT8</td><td colspan="2">IT9</td><td colspan="2">IT11</td></tr>
<tr><td>基准面的径向跳动③</td><td rowspan="2" colspan="13"></td></tr>
<tr><td>基准面的端面跳动</td></tr>
</table>

注:①当三个公差组的精度等级不同时,按最高精度等级确定公差值。

②当顶圆不作为测量齿厚基准时,尺寸公差按 IT11 给定,但应小于 0.1 mm。

③当以顶圆作为基准面时,本栏就指顶圆的径向跳动。

表 6.10　齿坯基准面径向和端面跳动公差

分度圆直径/mm		精度等级				
大于	到	1~2	3~4	5~6	7~8	9~12
–	125	2.8	7	11	18	28
125	400	3.6	9	14	22	36
400	800	5	12	20	32	50
800	1600	7	18	28	45	71
1 600	2 500	10	25	40	63	100
2 500	4 000	16	40	63	100	160

(3)表面粗糙度

常用精度等级齿轮的轮齿表面与基面的粗糙度值见表 6.11。

表 6.11　齿轮各表面粗糙度 *Ra* 推荐值　μm

齿轮精度等级	5	6	7	8	9
轮齿齿面	0.63	1.25	1.25~2.5	2.5~5	5~10
齿轮基准孔	0.32~0.63	1.25	1.25~2.5	1.25~2.5	5
齿轮轴基准轴径	0.32	0.63	1.25	2.5	2.5
基准端面	1.25~2.5	2.5~5	2.5~5	5	5
齿顶圆	2.5~5	5	5	5	5

6.4.2 齿轮的材料及毛坯

1. 材料的选择

齿轮应按照使用的工作条件选用合适的材料。齿轮材料的选择对齿轮的加工性能和使用寿命都有直接的影响。

一般齿轮选用中碳钢(如45钢)和低、中碳合金钢,如20Cr、40Cr和20CrMnTi等。性能及精度要求较高的重要齿轮可选用38CrMoAlA氮化钢,非传力齿轮也可以用铸铁、夹布胶木或尼龙等材料。

2. 齿轮毛坯

齿轮的毛坯形式主要有棒料、锻件和铸件。棒料用于小尺寸、结构简单且对强度要求低的齿轮。当齿轮要求强度高、耐磨和耐冲击时,多用锻件,直径大于400~600 mm的齿轮,常用铸造毛坯。为了减少机械加工量,对大尺寸、低精度齿轮,可以直接铸出轮齿;对于小尺寸、形状复杂的齿轮,可用精密铸造、压力铸造、精密锻造、粉末冶金、热轧和冷挤等新工艺制造出具有轮齿的齿坯,以提高劳动生产率、节约原材料。

6.4.3 齿轮加工工艺过程分析

1. 齿轮加工工艺过程的制订

齿轮是机械设备中重要的传动件,主要工作表面是轮齿表面,主要配合表面是内孔和端面。这些表面不但有尺寸要求,而且还有形状精度和位置精度要求,且精度要求较高,故生产中一般将齿轮加工分为齿坯加工和齿形加工两个过程,每个过程又可根据需要划分为粗加工、半精加工和精加工等不同阶段。由于生产中齿轮的生产类型和技术要求各不相同,以及每个企业的生产条件也不一样,所以其工艺方案也不相同。齿轮加工的一般工艺路线为:毛坯制造及热处理→齿坯加工→齿形加工→齿端加工→齿轮热处理→精基准修正→齿形精加工等。

2. 定位基准的选择

加工齿轮时,选择定位基准尽量符合“基准重合”原则和“基准统一”原则。对于轴齿轮,一般采用两端中心孔定位或以轴颈和较大的端面定位加工齿形;对于带孔齿轮,一般用内孔和端面定位加工齿形。若要求齿面粗糙度值小、精度高、耐磨性好,可在精加工齿面时先以齿形表面为定位基准精修内孔,再以内孔和端面定位进行珩齿或磨齿。

3. 齿轮的加工

(1)齿坯加工

由于齿坯的内孔、端面、外圆常作为齿形加工与测量、齿轮装配时的基准,所以齿坯的加工精度对整个齿轮的加工精度有重要的影响。

齿坯加工工艺主要取决于齿轮的轮体结构、技术要求和生产类型。轴类齿轮、套类齿轮的齿坯加工工艺与一般轴、套类零件基本相同,以下主要讨论盘类齿轮的齿坯加工:

①大批量生产的齿坯加工

大批量生产时,应采用高生产率的机床和高效专用夹具,采用多刀车—拉—多刀车的加工方案：

a. 在多刀半自动车床上粗车外圆、端面和内孔。

b. 以内孔定位、端面支承，拉花键孔或圆柱孔。

c. 以内孔在精密心轴或可胀心轴上定位，在多刀半自动车床上精车外圆、端面等。

②中小批生产的齿坯加工

中小批生产尽量采用通用机床加工。对于圆柱孔齿坯，常采用粗车—精车的加工方案：

a. 在卧式车床上粗车齿坯各部分。

b. 在一次安装中精车内孔和基准端面，以保证基准端面对内孔的圆跳动要求。

c. 以内孔在心轴上定位精车外圆及端面等。

对于花键孔齿坯，采用粗车—拉—精车的加工方案：

a. 在卧式车床上粗车齿坯外圆、端面和花键底孔。

b. 以花键底孔定位，端面支承，拉花键孔。

c. 以花键孔在心轴上定位，精车外圆、端面等。

(2)齿形加工

①齿形的加工方法

齿形的加工方法很多，按照齿形的形成原理有成形法（如成形铣齿、拉齿和磨齿等）和展成法（如滚齿、插齿、剃齿、冷挤齿、珩齿和磨齿等）两种，常见的齿形加工方法见表6.12。

表6.12　常见的齿形加工方法

序号	工艺方法	工艺简图	加工精度	$Ra/\mu m$	工艺特点	应用范围
1	铣齿	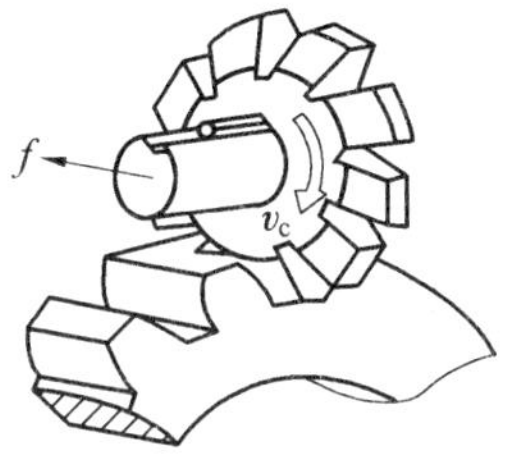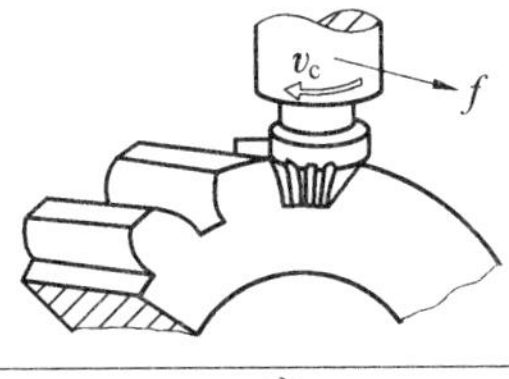	IT11 ~ IT9	6.3 ~ 3.2	生产成本低，加工精度低，生产率低	用于单件小批和维修加工精度等于或低于9级的直齿、螺旋齿等
2	滚齿	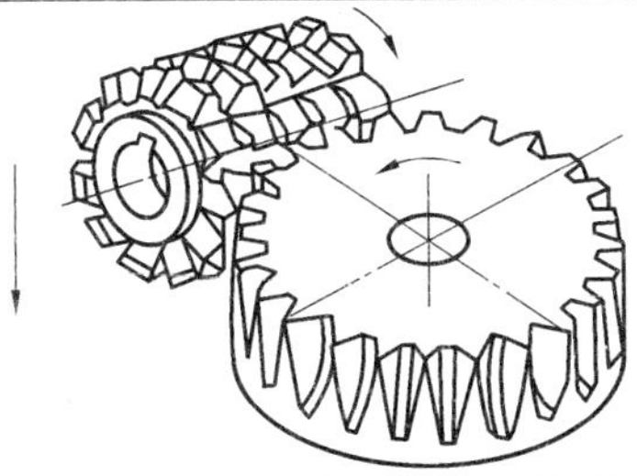	IT8 ~ IT7	3.2 ~ 1.6	生产率高，应用最广泛，但不能加工内齿轮以及相距很近的多联齿轮	用于加工各种批量中精度等于或低于7级不淬火的直齿、螺旋齿及蜗轮、蜗杆等

表 6.12 常见的齿形加工方法

序号	工艺方法	工艺简图	加工精度	$Ra/\mu m$	工艺特点	应用范围
3	插齿	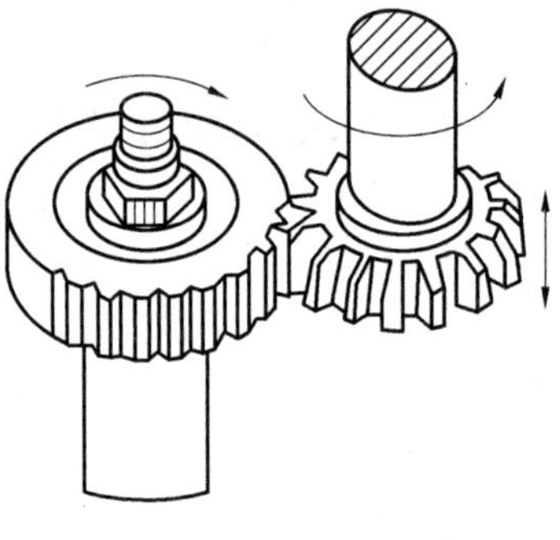	IT8 ~ IT7	3.2 ~ 1.6	插齿后的齿面粗糙度略小于滚齿,但生产率低于滚齿	用于加工各种批量中精度等于或低于 7 级不淬火的直齿、内齿、多联齿轮等
4	剃齿	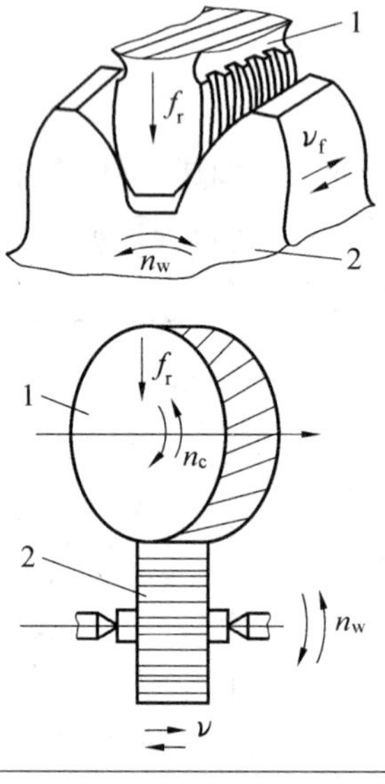	IT7 ~ IT6	0.8 ~ 0.4	主要提高齿形精度和齿向精度,减小齿面粗糙度,但不能修正被切齿轮的分齿误差	广泛用于齿面未淬硬的(低于 30HRC)直齿和螺旋齿的精加工,加工精度可在预加工基础上提高1 ~ 2 级
5	珩齿	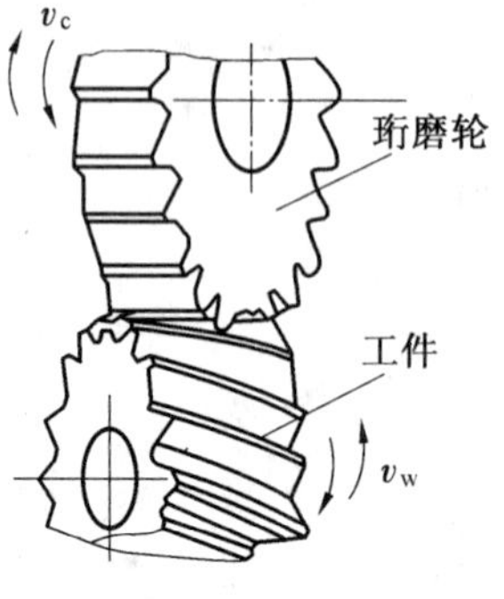	IT7 ~ IT6	0.8 ~ 0.2	对齿形精度改善不大,主要用于消除淬火后的氧化皮,可有效地减小表面粗糙度和齿轮噪声	多用于大批大量生产中,加工淬硬的精度为 7 ~6 级的齿轮

表 6.12 常见的齿形加工方法

序号	工艺方法	工艺简图	加工精度	$Ra/\mu m$	工艺特点	应用范围
6	磨齿	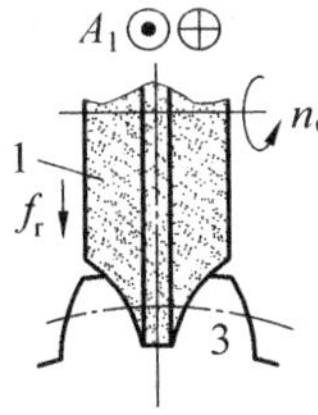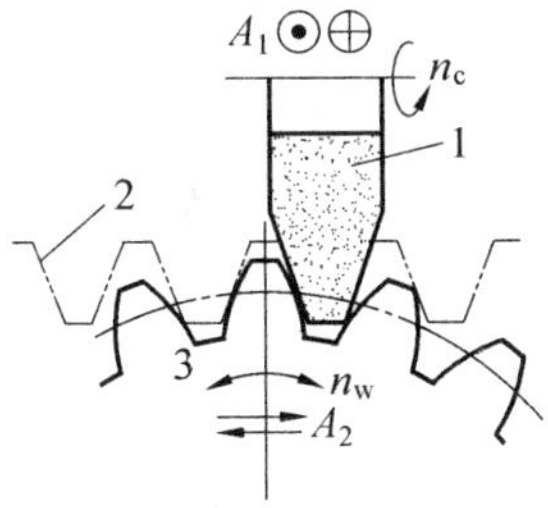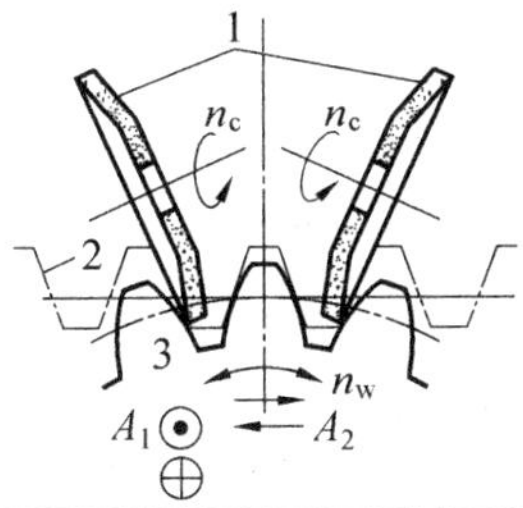	IT6 ~ IT3	0.8 ~ 0.2	生产率低,加工成本高	只适用于精加工齿面淬硬的、高速高精度齿轮,是精密齿轮关键工序的加工方法
7	研齿	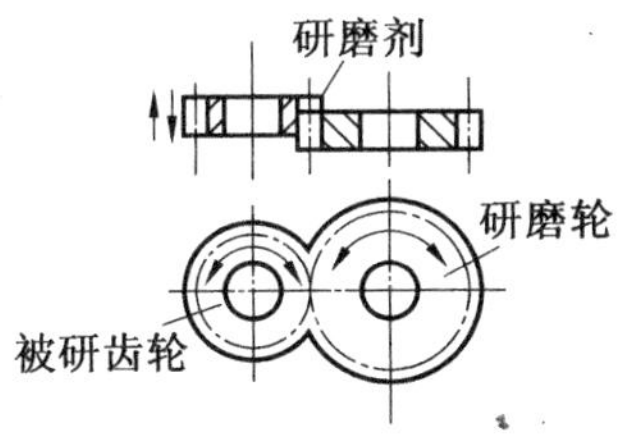	IT4 ~ IT3	0.8 ~ 0.2	一般只减少齿面粗糙度(包括去除热处理后的氧化皮),不能提高齿形精度,齿形精度主要取决于研齿前的加工精度	主要用于没有磨齿机、珩齿机或不便磨齿、珩齿(如大型齿轮)的淬硬齿面齿轮的精加工

②齿形加工方案的选择

齿形加工方案的选择,主要取决于齿轮的精度等级、结构形状、生产类型和齿轮的热处理方法及生产条件,对于不同精度的齿轮,常用的齿形加工方案如下:

a. 8 级精度以下齿轮。调质齿轮用滚齿或插齿就能满足要求。对于淬硬齿轮可采用:滚(插)齿—齿端加工—淬火—校正孔的工艺方案,但在淬火前齿形加工精度应提高一级。

b. 7 ~6 级精度齿轮。对于淬硬齿面的齿轮可采用:滚(插)齿—齿端加工—剃齿—

表面淬火—校正基准—珩齿。这种方案生产率高、设备简单、成本较低，适于成批或大批大量生产齿轮。

c. 5级以上精度的齿轮。一般采用：粗滚齿—精滚齿—齿端加工—淬火—校正基准—粗磨齿—精磨齿。磨齿是目前齿形加工中精度最高、表面粗糙度最小的加工方法，最高精度可达4~3级。

(3)齿端加工

为防止齿轮热处理时因应力集中而产生微裂纹，并使轴向齿轮移动时容易啮合，常对齿端进行倒圆、倒尖、倒棱和去毛刺处理，如图6.20所示，齿端加工必须安排在滚齿或插齿之后、齿面淬火之前进行。

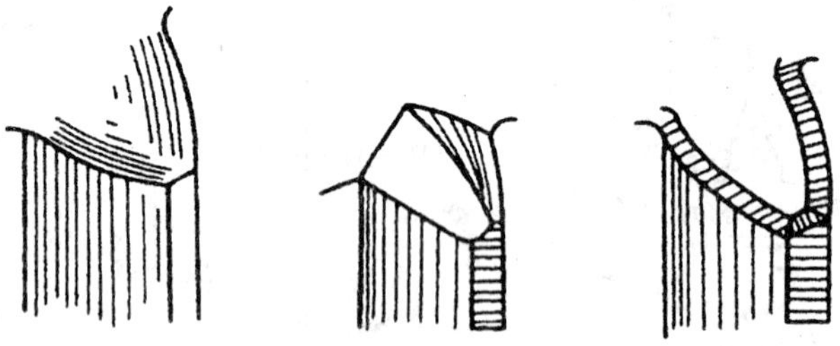

(a) 倒图　(b) 倒尖　(c) 倒棱

图6.20　齿端加工后的形状

4. 齿轮的热处理

齿轮加工中根据不同的目的，一般安排以下两种热处理工序。

(1)毛坯热处理

在齿坯加工前后安排预先热处理(正火或调质)，其主要目的是消除锻造及粗加工引起的残余应力、改善材料的可切削性和提高综合力学性能。

(2)齿面热处理

齿形加工后，为提高齿面的硬度和耐磨性，常进行渗碳淬火、高频感应加热淬火、碳氮共渗和渗氮等热处理工序。齿轮的热处理包括齿坯的预热处理和齿面的淬硬处理两部分。齿坯的预热处理(通常为正火或调质处理)一般安排在齿坯粗加工以后，目的是减小齿坯的内应力，改善材料的切削加工性。齿面的淬硬处理(根据齿轮材料和技术要求可采用渗碳淬火或表面淬火等工艺)目的是延长齿轮寿命提高齿面硬度和耐磨性。

5. 齿轮的检验

齿轮的检验分为中间检验和最终检验两部分。齿轮的中间检验项目由工艺要求来确定，如齿坯基准孔的尺寸精度和端面跳动；齿圈的径向跳动和公法线的长度变动以及齿形齿向精度等。齿轮的最终检验项目可根据其用途、工况、精度等级和加工方法等来选择合适的检验组，参见表6.8。

6. 圆柱齿轮加工工艺过程

某高精度齿轮的加工精度和表面质量要求如图6.21所示的零件图，表6.13为小批生产该齿轮的加工工艺过程。

表6.14为成批生产的双联淬火齿轮的加工工艺过程，其零件如图6.22所示。

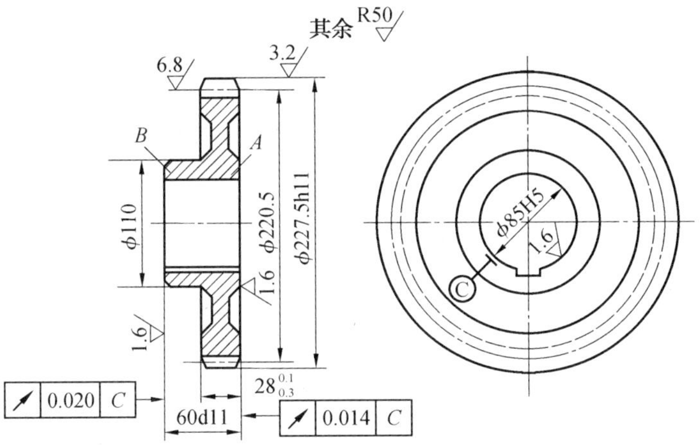

模数	3.5
齿数	63
压力角	20°
精度等级	6-5-5
基节极限误差	0.065
周节累积误差	0.045
公平线平均长度	$80.58^{-0.14}_{-0.22}$
跨齿数	8
齿向公差	0.007
齿形公差	0.007

材料：40Cr
齿部：C52

图6.21 高精度齿轮

表6.13 高精度齿轮的加工工艺过程

序号	工序内容	定位基准
1	毛坯锻造	
2	正火	
3	粗车外形,各部留加工余量2 mm	外圆和端面
4	精车各部,内孔至ϕ84.8H7,总长留加工余量0.2 mm,其余至尺寸	外圆和端面
5	滚齿(齿厚留磨齿加工余量0.25～0.35 mm)	外圆和端面*A*
6	倒角	外圆和端面*A*
7	钳工去毛刺	
8	热处理:齿部G52	
9	插键槽	内孔(找正用)和端面*A*
10	靠磨大端面*A*	内孔
11	平面磨削*B*面,总长至尺寸	端面*A*
12	磨内孔ϕ85H6至尺寸	内孔和端面(找正用)
13	磨齿	内孔和端面
14	检验	

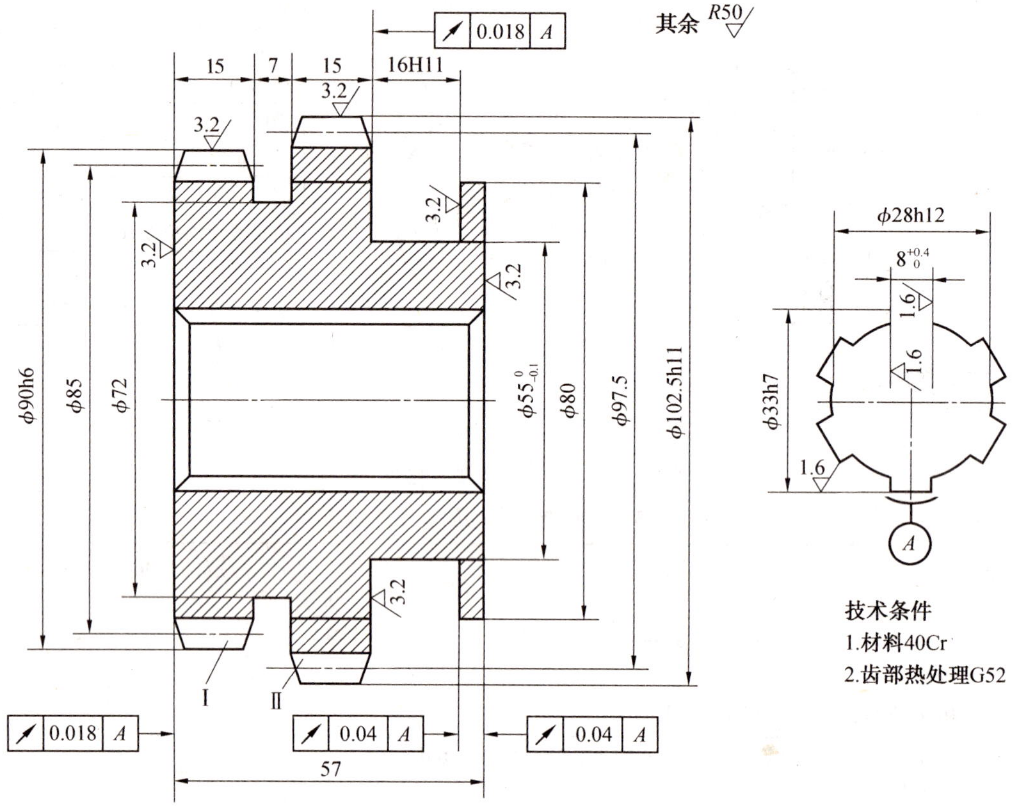

图 6.22 双联淬火齿轮

表 6.14 双联淬火齿轮的加工工艺过程

序号	工序内容	定位基准
1	毛坯锻造	
2	正火	
3	粗车外圆和端面(留精车加工余量),钻、镗花键底孔至尺寸 ϕ28H12	外圆和端面
4	拉花键孔	ϕ28H12 孔和端面
5	精车外圆、端面及槽至图样要求	花键孔和端面
6	检验	
7	滚齿(z=39)留剃量 0.06~0.08 mm	花键孔和端面
8	插齿(z=34)留剃量 0.03~0.05 mm	花键孔和端面
9	倒角(Ⅰ、Ⅱ齿圈 12°牙角)	花键孔和端面
10	钳工去毛刺	
11	剃齿(z=39)公法线长度至尺寸上限	花键孔和端面
12	剃齿(z=34)采用螺旋角为 5°的剃齿刀,剃齿后公法线长度至尺寸上限	花键孔和端面
13	齿部高频淬火:G52	
14	锥孔	花键孔和端面
15	珩齿	花键孔和端面
16	检验	

第7章 机械制造装配技术基础

7.1 装配工艺概述

装配是产品制造过程中的最后一个阶段，机器的整体质量在很大程度上是由装配质量来保证的。装配不但影响着机器的质量，而且通过装配还能发现机器设计和零件加工质量等方面存在的问题，以便进一步改进，生产出更多质优、价廉的产品。

7.1.1 装配及装配精度

1. 装配的概念

任何机器设备都由许多零件通过一定的形式组合而成。生产中将各个零件按照一定的技术要求进行配合和连接，使之成为半成品或成品的工艺过程，称为装配。装配主要包括清洗、连接、调整校正、配作、平衡试验、检验、油漆和包装等工作。

2. 装配精度的概念

装配精度是指产品装配后实际所能达到的精度。为了确保产品的可靠性，提高产品精度的保持性，一般装配精度要稍高于产品所规定的精度标准。机器的装配精度主要包括：零部件间的尺寸精度、相对运动精度、相互位置精度和接触精度。

零部件间的尺寸精度包括配合精度和距离精度。配合精度是指配合表面间达到所规定的间隙或过盈的精确程度。相对运动精度是指有相对运动的零部件在运动方向和运动位置上的精确程度。运动方向上的精度包括零部件相对运动时的直线度、平行度和垂直度等。相互位置精度包括零部件间的平行度、垂直度、同轴度和各种跳动等。接触精度是指两配合表面、接触表面间达到所规定的接触面积大小与接触点的分布情况。它影响接触刚度和配合质量的稳定性。如锥体配合、齿轮啮合和导轨面之间均有接触精度的要求。

3. 装配精度与零件精度的关系

机器是由零件装配而成的。显然，零件的精度特别是关键零件的加工精度对装配精度有很大的影响。例如，在普通车床装配中，要满足尾座移动对溜板移动的平行度要求。该平行度主要取决于床身上溜板移动的导轨 1 与尾座移动的导轨 2 之间的平行度以及导轨面间的接触精度，如图 7.1 所示。可见，该装配精度主要是由基准件床身上导轨面之间的位置精度决定的。

一般而言，多数的装配精度和它相关的若干个零部件的加工精度有关。如主轴定心轴颈的径向跳动，主要取决于滚动轴承内径相对于外径的径向跳动，主轴定心轴颈相对于主轴支承轴颈（装配基准）的径向跳动，以及其他结合件（如锁紧螺母）精度的影响。这时，就应合理地规定和控制这些相关零件的加工精度，在加工条件允许时，它们的加工误差累积起来，应能满足装配精度的要求。这样做能简化装配工作，使之成为简单的结合过程，对于大批大量生产是很必要的。

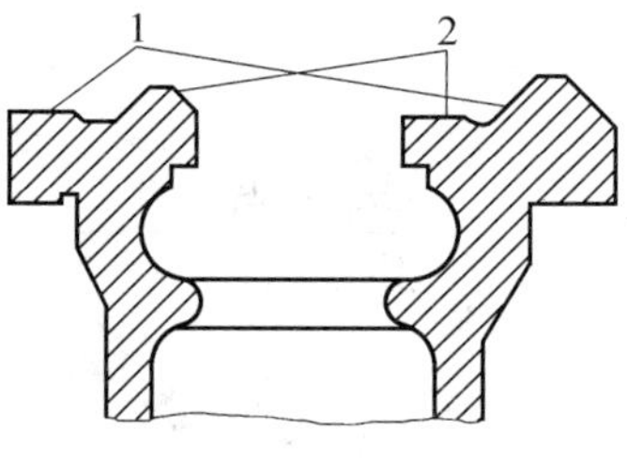

图 7.1 车床导轨截面简图
1—溜板用导轨；2—尾座用导轨

当遇到有些要求较高的装配精度，如果完全靠相关零件的制造精度来直接保证，则零件的加工精度将会很高，给加工带来较大困难。如图 7.2 所示，普通车床床头和尾座两顶尖的等高度要求，主要取决于主轴箱 1、尾座 2、尾座底板 3 和床身 4 等零部件的加工精度。该装配精度很难由相关零部件的加工精度直接保证。在生产中，常按经济的精度来加工相关零部件，而在装配时则采用一定的工艺措施（如选择、修配和调整等措施）从而形成不同的装配方法，以此来保证装配精度。本例中，采用修配底板 3 的工艺措施保证装配精度，这样做，虽然增加了装配的劳动量，但从整个产品制造的全局分析，还是经济可行的。

由此可见，装配时由于采用不同的工艺措施，就会形成不同的装配方法，在这些装配方法中装配精度与零件的加工精度具有各不相同的关系。

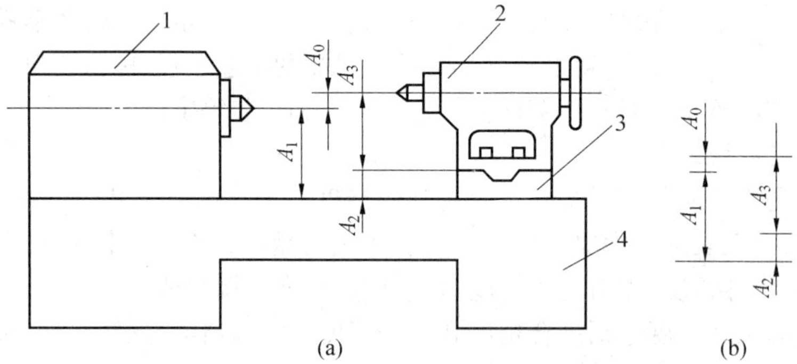

图 7.2 主轴箱主轴与尾座套筒中心线等高结构示意图
1—主轴箱；2—尾座；3—尾座底板；4—床身

7.1.2 装配的组织形式

装配的组织形式主要取决于产品结构的特点（尺寸大小与质量等）和生产批量。它一般可分为固定式装配和移动式装配两种。

固定式装配是指产品或部件的全部装配工作都集中在一个固定的场地（或叫工作地）上进行，产品的位置不变，装配过程所需的零部件都集中在场地附近，由一组工人来完成的装配过程。固定式装配一般多为手工劳动。

移动式装配是将产品或部件置于装配线上，通过连续或间歇的移动使其顺序经过各装配工作地以完成全部的装配工作。移动式装配一般多用于大批大量生产，采用自动装配线或装配机器人进行装配。图 7.3 为具有七个自动装配工位和三个并列手工装配工位的直线型装配系统。

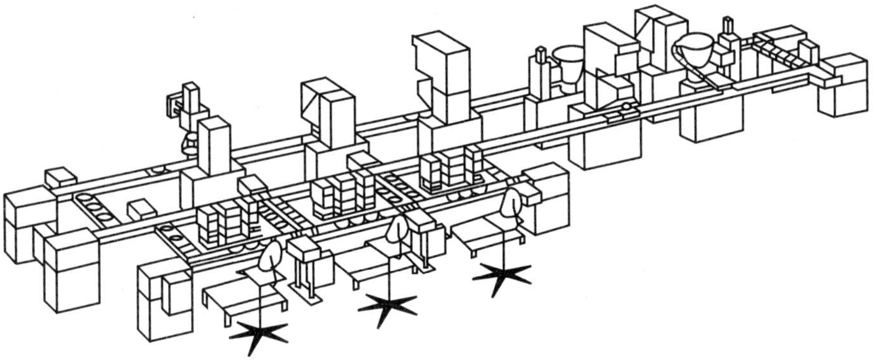

图7.3 直线型装配系统

7.1.3 机器结构的装配工艺性

机器结构的装配工艺性和零件结构的机械加工工艺性一样,对机器的整个生产过程有较大的影响,也是评价机器设计的指标之一。机器结构的装配工艺性在一定程度上决定了装配过程周期的长短、耗费劳动量的大小、成本的高低,以及机器使用质量的优劣等。

机器结构的装配工艺性是指在装配过程中机器结构能保证相互连接的零部件不用或少用修配和机械加工,只需使用较少的劳动量或花费较少的时间就能按照产品的设计要求顺利地将其装配起来。

根据机器的装配实践和装配工艺的需要,对机器结构的装配工艺性提出以下基本要求:

①机器结构应能分成独立的装配单元。为了最大限度地缩短机器的装配周期,有必要把机器分成若干独立的装配单元,如合件、组件、部件等,以便使许多装配工作同时进行,它是评定机器结构装配工艺性的重要标志之一。

②尽量减少装配过程中的修配和机械加工,否则会影响装配工作的连续性,延长装配时间,增加机械加工设备。

③机器结构应便于装配和拆卸。

④结构的继承性好,“三化”程度高。可减少装配工艺的准备工作,装配时工人对产品较熟悉,既容易保证质量,又能缩短装配周期。

⑤各装配单元应有正确的装配基准,以便保证它们之间的正确位置。

7.2 装配工艺规程的制订

装配工艺规程是指导装配工作的主要技术文件之一,也是进行装配生产计划及技术准备的主要依据,还是设计或改建工厂装配车间的基本文件之一。它的内容有产品及其部件的装配顺序、装配方法、装配的技术要求和检验方法、装配时所需要的设备和工具以及装配时间定额等。它的制定是生产技术准备工作中的一项主要工作。

7.2.1 制订装配工艺规程应遵循的基本原则和所需的原始资料

1. 遵循的原则

(1)保证产品装配质量,并力求提高质量,达到延长产品使用寿命的目的。

(2)合理安排装配工序,尽量减少钳工装配的工作量,以提高装配效率,缩短装配周期。

(3)尽可能减少车间的生产面积,提高单位面积的利用率。

2. 所需原始资料

(1)产品的总装配图。为了在装配时对某些零件进行补充机械加工和核算装配尺寸链,还需要相关的零件图。

(2)产品验收的技术条件。

(3)产品的生产纲领。机械装配的生产类型按产品的生产批量可分为大批量生产、成批生产及单件、小批生产三种,各种生产类型装配的特点见表7.1。

(4)现有生产条件。它包括现有的装配装备、车间的面积、工人的技术水平、时间定额标准等。

表7.1 各类生产类型装配工作的特点

生产类型	大批大量生产	成批生产	单件小批生产
基本特征 / 装配工作特点	产品固定,生产活动经常反复,生产周期一般较短	产品在系列化范围内变动,分批交替投产或多品种同时投产,生产活动在一定时期内重复	产品经常变换,不定期重复生产,生产周期一般较长
组织形式	多采用流水装置线: 有连续移动、间隔移动及可变节奏等移动方式,还可采用自动装配机或自动装配线	产品笨重、批量不大的产品多采用固定流水装配,批量较大时采用流水装配,多品种多批投产时用多品种可变节奏流水装配	多采用固定装配或固定式流水装配进行总装,同时对批量较大的部件亦可采用流水装配
装配工艺方法	按互换法装配,允许有少量简单的调整,精密偶件成对供应或分组供应装配,无任何修配工作	主要采用互换法,但灵活运用其他保证装配精度的装配工艺方法,如调整法,修配法及合并法以节约加工费用	以修配法及调整法为主,互换件比例较少
工艺过程	工艺过程划分很细,力求达到高度的均衡性	工艺过程的划分须适合于批量的大小,尽量使生产均衡	一般不订详细工艺文件,工序可适当调整,工艺也可灵活掌握
工艺装备	专业化程度高,宜采用专用高效工艺装备,易于实现机械化自动化	通用设备较多,但也采用一定数量的专用工、夹、量具,以保证装配质量和提高工效	一般通用设备及通用工、夹量具

续表7.1

生产类型	大批大量生产	成批生产	单件小批生产
手工操作要求	手工操作比重小,熟练程度容易提高,便于培养新工人	手工操作比重较大,技术水平要求较高	手工操作比重大,要求工人有高的技术水平和多方面的工艺知识
应用实例	汽车、拖拉机、内燃机、滚动轴承、手表、缝纫机、电气开关	机床、机车车辆、中小型锅炉、矿山采掘机械	重型机床、重型机器、汽轮机、大型内燃机、大型锅炉

7.2.2 制定装配工艺规程的步骤

1. 研究产品装配图和验收技术条件

首先分析研究产品装配图和验收技术条件,然后审查图样的完整性和正确性;明确产品性能;了解部件的作用、工作原理和具体结构;对产品进行结构工艺性分析,明确各零部件间装配关系;审查产品装配技术要求和验收技术条件,正确掌握装配中的关键技术问题并制定相应的技术措施;必要时用装配尺寸链进行分析与计算。如发现存在问题和错误,应及时提出,与设计人员研究后予以解决。

2. 确定装配的组织形式

装配工艺方案的制订与装配组织形式有关。装配组织形式的选择,主要取决于产品结构的特点、生产纲领,以及现有生产技术条件和设备状况。

3. 划分装配单元,确定装配顺序

从装配工艺角度来说,产品是由若干个装配单元组成的,划分装配单元是拟订装配工艺过程中极为重要的一项工作。一个产品的装配单元可分为五级,即零件、套件、组件、部件和产品。其中,套件(又称合件)是由两个以上零件结合成的不可拆卸(铆、焊)的整体件,如装配式齿轮、发动机连杆小头孔压入衬套后再进行精镗孔;组件是若干零件和套件的组合体;部件是由若干零件、套件和组件组合成的,能完成某种功能的组合体,如普通车床的主轴箱、溜板箱、进给箱、尾座和三爪卡盘等。

除零件外,在确定每一级装配单元的装配顺序时,首先要选择某个零件(或套件、组件、部件)作为装配基准件,其余零件、套件、组件或部件按一定顺序装配到基准件上,成为下一级的装配单元。装配基准件一般选择产品的基体或主干零部件,因为它具有较大的体积和质量以及足够的支承面,有利于装配工作和检测的进行。同时,应尽量避免装配基准件在后续工序中有机加工序。

装配单元划分及确定了装配基准件之后,就可安排装配顺序。一般按照先下后上、先内后外、先难后易、先精密后一般、先重大后轻小的原则来确定其他零件或装配单元的装配顺序。最后以装配系统图的形式规定下来。

装配系统图是表明产品、部件间相互装配关系及装配流程的示意图。每个零件用一个方格表示,在方格上表明零件名称、编号及数量,如图7.4所示。这种方格不仅可以表示零件，还可以用来表示套件、组件或部件等装配单元。绘制装配系统图时，先画出一条横线，横线左端画出表示基准件的长方格，右端画出表示装配单元的长方格。然后再按装配的顺序从左向右，将装入装配单元的零件或组件引出，零件在横线上面，组件或部件在横线下面，如图 7.5 所示。当产品结构复杂时，可分别绘制产品的套件、组件和部件的装配系统图，分别如图 7.6 ~ 图 7.8 所示。在装配系统图上，可以加注必要的工艺说明，如焊接、配钻、攻丝、铰孔及检验等。

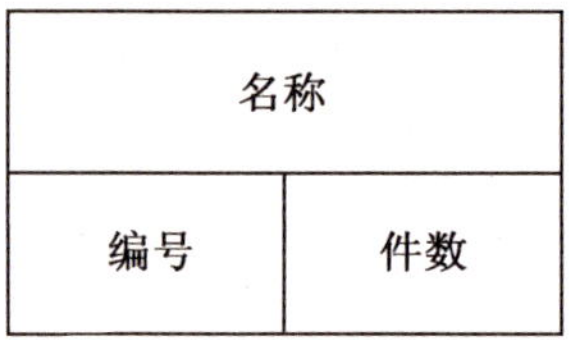

图 7.4　装配单元的表示图

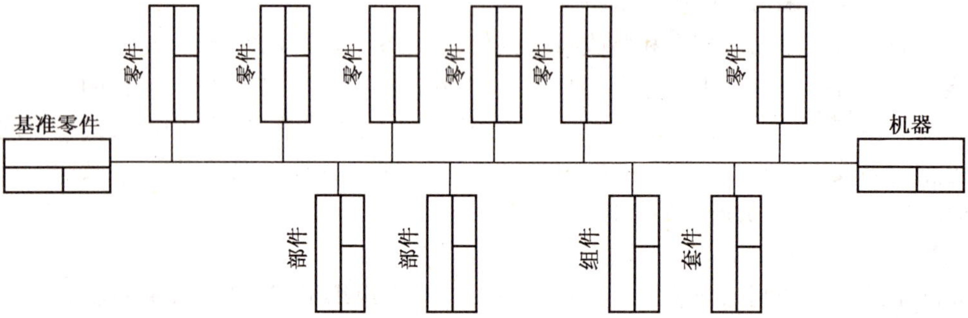

图 7.5　产品装配系统图

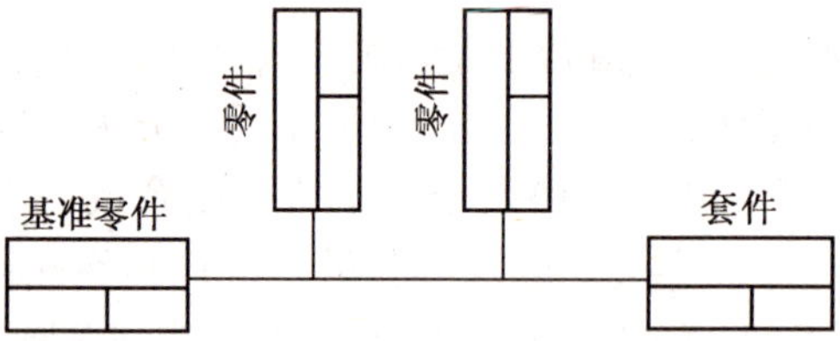

图 7.6　套件装配系统图

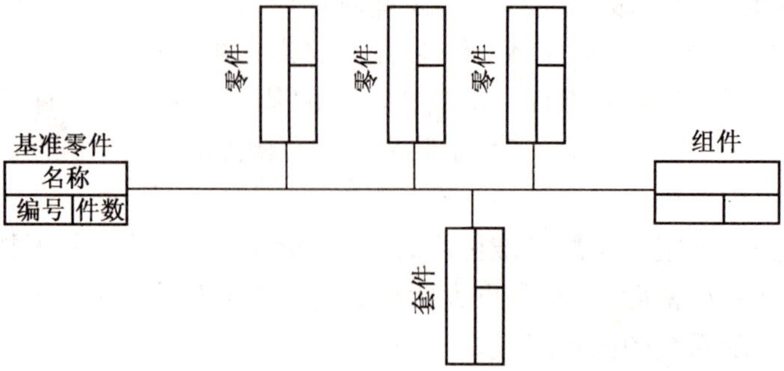

图 7.7　组件装配系统图

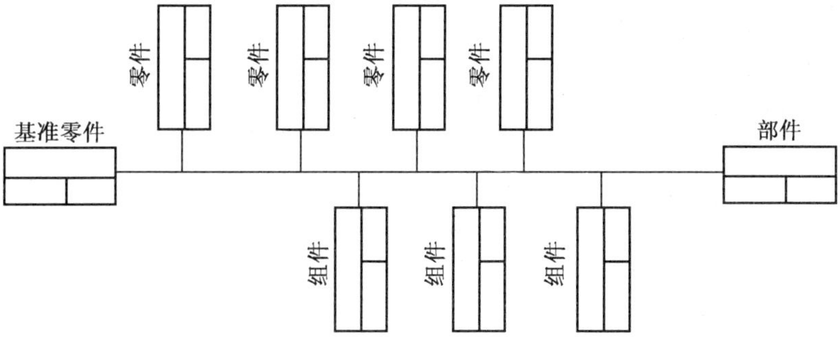

图 7.8 部件装配系统图

图 7.9 所示为普通卧式车床床身装配简图,它是车床总装的装配基准部件,一般采用固定式装配组织形式,其装配单元和装配顺序如图 7.10 所示。

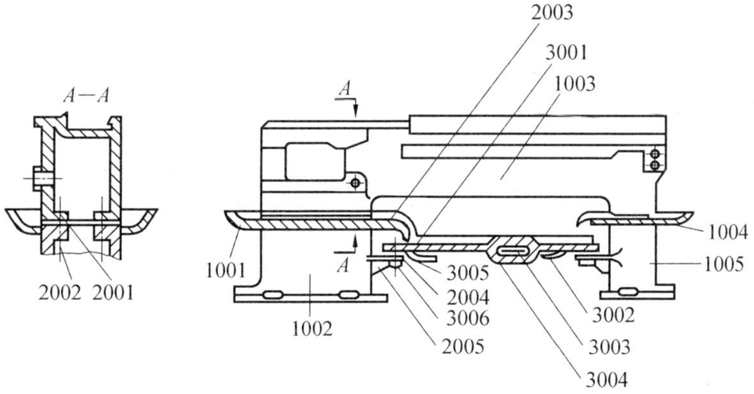

图 7.9 普通卧式车床床身装配简图

4. 划分装配工序

装配顺序确定后,还要将装配工艺过程划分成为若干个工序,确定各工序的工作内容、所需的设备、工装及工时定额等。装配工序还包括检验和试验工序。

5. 制订装配工艺卡片

单件小批生产时,通常不需制定装配工艺卡,而用装配系统图来代替。装配时,可按产品装配图和装配系统图进行装配。成批生产时,通常制定部件及总装的装配工艺卡。在工艺卡上只填写工序次序、简要工序内容、所需设备、工装名称及编号、工人技术等级及工时定额。但关键工序有时也需要制定装配工序卡。大批大量生产时,应为每一工序单独制定工序卡,详细说明该工序的工艺内容。工序卡直接用于指导工人进行装配。

6. 制订产品检验规范

产品装配完毕之后,应按产品图样要求和验收技术条件,制定检测与试验规范,具体内容有:检测和试验的项目及检验质量指标;检验和试验的方法、条件与环境要求;检测和试验所需工装的选择与设计;质量问题的分析方法和处理措施等。

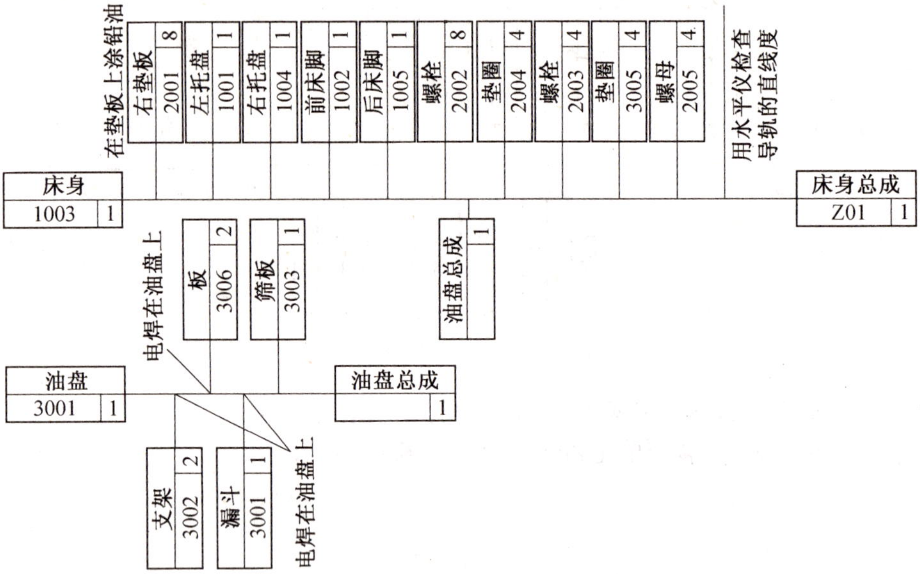

图 7.10　床身部件装配系统图

7.3　装配尺寸链

装配尺寸链是以某项装配精度指标(或装配要求)作为封闭环,查找所有与该项精度指标(或装配要求)有关的零件尺寸(或位置要求)作为组成环而形成的尺寸链。

图 7.11 所示为装配尺寸链的例子。图中小齿轮在装配后要求与箱壁之间保证一定的间隙 A_0,与此间隙有关的零件尺寸为箱体内壁尺寸 A_1,齿轮宽度 A_2 及 A_3,这组尺寸 A_1,A_2,A_3,A_0 即组成一装配尺寸链,A_0 为封闭环,其余为组成环。组成环可分为增环与减环。本例中,A_1 为增环,A_2 和 A_3 为减环。

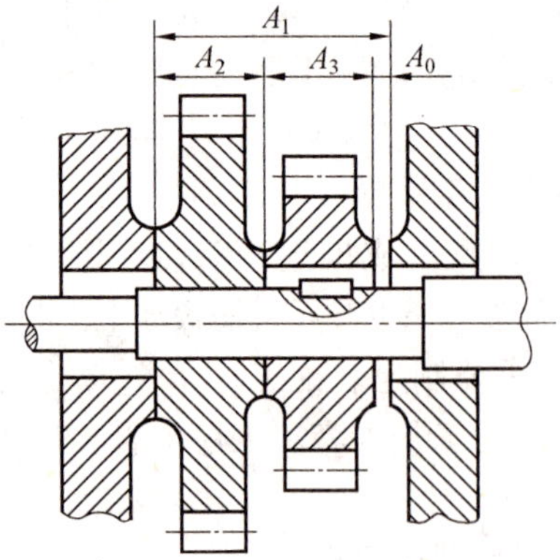

图 7.11　装配尺寸链举例

7.3.1 装配尺寸链的建立

装配尺寸链可以按各环的几何特征和所处空间位置分为长度尺寸链、角度尺寸链、平面尺寸链及空间尺寸链。下面重点介绍一下生产中常用的两种尺寸链。

1. 长度尺寸链

如图7.11所示那样，全部环都为长度尺寸的尺寸链就是长度尺寸链，像这样的尺寸链一般能方便地从装配图上直接找到。但一些复杂的多环尺寸链就不易迅速找到，下面通过一个实例来说明建立长度尺寸链的方法。

图7.12(a)为某减速器的齿轮轴组件装配示意图。齿轮轴1在左右两个滑动轴承2和5中转动，两轴承又分别压入左右箱体的孔内，装配精度要求是齿轮轴台肩和轴承端面间的间隙为0.2 ~ 0.7 mm，试建立以轴向间隙为装配精度的尺寸链。

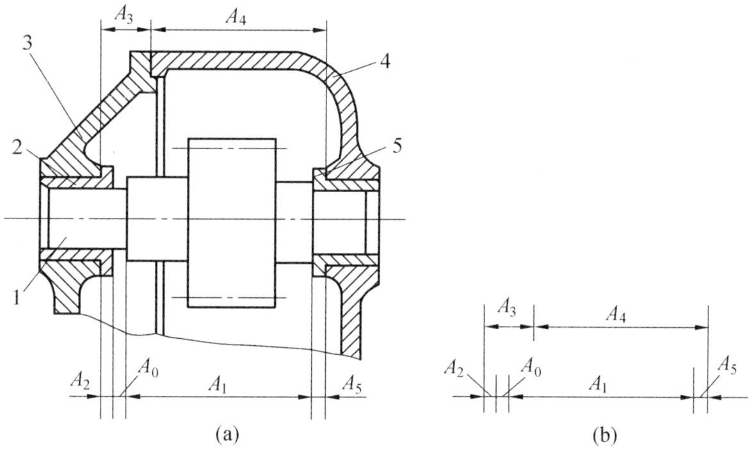

图7.12 齿轮轴组件的装配示意图及其尺寸链

1—齿轮轴；2、5—滑动轴承；3—轴承端盖；4—减速器壳体

一般建立尺寸链的步骤如下：

(1) 确定封闭环

装配尺寸链的封闭环是装配的间隙要求，$A_0 = 0.2 \sim 0.7$ mm。

(2) 查找组成环

装配尺寸链的组成环是相关零件的相关尺寸。所谓相关尺寸，就是指相关零件上的相关设计尺寸，它的变化会引起封闭环的变化。本例中的相关零件是齿轮轴1、滑动轴承2、左箱体3、右箱体4和右滑动轴承5。确定相关零件以后，应遵守"尺寸链环数最少"原则，确定相关尺寸。在本例中的相关尺寸是A_1、A_2、A_3、A_4和A_5，它们是以A_0为封闭环的装配尺寸链中的组成环。

这里，"尺寸链数最少"是建立装配尺寸链时应遵循的一个重要原则，它要求装配尺寸链中所包括的组成环数目最少，即每个有关零件仅以一个组成环列入。装配尺寸链若不符合该原则，将使装配精度降低或给装配和零件加工增加困难。

(3) 画尺寸链图,并确定组成环的性质

将封闭环和所找到的组成环画出尺寸链图,如图 7.12(b) 所示。组成环中与封闭环箭头方向相同的环是减环,即 A_1、A_2 和 A_5 是减环;组成环中与封闭环箭头方向相反的环是增环,即 A_3 和 A_4 是增环。

上述尺寸链的组成环都是长度尺寸。有时长度尺寸链中还会出现形位公差环和配合间隙环。此时,对“装配尺寸链的简化与细化”是装配尺寸链建立的另一重要原则,即当装配精度要求不高时,忽略组成环中那些本身误差很小,对封闭环影响也很小的环而建立的尺寸链称简化尺寸链,如图 7.13 所示。当装配精度要求较高,需要进行精确计算时,将影响装配精度的所有组成环都列入的尺寸链称细化尺寸链,如图 7.14 所示。

如图 7.2(a) 所示普通车床床头和尾座两顶尖对床身平导轨面等高要求的装配尺寸链。按规定,当最大工件回转直径 D_a 为 800 mm $< D_a \leqslant$ 1 250 mm 时,等高要求为 0 ~ 0.06 mm(只许尾座高),试建立其装配尺寸链。

首先,确定封闭环。装配尺寸链的封闭环是装配精度要求 A_0 = 0 ~ 0.06 mm(只许尾座高)。

其次,查找组成环。从图 7.2(a) 所示的结构示意图中,按照以装配基准为联系的方法查找到相关零件是底板 3 和床身 4,相关部件为主轴箱 1 和尾座 2。用相关部件或组件代替多个相关零件,有利于减少尺寸链的环数。若要进一步查找相关部件中的相关零件,就需要有完整的部件结构示意图。图 7.13 所示为车床两顶尖等高度要求的详细结构示意图。该图具有主轴箱部件和尾座部件中的各组成零件。从该图中找到相关零件为前顶尖 4、主轴 2、轴承内环、滚柱、轴承外环、主轴箱体 1、床身 9、尾座底板 8、尾座体 7、尾座套筒 6 和后顶尖 5 等。

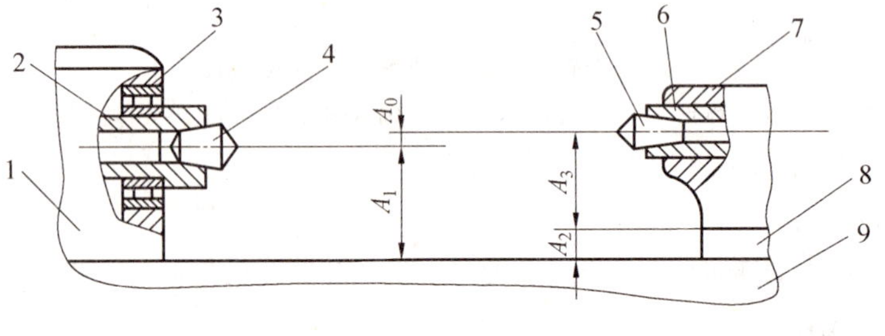

图 7.13 车床两顶尖距床身平导轨面等高要求详细的结构示意图

1— 主轴箱体;2— 主轴;3— 轴承;4— 前顶尖;5— 后顶尖;6— 尾座套筒;7— 尾座体;8— 尾座底板;9— 床身

相关零件确定后,进一步确定相关尺寸。本例中各相关零件的装配基准大多是圆柱面(孔和轴) 和平面,因而装配基准之间的关系大多是轴线间位置尺寸和形位公差,如同轴度、平行度和平面度等以及轴和孔的配合间隙所引起的轴线偏移量。若轴和孔是过盈配合,则可认为轴线偏移量等于零。

本例中,由于前后顶尖和两锥孔都是过盈配合,故它们的轴线偏移量等于零,因此可以把主轴锥孔的轴线和尾座套筒的轴线作为前后顶尖的轴线。同样,主轴的外环和主轴箱体的孔也是过盈配合,故主轴轴承外环的外圆轴线和主轴箱体孔的轴线重合。

同时，考虑到前顶尖中心位置的确定是取其跳动量的平均值，即主轴回转轴线的平均位置，它就是轴承外环内滚道的轴线位置。因此，前顶尖前后锥的同轴度、主轴锥孔对主轴前后轴颈的同轴度、轴承内环孔和内环外滚道的同轴度，以及滚柱的不均匀性等都可不计入装配尺寸链中。此时，尺寸链中虽仍有A_1和A_3尺寸，但它们的含义已不是部件尺寸，而是相应零件的相关尺寸。

最后，画尺寸链图。画出尺寸链如图7.14所示，图中的组成环有A_1为主轴箱体的轴承孔轴线至底面尺寸；A_2为尾座底板的厚度；A_3为尾座体孔轴线至底面尺寸；e_1为主轴轴承外环内滚道（或主轴前锥孔）轴线与外环外圆（即主轴箱体的轴承孔）轴线的同轴度；e_2为尾座套筒锥孔轴线与其外圆轴线的同轴度；e_3为尾座套筒与尾座体孔配合间隙所引起的轴线偏移量；e_4为床身上安装主轴箱体和安装尾座底板的平导轨面之间的平面度。

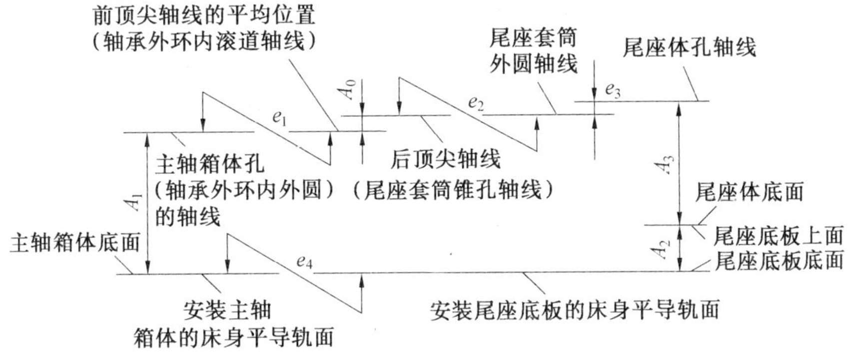

图7.14 车床两顶尖等高的装配尺寸链（兼有长度尺寸，形位公差和配合间隙等环）

2. 角度尺寸链

全部环为角度的尺寸链称为角度尺寸链。

(1) 建立角度尺寸链的步骤

建立角度尺寸链的步骤和建立长度尺寸链的步骤一样，也是先确定封闭环，再查找组成环，最后画出尺寸链图。

图7.15是立式铣床主轴回转轴线对工作台面的垂直度在机床的横向垂直平面内的装配尺寸链。图中所示β_0为封闭环，即主轴回转轴线对工作台面的垂直度（在机床横向垂直平面内）；β_1为组成环，即工作台台面对其导轨面在前后方向的平行度；β_2为组成环，即床鞍上、下导轨面在前后方向上的平行度；β_3为组成环，即立铣头主轴回转轴线对立铣头回转面的垂直度（组件相关尺寸）。

(2) 判断角度尺寸链组成环性质的方法

常见的形位公差环有垂直度、平行度、直线度和平面度等，它们都是角度尺寸链中的环。其中，垂直度相当于角度为90°的环，平行度相当于角度为0°的环，直线度或平面度相当于角度为0°或180°的环。下面介绍几种常用的判别角度尺寸链组成环性质的方法。

① 直观法。直观法是指直接在角度尺寸链的平面图中，根据角度尺寸链组成环的增加或减少，来判别其对封闭环的影响，从而确定其性质的方法。以图7.15所示的角度尺寸链为例，具体分析用直观法判别组成环的性质。垂直度环的增加或减少能从尺寸链图

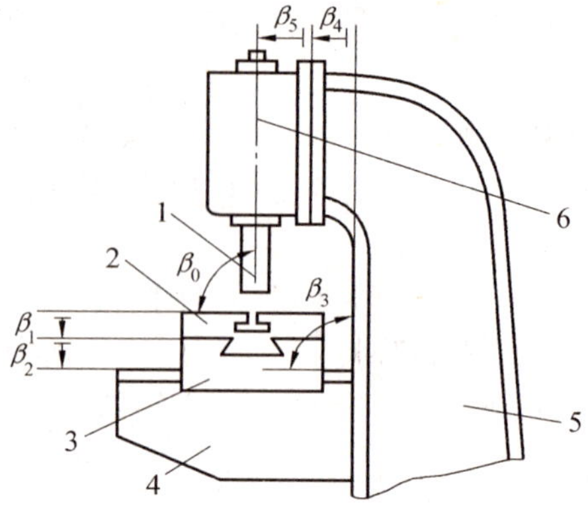

图 7.15　立式铣床主轴回转轴线对工作台面的垂直度的装配尺寸链

1— 主轴;2— 工作台;3— 床鞍;4— 升降台;5— 床身;6— 立铣头

中明显看出,所以判别垂直度环的性质比较方便。本例中的垂直度环 β_3 属于增环。由于平行度环的基本角度为 0° 因而该环在任意方向上的变化,都可以看成角度在增加。为了判别平行度环的性质,必须先要有一个统一的准则来规定平行度环的增加或减少。统一的准则是把平行度看成角度很小的环,并约定角度顶点的位置。一般角度顶点取在尺寸链中垂直环角度顶点较多的一边。本例中平行度环 β_1,β_2 的角度顶点取在右边,β_5,β_4 的角度顶点取在下边。根据这一约定,可判别 β_1,β_2,β_5,β_4 是减环,β_3 是增环,得角度尺寸链方程式为

$$\beta_0 = \beta_3 - (\beta_1 + \beta_2 + \beta_4 + \beta_5)$$

② 公共角顶法。公共角顶法是指把角度尺寸链的各环画成具有公共角顶形式的尺寸链图,进而再判别其组成环的性质的方法。由于角度尺寸链一般都具有垂直度环,而垂直度环都有角顶,所以常以垂直度环的角顶作为公共角顶,尺寸链中的平行度环也可以看成角度很小的环,并约定公共角顶作为平行度环的角顶。

现以图 7.15 所示的角度尺寸链为例,介绍具有公共角顶形式的尺寸链的绘制方法。首先,取垂直度环 β_0 的角顶为公共角顶,并画出 $\beta_0 \approx 90°$,接着按相对位置依次以小角度画出平行度环 β_1 和 β_2(往下方向)以及平行度环 β_4 和 β_5(往右方向),最后用垂直度环 β_3,封闭整个尺寸链图,从而形成图 7.16 所示的具有公共角顶形式的尺寸链图,同时断定出 β_3 是增环,β_1,β_2,β_4 和 β_5 是减环。用类似长度尺寸链的方法写出角度尺寸链方程式

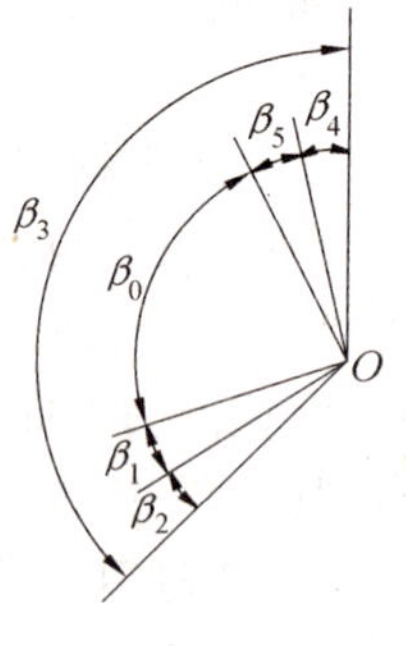

图 7.16　具有公共角顶的尺寸链图

$$\beta_0 = \beta_3 - (\beta_1 + \beta_2 + \beta_4 + \beta_5)$$

图 7.15 所示的角度尺寸链中的垂直度环都在同一象限(第二象限),因而具有公共角顶的角度尺寸链图就能封闭。当两个垂直环不在同一象限时,可借助于一个 180° 角的理想环。

③ 角度转化法。直观法和公共角顶法都是把角度尺寸链中的平行度环转化成小角度环,再判别组成环的性质。但是,在实际的工艺测量时,常与上述情况相反,是用直角尺寸把垂直度转化成平行度来测量的。这样,把尺寸链中的垂直度都转化成平行度,就能画出平行度关系的尺寸链图。

7.3.2 装配尺寸链的计算

装配尺寸链的计算方法有极值法和概率法两类。

极值法的优点是简单可靠,但由于它是根据两个极端情况推导出封闭环与组成环的关系式,所以在封闭环为既定值的情况下,计算所得的组成环公差过于严格。特别是当封闭环精度要求高,组成环数目又较多时,计算出的组成环公差甚至无法用机械加工来保证。在大批量生产下,组成环数目又较多时,可以用概率法来计算尺寸链,这样可扩大零件的制造公差,降低制造成本。

装配方法与装配尺寸链的解算方法密切相关。同一项装配精度,采用不同的装配方法时,其装配尺寸链的解算方法也不相同。

选择装配方法的实质,就是在满足装配精度要求的条件下,选择相应的经济合理的解装配尺寸的方法。在生产中常用的保证精度的方法有互换装配法、选择装配法、修配装配法与调整装配法。

1. 互换装配法

互换装配法是指在装配时各配合零件不经修理、选择或调节即可达到装配精度的方法。这种装配方法的实质是用控制零件的加工误差来保证产品的装配精度要求。

根据零件互换程度的不同,互换法又可分为完全互换法和大数互换法两种。

(1) 完全互换装配法

在全部产品中,装配时各组成零件不需挑选或改变其大小或位置,装入后即能达到装配精度要求,这种方法称为完全互换装配法。

其特点是:装配质量稳定可靠,装配过程简单,生产率高,易于实现装配工作机械化、自动化,便于组织流水作业和零部件的协作与专业化生产。但当装配精度要求较高,尤其是组成环较多时,则零件难以按经济精度加工。因此,它常用于高精度的少环尺寸链或低精度的多环尺寸链的大批大量生产装配场合。

采用完全互换装配法时,装配尺寸链采用极值公差计算。为保证装配精度要求,尺寸链各组成环公差之和应小于或等于封闭公差(即装配精度)

$$T_{OL} \geqslant \sum_{i=1}^{m} |\xi_i| T_i \tag{7.1}$$

对于直线尺寸链 $|\xi_i| = 1$ 时,则

$$T_{OL} \geqslant \sum_{i=1}^{m} T_i = T_1 + T_2 + \cdots + T_m \tag{7.2}$$

式中 T_{OL}—— 封闭环公差;

T_i—— 第 i 个组成环公差;

ξ_i—— 第 i 个组成环传递系数;

m—— 组成环环数。

在进行装配尺寸链反计算时，即已知封闭环（装配精度）的公差 T_{OL}，分配各有关零件（组成环）公差 T_i 时，可按“等公差法”或“等精度法”等多种方法进行，其中常用的是“等公差法”。等公差法是按各组成环公差相等的原则分配封闭环公差的方法，即假设各组成环公差相等，求出组成环平均公差 T_{OVL}

$$T_{OVL}=\frac{T_O}{\sum_{i=1}^{m}|\xi_i|} \tag{7.3}$$

对于直线尺寸链，$|\xi_i|=1$ 时，有

$$T_{OVL}=\frac{T_O}{m} \tag{7.4}$$

然后根据各组成环尺寸大小和加工难易程度，将其公差适当调整。但调整后的各组成环公差之和仍不得大于封闭环要求的公差。

在调整时可遵照下列原则：

① 当组成环是标准件尺寸（如轴承环或弹性挡圈的厚度等）时，其公差大小和分布位置在相应标准中已有规定，为既定值。组成环是几个不同尺寸链的公共环时，其公差值和分布位置应由对该环要求较严的那个尺寸链先行确定，对其余尺寸链则也为既定值。

② 当分配待定的组成环公差时，一般可按经验视各环尺寸的加工难易程度加以分配。如尺寸相近、加工方法相同的取其公差值相等，难加工或难测量的组成环，其公差值可取较大些。

③ 在确定各组成环极限偏差时，一般可按“入体原则”确定。即对相当于轴的被包容尺寸，按基轴制（h）决定其下偏差；对相当于孔的包容尺寸，按基孔制（H）决定其上偏差；而对于孔中心尺寸，按对称偏差即 $\pm\frac{T_i}{2}$ 选取。

显然，当各组成环都按上述原则确定其公差值和分布位置时，往往不能恰好满足封闭环的要求。因此，就需要选取一个组成环，其公差值和分布位置经计算确定，以便与其他组成环协调，最后满足封闭环的公差值和公差位置的要求，这个组成环俗称为协调环。协调环应根据具体情况加以确定，一般选用便于制造和可用量具测量的零件尺寸。

解算完全互换法装配尺寸链的基本公式与第 3 章中工艺尺寸链的计算公式相同，这里不再赘述。

【例 7.1】 如图 7.17(a) 所示装配关系，轴是固定的，齿轮在轴上回转，要求保证齿轮与挡圈之间的轴向间隙为 0.10 ~ 0.35 mm。已知：$A_1=30$ mm，$A_2=5$ mm，$A_3=43$ mm，$A_4=3_{-0.05}^{\ 0}$ mm（标准件），$A_5=5$ mm，现采用完全互换法装配，试确定各组成环的公差和极限偏差。

解 ① 画出装配尺寸链图，校验各环基本尺寸

依题意，轴向间隙为 0.10 ~ 0.35 mm，则封闭环 $A_0=0_{+0.10}^{+0.35}$ mm，封闭环公差 $T_O=0.25$ mm，本尺寸链共有 5 个组成环，其中 A_3 为增环，A_1、A_2、A_4、A_5 都是减环，装配尺寸链如图 7.17(b) 所示。封闭环基本尺寸为

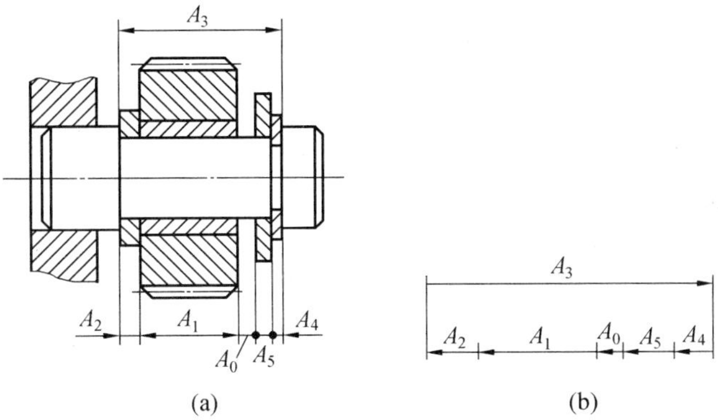

图 7.17　齿轮与轴的装配关系

$$A_0 = \sum_{i=1}^{m} \xi_i A_i = A_3 - (A_1 + A_2 + A_4 + A_5) = 43 - (30 + 5 + 3 + 5) = 0$$

由计算可知,各组成环基本尺寸正确无误。

② 确定各组成环和极限偏差

先决定各组成环平均极值公差

$$T_{\mathrm{OVL}} = \frac{T_0}{\sum_{i=1}^{m} |\xi_i|} = \frac{T_0}{m} = \frac{0.25}{5} = 0.05\ \mathrm{mm}$$

根据各组成环基本尺寸的大小和零件加工的难易程度,以平均极值公差为基础,确定各组成环的极值公差:A_5 为一垫片,易于加工,且其尺寸可用通用量具测量,故选它为协调环;A_4 为标准件,其公差和极限偏差为已定值,即 $A_4 = 3_{-0.05}^{\ 0}$ mm,$T_4 = 0.05$ mm,其余取 $T_1 = 0.06$ mm,$T_2 = 0.04$ mm,$T_3 = 0.07$ mm,各组成环公差等级均为IT9;A_1,A_2 为外尺寸,按基轴制(h)确定:$A_1 = 30_{-0.06}^{\ 0}$ mm,$A_2 = 5_{-0.04}^{\ 0}$ mm;A_3 为内尺寸,按基孔制确定:$A_3 = 43_{\ 0}^{+0.07}$ mm。则封闭环的中间偏差为

$$\Delta_0 = \frac{ES_0 + EI_0}{2} = \frac{0.35 + 0.10}{2} = 0.225\ \mathrm{mm}$$

各组成环的中间偏差为 $\Delta_1 = -0.03$ mm,$\Delta_2 = -0.02$ mm,$\Delta_3 = +0.035$ mm,$\Delta_4 = -0.025$ mm。

③ 计算协调环极值公差和极限偏差

协调环 A_5 的极值公差为

$$T_5 = T_0 - (T_1 + T_2 + T_3 + T_4) = 0.25 - (0.06 + 0.04 + 0.07 + 0.05) = 0.03\ \mathrm{mm}$$

协调环 A_5 的中间偏差为

$$\Delta_5 = \Delta_3 - \Delta_0 - \Delta_1 - \Delta_2 - \Delta_4 = 0.035 - 0.225 - (-0.03) - (-0.02) - (0.025) = -0.115\ \mathrm{mm}$$

协调环 A_5 的极限偏差 ES_5,EI_5 为

$$ES_5 = \Delta_5 + \frac{T_5}{2} = -0.015 + \frac{0.03}{2} = -0.10\ \mathrm{mm}$$

$$EI_5 = \Delta_5 - \frac{0.03}{2} = -0.13 \text{ mm}$$

于是 $A_5 = 5_{-0.13}^{-0.10}$ mm，最后得各组成环尺寸和极限偏差为：$A_1 = 30_{-0.06}^{0}$ mm，$A_2 = 5_{-0.04}^{0}$ mm，$A_3 = 43_{0}^{+0.07}$ mm，$A_4 = 3_{-0.05}^{0}$ mm，$A_5 = 5_{-0.13}^{-0.10}$ mm。

（2）大数互换装配法

在绝大多数产品中，装配时各组成零件不需挑选或改变其大小和位置，装入后即能达到装配精度要求，这种方法称为大数互换装配法。

大数互换装配法的特点与完全互换装配法相同，但由于零件所规定的公差要比完全互换法所规定得大，有利于零件按经济精度加工，装配过程与完全互换法一样简单、方便，结果使绝大多数产品能保证装配精度要求。对于极少量的不合格产品予以报废，或采取措施进行修复。

大数互换法依据的是概率论原理。在正常生产条件下，零件加工尺寸获得极限尺寸的可能性是较小的，而在装配时，各零部件的误差同时为极大、极小的组合，其可能性就更小。因此，在尺寸链环数较多、封闭环精度又要求较高时，不应该使用极值法，而应使用概率法计算。

采用大数互换装配法时，装配尺寸链采用统计公差公式计算，现说明如下：

在直线尺寸链中，各组成环是相互独立的随机变量，因此作为组成环合成量的封闭环的数值也是一个随机变量。由概率论知，各独立随机变量（装配尺寸链的组成环）的均方根偏差 σ_i 与这些变量之和（尺寸链的封闭环）的均方根偏差 σ_0 的关系为

$$\sigma_0 = \sqrt{\sum_{i=1}^{m} \sigma_i^2}$$

当尺寸链各组成环均为正态分布时，其封闭环也呈正态分布。此时，各组成环的尺寸误差分散范围 ω_i 与其均方根偏差 σ_i 的关系为 $\omega_i = 6\sigma_i$，即

$$\sigma_i = \frac{1}{6}\omega_i$$

当误差分散范围等于公差值，即当 $\omega_i = T_i$ 时，

$$T_0 = \sqrt{\sum_{i=1}^{m} T_i^2} \tag{7.5}$$

当各组成环的尺寸分布为非正态分布时，需引入一个相对分布系数 K_i。因此，封闭环的统计公差 T_{0S} 与各组成环公差的关系为

$$T_{0S} = \frac{1}{K_0}\sqrt{\sum_{I=1}^{m} K_i^2 T_i^2} \tag{7.6}$$

式中 K_0—— 封闭环的相对分布系数；

K_i—— 第 i 个组成环的相对分布系数。

如取各组成环公差相等，则组成环平均统计公差为

$$T_{0VS} = \frac{K_0 T_0}{\sqrt{\sum_{i=1}^{m} K_i^2}} \tag{7.7}$$

大数互换法以一定置信水平为依据。通常，封闭环趋近正态分布，取置信水平 $P=99.73\%$，装配不合格品率为0.27%，这时相对分布系数 $K_0=1$。在某些生产条件下，要求适当放大组成环公差时，可取较低的 P 值。P 与 K_0 的相应数值可查表7.2。

表7.2 置信水平 P 与相对分布系数 K_0

P/%	99.73	99.5	99	98	95	90
K_0	1.00	1.06	1.16	1.29	1.52	1.82

组成环尺寸为不同分布形式时，对应不同的相对分布系数 K 值，可查表7.3。

表7.3 不同分布的分布系数 K

分布类型	均匀分布	三角形分布	平顶分布	双峰分布	正峰分布	正态分布
K	1.732	1.22	1.20 ~ 1.50	0.96 ~ 1.15	1.00 ~ 1.07	1.00

当各组成环在其公差带内呈正态分布时，封闭环必呈正态分布，此时，$K_0=K_i=1$，则封闭环平方公差为

$$T_{OQ}=\sqrt{\sum_{i=1}^{m}T_i^2} \tag{7.8}$$

各组成环平均平方公差为

$$T_{OVQ}=\frac{T_O}{\sqrt{m}} \tag{7.9}$$

为了便于比较，仍以图7.17(a)所示装配关系为例加以说明。

【例7.2】 齿轮轴向间隙装配尺寸链，装配后齿轮与挡圈间的轴向间隙为0.10 ~ 0.35 mm。已知：$A_1=30$ mm，$A_2=5$ mm，$A_3=43$ mm，$A_4=30_{-0.05}^{\ 0}$ mm(标准件)，$A_5=5$ mm，现采用大数互换法装配，试确定各组成环的公差和极限偏差。

解 ① 画装配尺寸链图、校验各组成环基本尺寸，与例7.1过程相同。

② 确定各组成环平均平方公差

先确定置信水平 P 和封闭环相对分布系数 K_0，然后按统计资料确定组成环的相对分布系数 K_i。当置信水平取 $P=99.7\%$，$K_0=1$ 时，则各组成环平均平方公差为

$$T_{OVQ}=\frac{T_O}{\sqrt{m}}=\frac{0.25}{\sqrt{5}}\approx 0.11\ \text{mm}$$

当置信水平取 $P=95.44\%$，$K_0=1.5$ 时，组成环为正态分布。$K_i=1$ 时，各组成环平均统计公差为

$$T_{OVS}=\frac{K_0T_O}{\sqrt{m}}=\frac{1.5\times 0.25}{\sqrt{5}}\approx 0.16\ \text{mm}$$

从以上数据可以看出，由于组成环公差增大，降低了置信水平，从而增加了废品率。因此，应根据技术经济效果，慎重确定置信水平，故一般取废品率不大于0.27%，即取 $P=99.73\%$。

③ 确定各组成环公差和极限偏差

A_3 为一轴类零件，与其他组成环相比较难以加工，现选择较难加工零件 A_3 为协调环，

然后根据各组成环基本尺寸和零件加工难易程度，以平均平方公差为基础，从严选取各组成环公差。取 $T_1=0.14$ mm，$T_2=T_5=0.08$ mm，其公差等级约为IT10，$A_4=3_{-0.05}^{\ 0}$ mm（标准件），$T_4=0.05$ mm；A_1、A_2、A_5 皆为外尺寸，其极限偏差按基轴制（h）确定，即 $A_1=30_{-0.14}^{\ 0}$ mm，$A_2=5_{-0.08}^{\ 0}$ mm，$A_5=5_{-0.08}^{\ 0}$ mm。

④ 计算协调环公差和极限偏差

$$T_3=\sqrt{T_0^2-(T_1^2+T_2^2+T_4^2+T_5^2)}=$$
$$\sqrt{0.25^2-(0.14^2+0.08^2+0.05^2+0.08^2)}=0.16（只舍不进）$$

协调环 A_3 的中间偏差为

$$\Delta_0/\text{mm}=\Delta_3-(\Delta_1+\Delta_2+\Delta_4+\Delta_5)$$
$$\Delta_3/\text{mm}=\Delta_0+(\Delta_1+\Delta_2+\Delta_4+\Delta_5)=$$
$$0.025+(-0.07-0.04-0.025-0.04)=0.05$$

协调环 A_3 的上、下偏差为：

$$ES_3/\text{mm}=\Delta_3+T_3/2=0.05+0.16/2=0.13$$
$$EI_3/\text{mm}=\Delta_3-T_3/2=0.05-0.16/2=-0.03$$

所以得 $A_3=43_{-0.03}^{+0.13}$ mm。

最后可得各组成环尺寸分别为 $T_4=0.05$ mm；A_1、A_2、A_5 皆为外尺寸，其极限偏差按基轴制确定，即 $A_1=30_{-0.14}^{\ 0}$ mm，$A_2=5_{-0.08}^{\ 0}$ mm，$A_3=43_{-0.03}^{+0.13}$ mm，$A_4=3_{-0.05}^{\ 0}$ mm，$A_5=5_{-0.08}^{\ 0}$ mm。

例7.1与例7.2的计算结果表明，采用大数互换法装配时，其组成环平均公差将扩大 $\sqrt{m}$ 倍，即 $\dfrac{T_{\text{OVQ}}}{T_{\text{OVL}}}=\dfrac{0.11}{0.05}\approx\sqrt{5}$。各零件加工精度由IT9下降为IT10，加工成本将有所下降，而装配后出现不合格品的概率不超过0.27%。

2. 选择装配法

选择装配法是指将尺寸链中组成环的公差放大到经济可行的程度，然后选择合适的零件进行装配，以保证装配精度要求的方法。它包括直接选择装配法、分组装配法和复合选择法三种形式。

（1）直接选择装配法

直接选择装配法是由装配工人凭经验，直接挑选合适的零件进行装配。其优点是能达到很高的装配精度，缺点是装配精度依赖于装配工人的技术水平和经验，装配的时间不易控制。因此，不宜用于生产节拍要求较严的大批大量流水作业中。

（2）分组装配法

分组装配法是在成批或大量生产中，将产品中各配合副的零件按实测尺寸分组，装配时按组进行互换装配，以此达到装配精度的方法。现以活塞销和活塞销孔的装配为例，说明分组装配法的原理和装配过程。

图7.18(a)表示活塞销与活塞销孔的装配关系，按装配技术要求，活塞销直径 d 与活塞销孔径 D 的基本尺寸为 $\phi28$ mm，在冷态装配时应有0.002 5～0.007 5 mm的过盈量。即

$$Y_{min}/mm = d_{min} - D_{max} = 0.0025$$
$$Y_{max}/mm = d_{max} - D_{min} = 0.0075$$

封闭环的公差为

$$T_0 = Y_{max} - Y_{min} = 0.0075 - 0.0025 = 0.0050$$

若采用完全互换法装配，则销与销孔的平均公差为0.002 5 mm。如果上述配合采用基轴制，则活塞销的直径尺寸为 $d = \phi 28_{-0.0025}^{0}$ mm，相应的销孔直径 $D = \phi 28_{-0.0075}^{-0.0050}$ mm。显然，如按此公差制造，既困难又不经济。在实际生产中，是将活塞销和活塞销孔的制造公差均放大到0.01 mm（放大4倍），即 $d = \phi 28_{-0.01}^{0}$ mm，相应地可求得销孔直径为 $D = \phi 28_{-0.015}^{-0.005}$ mm。

这样，活塞销外圆可用无心磨床加工，活塞销孔可在金刚镗床上镗出，然后用精密量仪测量其实际尺寸，并按尺寸大小分成四组，分别涂上不同颜色（或打上不同号码）加以区别，以便进行分组装配，如图7.18(b)所示，具体分组情况见表7.4。

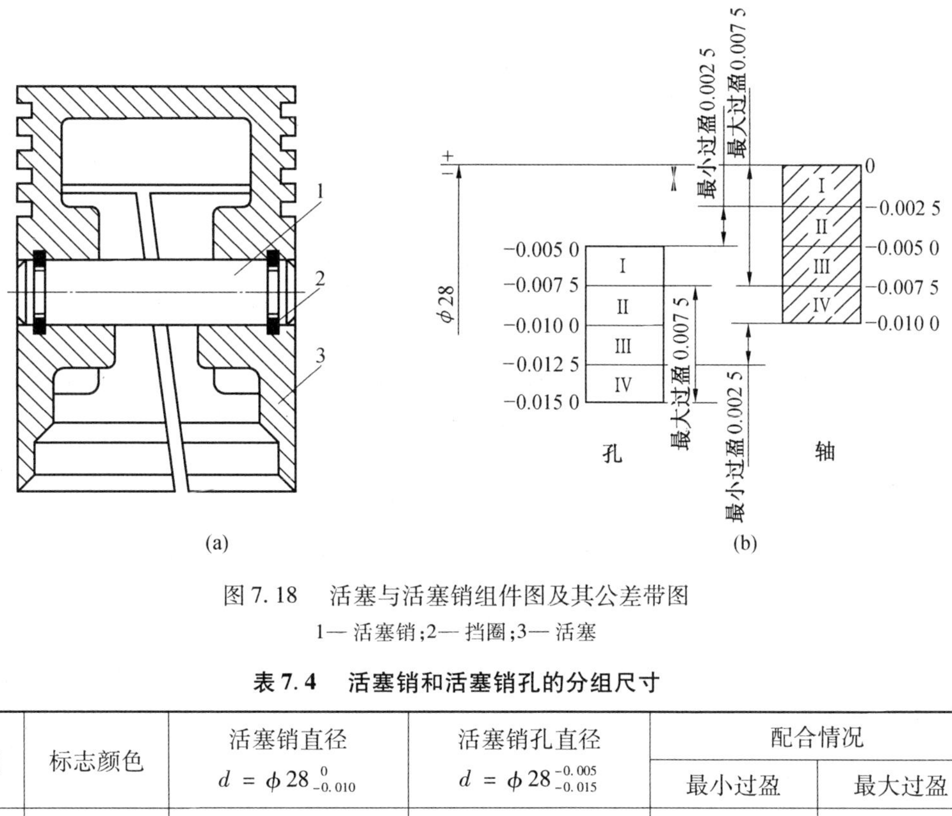

图7.18 活塞与活塞销组件图及其公差带图

1—活塞销；2—挡圈；3—活塞

表7.4 活塞销和活塞销孔的分组尺寸

组别	标志颜色	活塞销直径 $d = \phi 28_{-0.010}^{0}$	活塞销孔直径 $d = \phi 28_{-0.015}^{-0.005}$	配合情况	
				最小过盈	最大过盈
Ⅰ	浅蓝	28.000 0 ~ 27.997 5	27.995 0 ~ 27.992 5	0.002 5	0.007 5
Ⅱ	红	27.997 5 ~ 27.995 0	27.992 5 ~ 27.990 0		
Ⅲ	白	27.995 0 ~ 27.992 5	27.990 0 ~ 27.987 5		
Ⅳ	黑	27.992 5 ~ 27.990 0	27.987 5 ~ 27.985 0		

由表7.4可见，各组的配合性质和配合精度与原装配精度要求相同。

采用分组装配时应注意以下几点：

① 为保证分组后，各组的配合性质和配合精度与原装配精度要求相同，则配合件的公差范围应相等，其公差增大的方向要相同，增大的倍数应等于以后的分组数，如图7.18(b)所示。

现以任意的轴、孔间隙配合为例说明。设轴和孔的公差分别为 T_d 和 T_D，且 $T_d = T_D = T$，如果为间隙配合时，其最大间隙为 X_{max}，最小间隙为 X_{min}。现采用分组装配法，把轴和孔的公差放大 n 倍，则轴和孔的公差为 $T_D' = nT = T'$。零件加工后，按轴和孔尺寸大小分为 n 组，则每组内轴、孔的公差为 $T'/n = T/n = T$。

在确定配合零件的极限偏差时，先确定一基准件，根据基准件选某一基准制(基孔制或基轴制)，确定基准件的公差带位置。再根据要求的极限间隙值和制造公差值，与基准件公差增大的相同方向，确定出相配零件的公差带位置。这样，任一相应组的一对零件配合时，其配合间隙都满足装配精度要求。现任取图7.18(b)中第 k 组零件，其配合间隙值为

$$X_{k\min} = X_{1\min} + (k-1)T_D - (k-1)T_d$$
$$X_{k\max} = X_{1\max} + (k-1)T_D - (k-1)T_d$$

因为 $T_D = T_d$，则

$$X_{k\min} = X_{1\min n} = X_{\min} \tag{7.10}$$
$$X_{k\max} = X_{1\max} = X_{\max} \tag{7.11}$$

由此可见，在配合件公差相等、公差同向扩大倍数等于分组数时，可保证任意组内配合性质与精度不变。若配合件公差不相等时，则配合性质就会改变，如 $T_D > T_d$ 则配合间隙随之增大。

② 配合件的形状精度和相互位置精度及表面粗糙度，不能随尺寸公差放大而放大，而应与分组公差相适应；否则，不能保证配合性质和配合精度要求。

③ 分组数不宜过多，否则就会因零件测量、分类、保管工作量的增加而造成生产组织工作复杂化。

④ 制造零件时，应尽可能使各对应组零件的数量相等，满足配套要求，否则会出现某些尺寸零件的积压浪费现象。

(3) 复合选配法

复合选配法是分组装配法与直接选择法的复合，即零件加工后预先测量分组，装配时再在各对应组内由工人进行直接选配。这种装配法的特点是，配合件公差可以不同，装配速度快，能满足一定的生产节拍要求。

3. 修配装配法

修配装配法是指在装配时修去指定零件上预留修配量以达到装配精度的方法，简称修配法。采用修配法时，尺寸链中各尺寸均按在该条件下加工的经济精度制造。在装配时，累积在封闭环上的总误差必然超出其公差。为了达到规定的装配精度，必须对尺寸链中预先指定的零件加以修配，才能予以补偿。要进行修配的组成环俗称修配环，它属于补偿环的一种，也称为补偿环。

修配法适用于单件或成批生产中装配那些精度要求高、组成环数目较多的部件。

采用修配法装配时，首先应正确选定补偿环。补偿环一般应满足以下要求：

① 选易于修配并且装卸方便的零件为补偿环。

② 补偿环不应是公共环。即只与一项装配精度有关，而与其他装配精度无关。否则，修配后保证了一个尺寸链的装配精度，但却破坏了另一个尺寸链的装配精度。

③ 补偿环不应选有表面处理的零件，以免破坏表面处理层。

当补偿环选定后，解装配尺寸链的主要问题是如何确定补偿环的尺寸和验算补偿量（即修配量）是否合适的问题。其计算方法一般用极值法求解。

在修配过程中，补偿环可以是减环，也可以是增环。被修配后对封闭环尺寸变化的影响有两种情况：一是使封闭环尺寸变大；二是使封闭环尺寸变小。因此，用修配法解装配尺寸链时，可分别根据这两种情况来进行计算。

（1）补偿环被修配时使封闭环尺寸变小

【例7.3】 现以图7.13所示普通车床装配为例加以说明。在装配时，要求尾架中心线比主轴中心线高0.03 ~ 0.06 mm，已知：$A_1 = 160$ mm，$A_2 = 30$ mm，$A_3 = 130$ mm，采用修配法装配时，试确定各组成环公差及其分布。

解 ① 画装配尺寸链图，校验各环基本尺寸

按题意确定封闭环$A_0 = 0^{+0.06}_{+0.03}$ mm，$T_0 = 0.03$ mm，$\Delta_0 = +0.045$ mm。查找有关尺寸建立由A_0，A_1，A_2，A_3所组成的尺寸链，如图7.2(b)所示。其中A_1为减环，A_2和A_3为增环。

校核封闭环基本尺寸

$$A_0 = (A_2 + A_3) - A_1 = (30 + 130) - 160 = 0 \text{ mm}$$

按完全互换法的极值公式计算各组成环平均公差

$$T_{OVL} = T_0/m = 0.03/3 = 0.01 \text{ mm}$$

显然，各组成环公差太小，零件加工困难。所以在生产中常按经济加工精度规定各组成环的公差，而在装配时采用修配法。

② 选择补偿环

组成环A_2（增环）为尾座底板，其加工表面形状简单而且面积不大，装卸方便，便于修配（如刮、磨），故选定A_2为补偿环。

③ 按加工经济精度确定各组成环的公差及其偏差

A_1和A_2可用镗模镗削加工，故取$T_1 = T_2 = 0.10$ mm。A_2底板因要修配，故按半精刨加工，取$T_2 = 0.15$ mm。A_1和A_3都是表示孔位置的尺寸，故公差带常按对称分布选取，即

$$A_1/\text{mm} = (160 \pm 0.05)\ \text{mm},\quad \Delta_1 = 0$$

$$A_3/\text{mm} = (130 \pm 0.05)\ \text{mm},\quad \Delta_3 = 0$$

④ 计算封闭环极值公差

$$T_{OL}/\text{mm} = T_1 + T_2 + T_3 = 0.1 + 0.15 + 0.1 = 0.35$$

⑤ 计算补偿环A_2的补偿量F

$$F/\text{mm} = T_{OL} - T_0 = 0.35 - 0.03 = 0.32$$

⑥ 计算补偿环A_2的极限偏差

补偿环A_2的中间偏差为

$$\Delta_0 = (\Delta_2 + \Delta_3) - \Delta_1$$

补偿环 A_2 的极限偏差为

$$\Delta_2/\text{mm} = \Delta_0 + \Delta_1 - \Delta_3 = 0.045 + 0 - 0 = 0.045$$

$$ES_2/\text{mm} = \Delta_2 + T_2/2 = 0.045 + 0.15/2 = +0.120$$

$$EI_2/\text{mm} = \Delta_2 - T_2/2 = 0.045 - 0.15/2 = -0.030$$

所以补偿环 A_2 的初定尺寸为 $A_2' = 30^{+0.12}_{-0.03}$ mm。

验算封闭环极限偏差

$$ES_0'/\text{mm} = \Delta_0 + T_{OL}/2 = 0.045 + 0.35/2 = +0.220$$

$$EI_0'/\text{mm} = \Delta_0 - T_{OL}/2 = 0.045 - 0.35/2 = -0.130$$

由装配要求 $ES_0 = 0.06$ mm,$EI_0 = 0.03$ mm 与 ES_0' 和 EI_0' 比较,$ES_0' > ES_0$。当补偿环 A_2(增环)被修配后,底板尺寸减小,尾座中心线降低,即封闭环尺寸变小,这时有修配量为 $ES_0' - ES_0 = 0.220 - 0.06 = 0.16$ mm。$EI_0' < EI_0$。当补偿环 A_2(增环)被修配时,则没有修配量,按修配量足够且最小的原则,必须把初定的 A'_2 尺寸增加 $|EI'_0 - EI_0| = |-0.13 - 0.03| = 0.16$ mm,即当 $A_2'' = (A_2' + 0.16)^{+0.12}_{-0.03} = 30.16^{+0.12}_{-0.03} = 30^{+0.28}_{+0.13}$ mm 时,才能满足 $EI''_0 = EI'_0 = EI_0 = +0.03$ mm(即 $A''_{0\min} = A'_{0\min} = A_{0\min}$),见图 7.19。

⑦ 验算修配量是否合适

修配量可按 $F = T_{OL} - T_O = +0.32$ mm 确定。修配量也可根据补偿环增大尺寸后的数值 A''_2 来计算封闭环 A''_0,然后再经比较得出。

$$ES_0''/\text{mm} = ES_0' + 0.16 = 0.22 + 0.16 = +0.38$$

$$EI_0''/\text{mm} = EI_0' + 0.16 = -0.13 + 0.16 = +0.03$$

$$F_{\max}/\text{mm} = ES_0'' - ES_0 = 0.38 - 0.06 = 0.32$$

$$F_{\min} = EI_0'' - EI_0 = 0.03 - 0.03 = 0$$

因补偿环 A_2 的底面有平面度(或有较小的表面粗糙度)要求及表面有存油要求,需保证有最小修配量 $F_{\min} = 0.05 \sim 0.15$ mm,现取 $F_{\min} = 0.01$ mm。因此,必须再把 A_2'' 的尺寸加大 0.1 mm,这时 $A'''_2 = (A''_2 + 0.1)^{+0.28}_{+0.13} = 30^{+0.38}_{+0.23}$。于是 $F'_{\max}/\text{mm} = F_{\max} + 0.1 = 0.32 + 0.1 = 0.42$。

由上例可知,补偿环为增环时,为保证装配时能够有足够修配量,若 $ES_0' > ES_0$,$EI_0' > EI_0$,且能保证有 $F_{\min}$ 时,则补偿环的基本尺寸不必改动,否则将按上例计算后确定。

(2) 对补偿环不同表面进行修配,修配环尺寸变大或变小的情况

【例 7.4】 图 7.20(a) 和(c) 为机床导轨配合的装配关系。要求配合间隙为 0 ~ 0.06 mm,若选压板为补偿环,通过修配来保证装配精度的要求。试分析对压板不同表面进行修配时,如何确定补偿环的尺寸。且当为保证配合表面质量时,试确定补偿环的尺寸和极限偏差。

解 ① 图 7.21(a) 中,选取增环 A_1 为补偿环。如果对 B 面进行修配,使 A_1 尺寸增大,A_0 随着增大,则必须保证 $ES_0'' = ES_0$,确定 A_1'' 尺寸。如果对 A 面进行修配,使 A_1 尺寸减小,A_0 随着减小,则必须保证 $EI''_0 = EI_0$,确定 A''_1 尺寸。其尺寸链如图 7.21(b) 所示。

② 图 7.21(c) 中,选取减环 A_1 为补偿环。如果对 B 面进行修配,使 A_1 尺寸减小,A_0 反而增大,则必须保证 $ES_0'' = ES_0$,确定 A_1'' 尺寸。如果对 A 面进行修配,使 A_1 尺寸增大,A_0

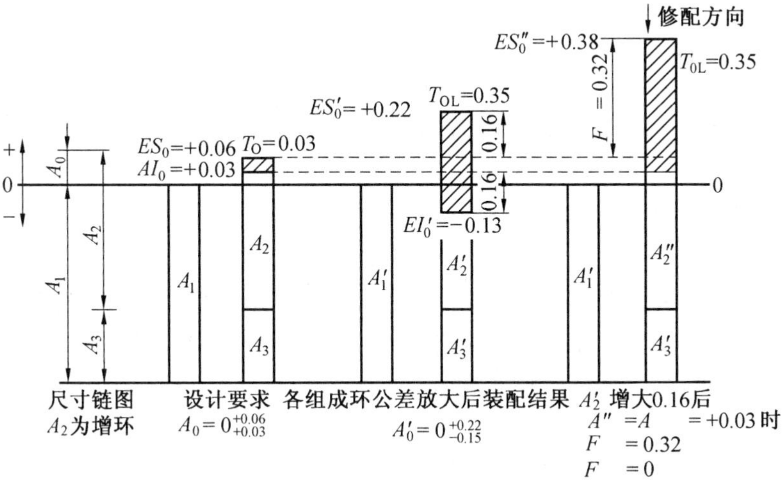

图 7.19　保证车床床头和尾座等高性时修配环及修配量的确定(修配环为增环)

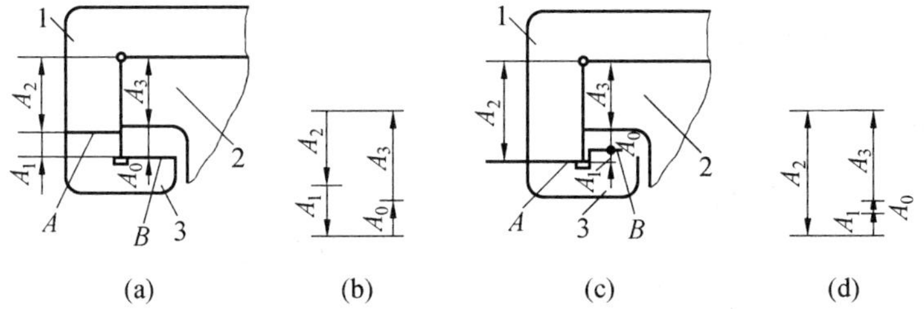

图 7.20　机床溜板与床身矩形导轨的装配关系

1— 床鞍;2— 升降台;3— 压板

反而减小,则必须保证 $EI''_0 = EI_0$,确定 A''_1 尺寸。其尺寸链如图 7.21(d) 所示。

③ 一般同时对 A 和 B 两个面进行修配的情况较少,故这里不进行讨论。

上述的几种情况,其结果是使封闭环尺寸增大或减小,因而计算补偿环尺寸时用封闭环的极限偏差公式

$$ES_0 = \sum_{i=1}^{l} ES_i - \sum_{i=l+1}^{m} EI_i \tag{7.12}$$

$$EI_0 = \sum_{i=1}^{l} EI_i - \sum_{i=l+1}^{m} ES_i \tag{7.13}$$

式中　l—— 增环环数;

　　m—— 组成环环数。

计算补偿环 A_1 的极限偏差。当封闭环尺寸增大时,则保证 $ES_0'' = ES_0$,应用式(7.12)计算出补偿环的极限偏差后,再根据补偿环的制造公差,确定另一个极限偏差。反之,当封闭环尺寸减小时,则保证 $EI_0'' = EI_0$,应用式(7.13) 计算出补偿环的极限偏差后,再根据补偿环的制造公差,确定另一个极限偏差。可按公式:$F = T_{OL} - T_O$ 校核修配量是否合适。

当封闭环减小时,修配量按下式计算

$$F_{max} = ES''_0 - ES_0,\ F_{min} = 0$$

当封闭环增大时,有

$$F_{max} = -EI''_0 + EI_0,\ F_{min} = 0 \tag{7.14}$$

若补偿环修配面有配合质量要求时,$F_{min} = 0.05 \sim 0.15$ mm, A'''_1 按下式计算

$$A'''_1 = A''_1 \pm F_{min} \tag{7.15}$$

当补偿环修配时尺寸变小,式中符号取"+";当补偿环修配时尺寸变大,式中符号取"-"。

【例7.5】 现仍以图7.20(a)所示的机床导轨装配关系为例,要求配合间隙为0 ~ 0.06 mm,已知 $A_2 = 20^{+0.25}_{0}$ mm,$A_3 = 30^{0}_{-0.15}$ mm,$A_1 = 10$ mm,$T_1 = 0.1$ mm,若选定压板 A_1 为补偿环,修配B面时,求 A''_1 的尺寸和极限偏差。如 $F_{min} = 0.1$ mm时,则 A''_1 的尺寸和极限偏差为多少?

解 ① 画装配尺寸链图,校验各环基本尺寸

按题意确定封闭环 $A_0 = 0^{+0.06}_{0}$ mm,$\Delta_0 = +0.03$ mm。查找有关尺寸建立尺寸链,如图7.20(b)所示,A_1、A_2 为增环,A_3 为减环。

校核封闭环基本尺寸

$$A_0/\text{mm} = (A_1 + A_2) - A_3 = (10 + 20) - 30 = 0$$

② 选择补偿环。选取压板 A_1 为补偿环。

③ 计算封闭环的极值公差

$$T_{OL}/\text{mm} = T_1 + T_2 + T_3 = 0.1 + 0.25 + 0.15 = 0.50$$

④ 计算补偿环且 A_1 的补偿量 F

$$F/\text{mm} = T_{OL} - T_O = 0.50 - 0.06 = 0.44$$

⑤ 计算补偿环 A_1 的极限偏差。当修配 B 面时,补偿环 A_1 增大,A_0 随着增大。因此,必须保证 $ES'_0 = ES_0$。已知 $ES_0 = 0.06$,则 $ES''_0 = 0.06$,按式(7.12)计算

$$ES_0 = ES''_1 + ES'_2 - EI''_3$$

代入数值,得

$$ES''_1 = -0.34 \text{ mm}$$

由于 $T_1 = 0.1$,则 $EI''_1 = 0.44$ mm,所以 $A''_1 = 10^{-0.34}_{-0.44}$ mm,这时 $F_{min} = 0$ mm。

⑥ 在 $F_{min} = 0.1$ mm时,补偿环 A_1'' 的尺寸和极限偏差按式(7.15)计算。因补偿环 A_1' 修配后尺寸变大,故取"-"号。

$$A'''_1/\text{mm} = A''_1 - F_{min} = 10^{-0.34}_{-0.44} - 0.10 = 10^{-0.44}_{-0.54}$$

⑦ 校核最大修配量。按公式(7.16)求出组成环公差放大后封闭环的下偏差

$$EI_0''/\text{mm} = EI_1'' + EI_2 - ES_3'' = -0.54 + 0 - 0 = -0.54$$

所以 $$F_{max}'/\text{mm} = -EI_0'' - EI_0 = -(-0.54) - 0 = 0.54$$

(3) 修配的方法

实际生产中,通过修配来达到装配精度的方法很多,但常见的有以下三种:

① 单件修配法。单件修配法是选择某一固定的零件作为修配件(即补偿环),装配时用补充机械加工来改变其尺寸,以保证装配精度的要求。

② 合件加工修配法。合件加工修配法是将两个或更多的零件合并在一起再进行加

工修配，合并后的尺寸可以视为一个组成环，这就减少了装配尺寸链的环数，并可相应减少修配的劳动量。例如，尾座装配时，把尾座体和底板相配合的平面分别加工好，并配刮横向小导轨结合面，然后把两件装配成为一体，以底板的底面为定位基面，镗削加工套筒孔，这就把A_2，A_3合并成为一个环A_{2-3}，减少了一个组成环的公差，这个公差值可以补偿给底板底面较小的刮研量（补偿量F）。该法一般应用在单件小批生产的装配场合。

③ 自身加工修配法。在机床制造中，有一些装配精度要求，总装时用自己加工自己的方法来满足装配精度，这种方法称为自身加工修配法。例如，牛头刨床总装时，自刨工作台面，就比较容易满足滑枕运动方向与工作台面平行度的要求。又如平面磨床用砂轮磨削工作台面，也属于这种修配方法。该法用于成批生产的机床制造业的装配场合。

4. 调整装配法

调整装配法是指在装配时用改变产品中可调整零件的相对位置或选用合适的调整件以达到装配精度的方法。

调整装配法与修配装配法的实质相同，即各有关零件仍可按经济加工精度确定其公差，并且仍选定一个组成环为补偿环（也称调整件），但在改变补偿环尺寸的方法上有所不同。修配法采用补充机械加工方法去除补偿件上的金属层，而调整法采用调整方法改变补偿件的实际尺寸和位置，来补偿由于各组成环公差放大后所产生的积累误差，以保证装配精度要求。常见的调整法有以下三种。

（1）可动调整法

可动调整法是通过改变调整件的位置来保证装配精度的方法。在机械产品的装配中，可动调整法不但装配方便，并可获得比较高的装配精度，而且也可以通过调整件来补偿由于磨损、热变形而引起的误差，使产品恢复原有的精度，所以在实际生产中应用较广。

（2）固定调整法

固定调整法是在装配尺寸链中，选择某一零件为调整件，根据各组成环所形成的累积误差的大小来更换不同尺寸的调整件，以保证装配精度要求的方法。常用的调整件有：轴套、垫片、垫圈等。在采用固定调整法时，需要解决以下几个问题：

① 如何选择调整件的问题。一般原则是选择易测量、易加工，易装卸的零件为调整件。

② 选择调整范围。

③ 确定调整件的分组数。

④ 确定每组调整件的尺寸。

（3）误差抵消调整法

误差抵消调整法是在装配整台设备或部件时，通过调整有关零件的相互位置，使其加工误差相互抵消一部分，以提高装配精度要求的方法。它在机床装配中应用较多，如在组装机床主轴时，通过调整前后轴承径向跳动和主轴锥孔径向跳动大小和方位，来控制主轴的径向跳动。又如在滚齿机工作台分度蜗轮装配中，采用调整两者偏心方向来抵消误差，以提高两者的同轴度。

下面来看一个应用固定调整法进行装配的实例。

【例 7.6】 图 7.21(a) 所示是车床主轴大齿轮的装配关系，要求隔套、齿轮、垫圈及弹性挡圈装在轴上后，双联齿轮的轴向间隙应为 0.05 ~ 0.20 mm。已知：A_1 = 115 mm，A_2 =8.5 mm，A_3 = 95 mm，A_k = 9 mm，A_5 = 2.5 mm(标准件)。现采用固定调整法装配，试确定各组成环的尺寸偏差，并求出调整件的分组数及尺寸系列。

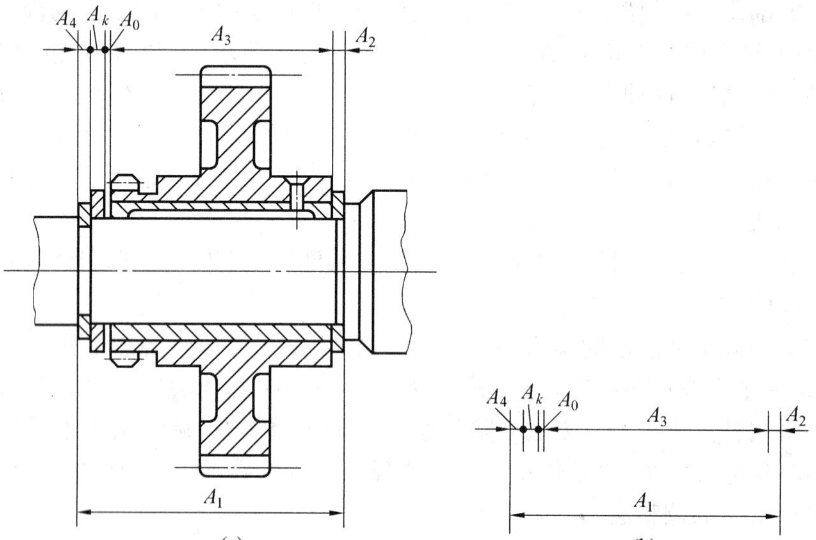

(a) (b)

图 7.21 车床主轴齿轮组件装配示意图

解 ① 画尺寸链图，校验各环基本尺寸。确定轴向间隙为封闭环，$A_0 = 0^{+0.20}_{+0.05}$ mm，T_0 = 0.15 mm，Δ_0 = + 0.125 mm。查找有关尺寸构成装配尺寸链，画出尺寸链简图如图 7.22(b)，A_1 为增环，其余为减环。校核封闭环基本尺寸

$$A_0/\text{mm} = A_1 - A_2 - A_3 - A_k - A_5 = 115 - 8.5 - 95 - 7.2.5 = 0$$

② 选择固定调整件。垫圈 A_k 加工容易，测量、装卸方便，故选它为固定调整件。

③ 确定各组成环公差和极限偏差。按加工经济精度分配各组成环公差：T_1 = 0.15 mm，T_2 = 0.10 mm，T_3 = 0.11 mm，T_5 = 0.12 mm(标准件公差)，T_k = 0.03 mm。

确定各组成环极限偏差：留 A_k 作为调整尺寸，其余极限偏差可按“入体原则”确定如下：$A_2 = 8.5^{\ 0}_{-0.10}$ mm，$A_3 = 95^{\ 0}_{-0.11}$ mm，$A_5 = 2.5^{\ 0}_{-0.12}$ mm。

A_1 的下偏差为 + 0.05 mm，是按照完全互换法的尺寸链解法，为保证 $A_{0\min}$ = 0.05 mm 的要求(计算得到的)，故未按“入体原则”标注，其上偏差为 + 0.20 mm，故 $A_1 = 115^{+0.20}_{+0.05}$ mm。

这时，各组成环相应的中间偏差为

$$\Delta_1 = +0.125\ \text{mm},\quad \Delta_2 = -0.05\ \text{mm},\quad \Delta_3 = -0.055\ \text{mm},\quad \Delta_5 = -0.06\ \text{mm}$$

由中间偏差计算关系式，可求得调整件 A_k 的中间偏差

$$\Delta_k = \Delta_1 - \Delta_0 - (\Delta_2 + \Delta_3 + \Delta_5) = 0.125 - 0.125 - (-0.05 - 0.055 - 0.06) = +0.165\ \text{mm}$$

调整件 A_k 的极限偏差为

$$ES_k/\text{mm} = \Delta_k + T_k/2 = 0.165 + 0.03/2 = +0.18$$

$$EI_k/\text{mm} = \Delta_k - T_k/2 = 0.165 - 0.03/2 = +0.15$$

所以，调整件 A_k 的尺寸为 $A_k=9^{+0.18}_{+0.15}$ mm。

④ 计算调整件 A_k 的调整量

$T_{OL}/mm=T_1+T_2+T_3+T_k+T_5=0.15+0.10+0.11+0.03+0.12=0.51$

则调整量 F 为

$$F/mm=T_{OL}-T_0=0.51-0.15=0.36$$

⑤ 确定调整件的分组数 Z。取封闭环公差与调整件公差之差作为调整件各组之间的尺寸差 S，则

$$S/mm=T_0-T_k=0.15-0.03=0.12$$

调整件组数 Z 为

$$Z=\frac{F}{S}+1=\frac{0.36}{0.12}+1=4$$

实际计算中，很难使 Z 恰好为整数，当实际计算的 Z 值和圆整数相差较大时，可通过改变各组成环公差或调整件公差的方法，使 Z 值为整数（因为分组数不能为小数）。

另外，分组数不宜过多，一般分组数取 $Z=3\sim4$ 为宜。因此各组成环的公差不能取得太大，而调整件的公差尽量取小些。

⑥ 确定各组调整尺寸。在确定各组调整尺寸时，可根据以下原则来计算：当调整件的组数为奇数时，预先确定的调整件尺寸是中间的一组尺寸，其余各组尺寸相应增加或减少各组之间的尺寸差 S；当调整件的组数 Z 为偶数时，则以预先确定的调整件尺寸为对称中心，再根据尺寸差 S 安排各组尺寸。

本例中，分组数 $Z=4$ 为偶数，故以 $A_k=9^{+0.18}_{+0.15}$ mm 为对称中心，各组尺寸 $S=0.12$ mm，其余各组尺寸为

$$A_k=(9-0.06-0.12)^{+0.18}_{+0.15}$$
$$\frac{(9-0.06)^{+0.18}_{+0.15}}{(9+0.06)^{+0.18}_{+0.15}}9^{+0.18}_{+0.15}$$
$$(9+0.06+0.12)^{+0.18}_{+0.15}$$

即 $A_k=9^{\ 0}_{-0.03}$ mm，$9^{+0.12}_{+0.09}$ mm，$9^{+0.24}_{+0.21}$ mm，$9^{+0.36}_{+0.33}$ mm。

各组调整尺寸及适用范围见表7.5。

表7.5 调整垫尺寸系列

组号	调整垫尺寸	调整范围	调整后的实际间隙	制造百分比
1	$9^{\ 0}_{-0.030}$	9.05 ~ 9.17	0.05 ~ 0.20	少做些
2	$9.12^{\ 0}_{-0.030}$	9.17 ~ 9.29	0.05 ~ 0.20	少做些
3	$9.24^{\ 0}_{-0.030}$	9.29 ~ 9.41	0.05 ~ 0.20	少做些
4	$9.36^{\ 0}_{-0.030}$	9.41 ~ 9.51	0.05 ~ 0.20	少做些

固定调整法装配多用于大批大量生产中。在生产量大、装配精度高的装配中，固定调整件可用各种不同厚度的薄金属片（如0.01 mm，0.02 mm，0.05 mm等），并加上一定厚度的垫片（如1 mm，2 mm，3 mm等），这就可组合成所需要的各种不同尺寸，来达到装配

精度的要求。从而使调整更为方便，所以它广泛地应用在汽车、拖拉机和自行车等生产中。

以上介绍了用互换装配法、选择装配法、修配装配法和调整装配法来保证装配精度的方法。那么一个产品（或部件）究竟采用哪种装配方法来保证它的装配精度呢？这个问题在产品的设计阶段就应该首先明确，因为只有装配方法确定以后，才能通过装配尺寸链的计算，合理地确定出各个零部件在加工和装配中的技术要求。但到了装配阶段，就要根据产品的装配精度要求、部件（或产品）的结构特点、尺寸链的环数、生产批量及现场生产条件等因素，进行综合考虑，确定一种最佳的装配方案，以保证产品达到“优质、高产、低成本”的要求。

生产实践中，一般应优先选择完全互换法。因为该法的装配工作简单、可靠、经济、生产率高以及零部件具有互换性，能满足产品（或部件）成批大量生产的要求，并且对零件的加工也无过高的要求。但当装配精度要求较高时，采用完全互换法装配，将会使零件的加工比较困难或很不经济，就应该采用其他装配方法。在成批大量生产时，尺寸链环数少时，可采用分组装配法；尺寸链环数多时，可采用大数互换装配法或调整法。单件小批生产时，可采用修配装配法。若装配精度要求很高，不宜选择其他装配方法时，就要采用修配装配法。

参考文献

[1] 陈日曜. 金属切削原理[M].2 版. 北京:机械工业出版社,2000.
[2] 乐兑谦. 金属切削刀具[M].2 版. 北京:机械工业出版社,1993.
[3] 戴曙. 金属切削机床设计[M].2 版. 北京:机械工业出版社,1997.
[4] 吴圣庄. 金属切削机床[M]. 北京:机械工业出版社,1980.
[5] 吴善. 金属切削原理与刀具[M]. 北京:机械工业出版社,1995.
[6] 许香. 金属切削原理与刀具[M]. 重庆:重庆大学出版社,1992.
[7] 杜君文. 机械制造技术装备及设计[M]. 天津:天津大学出版社,1998.
[8] 顾崇衔. 机械制造工艺学[M].3 版. 西安:陕西科学技术出版社,1990.
[9] 蔡光起. 机械制造工艺学[M]. 沈阳:东北大学出版社,1994.
[10] 王先逵. 机械制造工艺学[M]. 北京:机械工业出版社,1995.
[11] 王启平. 机械制造工艺学[M].4 版. 哈尔滨:哈尔滨工业大学出版社,2001.
[12] 于骏一,邹青. 机械制造技术基础[M].2 版. 北京:机械工业出版社,2009.
[13] 卢秉恒. 机械制造技术基础[M]. 北京:机械工业出版社,2007.
[14] 张树森. 机械制造工程学[M]. 沈阳:东北大学出版社,2001.
[15] 庞怀玉. 机械制造工程学[M]. 北京:机械工业出版社,1998.
[16] 李文双,于信伟. 机械制造工程学[M]. 哈尔滨:黑龙江科学技术出版社,2004.
[17] 吴祖育. 数控机床[M]. 上海:上海科学技术出版社,1990.
[18] 成大先. 机械设计手册[S].4 版. 北京:化学工业出版社,2002.
[19] 吴拓. 机械制造工程[M]. 北京:机械工业出版社,2010.
[20] 陈立德,李晓辉. 机械制造技术[M].2 版. 上海:上海交通大学出版社,2004.
[21] 张鹏,孙有亮. 机械制造技术基础[M]. 北京:北京大学出版社,2009.
[22] 杨宗德,柳青松. 机械制造技术基础[M]. 北京:国防工业出版社,2006.
[23] 哈尔滨工业大学,上海工业大学. 机床夹具设计[M]. 上海:科学技术出版社,1980.
[24] 朱耀祥,浦林祥. 现代夹具设计手册[S]. 北京:机械工业出版社,2010.
[25] 刘登平. 机械制造工艺及机床夹具设计[M]. 北京:北京理工大学出版社,2008.
[26] 尹成湖. 机械制造技术基础[M]. 北京:高等教育出版社,2008.
[27] 徐鸿本,徐浩. 机床夹具设计手册[S]. 北京:机械工业出版社,2003.
[28] 赵福生,廉峰. 机械制造工程学[M]. 哈尔滨:哈尔滨工程大学出版社,1996.
[29] 黄毅宏,李明辉. 模具制造工艺学[M]. 北京:机械工业出版社,1999.
[30] 徐慧民. 模具制造工艺学[M]. 北京:北京理工大学出版社,2007.
[31] 涂序斌. 模具制造技术[M].2 版. 北京:北京理工大学出版社,2009.